建筑环境绿化植物

Plants for Build Environment

叶康　秦俊　胡永红　编著

中国建筑工业出版社

图书在版编目（CIP）数据

建筑环境绿化植物 / 叶康，秦俊，胡永红编著 .—北京：中国建筑工业出版社，2020.4

ISBN 978-7-112-24832-2

Ⅰ.①建… Ⅱ.①叶…②秦…③胡… Ⅲ.①建筑物—空间—绿化 Ⅳ.①S73

中国版本图书馆 CIP 数据核字（2020）第 022523 号

责任编辑：杜 洁 孙书妍
责任校对：李欣慰

摄　　影：叶 康 汪 远 李世贤 寿海洋 刘 昂
　　　　　王昕彦 熊 钢 莫海波 董振国 朱鑫鑫
　　　　　刘兴剑 田娅玲 陈 彬 李 莉 刘 博
　　　　　王 琦 张思宇 刘凤栾 张宪权 钟 鑫
　　　　　毕玉科 符 潮 茅汝佳 朱天龙 刘永强
　　　　　周翔宇
审　　校：熊 钢 汪 远 王玉勤 王红兵

建筑环境绿化植物
叶康　秦俊　胡永红　编著
　＊
中国建筑工业出版社出版、发行（北京海淀三里河路9号）
各地新华书店、建筑书店经销
北京点击世代文化传媒有限公司制版
北京富诚彩色印刷有限公司印刷
　＊
开本：787×1092毫米　1/16　印张：32¼　字数：797千字
2019年12月第一版　2019年12月第一次印刷
定价：199.00 元
ISBN 978-7-112-24832-2
　　（35383）

序

当拿到这本书的时候，我惊叹于上海辰山植物园园艺技术中心团队工作的认真和严谨。可以说是意料之外，又在意料之中。意料之外的是：自我读到《城市特殊生境绿化技术》时，"城市生态修复中的园艺技术系列"丛书已经全部面世了，似乎是该告一段落了。然而，上海辰山植物园园艺技术中心团队并没有停下钻研的脚步，而是一直在推敲着每一个物种及其学名，这是一种很强的社会责任感，一种专注的科研意识。可知他们背后的辛苦付出，对其开展的城市生态修复工作的不遗余力和孜孜以求，当然这也体现了他们想要将形成的科研成绩与国内外同行分享与交流以及回馈社会，到实践中去检验的热切渴望。意料之中的是：从整个团队十几年的务实工作作风和专研精神来看，这本手册的出版当然在情理之中。它是对"城市生态修复中的园艺技术系列"丛书内容最好的补充。通俗地讲，它使得懂植物的人和搞园林的人都能参与到城市绿化以及城市生态修复中来。

科学技术研究向来就是从实践中来，到实践中去的不断验证的过程。正如书中提及的"植物是城市生态修复的灵魂，实现城市生态修复的最核心要素；植物选择则是园艺技术中的核心技术。因此，绿化离不开植物，厘清植物种类是绿化工作的基础。"城市生态修复中应用到的植物种类繁多、来源广泛，十分复杂，对于城市绿化工作者来说，识别这些植物，了解它们的形态特征和适栽区始终是一大难题。《建筑环境绿化植物》的出版犹如及时雨，它不仅为长江以南地区城市建筑立面及移动式绿化，提供了一份包括1330个植物分类单元的名录，更重要的是提供了科学实用的二歧检索表和"三言两语"的绿化指导手册。手册中不仅厘清了每一个植物种类及其中拉名称，使用起来方便、放心；而且在指导手册部分，参考《世界园林植物与花卉百科全书》的分类方式，将所有植物区分为乔灌草以及竹类等13个大类，使得植物分类功底较弱、不熟悉植物科属概念的读者也能很好地使用。

当我读完这本书后，形成了一个认知：《建筑环境绿化植物》是一本科学、实用的工具书，是一本将植物分类学与城市绿化紧密结合的工具书，是建筑立面绿化乃至城市生态修复中植物选择的重要参考书。我很乐意将它推荐给读者。

冰封三尺非一日之寒，涓涓细流可以汇成江河。十几年来，我目睹了上海辰山植物园园艺技术中心团队一点一滴的辛苦付出和形成的丰硕成果。衷心地希望《建筑环境绿化植物》的出版不是终点，而是新的起点；衷心希望这只年轻的队伍在完成这个阶段性的工作总结后，继续酝酿出新的科研思路，创造更多的辉煌成就。

2019 年 11 月

前　言

　　城市生态环境修复是一个涉及多学科的、复杂而巨大的工程，而园艺技术是城市生态修复的关键技术之一。植物是城市生态修复的灵魂，是实现城市生态修复的最核心要素；植物选择则是园艺技术中的核心技术。因此，绿化离不开植物，厘清植物种类是绿化工作的基础。随着城市绿化工作的不断深入，城市不同硬质空间绿化技术的深入发展，大量新优绿化植物种类被引入、筛选和应用，以修复被破坏了的城市生态系统。

　　建筑环境绿化植物资源来自国内外不同地域、不同国家，有蕨类植物、裸子植物和被子植物，甚至还会有苔藓植物等被不断引入。它们既包含原生种类，又有丰富多彩的园艺品种，丰富而又复杂。这些植物常常会存在名称混乱：同物异名、同名异物的问题。此外，不同的植物具有不同的生长习性和观赏特性，甚至同一种植物的不同品种也会差异明显，在应用上也可能完全不同。为此，我们在总结、汇编课题组科研成果的同时，不断地加强植物调查、鉴定和学名考证的工作。

　　《建筑环境绿化植物》即是在此背景下酝酿形成的，可以说是我们针对近几年陆续出版的《城市生态修复中的园艺技术系列》丛书中物种的一次及时的修订和补充。本书收录了适用于长江以南地区的建筑立面绿化的植物共计1330个分类单元，隶属于159科595属936种8亚种48变种，主要包含了建筑环境绿化植物检索表、指导手册及名录三大块内容。

　　《建筑环境绿化植物》既追求实用性，也注重科学性。主要体现在：1. 书中采用二歧检索表，将植物按照科属等亲缘关系及形态特征进行排序，以利于读者学习和使用；2. 在指导手册部分则参考《世界园林植物与花卉百科全书》的分类方式，区分乔灌草以及竹类等13个大类，便于读者检索、参考。3. 为了便于读者识别、选择植物，指导手册部分通过"三言两语"为每种植物提供了简单的形态描述、耐寒区及适用的建筑立面等内容，简洁明了；除此之外，还为每一种植物提供了精美的照片。本书首次尝试将植物分类学恰当地应用到城市绿化中，是一本可供建筑环境绿化领域植物选择和识别的工具书，既适合城市绿化初级工作者使用，也适合专业水平较高的专业技术人员检索使用；既适合植物分类学者参与到园林绿化中，也适合于园林绿化工作者更好地认识和了解植物。

本书在物种鉴定及植物名称校订时，不仅参考了国内外相关的植物志及地方植物志，《世界园林植物与花卉百科全书》及关于专类植物介绍的园艺丛书等，还参考了相关网络资料。同时，根据最新的《国际植物命名法规》和《国际栽培植物命名法规》的规定来核定植物名字，诸如，将表示品种名的"cv."改为"hort."，区分了日常易混乱的品种名、商品名等，避免了在植物选择及应用上的错误和混乱。

植物鉴定及名称考证是一项繁琐而艰巨的工作；由于作者水平有限，书中难免有错漏之处，敬请读者批评指正。

本书是上海辰山植物园园艺技术中心团队共同努力的成果。在研究和编写过程中，得到了各方面的帮助和支持。自 2003 年至今得到了国家科技部"十五""十一五"和"十二五"科技支撑计划以及上海市科委"科技创新行动计划"一系列课题的支持。上海辰山植物园班子领导对本书的出版给予大力支持；魏顶峰、王琦、韦宏金、林琛、吴治瑾、刘剑、金志贤、杨宽、周翔宇、刘焰、孔羽、邵文、沈雯和伍黎明等同事为照片采集提供帮助，课题组邢强高工及李陈沁、杜习武、汪雪影等同学协助整理稿件。特别感谢北京林业大学张启翔教授在百忙之中为本书作序。

本书蕨类植物采用秦仁昌系统，裸子植物采用郑万钧系统，被子植物采用克朗奎斯特系统。

特别致谢：中国建筑工业出版社高屋建瓴，在 2012 年就立项出版系列书籍，尤其是责任编辑杜洁、孙书妍，在出版过程中不仅认真细心，而且提出许多宝贵的意见和建议，对本书质量的提升给予极大帮助。

目 录

一、建筑环境绿化植物检索表

总表

分表 1

分表 2

分表3

分表4

分表5

分表 6

分表 7

分表 8

117. 苞片 1 枚，三棱形⋯⋯⋯⋯⋯⋯⋯⋯⋯⋯⋯⋯⋯⋯⋯⋯⋯ 三棱水葱

117. 苞片 2 ~ 3 枚，叶状⋯⋯⋯⋯⋯⋯⋯⋯⋯⋯⋯⋯⋯⋯⋯ 绢毛飘拂草

分表 9

1. 叶在芽中呈折叠状；木本植物⋯⋯⋯⋯⋯⋯⋯⋯⋯⋯⋯⋯⋯⋯⋯⋯ 2

1. 叶在芽中不呈折叠状；草本植物或有木质茎⋯⋯⋯⋯⋯⋯⋯⋯ 16

2. 叶羽状分裂⋯⋯⋯⋯⋯⋯⋯⋯⋯⋯⋯⋯⋯⋯⋯⋯⋯⋯⋯⋯⋯⋯⋯⋯ 3

2. 叶掌状分裂⋯⋯⋯⋯⋯⋯⋯⋯⋯⋯⋯⋯⋯⋯⋯⋯⋯⋯⋯⋯⋯⋯⋯ 10

3. 叶基部羽片变成刺状或叶柄有刺⋯⋯⋯⋯⋯⋯⋯⋯⋯⋯⋯⋯⋯ 4

3. 无刺状叶，叶柄有刺⋯⋯⋯⋯⋯⋯⋯⋯⋯⋯⋯⋯⋯⋯⋯⋯⋯⋯ 7

4. 茎直径达 10cm；叶较柔软，长 1 ~ 2m⋯⋯⋯⋯⋯⋯⋯ 江边刺葵

4. 茎直径 35cm 以上；叶较硬，长 1 ~ 6m⋯⋯⋯⋯⋯⋯⋯⋯⋯ 5

5. 果实卵球形，直径约 2.6cm⋯⋯⋯⋯⋯⋯⋯⋯⋯⋯⋯⋯⋯ 布迪椰子

5. 果实椭圆形，直径 2cm 以下⋯⋯⋯⋯⋯⋯⋯⋯⋯⋯⋯⋯⋯⋯ 6

6. 茎高 7.5 ~ 15m，直径 35 ~ 50cm；叶长 1 ~ 4m⋯⋯ 林刺葵

6. 茎高 12 ~ 16m，直径 55 ~ 70cm；叶长 5 ~ 6m⋯ 加那利海枣

7. 茎中部以下膨大呈酒瓶状⋯⋯⋯⋯⋯⋯⋯⋯⋯⋯⋯⋯⋯ 酒瓶椰子

7. 茎不膨大呈酒瓶状⋯⋯⋯⋯⋯⋯⋯⋯⋯⋯⋯⋯⋯⋯⋯⋯⋯⋯⋯ 8

8. 茎直径 0.8 ~ 1.5 cm⋯⋯⋯⋯⋯⋯⋯⋯⋯⋯⋯⋯⋯⋯⋯ 袖珍椰子

8. 茎直径 1.5 ~ 5 cm⋯⋯⋯⋯⋯⋯⋯⋯⋯⋯⋯⋯⋯⋯⋯⋯⋯⋯⋯ 9

9. 羽片约 17 对⋯⋯⋯⋯⋯⋯⋯⋯⋯⋯⋯⋯⋯⋯⋯⋯⋯⋯⋯ 三药槟榔

9. 羽片 40 ~ 60 对⋯⋯⋯⋯⋯⋯⋯⋯⋯⋯⋯⋯⋯⋯⋯⋯⋯⋯ 散尾葵

10. 乔木，茎单生⋯⋯⋯⋯⋯⋯⋯⋯⋯⋯⋯⋯⋯⋯⋯⋯⋯⋯⋯⋯⋯ 11

10. 丛生灌木⋯⋯⋯⋯⋯⋯⋯⋯⋯⋯⋯⋯⋯⋯⋯⋯⋯⋯⋯⋯⋯⋯⋯ 13

11. 叶裂片之间及边缘具灰白色的丝状纤维⋯⋯⋯⋯⋯⋯⋯⋯⋯ 丝葵

11. 非上述情形⋯⋯⋯⋯⋯⋯⋯⋯⋯⋯⋯⋯⋯⋯⋯⋯⋯⋯⋯⋯⋯ 12

12. 叶裂片顶部分裂成 2 片细长渐尖成丝状下垂的小裂片⋯⋯⋯ 蒲葵

12. 叶裂片先端具短 2 裂或 2 齿，硬挺甚至顶端下垂⋯⋯⋯⋯ 棕榈

13. 叶柄下部两侧具刺⋯⋯⋯⋯⋯⋯⋯⋯⋯⋯⋯⋯⋯⋯⋯⋯ 穗花轴榈

13. 叶柄两侧无刺或具微锯齿⋯⋯⋯⋯⋯⋯⋯⋯⋯⋯⋯⋯⋯⋯ 14

14. 叶掌状深裂成 2 ~ 4 裂片⋯⋯⋯⋯⋯⋯⋯⋯⋯⋯⋯⋯⋯⋯ 细棕竹

14. 叶掌状深裂成 4 枚以上的裂片⋯⋯⋯⋯⋯⋯⋯⋯⋯⋯⋯⋯ 15

15. 叶裂片 4 ~ 10 枚⋯⋯⋯⋯⋯⋯⋯⋯⋯⋯⋯⋯⋯⋯⋯⋯⋯⋯ 棕竹

15. 叶裂片 16 ~ 30 枚⋯⋯⋯⋯⋯⋯⋯⋯⋯⋯⋯⋯⋯⋯⋯⋯ 多裂棕竹

16. 无花被或花被很小⋯⋯⋯⋯⋯⋯⋯⋯⋯⋯⋯⋯⋯⋯⋯⋯⋯⋯ 17

16. 有花被，常显著，且呈花瓣状⋯⋯⋯⋯⋯⋯⋯⋯⋯⋯⋯⋯⋯ 48

17. 叶呈鞘状或鳞片状，包围在茎的基部，叶片退化为刺芒状⋯ 灯心草

17. 叶片不退化为刺芒状⋯⋯⋯⋯⋯⋯⋯⋯⋯⋯⋯⋯⋯⋯⋯⋯⋯ 18

18. 水生漂浮草本⋯⋯⋯⋯⋯⋯⋯⋯⋯⋯⋯⋯⋯⋯⋯⋯⋯⋯⋯⋯ 大藻

18. 不为水生漂浮草本⋯⋯⋯⋯⋯⋯⋯⋯⋯⋯⋯⋯⋯⋯⋯⋯⋯⋯ 19

19. 水生植物，具沉水叶和浮水叶⋯⋯⋯⋯⋯⋯⋯⋯⋯⋯⋯⋯⋯ 20

二、建筑环境绿化植物各论

- ■（一）针叶树
- ■（二）乔木
- ■（三）灌木
- ■（四）藤本植物
- ■（五）棕榈和苏铁类
- ■（六）竹类
- ■（七）一、二年生花卉
- ■（八）宿根花卉
- ■（九）球根花卉
- ■（十）蕨类植物
- ■（十一）观赏草
- ■（十二）多浆植物
- ■（十三）水生植物

（一）针叶树

1. 南洋杉 *Araucaria cunninghamii* **南洋杉科 / 南洋杉属**

常绿针叶树，直立。株高30m。大枝平展或斜伸，幼树冠尖塔形，老则成平顶状，侧生小枝密生，下垂。叶螺旋状排列，幼树的末级小枝的叶呈两侧扁的钻形，叶尖短刺状，生长角大于45°。

耐寒区9 ~ 11，适用移动式绿化。

2. 异叶南洋杉 *Araucaria heterophylla* **南洋杉科 / 南洋杉属**

常绿针叶树，直立。株高30m,冠径5 ~ 8m。树冠塔形，大枝平伸，小枝平展或下垂。叶螺旋状排列，幼树的末级小枝的叶细长呈线形，叶尖急尖，生长角小于45°。

耐寒区9 ~ 10，适用移动式绿化。

3. '垂枝蓝'北非雪松 *Cedrus atlantica* **'Glauca Pendula' 松科 / 雪松属**

常绿针叶树。株高和冠径0.9 ~ 3.6m。枝条下垂。枝有长枝及短枝；叶在长枝上辐射伸展，在短枝上呈簇生状。叶针状，具短尖头，蓝绿色，被白粉，横切面常四方形，长1.5 ~ 3.5cm，宽约1mm。

耐寒区6 ~ 8，适用屋顶绿化。

4. '垂枝'雪松 *Cedrus deodara* **'Pendula' 松科 / 雪松属**

常绿针叶树。株高可达4.5m。枝条下垂。枝有长枝及短枝，叶在长枝上螺旋状排列、辐射伸展，在短枝上呈簇生状。叶针状，坚硬，绿色，通常三棱形，长2.5 ~ 5cm，宽1 ~ 1.5mm，上部较宽，先端锐尖。

耐寒区6 ~ 9，适用屋顶绿化。

5. 黎巴嫩雪松 *Cedrus libani* **松科 / 雪松属**

常绿针叶树。株高和冠径12 ~ 18m。枝有长枝及短枝，叶在长枝上螺旋状排列、辐射伸展，在短枝上呈簇生状。叶针状，坚硬，绿色或苍绿色，长2 ~ 2.5cm，横切面四方形。球果圆柱形，长7.5 ~ 10.5cm。

耐寒区6 ~ 7，适用屋顶绿化。

6. 铁坚油杉 *Keteleeria davidiana* **松科 / 油杉属**

常绿针叶树。乔木，高达50m。叶条形，扁平，螺旋状着生，在侧枝上排列成两列，长2 ~ 5cm，宽3 ~ 4mm，先端圆钝或微凹；幼树或萌生枝的叶先端有刺状尖头。球果圆柱形，直立。

耐寒区7 ~ 10，适用屋顶绿化。

7. 蓝粉云杉 *Picea pungens* **松科 / 云杉属**

常绿针叶树。树冠塔形至圆锥形。植株通常高9 ~ 18m,最高可达50m。叶质硬，四棱状条形，长1.6 ~ 3cm，蓝绿色。球果下垂，浅褐色，长5 ~ 12cm。

耐寒区2 ~ 7，适用屋顶绿化。

8. '球形'蓝粉云杉 *Picea pungens* **'Globosa' 松科 / 云杉属**

常绿针叶树。生长缓慢。树冠阔塔形。株高达90 ~ 150cm,冠径120 ~ 180cm。枝条密集。叶质硬，银蓝色。

耐寒区2 ~ 7，适用屋顶绿化。

9. '霍普氏'蓝粉云杉 *Picea pungens* **'Hoopsii' 松科 / 云杉属**

常绿针叶树。树冠直立，浓密，圆锥状。通常株高9 ~ 15m，冠径4.5 ~ 6m。叶质硬，四棱状条形，为醒目的银蓝色。

耐寒区2 ~ 7，适用屋顶绿化。

10. '沃特尔'欧洲赤松 *Pinus sylvestris* **'Watereri' 松科 / 松属**

常绿针叶树。大灌木或小乔木，株高3 ~ 6cm，冠径2.4 ~ 3.6m。生长缓慢。树冠为平顶金字塔形或阔圆锥形。树皮红褐色。针叶

2针1束，粗硬，扭曲，蓝灰色，长可达7cm，先端尖，两面都有气孔线。

耐寒区3～7，适用屋顶绿化。

11. 千头赤松 *Pinus densiflora* 'Umbraculifera' 松科 / 松属

常绿针叶树。生长缓慢。小乔木或丛生大灌木，株高3～6m，冠径4.5～7.5m。树干红褐色，多数自基部向上丛生，形成伞形树冠。针叶2针1束，亮绿色，长5～9cm。球果卵圆形或卵状圆锥形。

耐寒区3～7，适用屋顶绿化。

12. '卫星' 波斯尼亚松 *Pinus heldreichii* 'Satellit' 松科 / 松属

常绿针叶树。直立大灌木，树冠圆柱状。株高常3～6m，冠径1～1.5m。树皮灰色。针叶2针1束，深绿色，刚硬，有尖头，长6.3～8.4cm。

耐寒区5～8，适用屋顶绿化。

13. '矮' 欧洲山松 *Pinus mugo* 'Mughus' 松科 / 松属

常绿针叶树。丛生灌木，株高常1.5～3m，冠径1.5～5m。树干常多数，直立；树冠开展，紧凑，呈丘状。针叶2针1束，深绿色，长3～7cm。

耐寒区3～7，适用屋顶绿化。

14. 日本五针松 *Pinus parviflora* 松科 / 松属

常绿针叶树。乔木，树冠圆锥形。针叶5针1束，微弯曲，长3.5～5.5cm，边缘具细锯齿，背面暗绿色，无气孔线，腹面每侧有3～6条灰白色气孔线。球果卵圆形或卵状椭圆形，长4～7.5cm。

耐寒区5～7，适用屋顶、移动式绿化。

15. '千种御殿' 日本五针松 *Pinus parviflora* 'Chikusa Goten' 松科 / 松属

常绿针叶树。灌木状，十年苗高50cm，成年植株高1～1.5m，冠径0.75～1m。树皮淡灰色至暗灰色。针叶5针1束，有时弯曲，较短，长2～3cm，背面暗绿色，腹面有灰白色气孔线。

耐寒区5～7，适用屋顶绿化。

16. '天蓝' 北美乔松 *Pinus strobus* 'Himmelblau' 松科 / 松属

常绿针叶树。株高2～3m。树冠开展。树皮淡灰色或褐色。针叶5针1束，细柔，长可达14cm，蓝色，腹面有灰白色气孔线。球果狭圆柱形。

耐寒区3～8，适用屋顶绿化。

17. 金松 *Sciadopitys verticillata* 金松科 / 金松属

常绿针叶树。乔木。株高7.5～9m，冠径4.5～6m。枝近轮生，水平伸展，树冠尖塔形。叶二型；鳞状叶小，膜质苞片状；合生叶（由2叶合生而成）条形，扁平，革质，着生于不发育的短枝顶端，辐射开展，在枝端呈伞形。

耐寒区5～8，适用屋顶、移动式绿化。

18. '有泷' 日本柳杉 *Cryptomeria japonica* 'Aritaki' 杉科 / 柳杉属

常绿针叶树。常绿小型至中型灌木，生长缓慢，植株低矮，树冠浓密。株高可达1.5～2m，冠径可达1.5m。小枝多数，斜展。叶扁平，淡绿色。

耐寒区6～9，适用屋顶绿化。

19. '扁平' 日本柳杉 *Cryptomeria japonica* 'Compressa' 杉科 / 柳杉属

常绿针叶树。常绿矮灌木，株高和冠径40cm，树冠浓密，圆球形。小枝密集，短而直伸。叶针状，排列紧密，深绿色，有光泽，冬季变为红褐色。

耐寒区6～9，适用屋顶绿化。

20. '鸡冠' 日本柳杉 *Cryptomeria japonica* 'Cristata' 杉科 / 柳杉属

常绿针叶树。常绿乔木，树冠尖塔形。十年生的成年植株高4m，冠径2m。小枝扁平，形成鸡冠状树冠。叶钻形，深绿色。

耐寒区6～9，适用屋顶绿化。

21.'小球'日本柳杉 *Cryptomeria japonica* **'Globosa Nana' 杉科 / 柳杉属**

常绿针叶树。植株低矮,树冠浓密,呈圆球状。株高 0.6 ~ 1.2m,冠径 0.7 ~ 1.1m。小枝半下垂。叶钻形,直伸,较长,稍向内弯,中绿色,冬季变为青铜色。

耐寒区 6 ~ 9,适用屋顶绿化。

22.'孝志'日本柳杉 *Cryptomeria japonica* **'Koshyi' 杉科 / 柳杉属**

常绿针叶树。常绿小型灌木,植株低矮,树冠浓密,呈扁球状。成年植株高 25cm,冠径 45 ~ 60cm。小枝多数,分枝均匀。叶钻形,直伸,中绿色。

耐寒区 6 ~ 9,适用屋顶绿化。

23.'万吉'日本柳杉 *Cryptomeria japonica* **'Mankichi-sugi' 杉科 / 柳杉属**

常绿针叶树。常绿小型灌木,植株低矮,树冠浓密,呈扁球状。成年植株高达 0.9 ~ 1.2m,冠径 0.9 ~ 1.5m。小枝和叶片不规则地聚集成团。叶钻形,绿色,嫩叶较柔软,然后逐渐坚硬,冬天叶片变为铜色。

耐寒区 6 ~ 9,适用屋顶绿化。

24.'螺旋'日本柳杉 *Cryptomeria japonica* **'Rasen' 杉科 / 柳杉属**

常绿针叶树。常绿乔木。株高 3.5 ~ 4.5m,冠径 1.8 ~ 3m。叶钻形,绿色,呈卷发状扭曲,围绕枝条螺旋盘绕。

耐寒区 6 ~ 9,适用屋顶绿化。

25.'维尔莫兰'日本柳杉 *Cryptomeria japonica* **'Vilmoriniana' 杉科 / 柳杉属**

常绿针叶树。常绿矮灌木,株高和冠径 35 ~ 60cm,树冠浓密,圆球形或卵圆形。小枝密集,短而直伸,顶端略下垂。叶针状,长 3 ~ 5mm,排列紧密,淡绿色,冬季变为赤褐色。

耐寒区 6 ~ 9,适用屋顶绿化。

26.'飞瀑'落羽杉 *Taxodium distichum*

'Cascade Falls' 杉科 / 落羽杉属

落叶针叶树。落叶性。株高 2.4 ~ 3.6m。枝条向外伸展,然后下垂。叶条形,扁平,基部扭转在小枝上列成两列,羽状,长可达 1.5cm,宽约 1mm,淡绿色,先端尖,上面中脉凹下。

耐寒区 4 ~ 9,适用屋顶绿化。

27.'金叶'水杉 *Metasequoia glyptostroboides* **'Ogon' 杉科 / 水杉属**

落叶针叶树。落叶乔木,高 21 ~ 30m。幼树树冠尖塔形。大枝不规则轮生,小枝对生或近对生。叶交叉对生,基部扭转成两列,羽状,扁平,柔软,条形,长 0.8 ~ 3.5cm,宽 1 ~ 2.5mm,金黄色,秋季变为橙棕色。球果下垂,近球形,熟时深褐色。

耐寒区 4 ~ 8,适用屋顶绿化。

28.'平展'北美红杉 *Sequoia sempervirens* **'Adpressa' 杉科 / 北美红杉属**

常绿针叶树。是北美红杉的一个矮生品种,十年生苗高 0.3 ~ 2m。树冠开展。新梢顶端乳白色。叶二型,螺旋状着生,长 1 ~ 2cm,鳞状叶贴生或微开展;条形叶基部扭转列成 2 列,无柄。

耐寒区 7 ~ 9,适用屋顶绿化。

29.'黄斑'北美翠柏 *Calocedrus decurrens* **'Aureovariegata' 柏科 / 翠柏属**

常绿针叶树。树冠紧密,圆柱状。十年生植株高 1.8m,冠径 0.9m,成年植株高 6 ~ 9m,冠径 2.4 ~ 3m。生鳞叶的小枝直展、扁平,排成一平面。鳞叶排列紧密,深绿色,绿叶丛中夹杂有亮黄色枝叶。

耐寒区 5 ~ 8,适用屋顶绿化。

30.'绿球'美国扁柏 *Chamaecyparis lawsoniana* **'Green Globe' 柏科 / 扁柏属**

常绿针叶树。矮小灌木。树冠紧凑,扁球形。生长十分缓慢,十年生植株高 30cm,冠径 30 ~ 40cm。生鳞叶的小枝排成平面,扁平。鳞叶形小,排列紧密,亮绿色。

耐寒区 5 ~ 8,适用屋顶绿化。

31.'球状'美国扁柏 Chamaecyparis lawsoniana 'Globosa' 柏科 / 扁柏属

常绿针叶树。矮小灌木。树冠球形。十年生植株的株高和冠径为 0.3 ~ 1.5m。生鳞叶的小枝排成平面，扁平，下面之鳞叶微有白粉，部分近无白粉。鳞叶形小，排列紧密，灰蓝色。

耐寒区 5 ~ 8，适用屋顶绿化。

32.'石松'美国扁柏 Chamaecyparis lawsoniana 'Lycopodioides' 柏科 / 扁柏属

常绿针叶树。常绿灌木。树冠直立，卵形。十年生植株通常高 1.5 ~ 3m，冠径约 1.2m。枝条弯曲，螺旋扭曲，呈石松状。鳞叶灰绿色，紧贴枝条。

耐寒区 5 ~ 8，适用屋顶绿化。

33.'克里普斯'日本扁柏 Chamaecyparis obtusa 'Crippsii' 柏科 / 扁柏属

常绿针叶树。常绿乔木状，树冠浓密，阔圆锥形。株高 2.4 ~ 3m，冠径 0.9 ~ 1.2m。生鳞叶小枝条扁平，排成一平面。鳞叶排列紧密，金黄色，在阳光充足处更醒目。

耐寒区 4 ~ 8，适用屋顶绿化。

34. [鸡冠] 日本扁柏 Chamaecyparis obtusa 'Rashamiba' 柏科 / 扁柏属

常绿针叶树。常绿半矮生灌木。十年生植株高 1.5m，冠径 0.9m。树冠直立，不规则的宽塔形。生鳞叶的小枝常扭曲，部分小枝顶端成鸡冠状。叶较厚，深绿色，柔软，先端尖，略向内弯曲。

耐寒区 5 ~ 8，适用屋顶绿化。

35.'石松'日本扁柏 Chamaecyparis obtusa 'Lycopodioides' 柏科 / 扁柏属

常绿针叶树。常绿灌木。生长缓慢。树冠开展，直立，形状不规则。十年生植株高 1.8 ~ 3m。枝条较粗，常扭曲，有时带化。鳞叶排列紧密，蓝绿色。

耐寒区 4 ~ 8，适用屋顶绿化。

36.'矮'日本扁柏 Chamaecyparis obtusa 'Nana' 柏科 / 扁柏属

常绿针叶树。矮小灌木。树冠丘状。株高和冠径可达 60cm。生长缓慢。小枝排列紧密，扇状。鳞叶上面深绿色，下面有白粉。

耐寒区 5 ~ 8，适用屋顶绿化。

37. 日本花柏 Chamaecyparis pisifera 柏科 / 扁柏属

常绿针叶树。乔木，树皮红褐色。树冠尖塔形；生鳞叶小枝条扁平，排成一平面。鳞叶先端锐尖，侧面之叶较中间之叶稍长，小枝上面中央之叶深绿色，下面之叶有明显的白粉。球果圆球形。

耐寒区 4 ~ 8，适用移动式绿化。

38.'林荫大道'日本花柏 Chamaecyparis pisifera 'Boulevard' 柏科 / 扁柏属

常绿针叶树。常绿半矮生灌木，株高 1.5 ~ 3.6m，冠径 60 ~ 120cm。生长缓慢。树冠塔形，紧凑，枝叶浓密。叶条状刺形，长 6mm，夏季银蓝绿色，冬季灰蓝色，柔软，先端尖，向内弯曲。叶片比绒柏更蓝，更密；株形更紧凑。

耐寒区 4 ~ 8，适用屋顶绿化。

39. [金线] 日本花柏 Chamaecyparis pisifera 'Filifera Aurea' 柏科 / 扁柏属

常绿针叶树。半矮生灌木。树皮红棕色，呈细条状剥落。树冠阔圆锥形，枝叶浓密。生长缓慢，20 年生植株高 1.8 ~ 2.1m，成年植株可高达 4.5 ~ 6m。枝条细长下垂，鳞叶紧贴，先端锐尖，新叶金黄色，老叶深绿色。整个生长季节保持鲜亮的叶色，直到秋季叶色变淡。

耐寒区 4 ~ 8，适用东墙、南墙、西墙、屋顶绿化。

40.'羽毛'日本花柏 Chamaecyparis pisifera 'Plumosa' 柏科 / 扁柏属

常绿针叶树。灌木或小乔木。树冠圆锥形，枝叶浓密。鳞叶钻形，柔软，开展呈羽毛状，长 3 ~ 4mm。

耐寒区 4 ~ 8，适用屋顶绿化。

41. 绒柏 *Chamaecyparis pisifera* 'Squarrosa' 柏科 / 扁柏属

常绿针叶树。灌木或小乔木。株高 2 ~ 20m。大枝斜展，枝叶浓密。叶条状刺形，银灰绿色，柔软，扁平，长 6 ~ 8mm，先端尖，小枝下面之叶的中脉两侧有白粉带。

耐寒区 4 ~ 8，适用屋顶绿化。

42. '金阳' 日本花柏 *Chamaecyparis pisifera* 'Sungold' 柏科 / 扁柏属

常绿针叶树。常绿矮灌木。生长缓慢。十年生植株高 0.9 ~ 1.5m；成年植株可高达 2.4m，冠径 3.6m。树冠丘状、球形或阔圆锥形，枝叶浓密。枝条细长下垂。鳞叶呈线状，紧贴，新叶金黄色，成熟叶变为酸橙绿色。

耐寒区 3 ~ 8，适用屋顶绿化。

43. '婴儿蓝' 日本花柏 *Chamaecyparis pisifera* 'Baby Blue' 柏科 / 扁柏属

常绿针叶树。常绿半矮生灌木。十年生植株高 1.8m，冠径 1.2m。生长缓慢。树冠直立，宽塔形，枝叶浓密。叶条状刺形，较短，银蓝色，柔软，先端尖，略向内弯曲。

耐寒区 4 ~ 8，适用屋顶绿化。

44. '姬' 日本花柏 *Chamaecyparis pisifera* 'Hime-sawara' 柏科 / 扁柏属

常绿针叶树。常绿矮生灌木。生长十分缓慢。十年生植株高 5 ~ 15cm，冠径 15cm。树冠丘状，紧凑，枝叶浓密。鳞叶灰绿色。

耐寒区 4 ~ 9，适用屋顶绿化。

45. '蓝冰' 光滑绿干柏 *Cupressus arizonica* var. *glabra* 'Blue Ice' 柏科 / 柏木属

常绿针叶树。树皮红褐色，纵裂成长条剥落。树冠塔形。株高 4.5 ~ 8m，冠径 2.4 ~ 3.6m。鳞叶斜方状卵形，银蓝灰色。球果圆球形或矩圆球形。

耐寒区 7 ~ 9，适用东墙、南墙、西墙、屋顶、移动式绿化。

**46. '金冠' 大果柏木 *Cupressus macrocarpa*
'Goldcrest' 柏科 / 柏木属**

常绿针叶树。树冠紧密，圆柱状。鳞叶无白粉，金黄色，可以较好地保持金黄色到冬季。球果椭圆形，无白粉。

耐寒区 7 ~ 10，适用屋顶绿化。

47. '加尔达' 地中海柏木 *Cupressus sempervirens* 'Garda' 柏科 / 柏木属

常绿针叶树。生长较快。树冠直立，紧凑，窄圆柱形。株高 5 ~ 10m，冠径 1 ~ 1.5m。树皮灰褐色。生鳞叶的小枝不排成平面，末端鳞叶枝四棱形。鳞叶交叉对生呈四列状，排列紧密，菱形，先端钝或钝尖，深绿色，无白粉，无明显的腺点。

耐寒区 7 ~ 10，适用屋顶绿化。

48. '布洛乌' 圆柏 *Juniperus chinensis* 'Blaauw' 柏科 / 刺柏属

常绿针叶树。中型灌木，株高 1.5 ~ 2m，冠幅 1 ~ 1.25m。枝叶浓密，树冠花瓶状。大枝半直立，自地面向四周呈放射状伸展。鳞形叶为主，兼有刺形叶，蓝灰色。

耐寒区 4 ~ 9，适用屋顶绿化。

49. '蓝阿尔卑斯' 圆柏 *Juniperus chinensis* 'Blue Alps' 柏科 / 刺柏属

常绿针叶树。成年植株高 3 ~ 3.6m，冠径 1.8 ~ 2.4m。枝叶浓密，树冠直立，花瓶状。枝稍弯曲，新梢顶端微下垂。刺形叶，蓝绿色，叶色全年保持鲜亮。

耐寒区 4 ~ 9，适用屋顶绿化。

50. 球柏 *Juniperus chinensis* 'Globosa' 柏科 / 刺柏属

常绿针叶树。矮型丛生圆球形灌木。枝密生。叶鳞形，间有刺叶，深绿色。球果圆形，蓝色，微被白粉。

耐寒区 4 ~ 9，适用屋顶绿化。

51. 龙柏 *Juniperus chinensis* 'Kaizuka' 柏科 / 刺柏属

常绿针叶树。树冠圆柱状或柱状塔形。枝条向上直展，常有扭转上升之势，小枝密，在枝端成几相等长之密簇。鳞叶排列紧密，幼嫩时淡黄绿色，后呈翠绿色。球果蓝色，微有白粉。

耐寒区 4 ~ 9，适用屋顶、移动式绿化。

52. 铺地龙柏 *Juniperus chinensis* 'Kaizuca Procumbens' 柏科 / 刺柏属

常绿针叶树。葡匐灌木。枝条就地平展。叶多为鳞形，少数为刺形叶，密生。球果圆形，蓝色，有白粉。

耐寒区 4 ~ 9，适用屋顶绿化。

53. 真柏 *Juniperus chinensis* 'Shimpaku' 柏科 / 刺柏属

常绿针叶树。灌木。树冠矮小，生长缓慢，呈不规则的瓶状。十年生植株高 0.9 ~ 1.5m。小枝密集。兼有鳞叶和刺叶，深绿色，较柔软。球果带蓝色。

耐寒区 3 ~ 9，适用屋顶绿化。

54. 欧洲刺柏 *Juniperus communis* 柏科 / 刺柏属

常绿针叶树。灌木或小乔木，高 0.3 ~ 8m，冠径 1 ~ 4m。茎平卧或直立。树皮褐色。刺形叶 3 枚轮生，绿色，有光泽。球果圆形或卵圆形，蓝黑色，有白粉。

耐寒区 2 ~ 7，适用屋顶绿化。

55. '绿毯' 欧洲刺柏 *Juniperus communis* 'Green Carpet' 柏科 / 刺柏属

常绿针叶树。平卧灌木，株高 8 ~ 15cm，冠径 90cm。枝条密集。刺形叶 3 枚轮生，春季亮绿色，后变为深绿色。

耐寒区 2 ~ 7，适用屋顶绿化。

56. '爱尔兰' 欧洲刺柏 *Juniperus communis* 'Hibernica' 柏科 / 刺柏属

常绿针叶树。树冠直立，浓密，圆柱状。株高 1.5 ~ 4.5m，冠径 0.6 ~ 1.2m。树皮褐色。刺形叶 3 枚轮生，蓝绿色。

耐寒区 2 ~ 7，适用屋顶绿化。

57. '波浪' 欧洲刺柏 *Juniperus communis* 'Repanda' 柏科 / 刺柏属

常绿针叶树。平卧灌木，株高 37cm，冠径 1.8 ~ 2.4m。枝条较细长，先端稍下垂。刺形叶 3 枚轮生，深绿色，有光泽，冬季带青铜色，较柔软，摸上去不尖锐。

耐寒区 2 ~ 7，适用屋顶绿化。

58. '曼波' 平枝圆柏 *Juniperus horizontalis* 'Monber' 柏科 / 刺柏属

常绿针叶树。平卧灌木。雄株。生长较快。株高 7 ~ 15cm，冠径 1.8 ~ 2.4m。树皮褐色。枝条顶端略带淡紫色。树冠浓密。几乎全为鳞叶，银蓝色。

耐寒区 4 ~ 9，适用屋顶绿化。

59. '巴尔港' 平枝圆柏 *Juniperus horizontalis* 'Bar Harbor' 柏科 / 刺柏属

常绿针叶树。平卧灌木。雄株。生长较快。株高 20 ~ 30cm，冠径 1.5 ~ 1.8m。树皮褐色。兼有鳞叶和刺叶，蓝灰色，冬季变为淡紫色。

耐寒区 3 ~ 9，适用屋顶绿化。

60. '蓝筹' 平枝圆柏 *Juniperus horizontalis* 'Blue Chip' 柏科 / 刺柏属

常绿针叶树。平卧灌木，株高 20 ~ 25cm，冠径达 3m。树皮褐色。兼有鳞叶和刺叶，全年钢蓝色，冬季顶端略带紫色。

耐寒区 3 ~ 9，适用屋顶绿化。

61. '橙辉' 平枝圆柏 *Juniperus horizontalis* 'Limeglow' 柏科 / 刺柏属

常绿针叶树。平卧矮灌木。株高 15 ~ 30cm，冠径 30 ~ 90cm。树冠呈花瓶状丘形。树皮褐色。鳞形叶为主，在生长季节为鲜亮的绿黄色，冬季变为或深或浅的古铜色、橘色和紫色。较少结实，球果肉质。

耐寒区 3 ~ 9，适用屋顶绿化。

62.'威尔士亲王'平铺圆柏 *Juniperus horizontalis* 'Prince of Wales' 柏科 / 刺柏属

　　常绿针叶树。平卧灌木，株高 10 ~ 15cm，冠径 0.9 ~ 1.8m。树皮褐色。兼有鳞叶和刺叶，中等绿色，微带蓝色，冬季变为紫褐色。

　　耐寒区 3 ~ 9，适用屋顶绿化。

63. 鹿角桧 *Juniperus* × *pfitzeriana* 柏科 / 刺柏属

　　常绿针叶树。树冠开展，株高 3m，冠径可达 5m。树皮剥落。干枝自地面向四周呈放射状斜上伸展。叶多为鳞形叶，暗绿色。球果圆形。

　　耐寒区 4 ~ 9，适用屋顶、移动式绿化。

64.'金海岸'鹿角桧 *Juniperus* × *pfitzeriana* 'Gold Coast' 柏科 / 刺柏属

　　常绿针叶树。树冠开展，紧凑。十年生植株高 60 ~ 90cm，冠径 90 ~ 120cm。树皮剥落。干枝自地面向四周斜上伸展。叶多为鳞形叶，间有刺形叶，金黄色，整个冬季保持金黄色。球果圆形。

　　耐寒区 4 ~ 9，适用屋顶绿化。

65.'栗叶金'鹿角桧 *Juniperus* × *pfitzeriana* 'Kuriwao Gold' 柏科 / 刺柏属

　　常绿针叶树。常绿灌木。株高可达 1.5m，冠径达 2m。树冠开展。枝条直立，密集，干枝自地面向四周呈放射状斜上伸展。叶多为鳞形叶，黄绿色。球果圆形。

　　耐寒区 4 ~ 9，适用屋顶绿化。

66.'薄荷酒'鹿角桧 *Juniperus* × *pfitzeriana* 'Mint Julep' 柏科 / 刺柏属

　　常绿针叶树。常绿灌木。株高 1.2 ~ 1.5m，冠径 1.2 ~ 2.4m。树冠开展，紧凑。枝条直立，密集，干枝自地面向四周呈放射状斜上伸展。叶多为鳞形叶，幼株兼有刺形叶，薄荷绿色，冬季保持叶片翠绿。

　　耐寒区 4 ~ 9，适用屋顶绿化。

67.'金叶'鹿角桧 *Juniperus* × *pfitzeriana* 'Pfitzeriana Aurea' 柏科 / 刺柏属

　　常绿针叶树。树冠开展。十年生植株高 1 ~ 1.5m，冠径 3 ~ 4m。干枝自地面向四周斜上伸展。枝条先端略微下垂。兼有鳞形叶和刺形叶，金黄色，在冬季或荫庇处变为绿黄色。球果圆形。

　　耐寒区 4 ~ 9，适用屋顶绿化。

68. 铺地柏 *Juniperus procumbens* 柏科 / 刺柏属

　　常绿针叶树。匍匐灌木，高达 75cm。枝条沿地面扩展，褐色，密生小枝，枝梢及小枝向上斜展。刺形叶 3 叶交叉轮生，条状披针形，先端渐尖成角质锐尖头，长 6 ~ 8mm，上面凹，有两条白粉气孔带，下面凸起，蓝绿色。球果近球形，被白粉，成熟时黑色。

　　耐寒区 4 ~ 9，适用东墙、南墙、西墙、屋顶、移动式绿化。

69.'矮生'铺地柏 *Juniperus procumbens* 'Nana' 柏科 / 刺柏属

　　常绿针叶树。匍匐灌木。长势稍弱。株高 20 ~ 30cm，冠径达 1.8m。枝条贴地面扩展，褐色，密生小枝。刺形叶 3 叶交叉轮生，蓝绿色，条状披针形，先端渐尖成角质锐尖头，长 8mm 以下。

　　耐寒区 4 ~ 9，适用西墙、屋顶绿化。

70.'柽柳叶'叉子圆柏 *Juniperus sabina* 'Tamariscifolia' 柏科 / 刺柏属

　　常绿针叶树。低矮灌木，株高达 45cm，冠径达 3m，树冠丘状。枝条层叠，与地面近平行。分枝浓密，小枝倾向于从一个分枝的上部 30° 长出。叶二型：鳞叶排列较密，向上斜展，4 列，先端急尖，背面有腺体，刺叶长 2 ~ 3mm，蓝绿色。

　　耐寒区 4 ~ 9，适用屋顶绿化。

71.'岩石园珍宝'叉子圆柏 *Juniperus sabina* 'Rockery Gem' 柏科 / 刺柏属

　　常绿针叶树。低矮灌木，株高 20 ~ 30cm，冠径 75 ~ 100cm。枝条平卧，开展，顶端略朝上。枝叶浓密。叶二型，排列较密，向上斜展，4 列，先端急尖，刺叶长 2 ~ 3mm，蓝灰色。

耐寒区 4 ~ 9，适用屋顶绿化。

72.'冲天火箭'岩生圆柏 *Juniperus scopulorum* 'Skyrocket' 柏科 / 刺柏属

常绿针叶树。树冠直立，窄圆柱形或圆锥形。株高达 6m，冠径达 60cm。树皮褐色。兼有刺叶和鳞叶，背面有腺体；刺叶长 3 ~ 6mm，鳞叶长 1 ~ 3mm，灰蓝色。

耐寒区 4 ~ 9，适用屋顶绿化。

73. 高山柏 *Juniperus squamata* 柏科 / 刺柏属

常绿针叶树。灌木，高 1 ~ 3m，或成匍匐状。树皮褐灰色。枝条斜伸或平展。叶全为刺形，3 叶交叉轮生，披针形或窄披针形，基部下延生长，长 5 ~ 10mm，宽 1 ~ 1.3mm，先端具急尖或渐尖的刺状尖头，上面稍凹，具白粉带，下面拱凸。球果卵圆形或近球形，熟后黑色或蓝黑色，无白粉，长 4 ~ 8mm，内有种子 1 粒。

耐寒区 4 ~ 8，适用屋顶绿化。

74.'蓝地毯'高山柏 *Juniperus squamata* 'Blue Carpet' 柏科 / 刺柏属

常绿针叶树。平卧灌木，株高 30cm，冠径 1.2 ~ 1.5m。树皮褐色。叶全为刺形，3 叶交叉轮生，披针形或窄披针形，基部下延生长，银蓝色，冬季变为蓝绿色。球果卵圆形或近球形。

耐寒区 4 ~ 7，适用屋顶绿化。

75.'蓝星'高山柏 *Juniperus squamata* 'Blue Star' 柏科 / 刺柏属

常绿针叶树。生长缓慢。植株低矮，树冠半球形。5 年生植株高 30cm，成年植株高 60 ~ 90cm。叶全为刺形，3 叶交叉轮生，锥形，银蓝色。球果卵圆形或近球形。

耐寒区 4 ~ 8，适用屋顶绿化。

76.'霍尔格'高山柏 *Juniperus squamata* 'Holger' 柏科 / 刺柏属

常绿针叶树。树冠开展，紧凑，枝条密集。株高 30 ~ 90cm，成年植株高 90 ~ 120cm。叶全为刺形，3 叶交叉轮生，新叶黄色，到夏季变为蓝绿色。

耐寒区 4 ~ 8，适用屋顶绿化。

77. 粉柏 *Juniperus squamata* 'Meyeri' 柏科 / 刺柏属

常绿针叶树。直立灌木。树皮褐灰色。小枝密。叶全为刺形，排列紧密，上下两面被白粉，条状披针形，长 6 ~ 10mm，先端渐尖。球果卵圆形，长约 6mm。

耐寒区 4 ~ 8，适用屋顶绿化。

78.'灰猫头鹰'北美圆柏 *Juniperus virginiana* 'Grey Owl' 柏科 / 刺柏属

常绿针叶树。常绿灌木。生长缓慢。树冠开展，紧凑。株高 60 ~ 90cm，冠径 1.2 ~ 1.8m。生鳞叶的小枝细，四棱形。鳞叶排列较疏，银灰色，先端尖，背面有腺体。雌株，结实多，球果肉质，被白粉。

耐寒区 2 ~ 9，适用屋顶绿化。

79.'哈茨'北美圆柏 *Juniperus virginiana* 'Hetzii' 柏科 / 刺柏属

常绿针叶树。常绿灌木。树冠开展，喷泉状。枝条向外伸展，株高常为 1.5 ~ 3m，也可达 3.6 ~ 4.5m。鳞叶为主，刺叶出现在幼枝上。叶蓝绿色至灰绿色，冬季通常保持良好的叶色。球果肉质，近圆球形，蓝紫色。

耐寒区 3 ~ 9，适用屋顶绿化。

80. 侧柏 *Platycladus orientalis* 柏科 / 侧柏属

常绿针叶树。乔木，高达 20 余米。幼树树冠卵状尖塔形，老树树冠则为广圆形。生鳞叶的小枝细，向上直展或斜展，扁平，排成一平面。叶鳞形，长 1 ~ 3mm，先端微钝。球果近卵圆形，成熟前近肉质，蓝绿色，被白粉，成熟后木质，开裂。

耐寒区 6 ~ 9，适用西墙绿化。

81.'金叶'侧柏 *Platycladus orientalis* **'Aurea'** 柏科 / 侧柏属

常绿针叶树。乔木。幼树树冠卵状尖塔形。叶鳞形，长 1 ~ 3mm，先端微钝，金黄色。球果近卵圆形，成熟前近肉质，蓝绿色，被白粉，成熟后木质，开裂。

耐寒区 6 ~ 9，适用屋顶绿化。

82.'洒金千头'侧柏 *Platycladus orientalis* **'Aurea Nana'** 柏科 / 侧柏属

常绿针叶树。丛生直立灌木，无主干。株高 0.6 ~ 1.5m，冠径 0.6 ~ 1.2m。树冠紧凑，卵圆形或球形。枝密，上伸。鳞叶金黄色，入冬略转褐绿。球果近卵圆形。

耐寒区 6 ~ 9，适用东墙、移动式绿化。

83. 千头柏 *Platycladus orientalis* **'Sieboldii'** 柏科 / 侧柏属

常绿针叶树。丛生直立灌木，无主干。树冠紧凑，卵圆形或球形。枝密，上伸。鳞叶绿色。球果近卵圆形，成熟前近肉质，蓝绿色，被白粉。

耐寒区 6 ~ 9，适用屋顶、移动式绿化。

84.'韦斯特蒙特'侧柏 *Platycladus orientalis* **'Westmont'** 柏科 / 侧柏属

常绿针叶树。丛生直立灌木，无主干。生长缓慢。株高和冠径 0.6 ~ 1.2m。树冠紧凑，卵圆形或球形。枝密，上伸。鳞叶深绿色，顶端鲜黄色，入冬略转褐绿。球果近卵圆形。

耐寒区 6 ~ 9，适用屋顶绿化。

85. 北美香柏 *Thuja occidentalis* 柏科 / 崖柏属

常绿针叶树。乔木，高达 15m。树皮红褐色或橘红色。枝条开展，树冠塔形。叶鳞形，先端尖，小枝上面的叶绿色或深绿色，下面的叶灰绿色或淡黄绿色。球果幼时直立，绿色，成熟时淡红褐色，向下弯垂，长椭圆形。

耐寒区 2 ~ 7，适用屋顶绿化。

86.'德格鲁之塔'北美香柏 *Thuja occidentalis* **'Degroot's Spire'** 柏科 / 崖柏属

常绿针叶树。生长缓慢。株高 6 ~ 9m，冠径 1.2 ~ 1.8m。树冠紧凑，直立，尖塔形。生鳞叶的小枝排成平面，扁平。鳞叶二型，交叉对生，排成 4 列，中绿色。

耐寒区 2 ~ 7，适用屋顶绿化。

87.'欧洲之金'北美香柏 *Thuja occidentalis* **'Europe Gold'** 柏科 / 崖柏属

常绿针叶树。生长缓慢。株高 2.4 ~ 3m，冠径 1.2 ~ 1.5m。树冠直立，圆锥形。生鳞叶的小枝排成平面，扁平。鳞叶二型，交叉对生，排成 4 列，金黄色，冬季略带一点橘黄色。

耐寒区 2 ~ 7，适用屋顶绿化。

88.'金球'北美香柏 *Thuja occidentalis* **'Gloden Globe'** 柏科 / 崖柏属

常绿针叶树。生长缓慢。株高和冠径均为 60 ~ 120cm。树冠直立，紧凑，圆球形。生鳞叶的小枝排成平面，扁平，柔软。鳞叶二型，交叉对生，排成 4 列，黄色。球果长椭圆形，长 8 ~ 13mm，成熟时淡红褐色。

耐寒区 2 ~ 8，适用屋顶绿化。

89.'祖母绿'北美香柏 *Thuja occidentalis* **'Smaragd'** 柏科 / 崖柏属

常绿针叶树。株高 2.1 ~ 4.5m，冠径 0.9 ~ 1.2m。树冠紧凑，直立，尖塔形。生鳞叶的小枝排成平面，扁平。鳞叶二型，交叉对生，排成 4 列，有光泽的亮绿色。长椭圆形，长 8 ~ 13mm，秋季成熟时淡红褐色。

耐寒区 2 ~ 7，适用屋顶绿化。

90.'光芒'北美香柏 *Thuja occidentalis* **'Sunkist'** 柏科 / 崖柏属

常绿针叶树。生长缓慢。株高 1.8 ~ 3m，冠径 1.5 ~ 2.4m。树冠直立，阔锥形。生鳞叶的小枝排成平面，扁平。鳞叶二型，交叉对生，排成 4 列，春季为柠檬黄色，冬季变为橘黄色。

耐寒区 2 ~ 7，适用屋顶绿化。

91.'小蒂姆'北美香柏 *Thuja occidentalis*

'Tiny Tim' 柏科 / 崖柏属

　　常绿针叶树。生长十分缓慢。株高
15 ~ 30cm,冠径 30 ~ 45cm。树冠直立,紧凑,
圆球形。生鳞叶的小枝排成平面,扁平。鳞叶二型,
交叉对生,排成 4 列,中绿色。

　　耐寒区 2 ~ 7,适用屋顶绿化。

92. '斯马利' 北美香柏 *Thuja occidentalis* 'Zmatlik' 柏科 / 崖柏属

　　常绿针叶树。生长缓慢。株高达 1.5m,冠
径 0.6m。树冠紧凑,直立,圆柱状。生鳞叶的
小枝排成平面,扁平。鳞叶二型,交叉对生,排
成 4 列,深绿色。

　　耐寒区 2 ~ 8,适用屋顶绿化。

93. 竹柏 *Nageia nagi* 罗汉松科 / 竹柏属

　　常绿针叶树。乔木,高达20m。树冠广圆锥形,
枝条开展或伸展。叶对生,革质,长卵形、卵状
披针形或披针状椭圆形,有多数并列的细脉,无
中脉,长 3.5 ~ 9cm,宽 1.5 ~ 2.5cm,上面深
绿色,有光泽,下面浅绿色。种子圆球形,成熟
时假种皮暗紫色,有白粉。

　　耐寒区 9 ~ 11,适用移动式绿化。

94. 罗汉松 *Podocarpus macrophyllus* 罗汉松科 / 罗汉松属

　　常绿针叶树。高 10m,冠径 3 ~ 5m。可
作灌木栽培,株高和冠径均为 1 ~ 2m。叶螺旋
状着生,条状披针形,微弯,长 7 ~ 12cm,宽
7 ~ 10mm,先端尖,上面深绿色,有光泽。种
子卵圆形,熟时肉质假种皮紫黑色,有白粉,种
托肉质圆柱形,红色或紫红色。

　　耐寒区 7 ~ 9,适用移动式绿化。

95. '狭叶' 罗汉松 *Podocarpus macrophyllus* 'Angustifolius' 罗汉松科 / 罗汉松属

　　常绿针叶树。叶螺旋状着生,条状披针形,
长 5 ~ 9cm,宽 3 ~ 6mm,先端渐窄成长尖头,
基部楔形,上面深绿色,有光泽。种子卵圆形,
熟时肉质假种皮紫黑色,有白粉,种托肉质圆
柱形,红色或紫红色。

耐寒区 7 ~ 9,适用屋顶绿化。

96. '短叶' 罗汉松 *Podocarpus macrophyllus* 'Maki' 罗汉松科 / 罗汉松属

　　常绿针叶树。小乔木或成灌木状,枝条向上
斜展。叶螺旋状着生,短而密生,长 2.5 ~ 7cm,
宽 3 ~ 7mm,先端钝或圆。种子卵圆形,熟时
肉质假种皮紫黑色,有白粉,种托肉质圆柱形,
红色或紫红色。

　　耐寒区 7 ~ 9,适用屋顶绿化。

97. 粗榧 *Cephalotaxus sinensis* 三尖杉科 / 三尖杉属

　　常绿针叶树。直立灌木或小乔木,高达
15m。叶条形,排列成两列,通常直,稀微弯,
长 2 ~ 5cm,宽约 3mm,先端通常渐尖或微凸尖,
上面深绿色,下面有 2 条白色气孔带。种子通常
2 ~ 5 个着生于轴上,卵圆形或近球形。

　　耐寒区 6 ~ 9,适用屋顶绿化。

98. '柱状' 日本粗榧 *Cephalotaxus harringtonia* 'Fastigiata' 三尖杉科 / 三尖杉属

　　常绿针叶树。生长缓慢。枝直展或斜展,
树冠圆柱状,直立。株高 2.4 ~ 3m,冠径
0.9 ~ 1.5m。叶螺旋状排列,不为两列,线形,
墨绿色,长 2 ~ 3cm,稀 4cm,先端凸尖,下
面有两条白色气孔带。

　　耐寒区 6 ~ 9,适用屋顶绿化。

99. 欧洲红豆杉 *Taxus baccata* 红豆杉科 / 红豆杉属

　　常绿针叶树。株高 10 ~ 20m。冬芽芽鳞先
端钝,背面略有纵脊。叶螺旋状着生,呈不规则
两列,条形,深绿色,长 1 ~ 4cm,宽 2 ~ 3mm,
先端渐尖。假种皮鲜红色。

　　耐寒区 6 ~ 8,适用屋顶绿化。

100. '阿默斯福特' 欧洲红豆杉 *Taxus baccata* 'Amersfoort' 红豆杉科 / 红豆杉属

　　常绿灌木状针叶树。生长缓慢。株高
1.5 ~ 2.4m,冠径 0.6 ~ 1.5m。树冠直立,枝

条外伸或斜展。叶螺旋状着生，深绿色，扁平，短，长 6 ～ 13mm，先端圆。

耐寒区 5 ～ 7，适用屋顶绿化。

101. '柱状' 欧洲红豆杉 *Taxus baccata* 'Fastigiata' 红豆杉科 / 红豆杉属

常绿灌木状针叶树。株高 1.2 ～ 3m，冠径 60 ～ 90cm。树冠浓密，圆柱状。生长缓慢。枝条直立。叶螺旋状着生，条形，深绿色。雌株。

耐寒区 6 ～ 8，适用屋顶绿化。

102. '波浪' 欧洲红豆杉 *Taxus baccata* 'Repandens' 红豆杉科 / 红豆杉属

常绿灌木状针叶树。植株低矮，株高 60cm，冠径 5m。主枝水平开展，小枝先端弯垂。雌株。叶螺旋状着生，呈不规则两列，条形，深绿色。

耐寒区 6 ～ 8，适用屋顶绿化。

103. '拉什莫尔' 欧洲红豆杉 *Taxus baccata* 'Rushmore' 红豆杉科 / 红豆杉属

常绿灌木状针叶树。生长缓慢。株高约 1m，冠径约 65cm。树冠直立，开展，分枝多。叶螺旋状着生，较短，长 8mm，宽 3mm，深绿色。

耐寒区 6 ～ 8，适用屋顶绿化。

104. '墨绿' 欧洲红豆杉 *Taxus baccata* 'Schwarzgrün' 红豆杉科 / 红豆杉属

常绿灌木状针叶树。生长缓慢。株高约 1.5m，冠径 1.5 ～ 2m。树冠直立，开展，紧凑，分枝多而均匀。叶螺旋状着生，条形，墨绿色，有时略带蓝紫色。

耐寒区 6 ～ 8，适用屋顶绿化。

105. '斯坦迪什' 欧洲红豆杉 *Taxus baccata* 'Standishii' 红豆杉科 / 红豆杉属

常绿灌木状针叶树。株高 1.2 ～ 1.5m，冠径 30 ～ 60cm。树冠浓密，圆柱状。生长缓慢。枝条直立。叶螺旋状着生，条形，金黄色。

耐寒区 6 ～ 8，适用屋顶绿化。

106. '夏日金' 欧洲红豆杉 *Taxus baccata* 'Summergold' 红豆杉科 / 红豆杉属

常绿灌木状针叶树。生长缓慢。株高 0.5 ～ 1m，冠径 2 ～ 3m。树冠平卧或开展。叶螺旋状着生，呈不规则两列，条形，嫩叶亮黄色，逐渐变为绿色具黄色边缘，成熟叶中绿色或黄绿色。

耐寒区 6 ～ 8，适用屋顶绿化。

107. 矮紫杉 *Taxus cuspidata* var. *nana* 红豆杉科 / 红豆杉属

常绿灌木状针叶树。树冠半球状，树形矮小。十年生植株株高 90 ～ 120cm，冠径可达 180cm。叶螺旋状着生，呈不规则两列，与小枝约成 45°角斜展，条形，先端凸尖，上面绿色，有光泽，下面有两条灰绿色气孔线。假种皮鲜红色，种子 9 ～ 10 月成熟。

耐寒区 4 ～ 7，适用屋顶、移动式绿化。

108. 红豆杉 *Taxus wallichiana* var. *chinensis* 红豆杉科 / 红豆杉属

常绿针叶树。乔木，高达 30m。叶排成两列，条形，微弯或较直，长 1 ～ 3cm，宽 2 ～ 4mm，上面深绿色，有光泽，下面淡黄绿色，有两条气孔带。种子生于杯状、红色、肉质的假种皮中。

耐寒区 6 ～ 9，适用屋顶、移动式绿化。

（二）乔木

1. 银杏 *Ginkgo biloba* **银杏科 / 银杏属**

落叶乔木，高达 40m。叶扇形，有长柄，淡绿色，无毛，有多数叉状、并列细脉，顶端宽 5 ~ 8cm，秋季落叶前变为黄色。雌雄异株。种子具长梗，下垂，常为椭球形、长倒卵形、卵球形或近圆球形。

耐寒区 3 ~ 8，适用东墙、南墙、移动式绿化。

2. 玉兰 *Yulania denudata* **木兰科 / 玉兰属**

落叶乔木，高达 25m。小枝具环状的托叶痕。叶互生，纸质，倒卵形至倒卵状椭圆形，先端宽圆、平截或稍凹，具短突尖。花单生枝顶，先叶开放，芳香，直径 10 ~ 16cm；花被片 9 枚，白色，基部常带粉红色，长 6 ~ 8cm。花期 2 ~ 3 月。

耐寒区 6 ~ 9，适用移动式绿化。

3. 二乔玉兰 *Yulania × soulangeana* **木兰科 / 玉兰属**

落叶小乔木，高 6 ~ 10m。叶互生，纸质，倒卵形，长 6 ~ 15cm，宽 4 ~ 7.5cm，先端短急尖。花单生枝顶，先叶开放，浅红色至紫红色，花被片 6 ~ 9 枚，外轮 3 枚花被片常较短，约为内轮长的 2/3。花期 2 ~ 3 月。

耐寒区 4 ~ 9，适用移动式绿化。

4. 白兰花 *Michelia × alba* **木兰科 / 含笑属**

常绿乔木，高达 17m。叶互生，薄革质，长椭圆形或披针状椭圆形，长 10 ~ 27cm，宽 4 ~ 9.5cm；托叶痕几达叶柄中部。花生于腋生的特化的小短枝上，白色，极香；花被片 10 枚，披针形，长 3 ~ 4cm。花期 4 ~ 9 月。

耐寒区 10 ~ 11，适用移动式绿化。

5. 金叶含笑 *Michelia foveolata* **木兰科 / 含笑属**

常绿乔木，高达 30m。芽、幼枝、叶柄、叶背及花梗密被红褐色短绒毛。叶互生，厚革质，长圆状椭圆形至阔披针形，长 17 ~ 23cm，宽 6 ~ 11cm，下面被红铜色短绒毛。花被片 9 ~ 12 枚，淡黄绿色，长 6 ~ 7cm。花期 3 ~ 5 月。

耐寒区 8 ~ 11，适用移动式绿化。

6. 深山含笑 *Michelia maudiae* **木兰科 / 含笑属**

常绿乔木，高达 20m，各部均无毛。叶互生，革质，长圆状椭圆形，长 7 ~ 18cm，宽 3.5 ~ 8.5cm，上面深绿色，有光泽，下面灰绿色，被白粉。花芳香，花被片 9 枚，纯白色，长 5 ~ 7cm，宽 3.5 ~ 4cm。花期 2 ~ 3 月。

耐寒区 8 ~ 11，适用移动式绿化。

7. '新'含笑 *Michelia 'Xin'* **木兰科 / 含笑属**

常绿小乔木或大灌木。叶互生，深绿色，长圆形或椭圆状长圆形，先端渐尖，基部宽楔形或圆钝，下面被灰白色平伏微柔毛。花白色，直径达 10cm，香味浓郁。主花期在春、秋两季，3 月份开花最盛，秋季和初冬也有花开。

耐寒区 8 ~ 9，适用移动式绿化。

8. 樟 *Cinnamomum camphora* **樟科 / 樟属**

常绿大乔木，高可达 30m。树冠广卵形。枝、叶及木材均有樟脑气味。叶互生，卵状椭圆形，长 6 ~ 12cm，宽 2.5 ~ 5.5cm，边缘全缘，具离基三出脉。圆锥花序腋生；花绿白或带黄色，长约 3mm。果卵球形或近球形，直径 6 ~ 8mm，紫黑色。花期 4 ~ 5 月。

耐寒区 8 ~ 11，适用移动式绿化。

9. 兰屿肉桂 *Cinnamomum kotoense* **樟科 / 樟属**

常绿乔木，高约 15m。叶对生或近对生，卵圆形至长圆状卵圆形，长 8 ~ 11cm，宽 4 ~ 5.5cm，先端锐尖，基部圆形，革质，绿色，两面无毛，具离基三出脉；叶柄长约 1.5cm。果卵球形，长约 14mm。

耐寒区 10 ~ 11，适用移动式绿化。

10. 月桂 *Laurus nobilis* **樟科 / 月桂属**

常绿小乔木或灌木状，高可达 12m。叶和果含芳香油。叶互生，长圆形或长圆状披针形，长5.5~12cm，宽1.8~3.2cm，边缘细波状，革质，暗绿色，两面无毛，羽状脉。雌雄异株；伞形花序腋生；花小，黄绿色。果卵球形，熟时暗紫色。花期3~5月。

耐寒区8~10，适用移动式绿化。

11. 榔榆 Ulmus parvifolia 榆科 / 榆属

落叶乔木，高达25m；树冠广圆形，树皮裂成不规则鳞状薄片剥落。叶互生，质地厚，披针状卵形或窄椭圆形，长1.7~8cm，宽0.8~3cm，边缘有钝而整齐的单锯齿。花秋季开放，单被花。翅果椭圆形或卵状椭圆形。花果期8~10月。

耐寒区4~9，适用移动式绿化。

12. '垂枝金叶' 榆 Ulmus pumila 'Chuizhi Jinye' 榆科 / 榆属

落叶小乔木。树干上部的主干不明显，分枝较多，树冠伞形。树皮灰白色，较光滑。一至三年生枝下垂而不卷曲或扭曲。叶互生，椭圆状卵形或椭圆状披针形，金黄色，边缘具锯齿。花先叶开放。翅果近圆形。花果期3~6月。

耐寒区4~9，适用屋顶绿化。

13. '垂枝' 榆 Ulmus pumila 'Tenue' 榆科 / 榆属

落叶小乔木。树干上部的主干不明显，分枝较多，树冠伞形。树皮灰白色，较光滑。一至三年生枝下垂而不卷曲或扭曲。叶互生，椭圆状卵形或椭圆状披针形，长2~8cm，宽1.2~3.5cm，基部偏斜，边缘具锯齿。花先叶开放。翅果近圆形。花果期3~6月。

耐寒区4~9，适用屋顶绿化。

14. 垂叶榕 Ficus benjamina 桑科 / 榕属

常绿大乔木，高达20m。树冠广阔；小枝下垂。叶互生，薄革质，卵形至卵状椭圆形，长4~8cm，宽2~4cm，全缘。榕果成对或单生叶腋，基部缢缩成柄，球形或扁球形，光滑，成熟时红色至黄色，直径8~15cm。花期8~11月。

耐寒区10~11，适用东墙、南墙绿化。

15. '花叶' 高山榕 Ficus altissima 'Variegata' 桑科 / 榕属

常绿乔木。幼枝绿色。叶互生，厚革质，宽卵形至宽卵状椭圆形，全缘，绿色，具不规则的黄色斑纹。榕果成对着生干叶腋，椭圆状卵球形，成熟时红色或黄色，直径1.7~2.8cm。花期3~4月。

耐寒区10~11，适用东墙、南墙绿化。

16. 印度榕 Ficus elastica 桑科 / 榕属

常绿乔木，高达20~30m。叶互生，厚革质，长圆形至椭圆形，长8~30cm，宽7~10cm，全缘，侧脉多，不明显，平行；托叶膜质，深红色，脱落后有明显环状痕。榕果卵状长椭圆形，长10mm，直径5~8mm，黄绿色。花期冬季。

耐寒区10~11，适用东墙、南墙、移动式绿化。

17. 榕树 Ficus microcarpa 桑科 / 榕属

常绿大乔木，高达15~25m。冠幅广展；老树常有锈褐色气根。叶互生，薄革质，狭椭圆形，长4~8cm，宽3~4cm，全缘，侧脉3~10对。榕果成熟时黄或微红色，扁球形，直径6~8mm。花期5~6月。

耐寒区9~11，适用移动式绿化。

18. 桑 Morus alba 桑科 / 桑属

落叶乔木，高3~10m或更高。叶互生，卵形或广卵形，长5~15cm，宽5~12cm，边缘锯齿粗钝，有时叶为各种分裂。花单性，雌雄异株；雌雄花序均为穗状，花小。聚花果卵状椭圆形，长1~2.5cm，成熟时红色或暗紫色。花期4~5月，果期5~8月。

耐寒区4~8，适用移动式绿化。

19. '云龙' 桑 Morus alba 'Unryu' 桑科 / 桑属

落叶乔木，株高可达9~12m，但栽培植株常为高2.4~4.5m的灌木。枝条圆柱形，呈S形扭曲。叶互生，深绿色，卵形或广卵形，长可达18cm，边缘锯齿粗钝。腋生穗状花序，花小。聚花果卵状椭圆形，紫黑色或淡红色。花期4~5

月，果期 5 ~ 8 月。

耐寒区 4 ~ 8，适用移动式绿化。

20. '垂枝' 桑 *Morus alba* 'Pendula' 桑科 / 桑属

落叶小乔木，株高 1.8 ~ 3m，冠径 2.4 ~ 3.6m。小枝拱形下垂。叶互生，深绿色，卵形或广卵形，常有分裂，边缘锯齿粗钝。腋生穗状花序，花小，雌性。聚花果卵状椭圆形，熟时紫黑色或淡红色。花期 4 ~ 5 月，果期 5 ~ 8 月。

耐寒区 4 ~ 8，适用移动式绿化。

21. 杨梅 *Myrica rubra* 杨梅科 / 杨梅属

常绿乔木，高可达 15m 以上；树冠圆球形。叶互生，革质，无毛，楔状倒卵形或长椭圆状倒卵形，长 5 ~ 14cm，宽 1 ~ 4cm，上面深绿色，有光泽，下面有金黄色腺体。花雌雄异株；无花被。核果球状，深红色或紫红色。花期 4 月，果期 6 ~ 7 月。

耐寒区 9 ~ 11，适用屋顶、移动式绿化。

22. 杜英 *Elaeocarpus decipiens* 杜英科 / 杜英属

常绿乔木，高 5 ~ 15m。叶互生，革质，披针形或倒披针形，长 7 ~ 12cm，宽 2 ~ 3.5cm，深绿色，侧脉 7 ~ 9 对。总状花序，长 5 ~ 10cm；花瓣 5 枚，倒卵形，白色，上半部撕裂，裂片 14 ~ 16 条。核果椭圆形，长 2 ~ 2.5cm。花期 6 ~ 7 月。

耐寒区 9 ~ 11，适用移动式绿化。

23. 秃瓣杜英 *Elaeocarpus glabripetalus* 杜英科 / 杜英属

常绿乔木，高 12m。叶互生，纸质或膜质，倒披针形，长 8 ~ 12cm，宽 3 ~ 4cm，绿色，侧脉 7 ~ 8 对。总状花序，长 5 ~ 10cm；花瓣 5 枚，白色，长 5 ~ 6mm，撕裂为 14 ~ 18 条。核果椭圆形，长 1 ~ 1.5cm。花期 7 月。

耐寒区 9 ~ 11，适用移动式绿化。

24. 瓜栗 *Pachira aquatica* 木棉科 / 瓜栗属

常绿小乔木，高 4 ~ 5m。叶互生，掌状复叶，小叶 5 ~ 11 枚，长圆形，全缘。花单生枝顶叶腋；花瓣淡黄绿色，狭披针形至线形，长达 15cm；花丝多数，下部黄色，向上变淡红色；花柱深红色。蒴果近梨形，长 9 ~ 10cm，果皮厚，木质，近黄褐色。花期 5 ~ 11 月。

耐寒区 10 ~ 11，适用移动式绿化。

25. 光瓜栗 *Pachira glabra* 木棉科 / 瓜栗属

常绿乔木，高 9 ~ 18m。叶互生，掌状复叶，长 15 ~ 28cm；小叶 5 ~ 9 枚，全缘。花单生枝顶叶腋，具长梗；花瓣白色，狭披针形至线形；花丝多数，白色。蒴果长 10 ~ 20cm，光滑，绿色，果皮厚，木质。

耐寒区 10 ~ 11，适用移动式绿化。

26. 垂柳 *Salix babylonica* 杨柳科 / 柳属

落叶乔木，高达 12 ~ 18m，树冠开展而疏散。枝细，下垂。叶互生，狭披针形或线状披针形，长 9 ~ 16cm，宽 0.5 ~ 1.5cm，先端长渐尖，绿色，边缘具锯齿。葇荑花序先叶开放，或与叶同时开放。花期 3 ~ 4 月，果期 4 ~ 5 月。

耐寒区 6 ~ 8，适用移动式绿化。

27. 旱柳 *Salix matsudana* 杨柳科 / 柳属

落叶乔木，高达 18m。大枝斜上，树冠广圆形。叶互生，披针形，长 5 ~ 10cm，宽 1 ~ 1.5cm，先端长渐尖，基部窄圆形或楔形，上面绿色，无毛，有光泽，下面苍白色或带白色，边缘有细腺锯齿。葇荑花序与叶同时开放。花期 4 月。

耐寒区 5 ~ 8，适用移动式绿化。

28. 老鸦柿 *Diospyros rhombifolia* 柿树科 / 柿树属

落叶小乔木，高可达 8m 左右。多枝，分枝低，有枝刺。叶互生，纸质，菱状倒卵形，长 4 ~ 8.5cm。花单性，雌雄异株；花萼 4 深裂；花冠壶形，长 3.5 ~ 4mm。浆果单生，球形，嫩时黄绿色，有柔毛，后变橙黄色，熟时橘红色。花期 4 ~ 5 月，果期 9 ~ 10 月。

耐寒区 7 ~ 11，适用移动式绿化。

29. 桃 *Amygdalus persica* 蔷薇科 / 桃属

落叶乔木，高 3 ~ 8m。芽常 2 ~ 3 个簇生。叶互生，长圆披针形至倒卵状披针形，长 7 ~ 15cm，宽 2 ~ 3.5cm，绿色或紫红色。花单生，先于叶开放；花瓣 5 枚或多数，红色、粉红色或白色等。核果卵形、宽椭圆形或扁圆形。花期 3 ~ 4 月。

耐寒区 5 ~ 8，适用移动式绿化。

30. 碧桃 *Amygdalus persica* 'Bitao' 蔷薇科 / 桃属

落叶乔木，高 3 ~ 8m。芽常 2 ~ 3 个簇生，中间为叶芽，两侧为花芽。叶互生，长圆状披针形至倒卵状披针形，先端渐尖，边缘具细锯齿或粗锯齿。花单生，先于叶开放；花重瓣，淡红色。花期 3 ~ 4 月。

耐寒区 5 ~ 8，适用屋顶、移动式绿化。

31. 寿星桃 *Amygdalus persica* Dwarf Group 蔷薇科 / 桃属

落叶小乔木或灌木。植株矮小，节间特短，花芽密集。芽常 2 ~ 3 个簇生，中间为叶芽，两侧为花芽。叶互生，长圆披针形至倒卵状披针形，先端渐尖，边缘具细锯齿或粗锯齿。花单生，先于叶开放；花重瓣或单瓣，深红色、粉红色或白色等。花期 3 ~ 4 月。

耐寒区 5 ~ 8，适用屋顶绿化。

32. 绛桃 *Amygdalus persica* 'Jiangtao' 蔷薇科 / 桃属

落叶乔木，高 3 ~ 8m。芽常 2 ~ 3 个簇生，中间为叶芽，两侧为花芽。叶互生，长圆披针形至倒卵状披针形，先端渐尖，边缘具细锯齿或粗锯齿。花单生，先于叶开放；花半重瓣，深红色。花期 3 ~ 4 月。

耐寒区 5 ~ 8，适用屋顶绿化。

33. 垂枝桃 *Amygdalus persica* Weeping Group 蔷薇科 / 桃属

落叶乔木。小枝拱形下垂，树冠犹如伞盖。芽常 2 ~ 3 个簇生，中间为叶芽，两侧为花芽。叶互生，长圆披针形至倒卵状披针形，先端渐尖，边缘具细锯齿或粗锯齿。花单生，先于叶开放；花

重瓣或单瓣，红色、粉红色或白色等。花期 3 ~ 4 月。

耐寒区 5 ~ 8，适用屋顶绿化。

34. 美人梅 *Armeniaca × blireana* 'Meiren' 蔷薇科 / 杏属

落叶小乔木。株高和冠径可达 6m。叶互生，卵圆形，长 3 ~ 6cm，先端尖，基部心形，新叶紫红色，老叶变为绿色。花单生，粉红色，重瓣，直径约 3cm，先花后叶。核果紫红色。花期早春。

耐寒区 5 ~ 8，适用屋顶、移动式绿化。

35. 梅 *Armeniaca mume* 蔷薇科 / 杏属

落叶小乔木，高 4 ~ 10m。小枝绿色，无毛。叶互生，卵形或椭圆形，长 4 ~ 8cm，宽 2.5 ~ 5cm，先端尾尖，叶缘常具小锐锯齿。花单生，蔷薇花冠，直径 2 ~ 2.5cm，香味浓，先于叶开放，白色、粉红色或红色等。果实近球形，黄色或绿白色。花期冬春季。

耐寒区 6 ~ 9，适用屋顶、移动式绿化。

36. '龙游' 梅 *Armeniaca mume* 'Long You' 蔷薇科 / 杏属

落叶小乔木。枝干自然扭曲，宛若游龙。叶互生，卵形或椭圆形，先端尾尖，叶缘常具小锐锯齿。花单生，直径 2.3 ~ 2.9cm，香味浓，先于叶开放，碟形，半重瓣，白色。花期 1 ~ 3 月。

耐寒区 6 ~ 9，适用屋顶绿化。

37. 垂枝梅 *Armeniaca mume* Pendulous Group 蔷薇科 / 杏属

落叶小乔木。枝条拱形下垂，小枝绿色，无毛。叶互生，卵形或椭圆形，长 4 ~ 8cm，宽 2.5 ~ 5cm，先端尾尖，叶缘常具小锐锯齿。花单生，直径 2 ~ 2.5cm，香味浓，先于叶开放，白色、粉红色或红色等。花期冬春季。

耐寒区 6 ~ 9，适用屋顶绿化。

38. 杏梅 *Armeniaca mume* var. *bungo* 蔷薇科 / 杏属

落叶小乔木或灌木。小枝紫红色或红褐色。叶互生，卵形，先端尾尖，叶缘常具小锐锯齿。

花单生或2～3朵簇生，先于叶开放，半重瓣，粉红色，花较大，无香气；萼片紧贴花瓣，不反折。花期3月。

耐寒区6～9，适用移动式绿化。

39. 杏 *Armeniaca vulgaris* 蔷薇科 / 杏属

落叶乔木，高5～8m。一年生枝浅红褐色。叶互生，宽卵形或圆卵形，长5～9cm，宽4～8cm，先端急尖至短渐尖，基部圆形至近心形，叶缘有圆钝锯齿。花单生，直径2～3cm，先于叶开放；花萼紫绿色，萼片花后反折；花瓣白色或带红色。花期3～4月。

耐寒区5～8，适用移动式绿化。

40. 日本晚樱 *Cerasus serrulata* var. *lannesiana* 蔷薇科 / 樱属

落叶乔木，高3～8m。叶互生，卵状椭圆形或倒卵状椭圆形，长5～9cm，宽2.5～5cm，边缘有渐尖单锯齿及重锯齿，齿尖有小腺体；叶柄长1～1.5cm，先端有1～3个圆形腺体。花序伞房总状或近伞形，有花2～3朵；花瓣白色或粉红色，倒卵形。花期4～5月。

耐寒区5～8，适用移动式绿化。

41. 山楂 *Crataegus pinnatifida* 蔷薇科 / 山楂属

落叶乔木，高达6m，具刺。叶互生，宽卵形或三角状卵形，长5～10cm，宽4～7.5cm，通常两侧各有3～5枚羽状深裂片。伞房花序具多花；花瓣5枚，倒卵形或近圆形，长7～8mm，白色。果实近球形或梨形，深红色，有浅色斑点。花期5～6月，果期9～10月。

耐寒区5～8，适用屋顶、移动式绿化。

42. 枇杷 *Eriobotrya japonica* 蔷薇科 / 枇杷属

常绿乔木，高可达10m。叶互生，革质，披针形至椭圆状长圆形，长12～30cm，宽3～9cm，上面光亮，多皱，下面密生灰棕色绒毛。圆锥花序顶生，具多花；花梗和花萼密生锈色绒毛；花瓣白色。果实球形或长圆形，黄色或橘黄色。花期10～12月，果期5～6月。

耐寒区8～10，适用移动式绿化。

43. 大叶桂樱 *Laurocerasus zippeliana* 蔷薇科 / 桂樱属

常绿乔木，高10～25m。叶互生，革质，宽卵形至椭圆状长圆形或宽长圆形，长10～19cm，宽4～8cm，叶缘具粗锯齿，齿顶有黑色硬腺体，两面无毛；叶柄有1对扁平的基腺。总状花序单生或2～4个簇生于叶腋；花直径5～9mm，白色。花期7～10月。

耐寒区9～10，适用移动式绿化。

44. 垂丝海棠 *Malus halliana* 蔷薇科 / 苹果属

落叶乔木，高达5m。叶互生，卵形或椭圆形至长椭卵形，长3.5～8cm，宽2.5～4.5cm。伞房花序，具花4～6朵，花梗细弱，长2～4cm，下垂；花直径3～3.5cm；花瓣粉红色，常在5枚以上。梨果略带紫色，萼片脱落。花期3～4月，果期9～10月。

耐寒区5～8，适用移动式绿化。

45. 湖北海棠 *Malus hupehensis* 蔷薇科 / 苹果属

落叶乔木，高达8m。叶互生，卵形至卵状椭圆形，长5～10cm；叶柄长1～3cm。伞房花序，具花4～6朵，花梗长3～6cm；花瓣粉白色或近白色；花柱3，稀4。果实椭圆形或近球形，直径约1cm，黄绿色稍带红晕，萼片脱落。花期4～5月，果期8～9月。

耐寒区5～8，适用屋顶绿化。

46. '凯尔斯'海棠 *Malus* 'Kelsey' 蔷薇科 / 苹果属

落叶乔木。株高和冠径均为4.5～5.5m。枝条斜展。叶互生，椭圆形，先端渐尖，锯齿浅，青铜绿色。伞形总状花序，花紫粉色，半重瓣；花瓣16枚，基部有白色斑纹。梨果暗紫红色，近球形，直径1.8cm。花期4～5月，果期8～9月。

耐寒区2～8，适用屋顶绿化。

47. 西府海棠 *Malus* × *micromalus* 蔷薇科 / 苹果属

落叶小乔木，高达2.5～5m。树枝直立性强。叶互生，长椭圆形或椭圆形，长 5 ~ 10cm，宽 2.5 ~ 5cm。伞形总状花序，有花 4 ~ 7 朵，集生于小枝顶端，花梗长 2 ~ 3cm；花直径约 4cm；花瓣 5 枚，粉红色。梨果红色，萼片多数脱落。花期 4 ~ 5 月，果期 8 ~ 9 月。

耐寒区 4 ~ 8，适用屋顶、移动式绿化。

48. 海棠花 *Malus spectabilis* 蔷薇科 / 苹果属

落叶乔木，高可达 8m。叶互生，椭圆形至长椭圆形，长 5 ~ 8cm，宽 2 ~ 3cm，边缘有紧贴细锯齿，幼嫩时两面具短柔毛。花序近伞形，有花 4 ~ 6 朵；花瓣长 2 ~ 2.5cm，白色，在芽中呈粉红色。梨果直径 2cm，黄色，萼片宿存。花期 4 ~ 5 月，果期 8 ~ 9 月。

耐寒区 4 ~ 8，适用东墙绿化。

49. '里弗斯'海棠花 *Malus spectabilis* 'Riversii' 蔷薇科 / 苹果属

落叶乔木，高可达 8m。叶互生，椭圆形至长椭圆形，长 5 ~ 8cm，宽 2 ~ 3cm，边缘有紧贴细锯齿，幼嫩时两面具短柔毛。花序近伞形，有花 4 ~ 6 朵；花瓣粉红色，重瓣。花期 4 ~ 5 月。

耐寒区 4 ~ 8，适用屋顶绿化。

50. 紫叶李 *Prunus cerasifera* 'Pissardii' 蔷薇科 / 李属

落叶小乔木或灌木，高可达 8m。小枝暗红色，木质部白色。叶互生，椭圆形、卵形或倒卵形，长 3 ~ 6cm，宽 2 ~ 4cm，边缘有圆钝锯齿，紫红色。花 1 朵，稀 2 朵；花直径 2 ~ 2.5cm；花瓣白色或淡粉色。核果暗红色。花期 4 月，果期 8 月。

耐寒区 5 ~ 8，适用屋顶、移动式绿化。

51. 紫叶矮樱 *Prunus* × *cistena* 蔷薇科 / 李属

落叶灌木或小乔木。株高 1.8 ~ 3m，冠径 1.5 ~ 2.4m。枝条幼时紫褐色，木质部红色，老枝有皮孔。叶互生，卵状椭圆形，长达 5cm，叶面红紫色，背面色彩更浓，整个夏季保持红紫色。花单生，直径 1.3cm，白色，具淡粉红色晕，微香。花期 4 ~ 5 月。

耐寒区 2 ~ 8，适用屋顶绿化。

52. 椤木石楠 *Photinia davidsoniae* 蔷薇科 / 石楠属

常绿乔木，高 6 ~ 15m。幼枝有柔毛，有时具刺。叶互生，革质，长圆形或倒披针形，长 5 ~ 15cm，宽 2 ~ 5cm，边缘有具腺的细锯齿。花多数，密集成顶生复伞房花序；花直径 10 ~ 12mm；花瓣 5 枚，白色。梨果黄红色。花期 5 月，果期 9 ~ 10 月。

耐寒区 6 ~ 9，适用移动式绿化。

53. '红罗宾'红叶石楠 *Photinia* × *fraseri* 'Red Robin' 蔷薇科 / 石楠属

常绿小乔木或灌木。株高和冠径均为 3 ~ 5m。叶互生，革质，长椭圆形或倒卵状椭圆形，先端渐尖，叶基楔形，叶缘有具腺细锯齿，新梢和嫩叶鲜红色。复伞房花序顶生；花多而密；花瓣 5 枚，白色。梨果黄红色。花期 5 ~ 7 月，果期 9 ~ 10 月。

耐寒区 7 ~ 9，适用移动式绿化。

54. 石楠 *Photinia serrulata* 蔷薇科 / 石楠属

常绿小乔木或灌木，高 4 ~ 6m。叶互生，革质，长椭圆形、长倒卵形或倒卵状椭圆形，长 9 ~ 22cm，宽 3 ~ 6.5cm，先端尾尖，边缘有刺芒状锯齿。复伞房花序顶生；花密生，直径 6 ~ 8mm；花瓣白色，近圆形。梨果球形，红色。花期 4 ~ 5 月，果期 10 月。

耐寒区 7 ~ 9，适用屋顶、移动式绿化。

55. 豆梨 *Pyrus calleryana* 蔷薇科 / 梨属

落叶乔木，高 5 ~ 8m。叶互生，宽卵形至卵形，稀长椭圆状卵形，长 4 ~ 8cm，宽 3.5 ~ 6cm，边缘有钝锯齿，两面无毛；叶柄长 2 ~ 4cm。伞形总状花序，具花 6 ~ 12 朵；花瓣卵形，长约 13mm，白色。梨果球形，黑褐色，有斑点。花期 4 月，果期 8 ~ 9 月。

耐寒区 5 ~ 9，适用屋顶绿化。

56. 加拿大紫荆 *Cercis canadensis* 豆科 / 紫荆属

落叶小乔木，高 6 ~ 15m。叶互生，纸质，心形，长 7 ~ 12cm，宽与长相等，基部心形，叶缘不透明。花簇生于老枝和主干上，通常先于叶开放；花长 6 ~ 12cm，蝶形花冠，淡紫粉色。花期 3 ~ 4 月。

耐寒区 4 ~ 8，适用移动式绿化。

57. 龙爪槐 *Sophora japonica* 'Pendula' 豆科 / 槐属

落叶乔木。枝和小枝均下垂，并向不同方向弯曲盘悬，形似龙爪。叶互生，奇数羽状复叶；小叶 4 ~ 7 对，对生或近互生，纸质，卵状披针形或卵状长圆形，长 2.5 ~ 6cm。圆锥花序顶生；花冠白色或淡黄色。荚果串珠状。花期 7 ~ 8 月。

耐寒区 4 ~ 8，适用屋顶、移动式绿化。

58. 红花银桦 *Grevillea banksii* 山龙眼科 / 银桦属

常绿小乔木或灌木，高可达 7m。叶互生，羽状深裂；裂片 3 ~ 11 枚，线形或披针形，长 5 ~ 10cm，宽 1cm，边缘反卷，下面被丝状毛。总状花序顶生，长达 15cm；花鲜红色或乳白色；花被片分离，外卷；花柱细长。花期几乎全年，冬季和春季最盛。

耐寒区 9 ~ 11，适用移动式绿化。

59. 大花紫薇 *Lagerstroemia speciosa* 千屈菜科 / 紫薇属

落叶大乔木，高可达 25m。叶革质，近对生或互生，矩圆状椭圆形或卵状椭圆形，长 10 ~ 25cm，宽 6 ~ 12cm，两面均无毛。花淡红色或紫色，直径 5cm，顶生圆锥花序；花瓣 6 枚，近圆形至矩圆状倒卵形，长 2.5 ~ 3.5cm，几不皱缩，有短爪。花期 5 ~ 7 月。

耐寒区 10 ~ 11，适用移动式绿化。

60. 大花四照花 *Cornus florida* 山茱萸科 / 山茱萸属

落叶乔木。株高和冠径 4.5 ~ 9m。叶对生，卵形、椭圆形至倒卵形，长 5 ~ 12cm，宽 2 ~ 7cm，上面深绿色，下面浅白色，脉腋有丛毛。头状花序，有花 15 ~ 30 朵，花瓣状苞片 4 枚，白色、粉色或红色。核果红色。花期 3 ~ 6 月，

果期 8 ~ 10 月。

耐寒区 5 ~ 9，适用移动式绿化。

61. 香港四照花 *Cornus hongkongensis* 山茱萸科 / 山茱萸属

常绿乔木或灌木，高 5 ~ 15m。叶对生，薄革质至厚革质，椭圆形至长椭圆形，长 6.2 ~ 13cm，宽 3 ~ 6.3cm，上面深绿色，下面淡绿色，侧脉 4 对，弓形内弯。头状花序球形；总苞片 4 枚，白色，花瓣状。聚合状核果球形，黄色或红色。花期 5 ~ 6 月，果期 11 ~ 12 月。

耐寒区 9 ~ 10，适用移动式绿化。

62. 日本四照花 *Cornus kousa* 山茱萸科 / 山茱萸属

落叶小乔木。株高和冠径 4.5 ~ 9m。叶对生，薄纸质，卵形或卵状椭圆形，长 5.5 ~ 12cm，宽 3.5 ~ 7cm，上面绿色，下面淡绿色，被白色贴生短柔毛，脉腋具黄色绢状毛。头状花序球形；总苞片 4 枚，白色，花瓣状。聚合果球形，红色。花期 5 ~ 6 月，果期秋季。

耐寒区 5 ~ 8，适用移动式绿化。

63. 四照花 *Cornus kousa* subsp. *chinensis* 山茱萸科 / 山茱萸属

落叶小乔木。株高和冠径 4.5 ~ 9m。叶对生，纸质或厚纸质，卵形或卵状椭圆形，长 5.5 ~ 12cm，宽 3.5 ~ 7cm，上面绿色，下面粉绿色。头状花序球形；总苞片 4 枚，白色，花瓣状。聚合果球形，红色。花期 5 月，果期 8 ~ 9 月。

耐寒区 5 ~ 8，适用移动式绿化。

64. 山茱萸 *Cornus officinalis* 山茱萸科 / 山茱萸属

落叶乔木或灌木，高 4 ~ 10m。叶对生，纸质，卵状披针形或卵状椭圆形，长 5.5 ~ 10cm，全缘，下面脉腋密生淡褐色丛毛，侧脉 6 ~ 7 对，弓形内弯。伞形花序生于枝侧；花瓣 4 枚，长 3.3mm，黄色。核果长椭圆形，红色至紫红色。花期 3 ~ 4 月；果期 9 ~ 10 月。

耐寒区 5 ~ 8,适用移动式绿化。

65. '阿拉斯加' 枸骨叶冬青 *Ilex aquifolium* 'Alaska' 冬青科 / 冬青属

常绿小乔木,高达 6m。叶互生,革质,卵形,先端具刺齿,每边常具 3 ~ 5 枚尖硬刺齿,刺齿交替朝上或朝下,深绿色,具光泽。雌雄异株;花小,白色,4 基数。核果鲜红色。花期春季,果期 10 ~ 12 月。

耐寒区 7 ~ 9,适用移动式绿化。

66. 冬青 *Ilex chinensis* 冬青科 / 冬青属

常绿乔木,高达 13m。叶互生,薄革质至革质,椭圆形或披针形,长 5 ~ 11cm,宽 2 ~ 4cm,边缘具圆齿;托叶小。雌雄异株;聚伞花序;花淡紫色或紫红色,4 ~ 5 基数。核果长球形,成熟时红色,长 10 ~ 12mm,直径 6 ~ 8mm。花期 4 ~ 6 月,果期 7 ~ 12 月。

耐寒区 8 ~ 9,适用东墙、南墙、西墙绿化。

67. 紫锦木 *Euphorbia cotinifolia* 大戟科 / 大戟属

常绿乔木,高可达 13 ~ 15m;作灌木栽培时,株高 3 ~ 4.6m。叶 3 枚轮生,圆卵形,长 2 ~ 6cm,宽 2 ~ 4cm,先端钝圆,边缘全缘;两面红色。花序顶生,花小,白色,无花瓣。花期夏季。

耐寒区 10 ~ 11,适用移动式绿化。

68. '凯利黄' 复叶枫 *Acer negundo* 'Kelly's Gold' 槭树科 / 枫属

落叶乔木。株高 8 ~ 12m,冠径 4 ~ 8m。羽状复叶,对生,长 10 ~ 25cm,有 5 ~ 7 枚小叶;小叶纸质,卵形或椭圆状披针形,边缘常有 3 ~ 5 个粗锯齿,新叶亮黄色,成熟时黄绿色,秋季又变为黄色。雄株,花序聚伞状,常下垂,花小,黄绿色。花期 4 ~ 5 月。

耐寒区 5 ~ 8,适用屋顶绿化。

69. 红花枫 *Acer rubrum* 槭树科 / 枫属

落叶乔木。株高 12 ~ 21m,冠径 9 ~ 15m。树冠圆形或椭圆形。叶对生,长 5 ~ 12.5cm,掌状 3 ~ 5 裂,新叶微红色,之后变成绿色至深绿色,叶背面灰绿色,秋天叶子通常变为红色。花小,红色。双翅果,红色。花期 3 ~ 4 月。

耐寒区 3 ~ 9,适用移动式绿化。

70. 金柑 *Citrus japonica* 芸香科 / 柑橘属

常绿乔木,株高 2 ~ 5m,枝有刺。单身复叶,互生,小叶卵状椭圆形或长圆状披针形,长 4 ~ 8cm,宽 1.5 ~ 3.5cm。花单朵或 2 ~ 3 朵簇生;花瓣 5 枚,长 6 ~ 8mm。柑果圆球形,横径 1.5 ~ 2.5cm,果皮橙黄至橙红色。花期 4 ~ 5 月,果期 11 月至翌年 2 月。

耐寒区 9 ~ 11,适用东墙、南墙、移动式绿化。

71. 柠檬 *Citrus limon* 芸香科 / 柑橘属

常绿小乔木。枝少刺。单身复叶,互生,叶片厚纸质,卵形或椭圆形,长 8 ~ 14cm,宽 4 ~ 6cm,边缘有明显钝裂齿。花萼杯状,4 ~ 5 浅齿裂;花瓣长 1.5 ~ 2cm,外面淡紫红色,内面白色。柑果椭圆形或卵形,柠檬黄色。花期 4 ~ 5 月,果期 9 ~ 11 月。

耐寒区 9 ~ 11,适用移动式绿化。

72. 柑橘 *Citrus reticulata* 芸香科 / 柑橘属

常绿小乔木。刺较少。单身复叶,互生,翼叶通常狭窄,叶片披针形、椭圆形或阔卵形,叶缘至少上半段通常有钝或圆裂齿。花单生或 2 ~ 3 朵簇生;花瓣白色。柑果通常扁圆形至近圆球形,淡黄色、朱红色或深红色。花期 4 ~ 5 月,果期 10 ~ 12 月。

耐寒区 9 ~ 11,适用屋顶绿化。

73. 枳 *Citrus trifoliata* 芸香科 / 柑橘属

落叶小乔木,高 1 ~ 5m。枝绿色,嫩枝扁,有纵棱,刺长达 4cm。叶互生,通常指状 3 出,小叶长 2 ~ 5cm,宽 1 ~ 3cm。花单朵或成对腋生,先叶开放;花瓣白色,匙形。柑果近圆球形或梨形,暗黄色,粗糙。花期 5 ~ 6 月,果期 10 ~ 11 月。

耐寒区 5 ~ 9,适用移动式绿化。

74. 幌伞枫 *Heteropanax fragrans* 五加科 / 幌伞枫属

常绿乔木，高 5 ~ 30m。叶互生，3 ~ 5 回羽状复叶，直径达 50 ~ 100cm；小叶片在羽片轴上对生，纸质，椭圆形，长 5.5 ~ 13cm，宽 3.5 ~ 6cm，无毛，边缘全缘。圆锥花序顶生，长 30 ~ 40cm；花淡黄白色，芳香。花期 10 ~ 12 月。

耐寒区 10 ~ 11，适用移动式绿化。

75. 辐叶鹅掌柴 *Schefflera actinophylla* 五加科 / 鹅掌柴属

常绿乔木，株高可达 12 ~ 15m。掌状复叶，互生，亮绿色；小叶 7 ~ 16 枚，椭圆形至卵形，长可达 30cm。花序梗长达 60cm，花序大，伞形花序紧凑；花小，暗红色。果实近球形，黑色。花期夏季或秋季。

耐寒区 10 ~ 11，适用移动式绿化。

76. 灰莉 *Fagraea ceilanica* 马钱科 / 灰莉属

常绿乔木，高达 15m。全株无毛。叶对生，稍肉质，椭圆形、卵形或长圆形，长 5 ~ 25cm，宽 2 ~ 10cm，深绿色。花大，花冠漏斗状，长约 5cm，白色，芳香。浆果卵状或近圆球状。花期 4 ~ 8 月。

耐寒区 10 ~ 11，适用移动式绿化。

77. 红鸡蛋花 *Plumeria rubra* 夹竹桃科 / 鸡蛋花属

落叶小乔木，高达 5m。枝条粗壮，带肉质，无毛，具丰富乳汁。叶互生，厚纸质，长圆状倒披针形，长 14 ~ 30cm，宽 6 ~ 8cm，叶面深绿色，侧脉每边 30 ~ 40 条。聚伞花序顶生；花冠漏斗状，深红色，长 1.5 ~ 1.7cm，直径约 3mm。花期 3 ~ 9 月。

耐寒区 10 ~ 11，适用移动式绿化。

78. 鸡蛋花 *Plumeria rubra* 'Acutifolia' 夹竹桃科 / 鸡蛋花属

落叶小乔木，高约 5m。枝条粗壮，带肉质，具丰富乳汁。叶互生，厚纸质，长圆状倒披针形或长椭圆形，长 20 ~ 40cm，宽 7 ~ 11cm，叶面深绿色，侧脉每边 30 ~ 40 条。聚伞花序顶生；花冠漏斗状，外面白色，内面黄色，直径 4 ~ 5cm。花期 5 ~ 10 月。

耐寒区 10 ~ 11，适用移动式绿化。

79. 女贞 *Ligustrum lucidum* 木犀科 / 女贞属

常绿乔木或灌木，高可达 25m。叶对生，革质，卵形、长卵形或椭圆形至宽椭圆形，长 6 ~ 17cm，宽 3 ~ 8cm，全缘，绿色，光亮，两面无毛。圆锥花序顶生；花冠白色，长 4 ~ 5mm，裂片 4；雄蕊 2。果肾形或近肾形，长 7 ~ 10mm，深蓝黑色。花期 5 ~ 7 月。

耐寒区 8 ~ 10，适用移动式绿化。

80. 木犀榄 *Olea europaea* 木犀科 / 木樨榄属

常绿小乔木，高可达 10m。叶对生，革质，披针形，长 1.5 ~ 6cm，宽 0.5 ~ 1.5cm，全缘，叶缘反卷，上面稍被银灰色鳞片，下面密被银灰色鳞片，两面无毛。圆锥花序腋生或顶生；花芳香，白色；花冠长 3 ~ 4mm。果椭圆形，成熟时呈蓝黑色。花期 4 ~ 5 月。

耐寒区 8 ~ 10，适用移动式绿化。

81. 木犀 *Osmanthus fragrans* 木犀科 / 木犀属

常绿乔木或灌木，高 3 ~ 5m。叶对生，革质，椭圆形至椭圆状披针形，长 7 ~ 14.5cm，全缘或具细锯齿，两面无毛，腺点在两面连成小水泡状突起。聚伞花序簇生于叶腋；花极芳香；花冠黄白色、淡黄色、黄色或桔红色，长 3 ~ 4mm。花期 9 ~ 10 月上旬。

耐寒区 9 ~ 11，适用屋顶、移动式绿化。

82. 菜豆树 *Radermachera sinica* 紫葳科 / 菜豆树属

常绿小乔木，高达 10m。叶对生，2 回羽状复叶，稀为 3 回羽状复叶，小叶卵形至卵状披针形，全缘，两面无毛。顶生圆锥花序，直立；花冠钟状漏斗形，白色至淡黄色，长 6 ~ 8cm，裂片 5，圆形，具皱纹。花期 5 ~ 9 月。

耐寒区 10 ~ 11，适用移动式绿化。

83. 旅人蕉 *Ravenala madagascariensis* **旅人蕉科 / 旅人蕉属**

常绿乔木状，树干像棕榈，高 5 ~ 6m。叶 2 行排列于茎顶，像一把大折扇，叶片长圆形，似蕉叶，长达 2m，宽达 65cm。花序腋生，花序轴每边有佛焰苞 5 ~ 6 枚，佛焰苞长 25 ~ 35cm，内有花 5 ~ 12 朵，排成蝎尾状聚伞花序；花被片 6，白色。花期夏季。

耐寒区 10 ~ 11，适用移动式绿化。

84. 澳洲朱蕉 *Cordyline australis* **百合科 / 朱蕉属**

常绿乔木状，株高可达 20m。茎直立，单一或有分枝。叶聚生于茎或枝的上端，狭披针形至披针形，长 0.3 ~ 1m，深绿色至浅绿色；叶柄不明显。圆锥花序，具花多数；花小，白色，芳香。花期春末夏初。

耐寒区 9 ~ 11，适用屋顶、移动式绿化。

85. '红星'澳洲朱蕉 *Cordyline australis* **'Red Star' 百合科 / 朱蕉属**

常绿乔木状。株高 3 ~ 6m。茎直立，单一或有分枝。叶聚生于茎或枝的上端，狭披针形至披针形，长 0.3 ~ 1m，深酒红色；叶柄不明显。圆锥花序，具花多数；花小，白色，芳香。花期春末夏初。

耐寒区 9 ~ 11，适用屋顶绿化。

86. 也门铁 *Dracaena arborea* **百合科 / 龙血树属**

常绿乔木，高可达 20m，树干直径可达 20 ~ 30cm。幼茎黄褐色，有环状叶痕，老茎灰色。叶聚生于茎顶，窄倒披针形至剑形，长 50 ~ 120cm，宽 4.5 ~ 6cm，亮绿色至深绿色。圆锥花序弯曲、下垂；花小，白色，长 17 ~ 22mm。浆果亮橙色。

耐寒区 9 ~ 11，适用移动式绿化。

87. 海南龙血树 *Dracaena cambodiana* **百合科 / 龙血树属**

常绿乔木，高在 3 ~ 4m 以上。幼枝有密环状叶痕。叶聚生于茎顶，几乎互相套叠，剑形，薄革质，长达 70cm，宽 1.5 ~ 3cm，无柄。圆锥花序；花绿白色或淡黄色。浆果直径约 1cm。花期 7 月。

耐寒区 10 ~ 11，适用移动式绿化。

88. 龙血树 *Dracaena draco* **百合科 / 龙血树属**

常绿乔木。生长缓慢。幼树茎不分枝，10 ~ 15 年生植株开始分枝，成年植株形成伞形树冠。叶聚生于茎顶，剑形，坚硬，灰绿色或蓝绿色，长可达 60cm，宽达 5cm。圆锥花序；花白色，有香气。浆果橙黄色。

耐寒区 10 ~ 11，适用东墙、南墙、移动式绿化。

89. 酒瓶兰 *Beaucarnea recurvata* **百合科 / 酒瓶兰属**

常绿小乔木或灌木。生长较慢。株高可达 4.7m。茎干直立，常单生，基部膨大，状似酒瓶。叶着生于茎顶，带状，长 1m，革质，弯曲，叶缘具细锯齿。圆锥花序，花小，白色。

耐寒区 10 ~ 11，适用移动式绿化。

（三）灌木

1. 紫玉兰 *Yulania liliiflora* **木兰科/玉兰属**

落叶灌木，高达 3m，常丛生。小枝具环状托叶痕。叶互生，椭圆状倒卵形，长 8~18cm，宽 3~10cm，先端急尖或渐尖。花单生枝顶，花叶同时开放；花被片 9~12 枚，外轮 3 枚萼片状，紫绿色，内两轮花瓣状，外面紫色或紫红色，内面带白色。花期 3~4 月。

耐寒区 5~8，适用移动式绿化。

2. 星花玉兰 *Yulania stellata* **木兰科/玉兰属**

落叶灌木，高 0.3~2.4m，常丛生。小枝具环状托叶痕。叶互生，狭椭圆形或倒卵状椭圆形，长 7~12cm，宽 2.5~4cm，先端渐尖或尾尖。花单生枝顶，先叶开放，直径 5~7cm；花被片 12~18 枚，淡红色或白色。花期 3~4 月。

耐寒区 4~8，适用移动式绿化。

3. 含笑花 *Michelia figo* **木兰科/含笑属**

常绿灌木，高 2~3m。芽、嫩枝、叶柄及花梗均密被黄褐色绒毛。叶互生，革质，狭椭圆形或倒卵状椭圆形，长 4~10cm，宽 1.8~4.5cm，叶柄长 2~4mm，托叶痕长达叶柄顶端。花淡黄色，具甜浓的芳香，长 12~20mm，花被片 6 枚，肉质。花期 3~5 月。

耐寒区 8~10，适用东墙、北墙、移动式绿化。

4. 美国蜡梅 *Calycanthus floridus* **蜡梅科/夏蜡梅属**

落叶灌木，高 1~4m。柄下芽。叶对生，椭圆形至卵圆形，长 5~15cm，宽 2~6cm，叶面粗糙，叶背苍绿色。花红褐色，直径 4~7cm，有香气；花被片多数，线形至椭圆形，长 2~4cm，两面被短柔毛。果托长圆状圆筒形至梨形。花期 5~7 月。

耐寒区 4~9，适用移动式绿化。

5. 山蜡梅 *Chimonanthus nitens* **蜡梅科/蜡梅属**

常绿灌木，高 1~3m。叶对生，纸质至近革质，椭圆形至卵状披针形，长 2~13cm，宽 1.5~5.5cm，叶面略粗糙，有光泽，叶背无毛。花腋生，直径 7~10mm，黄白色，芳香；花被片 20~24 枚。果托坛状。花期 10 月至翌年 1 月。

耐寒区 8~9，适用移动式绿化。

6. 蜡梅 *Chimonanthus praecox* **蜡梅科/蜡梅属**

落叶灌木，高达 4m。叶对生，纸质至近革质，卵圆形至卵状椭圆形，长 5~25cm，宽 2~8cm，上面有短硬毛。花着生于第二年生枝条叶腋内，先花后叶，芳香，直径 2~4cm；花被片 15~21 枚。聚合瘦果着生于坛状的果托之中。花期 11 月至翌年 3 月。

耐寒区 7~9，适用屋顶、移动式绿化。

7. 金粟兰 *Chloranthus spicatus* **金粟兰科/金粟兰属**

常绿半灌木，高 30~60cm。叶对生，厚纸质，椭圆形或倒卵状椭圆形，长 5~11cm，宽 2.5~5.5cm，边缘具圆齿状锯齿，深绿色，光亮。穗状花序排列成圆锥花序状，通常顶生；花小，无花被，黄绿色，极芳香。花期 4~7 月。

耐寒区 9~11，适用北墙绿化。

8. 日本小檗 *Berberis thunbergii* **小檗科/小檗属**

落叶灌木，高约 1m，多分枝。茎刺单一，偶 3 分叉。叶互生，薄纸质，倒卵形、匙形或菱状卵形，长 1~2cm，宽 5~12mm，全缘，上面绿色，背面灰绿色。花 2~5 朵组成伞形花序；花 3 数，黄色。浆果椭圆形，亮鲜红色。花期 4~6 月，果期 7~10 月。

耐寒区 4~8，适用东墙、南墙、西墙、移动式绿化。

9. '金叶'日本小檗 *Berberis thunbergii* 'Aurea' **小檗科/小檗属**

落叶灌木，具刺。株高 0.9~1.2m，冠径 0.9~1.5m。叶互生，薄纸质，倒卵形、匙形或菱状卵形，长 1 ～ 2cm，宽 5 ～ 12mm，全缘，鲜黄色。花 2 ～ 5 朵组成伞形花序；花 3 数，黄色，直径 1.2cm。浆果椭圆形，亮鲜红色。花期 4 ～ 5 月。

耐寒区 4 ～ 8，适用屋顶绿化。

10.'紫叶'日本小檗 *Berberis thunbergii* 'Atropurpurea' 小檗科 / 小檗属

落叶灌木，具刺。株高和冠径均为 0.3 ～ 1.8m，多分枝。叶互生，薄纸质，倒卵形、匙形或菱状卵形，长 1 ～ 2cm，宽 5 ～ 12mm，全缘，紫红色。伞形花序；花 3 数，黄色，直径 1.2cm。浆果椭圆形，亮鲜红色。花期 4 ～ 5 月。

耐寒区 4 ～ 8，适用屋顶、移动式绿化。

11.'矮紫叶'日本小檗 *Berberis thunbergii* 'Atropurpurea Nana' 小檗科 / 小檗属

落叶灌木，具刺。株高 0.9 ～ 1.2m，冠径 0.9 ～ 1.2m。叶互生，薄纸质，倒卵形、匙形或菱状卵形，长 1.2 ～ 3cm，全缘，紫红色。伞形花序；花 3 数，黄色。浆果椭圆形，亮鲜红色。花期 4 ～ 5 月。

耐寒区 4 ～ 8，适用屋顶绿化。

12.'金环'日本小檗 *Berberis thunbergii* 'Golden Ring' 小檗科 / 小檗属

落叶灌木，具刺。株高 45 ～ 60cm，冠径 75 ～ 90cm。株形低矮，紧凑，多分枝。叶互生，薄纸质，倒卵形、匙形或菱状卵形，长 1.2 ～ 3cm，全缘，紫红色，边缘具窄的金黄色条带。伞形花序；花 3 数，黄色。浆果椭圆形，亮鲜红色。花期 3 ～ 4 月。

耐寒区 4 ～ 8，适用屋顶绿化。

13. 阔叶十大功劳 *Mahonia bealei* 小檗科 / 十大功劳属

常绿灌木或小乔木，高 0.5 ～ 4m。奇数羽状复叶，互生，叶狭倒卵形至长圆形，长 27 ～ 51cm，具 4 ～ 10 对小叶，上面暗灰绿色，背面被白霜；小叶厚革质，硬直，近圆形至卵形，每边具 2 ～ 6 个粗锯齿，先端具硬尖。总状花序

直立；花黄色。浆果深蓝色，被白粉。花期 9 月至翌年 1 月，果期 3 ～ 5 月。

耐寒区 7 ～ 9，适用东墙、南墙、西墙、北墙、移动式绿化。

14. 十大功劳 *Mahonia fortunei* 小檗科 / 十大功劳属

常绿灌木，高 0.5 ～ 2m。奇数羽状复叶，互生，叶倒卵形至倒卵状披针形，长 10 ～ 28cm，宽 8 ～ 18cm，具 2 ～ 5 对小叶，暗绿至深绿色；小叶狭披针形至狭椭圆形，边缘每边具 5 ～ 10 个刺齿。总状花序；花黄色。浆果球形，紫黑色，被白粉。花期 7 ～ 9 月。

耐寒区 7 ～ 9，适用东墙、南墙、西墙、移动式绿化。

15. 宽苞十大功劳 *Mahonia eurybracteata* 小檗科 / 十大功劳属

常绿灌木，高 0.5 ～ 2m。奇数羽状复叶，互生，叶长圆状倒披针形，长 25 ～ 45cm，具 6 ～ 9 对斜升的小叶，暗绿色；小叶椭圆状披针形至狭卵形，长 4 ～ 10cm，宽 2 ～ 4cm，每边具 3 ～ 9 个刺齿。总状花序；花黄色。浆果蓝色或淡红紫色，被白粉。花期 8 ～ 11 月。

耐寒区 7 ～ 9，适用移动式绿化。

16.'安坪'十大功劳 *Mahonia eurybracteata* subsp. *ganpinensis* 小檗科 / 十大功劳属

常绿灌木，高 0.5 ～ 2m。奇数羽状复叶，互生，叶长圆状倒披针形，长 25 ～ 45cm，具 6 ～ 9 对斜升的小叶，暗绿色；小叶较狭，长 4 ～ 10cm，宽 1.5cm 以下，每边具 3 ～ 9 个刺齿。总状花序；花黄色。浆果蓝色或淡红紫色，被白粉。花期 7 ～ 10 月。

耐寒区 7 ～ 9，适用移动式绿化。

17. 南天竹 *Nandina domestica* 小檗科 / 南天竹属

常绿灌木。茎常丛生而少分枝，高 1 ～ 3m。叶互生，3 回羽状复叶，长 30 ～ 50cm；小叶薄革质，椭圆形或椭圆状披针形，长 2 ～ 10cm，

全缘，上面深绿色，冬季变红色。圆锥花序直立；花小，白色，具芳香。浆果球形，鲜红色。花期3～6月，果期5～11月。

耐寒区6～9，适用东墙、南墙、北墙、屋顶、移动式绿化。

18.'火焰'南天竹 *Nandina domestica* 'Fire Power' 小檗科 / 南天竹属

常绿灌木。株高30～60cm，冠径30～60cm。植株矮小，株形紧凑。叶互生，2～3回羽状复叶；小叶薄革质，椭圆形或椭圆状披针形，长2～8cm，全缘，新叶浅绿色，成熟叶绿色，秋季和冬季变为火红色。

耐寒区6～9，适用东墙绿化。

19. 小叶蚊母树 *Distylium buxifolium* 金缕梅科 / 蚊母树属

常绿灌木，高1～2m。叶互生，薄革质，倒披针形或矩圆状倒披针形，长3～5cm，宽1～1.5cm，先端锐尖，下面秃净无毛，边缘无锯齿，仅在最尖端有由中肋突出的小尖突。花小，无花瓣，花药紫红色。花期4～7月。

耐寒区7～10，适用东墙、南墙、移动式绿化。

20. 中华蚊母树 *Distylium chinense* 金缕梅科 / 蚊母树属

常绿灌木，高约1m。叶互生，革质，矩圆形，长2～4cm，宽约1cm，先端略尖，基部阔楔形，上面绿色，稍发亮，下面秃净无毛，边缘在靠近先端处有2～3个小锯齿。花小，无花瓣，花药紫红色。

耐寒区8～10，适用移动式绿化。

21. 鳞毛蚊母树 *Distylium elaeagnoides* 金缕梅科 / 蚊母树属

常绿灌木或小乔木，高6m。嫩枝和芽密生鳞毛。叶互生，革质，倒卵形或倒卵矩圆形，长5～10cm，宽2.5～4.5cm，先端钝，有时略圆，下面密被银灰色鳞毛，全缘无锯齿。花小，无花瓣。

耐寒区9～10，适用东墙、南墙绿化。

22. 杨梅叶蚊母树 *Distylium myricoides* 金缕梅科 / 蚊母树属

常绿灌木或小乔木。叶互生，革质，矩圆形或倒披针形，长5～11cm，宽2～4cm，先端锐尖，基部楔形，上面绿色，干后暗晦无光泽，下面秃净无毛；边缘上半部有数个小齿突。花小，无花瓣，花药紫红色。花期春季。

耐寒区8～10，适用东墙、南墙绿化。

23. 蚊母树 *Distylium racemosum* 金缕梅科 / 蚊母树属

常绿灌木或中乔木。叶互生，革质，椭圆形或倒卵状椭圆形，长3～7cm，宽1.5～3.5cm，先端钝或略尖，基部阔楔形，上面深绿色，发亮，下面初时有鳞垢，以后变秃净，边缘无锯齿。花小，无花瓣，花药紫红色。

耐寒区7～10，适用移动式绿化。

24. 金缕梅 *Hamamelis mollis* 金缕梅科 / 金缕梅属

落叶灌木或小乔木，高达8m；嫩枝有星状绒毛。叶互生，纸质或薄革质，阔倒卵圆形，长8～15cm，宽6～10cm，基部不等侧心形，两面有星状毛。头状或短穗状花序腋生，有花数朵；花瓣4枚，带状，长约1.5cm，黄白色。花期5月。

耐寒区5～8，适用移动式绿化。

25.'红宝石之光'间型金缕梅 *Hamamelis* × *intermedia* 'Ruby Glow' 金缕梅科 / 金缕梅属

落叶灌木。株高达4m，冠径达3m。叶互生，纸质或薄革质，近圆形，长可达16cm，宽达12cm，绿色，秋季变为黄色或橘色，具红色晕。萼片紫红色；花瓣4枚，带状，铜红色，稍弯曲和皱褶，长达2cm，黄白色。花期仲冬至冬末。

耐寒区5～9，适用移动式绿化。

26. 檵木 *Loropetalum chinense* 金缕梅科 / 檵木属

常绿灌木，有时为小乔木。叶互生，革质，卵形，长2～5cm，宽1.5～2.5cm，下面被星状毛，稍带灰白色，全缘；托叶膜质，三角状披针形。花 3 ~ 8 朵簇生；花瓣 4 枚，带状，白色，长 1 ~ 2cm。花期 3 ~ 4 月。

耐寒区 7 ~ 10，适用移动式绿化。

27. 红花檵木 *Loropetalum chinense* var. *rubrum* 金缕梅科 / 檵木属

常绿灌木，有时为小乔木。叶互生，革质，卵形，长 2 ~ 5cm，宽 1.5 ~ 2.5cm，下面被星状毛，稍带灰白色，全缘；托叶膜质，三角状披针形。花 3 ~ 8 朵簇生；花瓣 4 枚，带状，紫红色，长 2cm。花期 3 ~ 4 月。

耐寒区 7 ~ 10，适用东墙、南墙、屋顶、移动式绿化。

28. 无花果 *Ficus carica* 桑科 / 榕属

落叶灌木，高 3 ~ 10m，具乳液。小枝上有环状托叶痕。叶互生，厚纸质，广卵圆形，长宽近相等，10 ~ 20cm，通常 3 ~ 5 裂，表面粗糙。雌雄异株，隐头花序。榕果单生叶腋，梨形，直径 3 ~ 5cm，成熟时紫红色或黄色。花果期 5 ~ 7 月。

耐寒区 6 ~ 9，适用屋顶、移动式绿化。

29. 千叶兰 *Muehlenbeckia complexa* 蓼科 / 千叶兰属

落叶灌木或藤本。株高 0.5 ~ 1m，冠径 1m。茎平卧或攀缘，细丝状。叶互生，卵状长圆形至近圆形或提琴形，长 0.5 ~ 2.5cm，宽 0.5 ~ 2.5cm，全缘，绿色。花序顶生和腋生，长 0.5 ~ 3cm，花小，花被片黄绿色或淡绿色。花期 7 ~ 9 月。

耐寒区 8 ~ 10，适用移动式绿化。

30. 蓝花丹 *Plumbago auriculata* 白花丹科 / 白花丹属

常绿柔弱半灌木，上端蔓状或极开散，高约 1m 或更长。叶菱状卵形至狭长卵形，长 3 ~ 6cm，宽 1.5 ~ 2cm，上部叶的叶柄基部常有小形半圆至长圆形的耳。穗状花序约含 18 ~ 30 朵花；花天蓝色至蓝白色，冠檐直径通常 2.5 ~ 3.2cm。

花期 6 ~ 9 月和 12 ~ 4 月。

耐寒区 8 ~ 11，适用移动式绿化。

31. 牡丹 *Paeonia suffruticosa* 芍药科 / 芍药属

落叶灌木。茎高达 2m；分枝短而粗。叶互生，通常为二回三出复叶，顶生小叶宽卵形，长 7 ~ 8cm，宽 5.5 ~ 7cm，3 裂至中部。花单生枝顶，直径 10 ~ 17cm；花瓣 5 枚，或为重瓣，玫瑰红色、红紫色、粉红色至白色等色彩丰富，倒卵形。花期 5 月。

耐寒区 4 ~ 8，适用东墙、南墙绿化。

32. 山茶 *Camellia japonica* 山茶科 / 山茶属

常绿灌木或小乔木，高 9m。叶互生，革质，椭圆形，长 5 ~ 10cm，宽 2.5 ~ 5cm，边缘有细锯齿。花顶生，红色、粉红色或白色等，单瓣、半重瓣或重瓣；花瓣几离生，倒卵圆形，长 3cm 以上，无毛；雄蕊多数。蒴果圆球形，直径 2.5 ~ 3cm。花期 1 ~ 4 月。

耐寒区 7 ~ 9，适用东墙、移动式绿化。

33. 微花连蕊茶 *Camellia lutchuensis* var. *minutiflora* 山茶科 / 山茶属

常绿灌木，嫩枝有微毛。叶互生，长圆形或披针形，长 2 ~ 3.5cm，宽 6 ~ 9mm，无毛，边缘有锯齿。花白色，1 ~ 2 朵腋生，细小；花瓣 5 ~ 6 枚，倒卵形，长 6 ~ 8mm，宽 4 ~ 6mm；子房无毛。

耐寒区 9 ~ 10，适用移动式绿化。

34. 油茶 *Camellia oleifera* 山茶科 / 山茶属

常绿灌木或中乔木。嫩枝有粗毛。叶互生，革质，椭圆形，长圆形或倒卵形，长 5 ~ 7cm，宽 2 ~ 4cm，边缘有细锯齿。花顶生，近于无柄；花瓣白色，5 ~ 7 枚，倒卵形，长 2.5 ~ 3cm，宽 1 ~ 2cm。蒴果球形或卵球形，直径 2 ~ 4cm。花期冬春间。

耐寒区 7 ~ 10，适用移动式绿化。

35. 茶梅 *Camellia sasanqua* 山茶科 / 山茶属

常绿灌木或小乔木，嫩枝有毛。叶互生，革质，椭圆形,长3~5cm,宽2~3cm,边缘有细锯齿。花大小不一,直径4~7cm;苞片及萼片6~7枚,被柔毛;花瓣6~7枚,阔倒卵形,近离生。蒴果球形,宽1.5~2cm。花期10月至翌年2月。

耐寒区7~9,适用东墙、南墙、移动式绿化。

36. 单体红山茶 *Camellia uraku* 山茶科 / 山茶属

常绿灌木或小乔木,嫩枝无毛。叶互生,革质,椭圆形或长圆形,长6~9cm,宽3~4cm,无毛。花粉红色或白色,顶生,直径4~6cm,花瓣7枚;外轮花丝连成短管;子房有毛。花期冬季。

耐寒区7~9,适用移动式绿化。

37. 滨柃 *Eurya emarginata* 山茶科 / 柃木属

常绿灌木,高1~2m。叶互生,厚革质,倒卵形或倒卵状披针形,长2~3cm,宽1.2~1.8cm,顶端圆而有微凹,两面均无毛。花1~2朵生于叶腋,单性;花瓣5枚,白色,长约3.5mm。果实圆球形,黑色。花期10~11月,果期翌年6~8月。

耐寒区9~10,适用屋顶、移动式绿化。

38. 厚皮香 *Ternstroemia gymnanthera* 山茶科 / 厚皮香属

常绿灌木或小乔木,高1.5~10m,全株无毛。叶革质或薄革质,通常聚生于枝端,呈假轮生状,椭圆形至长圆状倒卵形,长5.5~9cm,宽2~3.5cm,全缘,深绿色,有光泽。花两性或单性,开花时直径1~1.4cm;花瓣5枚,淡黄白色。花期5~7月。

耐寒区7~10,适用移动式绿化。

39. '格莫' 金丝桃 *Hypericum* 'Gemo' 藤黄科 / 金丝桃属

半常绿灌木。株高40~60cm,冠径30~80cm。枝叶浓密;茎直立,多分枝。叶对生,狭窄,线状椭圆形,全缘。聚伞花序,具花可达7朵;花直径3~4cm;花瓣5枚,金黄色;雄蕊多数,短于花瓣。花期7~9月。

耐寒区5~9,适用屋顶、移动式绿化。

40. 冬绿金丝桃 *Hypericum calycinum* 藤黄科 / 金丝桃属

常绿或半常绿亚灌木。植株低矮,茎平卧或上升,适合作地被。株高30~45cm,冠径45~60cm。叶对生,卵形至长圆形,长可达10cm,浓绿色,秋季呈紫红色。花直径5~8cm;花瓣5枚,亮黄色;花丝多数。花期6~9月。

耐寒区5~9,适用移动式绿化。

41. 金丝桃 *Hypericum monogynum* 藤黄科 / 金丝桃属

半常绿灌木,高0.5~1.3m。叶对生,坚纸质,倒披针形或椭圆形至长圆形,长2~11.2cm,宽1~4.1cm,边缘平坦,叶片腺体小而呈点状。疏松的近伞房状花序;花直径3~6.5cm,星状;花瓣5枚,金黄色至柠檬黄色;雄蕊5束,与花瓣几等长。花期5~8月。

耐寒区8~11,适用东墙、南墙、屋顶、移动式绿化。

42. 金丝梅 *Hypericum patulum* 藤黄科 / 金丝桃属

半常绿灌木,高0.3~1.5m。叶对生,坚纸质,披针形至长圆状卵形,长1.5~6cm,宽0.5~3cm,边缘平坦。花直径2.5~4cm,多少呈杯状;花瓣5枚,金黄色,长圆状倒卵形至宽倒卵形;雄蕊5束,长约为花瓣的2/5~1/2。花期6~7月。

耐寒区6~9,适用东墙、南墙、移动式绿化。

43. 红萼苘麻 *Abutilon megapotamicum* 锦葵科 / 苘麻属

常绿藤蔓状灌木。枝条细长而柔软。叶互生,卵形,长5~8cm,先端尖,基部心形,3浅裂,边缘有钝锯齿。花腋生,花梗细长,花下垂;花萼红色,长约2.5cm,半套着花瓣;花瓣5枚,黄色,长约4cm;雄蕊柱伸出花瓣约1.3cm长。花期全年。

耐寒区9~10,适用东墙、南墙绿化。

44. 金铃花 *Abutilon pictum* 锦葵科 / 苘麻属

　　常绿灌木，高达 1m。叶掌状 3 ~ 5 深裂，直径 5 ~ 8cm，边缘具锯齿或粗齿。花单生于叶腋，花梗下垂，长 7 ~ 10cm；花钟形，桔黄色，具紫色条纹，长 3 ~ 5cm，直径约 3cm，花瓣 5 枚，倒卵形；雄蕊柱长约 3.5cm。花期 5 ~ 10 月。

　　耐寒区 9 ~ 11，适用移动式绿化。

45. 小木槿 *Anisodontea capensis* 锦葵科 / 南非葵属

　　常绿亚灌木。株高 1 ~ 1.8m，冠径 60cm 以上。茎直立，多分枝。叶互生，卵形，3 裂，裂片三角形至椭圆形，具不规则的锯齿。花碗状，直径约 2.5cm，花瓣 5 枚，玫瑰红色或淡粉色等，脉色暗。花期春季至秋季。

　　耐寒区 9 ~ 11，适用东墙、移动式绿化。

46. 红叶槿 *Hibiscus acetosella* 锦葵科 / 木槿属

　　常绿亚灌木。高 1 ~ 2m，全株暗紫红色。叶互生，宽卵形或倒卵形，暗红色，长 4 ~ 10cm，宽 3.5 ~ 10cm，掌状 3 ~ 5 深裂。花单生于枝条上部叶腋，直径 8 ~ 9cm，花冠绯红色，有深色脉纹，中心暗紫色，花瓣 5 枚，宽倒卵形。花期集中在秋冬季。

　　耐寒区 8 ~ 11，适用移动式绿化。

47. 海滨木槿 *Hibiscus hamabo* 锦葵科 / 木槿属

　　落叶灌木，高 1 ~ 2.5m。叶互生，厚纸质，倒卵圆形或扁圆形，长 3 ~ 7cm，宽 3.5 ~ 8cm，具星状毛；托叶披针状长圆形。花单生于枝端叶腋间，钟形，直径 5 ~ 12cm，淡黄色，具暗紫色心。花期 6 ~ 8 月。

　　耐寒区 9 ~ 10，适用屋顶、移动式绿化。

48. 木芙蓉 *Hibiscus mutabilis* 锦葵科 / 木槿属

　　落叶灌木或小乔木，高 2 ~ 5m。叶互生，宽卵形至圆卵形或心形，直径 10 ~ 15cm，常 5 ~ 7 裂，两面被星状细毛。花单生于枝端叶腋间，初开时白色或淡红色，后变深红色，直径约 8cm。花期 8 ~ 10 月。

　　耐寒区 7 ~ 11，适用移动式绿化。

49. 朱槿 *Hibiscus rosa-sinensis* 锦葵科 / 木槿属

　　常绿灌木，高约 1 ~ 3m。叶互生，阔卵形或狭卵形，长 4 ~ 9cm，宽 2 ~ 5cm，边缘具粗齿或缺刻，两面几无毛。花单生于上部叶腋间；花冠漏斗形，直径 6 ~ 10cm，玫瑰红色或淡红、淡黄等色，雄蕊柱长 4 ~ 8cm。花期全年。

　　耐寒区 9 ~ 11，适用屋顶、移动式绿化。

50. 吊灯扶桑 *Hibiscus schizopetalus* 锦葵科 / 木槿属

　　常绿直立灌木，高达 3m。叶互生，椭圆形或长圆形，长 4 ~ 7cm，宽 1.5 ~ 4cm，边缘具齿缺，两面均无毛。花单生于枝端叶腋间，花梗细瘦，下垂；花瓣 5 枚，红色，长约 5cm，深细裂作流苏状，向上反曲；雄蕊柱长而突出，下垂，长 9 ~ 10cm。花期全年。

　　耐寒区 10 ~ 11，适用移动式绿化。

51. 木槿 *Hibiscus syriacus* 锦葵科 / 木槿属

　　落叶灌木，高 3 ~ 4m。叶互生，菱形至三角状卵形，长 3 ~ 10cm，宽 2 ~ 4cm，具深浅不同的 3 裂或不裂，边缘具不整齐齿缺，托叶线形。花单生于枝端叶腋间；花钟形，淡紫色，直径 5 ~ 6cm；雄蕊柱长约 3cm。花期 7 ~ 10 月。

　　耐寒区 5 ~ 8，适用屋顶、移动式绿化。

52. 垂花悬铃花 *Malvaviscus penduliflorus* 锦葵科 / 悬铃花属

　　常绿灌木，高达 2m。叶互生，卵状披针形，长 6 ~ 12cm，宽 2.5 ~ 6cm，先端长尖，边缘具钝齿，两面近于无毛。花单生于叶腋，花红色，下垂，筒状，仅于上部略开展，长约 5cm，雄蕊柱长约 7cm。花期夏秋季。

　　耐寒区 9 ~ 11，适用移动式绿化。

53. 粉葵 *Pavonia hastata* 锦葵科 / 孔雀葵属

　　常绿灌木。株高 0.5 ~ 1.5m，冠径 1 ~ 2m。高达 2m。叶互生，卵状三角形或戟状长圆形，长 1 ~ 7cm，宽 1 ~ 2.5cm，基部 2 裂。花腋生，花瓣粉白色，基部暗红色，直径约 3cm。花期夏秋两季。

耐寒区 7 ~ 10，适用移动式绿化。

54. 柽柳 *Tamarix chinensis* 柽柳科 / 柽柳属

落叶灌木或小乔木，高 3 ~ 6m；老枝直立，暗褐红色；幼枝稠密细弱，常开展而下垂，红紫色或暗紫红色；嫩枝繁密纤细，悬垂。叶鲜绿色，钻形、长圆状披针形或长卵形，长 1 ~ 3mm，具泌盐腺体。每年开花 2 ~ 3 次。花小，5 出；花瓣 5 枚，粉红色。花期 4 ~ 9 月。

耐寒区 5 ~ 9，适用东墙、移动式绿化。

55. '白露锦' 杞柳 *Salix integra* 'Hakuro-nishiki' 杨柳科 / 柳属

落叶灌木，高 1 ~ 3m。树冠广展。叶近对生或对生，萌枝叶有时 3 叶轮生，椭圆状长圆形，长 2 ~ 5cm，宽 1 ~ 2cm，先端短渐尖，基部圆形或微凹，全缘或上部有尖齿，新叶具乳白色和粉红色斑纹；叶柄短或近无柄而抱茎。葇荑花序。花期 5 月。

耐寒区 5 ~ 8，适用移动式绿化。

56. 马醉木 *Pieris japonica* 杜鹃花科 / 马醉木属

常绿灌木或小乔木，高约 4m。叶互生，革质，密集枝顶，椭圆状披针形，长 3 ~ 8cm，宽 1 ~ 2cm，边缘在 2/3 以上具细圆齿，无毛，深绿色。总状花序或圆锥花序，长 8 ~ 14cm；花冠白色，坛状，长 6 ~ 7mm。花期 4 ~ 5 月。

耐寒区 5 ~ 8，适用移动式绿化。

57. 云锦杜鹃 *Rhododendron fortunei* 杜鹃花科 / 杜鹃花属

常绿灌木或小乔木，高 3 ~ 12m。叶互生，厚革质，长圆形至长圆状椭圆形，长 8 ~ 14.5cm，宽 3 ~ 9.2cm，侧脉 14 ~ 16 对。总状伞形花序顶生，有花 6 ~ 12 朵，有香味；花冠漏斗状钟形，长 4.5 ~ 5.2cm，直径 5 ~ 5.5cm，粉红色，裂片 7 枚。花期 4 ~ 5 月。

耐寒区 5 ~ 9，适用东墙、南墙绿化。

58. 皋月杜鹃 *Rhododendron indicum* 杜鹃花科 / 杜鹃花属

半常绿灌木，高 1 ~ 2m。叶集生枝端，近于革质，狭披针形或倒披针形，长 1.7 ~ 3.2cm，宽约 6mm，边缘疏具细圆齿状锯齿，被糙伏毛。花 1 ~ 3 朵生枝顶；花冠鲜红色，阔漏斗形，长 3 ~ 4cm，直径 3.7cm，裂片 5 枚。花期 5 ~ 6 月。

耐寒区 7 ~ 8，适用移动式绿化。

59. 满山红 *Rhododendron mariesii* 杜鹃花科 / 杜鹃花属

落叶灌木，高 1 ~ 4m。枝轮生。叶厚纸质或近于革质，常 2 ~ 3 枚集生枝顶，椭圆形或三角状卵形，长 4 ~ 7.5cm，宽 2 ~ 4cm。花通常 2 朵顶生，先花后叶；花冠漏斗形，淡紫红色或紫红色，长 3 ~ 3.5cm，裂片 5 枚。花期 4 ~ 5 月。

耐寒区 7 ~ 10，适用移动式绿化。

60. 锦绣杜鹃 *Rhododendron × pulchrum* 杜鹃花科 / 杜鹃花属

半常绿灌木，高 1.5 ~ 2.5m。叶互生，薄革质，椭圆状长圆形，长 2 ~ 5cm，宽 1 ~ 2.5cm，全缘，下面被微柔毛和糙伏毛。伞形花序顶生，有花 1 ~ 5 朵；花冠玫瑰紫色，阔漏斗形，长 4.8 ~ 5.2cm，直径约 6cm，裂片 5 枚。花期 4 ~ 5 月。

耐寒区 8 ~ 10，适用东墙、北墙、移动式绿化。

61. 杜鹃 *Rhododendron simsii* 杜鹃花科 / 杜鹃花属

落叶灌木，高 2m。叶革质，常集生枝端，卵形、倒卵形至倒披针形，长 1.5 ~ 5cm，宽 0.5 ~ 3cm，边缘具细齿，被糙伏毛。花 2 ~ 3 朵簇生枝顶；花冠阔漏斗形，玫瑰红色、鲜红色或暗红色，长 3.5 ~ 4cm，宽 1.5 ~ 2cm，裂片 5 枚。花期 4 ~ 5 月。

耐寒区 8 ~ 10，适用东墙、南墙、移动式绿化。

62. 朱砂根 *Ardisia crenata* 紫金牛科 / 紫金牛属

常绿灌木，高 1 ~ 2m。茎粗壮，除侧生特殊花枝外，无分枝。叶互生，椭圆形至倒披针形，长 7 ~ 15cm，边缘具皱波状或波状齿，具明显的边缘腺点。伞形花序或聚伞花序；花长 4 ~ 6mm；花瓣 5 枚，白色。果球形，鲜红色。花期 5 ~ 6 月，果期 10 ~ 12 月。

耐寒区 8 ~ 10，适用北墙、移动式绿化。

63. 百两金 *Ardisia crispa* 紫金牛科 / 紫金牛属

常绿灌木，高 60 ~ 100cm。无分枝。叶互生，椭圆状披针形或狭长圆状披针形，长 7 ~ 12cm，宽 1.5 ~ 3cm，全缘或略波状，具边缘腺点，两面无毛，边缘脉不明显。亚伞形花序；花瓣白色或粉红色，长 4 ~ 5mm。果球形，鲜红色。花期 5 ~ 6 月，果期 10 ~ 12 月。

耐寒区 9 ~ 10，适用北墙、移动式绿化。

64. 紫金牛 *Ardisia japonica* 紫金牛科 / 紫金牛属

常绿小灌木或亚灌木，近蔓生，具匍匐生根的根状茎；直立茎长达 30cm，不分枝。叶对生或近轮生，叶片椭圆形至椭圆状倒卵形，长 4 ~ 7cm，边缘具细锯齿。亚伞形花序；花瓣粉红色或白色，长 4 ~ 5mm。果球形，鲜红色。花期 5 ~ 6 月，果期 11 ~ 12 月。

耐寒区 8 ~ 10，适用北墙、移动式绿化。

65. 虎舌红 *Ardisia mamillata* 紫金牛科 / 紫金牛属

常绿矮小灌木，具匍匐的木质根状茎，直立茎高不超过 15cm。叶互生，坚纸质，倒卵形至长圆状倒披针形，长 7 ~ 14cm，宽 3 ~ 4cm，绿色或暗紫红色，被锈色或紫红色糙伏毛。伞形花序；花瓣粉红色。果球形，鲜红色。花期 6 ~ 7 月，果期 11 月至翌年 1 月。

耐寒区 9 ~ 10，适用北墙绿化。

66. 多枝紫金牛 *Ardisia sieboldii* 紫金牛科 / 紫金牛属

常绿灌木，高 1 ~ 6m，分枝多。叶片纸质或革质，倒卵形或椭圆状卵形，长 7 ~ 14cm，宽 2 ~ 4cm，全缘，两面无毛。复亚伞形花序或复聚伞花序，腋生；花瓣白色。果球形，直径约

7mm，红色至黑色。花期 5 ~ 6 月，果期约 1 月。

耐寒区 9 ~ 10，适用北墙、移动式绿化。

67. 海桐 *Pittosporum tobira* 海桐花科 / 海桐花属

常绿灌木或小乔木，高达 6m。叶聚生于枝顶，革质，倒卵形或倒卵状披针形，长 4 ~ 9cm，宽 1.5 ~ 4cm，上面深绿色，发亮，先端圆形或钝。伞形花序顶生；花瓣 5 枚，白色，有芳香，后变黄色。蒴果圆球形；种子多数，红色。花期 3 ~ 5 月。

耐寒区 9 ~ 10，适用东墙、南墙、北墙、移动式绿化。

68. '斑叶'海桐 *Pittosporum tobira* 'Variegatum' 海桐花科 / 海桐花属

常绿灌木或小乔木，高 1.5 ~ 3m。叶聚生于枝顶，革质，倒卵形或倒卵状披针形，长 4 ~ 9cm，宽 1.5 ~ 4cm，先端圆形或钝，叶片灰绿色，边缘具不规则的乳白色斑纹。伞形花序顶生；花瓣 5 枚，白色，有芳香，后变黄色。蒴果圆球形；种子多数，红色。花期 3 ~ 5 月。

耐寒区 9 ~ 10，适用东墙、南墙、北墙、移动式绿化。

69. 绣球 *Hydrangea macrophylla* 虎耳草科 / 绣球属

落叶灌木，高 1 ~ 4m，常形成圆形灌丛。叶对生，纸质或近革质，倒卵形或阔椭圆形，长 6 ~ 15cm，宽 4 ~ 11.5cm，边缘具粗齿，绿色，有光泽。伞房状聚伞花序近球形，直径 8 ~ 20cm，花密集，多数不育；不育花萼片 4 枚，粉红色、蓝色或白色。花期 5 ~ 8 月。

耐寒区 6 ~ 9，适用东墙、北墙、移动式绿化。

70. [无尽夏] 绣球 *Hydrangea macrophylla* 'Bailmer' 虎耳草科 / 绣球属

落叶灌木。株高和冠径 0.9 ~ 1.2m，常形成圆形灌丛。叶对生，倒卵形或阔椭圆形，常边缘具粗齿，淡绿色，无光泽。在老枝和嫩枝上都能分化形成花芽。伞房状聚伞花序近球形，直径

8～20cm，花密集，不育花萼片4枚，粉红色或蓝色。花期5～9月。

耐寒区6～9，适用移动式绿化。

71.'银边'绣球 *Hydrangea macrophylla* 'Maculata' 虎耳草科 / 绣球属

落叶灌木，高1～4m，常形成圆形灌丛。叶对生，倒卵形或阔椭圆形，长6～15cm，宽4～11.5cm，边缘具粗齿，绿色，边缘具乳白色斑纹。伞房状聚伞花序近球形，直径8～20cm，花密集，多数为可育花；不育花生于花序外侧，萼片4枚。花期5～8月。

耐寒区6～9，适用移动式绿化。

72.'金叶'欧洲山梅花 *Philadelphus coronarius* 'Aureus' 虎耳草科 / 山梅花属

落叶灌木。树冠开展，株高1～4m，幅宽2.5m。叶对生，宽披针形至宽卵形，长3～10cm，宽2～6cm，金黄色。聚伞状总状花序，具5～9朵花；花瓣4枚，白色或乳白色，长圆形、倒卵形或圆形，长5～25mm。花期5～7月。

耐寒区4～8，适用移动式绿化。

73.欧洲山梅花 *Philadelphus coronarius* 虎耳草科 / 山梅花属

落叶灌木。树冠开展，株高1～4m，幅宽2.5m。叶对生，宽披针形至宽卵形，长3～10cm，宽2～6cm，绿色。聚伞状总状花序，具5～9朵花；花瓣4枚，白色或乳白色，长圆形、倒卵形或圆形，长5～25mm。花期5～7月。

耐寒区4～8，适用移动式绿化。

74.太平花 *Philadelphus pekinensis* 虎耳草科 / 山梅花属

灌木，高1～2m。叶对生，卵形或阔椭圆形，长6～9cm，宽2.5～4.5cm，边缘具锯齿，稀近全缘，两面无毛。总状花序有花5～7朵；花瓣白色，倒卵形，长9～12mm，宽约8mm。花期5～7月。

耐寒区5～8，适用屋顶、移动式绿化。

75.绢毛山梅花 *Philadelphus sericanthus* 虎耳草科 / 山梅花属

落叶灌木，高1～3m。叶对生，纸质，椭圆形或椭圆状披针形，长3～11cm，宽1.5～5cm，边缘具锯齿。总状花序有花7～15朵；花瓣白色，倒卵形或长圆形，长1.2～1.5cm，宽8～10mm。花期5～6月。

耐寒区6～9，适用屋顶绿化。

76.齿叶溲疏 *Deutzia crenata* 虎耳草科 / 溲疏属

落叶灌木，高1～3m。叶对生，纸质，卵形或卵状披针形，长5～8cm，宽1～3cm，边缘具细圆齿，被星状毛。圆锥花序长5～10cm，多花；花冠直径1.5～2.5cm；花瓣白色，狭椭圆形，长8～15mm；花丝先端2短齿。花期4～5月。

耐寒区5～8，适用移动式绿化。

77.'日光'细梗溲疏 *Deutzia gracilis* 'Nikko' 虎耳草科 / 溲疏属

落叶灌木。植株矮小、紧凑，株高60cm，树冠圆丘状。叶对生，纸质，卵状披针形，边缘具细圆齿，被星状毛，中绿色，秋季变为深酒红色。圆锥花序具多花；花小，白色，花冠直径可达1.9cm。花期4～5月。

耐寒区5～8，适用屋顶绿化。

78.大花溲疏 *Deutzia grandiflora* 虎耳草科 / 溲疏属

落叶灌木，高约2m。叶对生，纸质，卵状菱形或椭圆状卵形，长2～5.5cm，宽1～3.5cm，被星状毛，边缘具大小相间或不整齐锯齿。聚伞花序长和直径均1～3cm，具花2～3朵；花瓣白色，长圆形，长约1.5cm；花丝先端2齿。花期4～6月。

耐寒区5～8，适用移动式绿化。

79.'草莓田'杂交溲疏 *Deutzia* × *hybrida* 'Strawberry Fields' 虎耳草科 / 溲疏属

落叶灌木，高1.2～1.8m。叶对生，纸质，卵形，长 5 ~ 10cm。圆锥花序；花瓣 5 枚，粉红色与白色混合，花冠直径可达 2.5cm。花期 5 ~ 6 月。

耐寒区 5 ~ 8，适用东墙、南墙、屋顶绿化。

80. 榆叶梅 *Amygdalus triloba* 蔷薇科 / 桃属

落叶灌木，高 2 ~ 3m。短枝上的叶常簇生，一年生枝上的叶互生；叶片宽椭圆形至倒卵形，长 2 ~ 6cm，宽 1.5 ~ 3cm，先端短渐尖，常 3 裂。花 1 ~ 2 朵，先于叶开放，直径 2 ~ 3cm；花瓣长 6 ~ 10mm，粉红色。花期 4 ~ 5 月。

耐寒区 3 ~ 7，适用移动式绿化。

81. 麦李 *Cerasus glandulosa* 蔷薇科 / 樱属

落叶灌木，高 0.5 ~ 1.5m。叶互生，长圆状披针形或椭圆状披针形，长 2.5 ~ 6cm，宽 1 ~ 2cm，先端渐尖，基部楔形，最宽处在中部。花单生或 2 朵簇生，花叶同开，花瓣白色或粉红色。核果红色或紫红色，近球形。花期 3 ~ 4 月，果期 5 ~ 8 月。

耐寒区 4 ~ 8，适用东墙、南墙、屋顶、移动式绿化。

82. 郁李 *Cerasus japonica* 蔷薇科 / 樱属

落叶灌木，高 1 ~ 1.5m。叶互生，卵形或卵状披针形，长 3 ~ 7cm，宽 1.5 ~ 2.5cm，中部以下最宽，先端渐尖，基部圆形。花 1 ~ 3 朵，簇生，花叶同开或先叶开放；花瓣白色或粉红色，倒卵状椭圆形。核果近球形，深红色。花期 5 月，果期 7 ~ 8 月。

耐寒区 4 ~ 8，适用屋顶、移动式绿化。

83. 毛樱桃 *Cerasus tomentosa* 蔷薇科 / 樱属

落叶灌木，通常高 0.3 ~ 2m。叶互生，卵状椭圆形或倒卵状椭圆形，长 2 ~ 7cm，宽 1 ~ 3.5cm，边缘有急尖或粗锐锯齿，两面被毛。花单生或 2 朵簇生，花叶同开或先叶开放；花瓣白色或粉红色，倒卵形。核果近球形，红色。花期 4 ~ 5 月。

耐寒区 2 ~ 7，适用移动式绿化。

84. 毛叶木瓜 *Chaenomeles cathayensis* 蔷薇科 / 木瓜属

落叶灌木至小乔木，高 2 ~ 6m；具短枝刺。叶互生，椭圆形、披针形至倒卵披针形，长 5 ~ 11cm，边缘有芒状细尖锯齿，幼时下面密被褐色绒毛；托叶肾形或半圆形。花先叶开放，2 ~ 3 朵簇生；花直径 2 ~ 4cm；花瓣 5 枚，淡红色或白色。花期 3 ~ 5 月。

耐寒区 6 ~ 9，适用屋顶绿化。

85. 日本木瓜 *Chaenomeles japonica* 蔷薇科 / 木瓜属

落叶矮灌木，高约 1m。枝条广开，有细刺；二年生枝条有疣状突起。叶互生，倒卵形、匙形至宽卵形，长 3 ~ 5cm，宽 2 ~ 3cm，边缘有圆钝锯齿，无毛。花 3 ~ 5 朵簇生，直径 2.5 ~ 4cm；花瓣 5 枚，倒卵形或近圆形，砖红色。花期 3 ~ 6 月。

耐寒区 5 ~ 9，适用屋顶绿化。

86. 皱皮木瓜 *Chaenomeles speciosa* 蔷薇科 / 木瓜属

落叶灌木，高达 2m。叶互生，卵形至椭圆形，长 3 ~ 9cm，宽 1.5 ~ 5cm，边缘具有尖锐锯齿；托叶大，肾形或半圆形。花先叶开放，3 ~ 5 朵簇生于二年生老枝上；花梗短粗；花径 3 ~ 5cm；花瓣倒卵形或近圆形，猩红色、淡红色或白色。花期 3 ~ 5 月。

耐寒区 4 ~ 8，适用屋顶、移动式绿化。

87. 匍匐栒子 *Cotoneaster adpressus* 蔷薇科 / 栒子属

落叶匍匐灌木。茎不规则分枝，平铺地上。叶互生，宽卵形或倒卵形，稀椭圆形，长 5 ~ 15mm，宽 4 ~ 10mm，边缘全缘而呈波状。花 1 ~ 2 朵，几无梗，直径 7 ~ 8mm；花瓣 5 枚，倒卵形，粉红色。果实近球形，直径 6 ~ 7mm，鲜红色。花期 5 ~ 6 月，果期 8 ~ 9 月。

耐寒区 4 ~ 7，适用屋顶绿化。

88. 平枝栒子 *Cotoneaster horizontalis* 蔷薇科 / 栒子属

落叶或半常绿匍匐灌木，高不超过 0.5m。枝水平开张成整齐两列状。叶互生，近圆形或宽椭圆形，长 5 ~ 14mm，全缘，下面有稀疏平贴柔毛。花 1 ~ 2 朵，近无梗，直径 5 ~ 7mm；花瓣 5 枚，倒卵形，粉红色。果实鲜红色。花期 5 ~ 6 月，果期 9 ~ 10 月。

耐寒区 5 ~ 7，适用东墙、屋顶、移动式绿化。

89. 小叶栒子 *Cotoneaster microphyllus* 蔷薇科 / 栒子属

常绿矮生灌木，高达 1m。叶互生，厚革质，倒卵形至长圆状倒卵形，长 4 ~ 10mm，宽 3.5 ~ 7mm，先端圆钝，下面被灰白色短柔毛，边缘反卷。花通常单生，直径约 1cm；花瓣近圆形，白色。果实球形，直径 5 ~ 6mm，红色。花期 5 ~ 6 月，果期 8 ~ 9 月。

耐寒区 5 ~ 7，适用东墙、南墙、西墙、屋顶、移动式绿化。

90. 水栒子 *Cotoneaster multiflorus* 蔷薇科 / 栒子属

落叶灌木，高达 4m。叶互生，卵形或宽卵形，长 2 ~ 4cm，宽 1.5 ~ 3cm，叶柄长 3 ~ 8mm。花多数，约 5 ~ 21 朵，成疏松的聚伞花序；花直径 1 ~ 1.2cm；花瓣 5 枚，近圆形，白色。果实近球形或倒卵形，直径 8mm，红色。花期 5 ~ 6 月，果期 8 ~ 9 月。

耐寒区 4 ~ 7，适用屋顶绿化。

91. 白鹃梅 *Exochorda racemosa* 蔷薇科 / 白鹃梅属

落叶灌木，高达 3 ~ 5m。叶互生，椭圆形至长圆状倒卵形，长 3.5 ~ 6.5cm，宽 1.5 ~ 3.5cm，先端圆钝或急尖，全缘，无毛。总状花序，有花 6 ~ 10 朵，无毛；花直径 2.5 ~ 3.5cm；花瓣 5 枚，倒卵形，基部有短爪，白色。蒴果。花期 5 月。

耐寒区 4 ~ 8，适用移动式绿化。

92. 棣棠花 *Kerria japonica* 蔷薇科 / 棣棠属

落叶灌木，高 1 ~ 2m。小枝绿色，常拱垂。叶互生，三角状卵形或卵圆形，顶端长渐尖，边缘有尖锐重锯齿，两面绿色。单花，着生在当年生侧枝顶端；花直径 2.5 ~ 6cm；花瓣黄色，宽椭圆形。花期 4 ~ 6 月。

耐寒区 4 ~ 9，适用移动式绿化。

93. 无毛风箱果 *Physocarpus opulifolius* 蔷薇科 / 风箱果属

落叶灌木，高可达 3m。茎开展或斜升。叶互生，卵形至倒卵形，长 6 ~ 8.5cm，宽 4 ~ 7cm，基部楔形或截形，通常 3 裂，稀 5 裂，边缘有不规则锯齿。花序伞形总状，有花 30 ~ 50 朵；花直径 7 ~ 10mm；花瓣 5 枚，白色至淡粉色。蓇葖果膨大，卵形。花期 5 ~ 6 月。

耐寒区 2 ~ 8，适用移动式绿化。

94. '达特之金' 无毛风箱果 *Physocarpus opulifolius* 'Darts Gold' 蔷薇科 / 风箱果属

落叶灌木。株高和冠径 1.2 ~ 1.5m。茎开展或斜升。叶互生，卵形至近圆形，长 6 ~ 10cm，基部楔形或截形，通常 3 裂，边缘有不规则锯齿，春季新叶金黄色，到夏季变为黄绿色，秋季变为黄色并具青铜色晕。花序伞形总状，花白色，具淡粉色晕。花期 5 ~ 6 月。

耐寒区 3 ~ 7，适用移动式绿化。

95. '空竹' 无毛风箱果 *Physocarpus opulifolius* 'Diabolo' 蔷薇科 / 风箱果属

落叶灌木。株高和冠径 1.2 ~ 2.4m。株形开展。叶互生，卵形至近圆形，长 6 ~ 10cm，基部楔形或截形，通常 3 ~ 5 裂，边缘有不规则锯齿，深紫红色。花序伞形总状，花淡粉白色。花期 5 ~ 6 月。

耐寒区 3 ~ 7，适用移动式绿化。

96. '苏厄德' 无毛风箱果 *Physocarpus opulifolius* 'Seward' 蔷薇科 / 风箱果属

落叶灌木。株高和冠径 1.2 ~ 1.8m。株形紧凑，圆丘状。叶互生，卵形至近圆形，长

6 ~ 10cm，基部楔形或截形，通常 3 ~ 5 裂，边缘有不规则锯齿，酒红色。花序伞形总状，花淡粉白色。花期 5 ~ 6 月。

耐寒区 3 ~ 8，适用屋顶绿化。

97.'小丑'火棘 *Pyracantha 'Harlequin'* 蔷薇科 / 火棘属

常绿灌木，具刺。株高可达 1.8m。叶互生，倒卵形或倒卵状长圆形，绿色，边缘有乳白色斑纹，冬季叶片变红色。复伞房花序，花瓣 5 枚，白色。梨果近球形，桔红色。花期 3 ~ 5 月，果期 8 ~ 11 月。

耐寒区 6 ~ 9，适用移动式绿化。

98. 火棘 *Pyracantha fortuneana* 蔷薇科 / 火棘属

常绿灌木，高达 3m；侧枝短，先端成刺状。叶互生，倒卵形或倒卵状长圆形，长 1.5 ~ 6cm，宽 0.5 ~ 2cm，边缘有钝锯齿，无毛。花集成复伞房花序，直径 3 ~ 4cm；花瓣白色，长约 4mm。梨果近球形，桔红色或深红色。花期 3 ~ 5 月，果期 8 ~ 11 月。

耐寒区 7 ~ 10，适用东墙、南墙、屋顶、移动式绿化。

99. 全缘火棘 *Pyracantha atalantioides* 蔷薇科 / 火棘属

常绿灌木或小乔木，高达 6m；通常有枝刺。叶互生，椭圆形或长圆形，长 1.5 ~ 4cm，宽 1 ~ 1.6cm，边缘通常全缘。花成复伞房花序，直径 3 ~ 4cm；花瓣白色，卵形，长 4 ~ 5mm。梨果扁球形，直径 4 ~ 6mm，亮红色。花期 4 ~ 5 月，果期 9 ~ 11 月。

耐寒区 7 ~ 10，适用移动式绿化。

100. 石斑木 *Rhaphiolepis indica* 蔷薇科 / 石斑木属

常绿灌木，高可达 4m。叶片集生于枝顶，卵形、长圆形，稀倒卵形或长圆披针形，长 4 ~ 8cm，宽 1.5 ~ 4cm，边缘具细钝锯齿。顶生圆锥花序或总状花序；花直径 1 ~ 1.3cm；花瓣 5 枚，白色或淡红色，长 5 ~ 7mm。果实紫黑色。花期 4 月，果期 7 ~ 8 月。

耐寒区 8 ~ 10，适用移动式绿化。

101. 厚叶石斑木 *Rhaphiolepis umbellata* 蔷薇科 / 石斑木属

常绿灌木或小乔木，高 2 ~ 4m。叶互生，厚革质，长椭圆形、卵形或倒卵形，长 4 ~ 10cm，宽 2 ~ 4cm，全缘或有疏生钝锯齿，边缘稍向下方反卷。圆锥花序顶生；花瓣白色，倒卵形，长 1 ~ 1.2cm。果实球形，黑紫色带白霜。花期 4 ~ 6 月，果期 9 ~ 10 月。

耐寒区 8 ~ 10，适用移动式绿化。

102. 鸡麻 *Rhodotypos scandens* 蔷薇科 / 鸡麻属

落叶灌木。株高 0.5 ~ 2m，冠径 1.2 ~ 2.7m。叶对生，卵形，长 4 ~ 11cm，宽 3 ~ 6cm，边缘有尖锐重锯齿，托叶膜质狭带形。单花顶生，花直径 3 ~ 5cm；萼片 4 枚，叶状，覆瓦状排列，有小形副萼片 4 枚，与萼片互生；花瓣 4 枚，白色，倒卵形。花期 4 ~ 5 月。

耐寒区 4 ~ 8，适用移动式绿化。

103. 月季花 *Rosa chinensis* 蔷薇科 / 蔷薇属

半常绿直立灌木，高 1 ~ 2m；小枝有短粗的钩状皮刺或无刺。羽状复叶，互生，小叶 3 ~ 5 枚，稀 7 枚，连叶柄长 5 ~ 11cm；托叶大部分贴生于叶柄。花数朵集生，稀单生，直径 4 ~ 5cm，重瓣、半重瓣或单瓣，红色、粉红色至白色，倒卵形。花期 4 ~ 9 月。

耐寒区 6 ~ 9，适用东墙、南墙、西墙、移动式绿化。

104. 现代月季 *Rosa hybrida* hort. 蔷薇科 / 蔷薇属

大多数为半常绿直立灌木，也有攀缘或蔓性品种，通常具钩状皮刺。羽状复叶，互生，小叶 3 ~ 5 枚，稀 7 枚，边缘有锯齿。花单生或形成花序，蔷薇花冠，多数多次开花，品种繁多，花色丰富多彩，芳香。花期春季至秋季。

耐寒区 5 ~ 9，适用屋顶、移动式绿化。

105. 缫丝花 *Rosa roxburghii* 蔷薇科 / 蔷薇属

落叶开展灌木，高 1 ~ 2.5m。小枝有基部稍扁而成对皮刺。羽状复叶，互生，小叶 9 ~ 15 枚，连叶柄长 5 ~ 11cm，小叶片椭圆形或长圆形。花单生或 2 ~ 3 朵簇生；花直径 5 ~ 6cm，重瓣或单瓣，淡红色或粉红色，微香。花期 5 ~ 7月。

耐寒区 6 ~ 9，适用屋顶、移动式绿化。

106. 玫瑰 *Rosa rugosa* 蔷薇科 / 蔷薇属

直立灌木，高可达 2m。小枝密被绒毛，并有皮刺、针刺和腺毛。羽状复叶，互生，小叶 5 ~ 9 枚，连叶柄长 5 ~ 13cm；小叶片椭圆形，上面深绿色，叶脉下陷，有褶皱。花单生于叶腋，或数朵簇生；花直径 4 ~ 5.5cm；花瓣紫红色至白色，芳香。花期 5 ~ 6月。

耐寒区 2 ~ 7，适用屋顶、移动式绿化。

107. 黄刺玫 *Rosa xanthina* 蔷薇科 / 蔷薇属

落叶直立灌木，高 2 ~ 3m。小枝有散生皮刺，无针刺。羽状复叶，互生，小叶 7 ~ 13 枚，连叶柄长 3 ~ 5cm；小叶片宽卵形或近圆形。花单生于叶腋，重瓣至单瓣，黄色；花直径 3 ~ 5cm。花期 4 ~ 6月。

耐寒区 5 ~ 9，适用屋顶、移动式绿化。

108. 珍珠梅 *Sorbaria sorbifolia* 蔷薇科 / 珍珠梅属

落叶灌木，高达 2m。羽状复叶，互生，小叶片 11 ~ 17 枚，连叶柄长 13 ~ 23cm；小叶片对生，披针形至卵状披针形，长 5 ~ 7cm，边缘有尖锐重锯齿，具侧脉 12 ~ 16 对。顶生大型密集圆锥花序；花直径 10 ~ 12mm；花瓣长 5 ~ 7mm，白色。花期 7 ~ 8月。

耐寒区 2 ~ 8，适用移动式绿化。

109. 中华绣线菊 *Spiraea chinensis* 蔷薇科 / 绣线菊属

落叶灌木，高 1.5 ~ 3m。小枝呈拱形弯曲。叶互生，菱状卵形至倒卵形，长 2.5 ~ 6cm，宽 1.5 ~ 3cm，边缘有缺刻状粗锯齿，或具不明显 3 裂，下面密被黄色绒毛。伞形花序具花 16 ~ 25 朵；花直径 3 ~ 4mm；花瓣 5 枚，白色。花期 3 ~ 6月。

耐寒区 5 ~ 9，适用屋顶绿化。

110. 华北绣线菊 *Spiraea fritschiana* 蔷薇科 / 绣线菊属

落叶灌木，高 1 ~ 2m。叶互生，卵形、椭圆状卵形或椭圆状长圆形，长 3 ~ 8cm，宽 1.5 ~ 3.5cm，边缘有不整齐重锯齿或单锯齿。复伞房花序顶生于当年生直立新枝上，多花，无毛；花直径 5 ~ 6mm；花瓣 5 枚，白色，在芽中呈粉红色。花期 6月。

耐寒区 4 ~ 8，适用屋顶绿化。

111. 粉花绣线菊 *Spiraea japonica* 蔷薇科 / 绣线菊属

落叶直立灌木，高达 1.5m。叶互生，卵形至卵状椭圆形，长 2 ~ 8cm，宽 1 ~ 3cm，边缘有缺刻状重锯齿或单锯齿。复伞房花序生于当年生的直立新枝顶端，花朵密集，密被短柔毛；花直径 4 ~ 7mm；花瓣 5 枚，粉红色。花期 6 ~ 7月。

耐寒区 3 ~ 8，适用东墙、南墙、屋顶、移动式绿化。

112. '金焰'粉花绣线菊 *Spiraea japonica* 'Goldflame' 蔷薇科 / 绣线菊属

落叶直立灌木。株高和冠径均为 90 ~ 120cm。叶互生，卵形至卵状椭圆形，边缘有锯齿，新叶铜红色，夏季变为黄绿色，秋季变为橘黄至铜红色。复伞房花序，花朵密集，花瓣 5 枚，粉红色。花期 6 ~ 7月。

耐寒区 4 ~ 8，适用屋顶、移动式绿化。

113. '金山'粉花绣线菊 *Spiraea japonica* 'Gold Mound' 蔷薇科 / 绣线菊属

落叶直立灌木。株高 60 ~ 90cm，冠径 90 ~ 120cm。叶互生，卵形至卵状椭圆形，边缘有锯齿，新叶金黄色，夏季渐变为黄绿色，秋季变为黄色、橘黄色或红色。复伞房花序，花朵密集，粉红色。花期6～7月。

耐寒区4～8，适用屋顶绿化。

114. 欧亚绣线菊 *Spiraea media* 蔷薇科 / 绣线菊属

落叶直立灌木，高0.5～2m。叶互生，椭圆形至披针形，长1～2.5cm，宽0.5～1.5cm，全缘或先端有2～5锯齿，羽状脉。伞形总状花序无毛，常具9～15朵花；花直径0.7～1cm；花瓣5枚，白色。花期5～6月。

耐寒区4～9，适用屋顶绿化。

115. 李叶绣线菊 *Spiraea prunifolia* 蔷薇科 / 绣线菊属

落叶灌木，高达3m。叶互生，卵形至长圆披针形，长1.5～3cm，宽0.7～1.4cm，边缘有细锐单锯齿，羽状脉。伞形花序无总梗，具花3～6朵，基部着生数枚小形叶片；花直径达1cm，白色。花期3～5月。

耐寒区5～8，适用屋顶、移动式绿化。

116. 绣线菊 *Spiraea salicifolia* 蔷薇科 / 绣线菊属

落叶直立灌木，高1～2m。叶互生，长圆披针形至披针形，长4～8cm，宽1～2.5cm，边缘密生锐锯齿，两面无毛。花序为长圆形或金字塔形的圆锥花序，长6～13cm，花朵密集；花直径5～7mm；花瓣5枚，粉红色。花期6～8月。

耐寒区4～6，适用屋顶绿化。

117. 珍珠绣线菊 *Spiraea thunbergii* 蔷薇科 / 绣线菊属

落叶灌木，高达1.5m；枝条细长开张，呈弧形弯曲。叶互生，线状披针形，长25～40mm，宽3～7mm，边缘自中部以上有尖锐锯齿，无毛，具羽状脉；叶柄极短。伞形花序无总梗，具花3～7朵，基部簇生数枚小形叶片；花直径6～8mm，白色。花期4～5月。

耐寒区4～8，适用屋顶、移动式绿化。

118. 毛果绣线菊 *Spiraea trichocarpa* 蔷薇科 / 绣线菊属

落叶灌木，高达2m。叶互生，长圆形或倒卵状长圆形，长1.5～3cm，宽0.7～1.5cm，全缘或不孕枝上的叶片先端有数个锯齿，无毛。复伞房花序着生在侧生小枝顶端，多花，密被短柔毛；花直径5～7mm，白色。花期5～6月。

耐寒区4～6，适用屋顶绿化。

119. 菱叶绣线菊 *Spiraea × vanhouttei* 蔷薇科 / 绣线菊属

落叶灌木，高达2m。小枝拱形弯曲。叶互生，菱状卵形至菱状倒卵形，长1.5～3.5cm，宽0.9～1.8cm，先端急尖，通常3～5裂，基部楔形，边缘有缺刻状重锯齿，无毛，上面暗绿色，下面浅蓝灰色。伞形花序具总梗，有多数花，花瓣白色。花期5～6月。

耐寒区3～8，适用屋顶绿化。

120. 紫荆 *Cercis chinensis* 豆科 / 紫荆属

落叶灌木，高2～5m。叶互生，纸质，近圆形，长5～10cm，宽与长相等或略短于长，先端急尖，基部浅至深心形，叶缘膜质透明，新鲜时明显可见。花簇生于老枝和主干上，通常先于叶开放；花长15～18cm，蝶形花冠，紫粉色。花期3～4月。

耐寒区6～9，适用移动式绿化。

121. 紫穗槐 *Amorpha fruticosa* 豆科 / 紫穗槐属

落叶灌木，丛生，高1～4m。叶互生，奇数羽状复叶，长10～15cm，有小叶11～25枚，基部有线形托叶；小叶卵形或椭圆形。穗状花序常1至数个顶生和枝端腋生，长7～15cm；旗瓣心形，紫色，无翼瓣和龙骨瓣。花、果期5～10月。

耐寒区4～9，适用西墙、屋顶、移动式绿化。

122. 洋金凤 *Caesalpinia pulcherrima* 豆科 / 云实属

半常绿大灌木或小乔木。枝光滑，散生疏

刺。叶互生，2回羽状复叶长 12 ~ 26cm；羽片 4 ~ 8 对，对生；小叶 7 ~ 11 对，长圆形或倒卵形。总状花序近伞房状；花瓣橙红色或黄色，圆形，长 1 ~ 2.5cm，边缘皱波状；花丝红色，远伸出于花瓣外。花果期几乎全年。

耐寒区 9 ~ 11，适用移动式绿化。

123. 朱缨花 *Calliandra haematocephala* 豆科 / 朱缨花属

落叶灌木或小乔木，高 1 ~ 3m。叶互生，2回羽状复叶；羽片 1 对，长 8 ~ 13cm；小叶 7 ~ 9 对，斜披针形。头状花序腋生，直径约 3cm，有花约 25 ~ 40 朵；花冠淡紫红色；雄蕊突露于花冠之外，花丝长约 2cm，深红色。花期 8 ~ 9 月。

耐寒区 9 ~ 11，适用移动式绿化。

124. 锦鸡儿 *Caragana sinica* 豆科 / 锦鸡儿属

落叶灌木，高 1 ~ 2m。托叶三角形，硬化成针刺；叶轴脱落或硬化成针刺。叶互生，小叶 2 对，羽状，有时假掌状，上部 1 对常较下部的为大，倒卵形，长 1 ~ 3.5cm。花单生；蝶形花冠。黄色，常带红色，长 2.8 ~ 3cm。花期 4 ~ 5 月。

耐寒区 6 ~ 10，适用东墙、南墙、西墙、屋顶、移动式绿化。

125. 双荚决明 *Cassia bicapsularis* 豆科 / 决明属

半常绿直立灌木。叶互生，偶数羽状复叶，长 7 ~ 12cm；小叶 3 ~ 4 对，倒卵形，膜质，长 2.5 ~ 3.5cm，宽约 1.5cm，顶端圆钝。总状花序生于枝条顶端的叶腋间，常集成伞房花序状，花鲜黄色，直径约 2cm。荚果圆柱形。花期 10 ~ 11 月。

耐寒区 8 ~ 11，适用移动式绿化。

126. 伞房决明 *Cassia corymbosa* 豆科 / 决明属

常绿灌木，高 2 ~ 3m，多分枝，枝条平滑。叶互生，偶数羽状复叶；小叶 3 ~ 5 对，叶长椭圆状披针形，先端尖。花序伞房状，花鲜黄色，花瓣阔。荚果圆柱形，长 5 ~ 8cm。花期

7 ~ 10 月。

耐寒区 8 ~ 11，适用屋顶、移动式绿化。

127. 金雀儿 *Cytisus scoparius* 豆科 / 金雀儿属

落叶或常绿灌木，高 80 ~ 250cm。枝丛生，直立。叶互生，上部常为单叶，下部为掌状三出复叶；小叶倒卵形至椭圆形，全缘，长 5 ~ 15mm，宽 3 ~ 5mm。花单生上部叶腋，于枝梢排成总状花序；花冠鲜黄色，无毛，长 1.5 ~ 2.5cm。花期 5 ~ 7 月。

耐寒区 5 ~ 8，适用移动式绿化。

128. 龙牙花 *Erythrina corallodendron* 豆科 / 刺桐属

落叶灌木或小乔木，高 3 ~ 5m。干和枝条散生皮刺。叶互生，羽状复叶具 3 小叶；小叶菱状卵形，长 4 ~ 10cm，宽 2.5 ~ 7cm，先端渐尖而钝或尾状。总状花序腋生，长可达 30cm 以上；花深红色，长 4 ~ 6cm。花期 6 ~ 11 月。

耐寒区 9 ~ 11，适用移动式绿化。

129. 鸡冠刺桐 *Erythrina crista-galli* 豆科 / 刺桐属

落叶灌木或小乔木，茎和叶柄稍具皮刺。叶互生，羽状复叶具 3 小叶；小叶长卵形或披针状长椭圆形，长 7 ~ 10cm，宽 3 ~ 4.5cm，先端钝。花与叶同出，总状花序顶生，每节有花 1 ~ 3 朵；花深红色，长 3 ~ 5cm。花期 4 ~ 10 月。

耐寒区 9 ~ 11，适用移动式绿化。

130. 多花木蓝 *Indigofera amblyantha* 豆科 / 木蓝属

落叶灌木。株高和冠径均为 1.2 ~ 1.8m；少分枝。羽状复叶互生，长达 18cm；小叶 3 ~ 5 对，对生，卵状长圆形、椭圆形或近圆形，长 1 ~ 3.7cm，宽 1 ~ 2cm。总状花序腋生，长达 11cm，近无总花梗；蝶形花冠，淡红色。花期 5 ~ 7 月。

耐寒区 6 ~ 8，适用移动式绿化。

131. 河北木蓝 *Indigofera bungeana* 豆科 / 木蓝属

落叶灌木，高 40 ~ 100cm。枝银灰色，被灰白色丁字毛。叶互生，羽状复叶长 2.5 ~ 5cm；小叶 2 ~ 4 对，对生，椭圆形，长 5 ~ 1.5mm，宽 3 ~ 10mm，先端钝圆。总状花序腋生，长 4 ~ 6cm；蝶形花冠，紫色或紫红色。花期 5 ~ 6 月。

耐寒区 6 ~ 8，适用东墙、南墙、西墙绿化。

132. 花木蓝 *Indigofera kirilowii* 豆科 / 木蓝属

落叶小灌木，高 30 ~ 100cm。叶互生，羽状复叶长 6 ~ 15cm；小叶 3 ~ 5 对，对生，阔卵形、卵状菱形或椭圆形，长 1.5 ~ 4cm，宽 1 ~ 2.3cm，先端圆钝或急尖。总状花序长 5 ~ 12cm，疏花；蝶形花冠，淡红色，稀白色。花期 5 ~ 7 月。

耐寒区 4 ~ 8，适用移动式绿化。

133. 马棘 *Indigofera pseudotinctoria* 豆科 / 木蓝属

落叶小灌木，高 1 ~ 3m；多分枝。叶互生，羽状复叶长 3.5 ~ 6cm；小叶 3 ~ 5 对，对生，椭圆形或倒卵形，长 1 ~ 2.5cm，宽 0.5 ~ 1.1cm，先端圆或微凹。总状花序，开花后较复叶为长，长 3 ~ 11cm，花密集；花冠淡红色或紫红色。花期 5 ~ 8 月。

耐寒区 6 ~ 9，适用移动式绿化。

134. 胡枝子 *Lespedeza bicolor* 豆科 / 胡枝子属

落叶灌木。高 1 ~ 3m，直立，多分枝。叶互生，羽状复叶具 3 小叶；托叶线状披针形；小叶质薄，卵形、倒卵形或卵状长圆形，长 1.5 ~ 6cm，宽 1 ~ 3.5cm，先端钝圆或微凹，具短刺尖。总状花序腋生，比叶长；花冠红紫色。花期 7 ~ 9 月。

耐寒区 4 ~ 8，适用西墙、移动式绿化。

135. '屋久岛' 胡枝子 *Lespedeza bicolor* 'Yakushima' 豆科 / 胡枝子属

落叶灌木。株高 30 ~ 50cm，冠径 30 ~ 50cm。树冠圆丘状。叶互生，羽状复叶具 3 小叶；托叶线状披针形；小叶质薄，卵形或倒卵形，先端具短刺尖，蓝绿色。总状花序腋生，比叶长；花冠紫色。花期 7 ~ 9 月。

耐寒区 4 ~ 8，适用西墙绿化。

136. 截叶铁扫帚 *Lespedeza cuneata* 豆科 / 胡枝子属

落叶小灌木，高达 1m。茎直立或斜升。叶互生，密集，三出羽状复叶；小叶楔形或线状楔形，长 1 ~ 3cm，宽 2 ~ 7mm，先端截形或近截形，具小刺尖。总状花序腋生，具 2 ~ 4 朵花；蝶形花冠，花冠淡黄色或白色，旗瓣基部有紫斑。花期 7 ~ 8 月。

耐寒区 6 ~ 9，适用西墙绿化。

137. 多花胡枝子 *Lespedeza floribunda* 豆科 / 胡枝子属

落叶小灌木，高 30 ~ 100cm。叶互生，羽状复叶具 3 小叶；小叶倒卵形或长圆形，长 1 ~ 1.5cm，宽 6 ~ 9mm，先端微凹、钝圆或近截形，具小刺尖。总状花序腋生；总花梗细长，显著超出叶；花冠紫色、紫红色或蓝紫色。花期 6 ~ 9 月。

耐寒区 6 ~ 9，适用西墙绿化。

138. 美丽胡枝子 *Lespedeza thunbergii* subsp. *formosa* 豆科 / 胡枝子属

落叶灌木，高 1 ~ 2m。叶互生，羽状复叶具 3 小叶；小叶椭圆形或卵形，长 2.5 ~ 6cm，宽 1 ~ 3cm，上面绿色，稍被短柔毛，下面淡绿色，贴生短柔毛。总状花序单一，腋生，比叶长；花冠红紫色，长 10 ~ 15mm。花期 7 ~ 9 月。

耐寒区 5 ~ 9，适用西墙、屋顶、移动式绿化。

139. 鹰爪豆 *Spartium junceum* 豆科 / 鹰爪豆属

常绿灌木，高 1 ~ 3m。树冠密集成丛，呈圆球形。嫩枝绿色，老干灰色。单叶互生，叶片狭椭圆形至线状披针形，长 10 ~ 40mm，宽 5 ~ 17mm，纸质；叶片早落。花单生叶腋，在茎上部排成疏松的总状花序；花长 20 ~ 25mm；

花冠金黄色。花期 4 ~ 7 月。

耐寒区 8 ~ 10，适用移动式绿化。

140. 胡颓子 *Elaeagnus pungens* 胡颓子科 / 胡颓子属

常绿灌木，高 3 ~ 4m，具刺。幼枝密被锈色鳞片。叶互生，革质，椭圆形，长 5 ~ 10cm，宽 1.8 ~ 5cm，下面密被银白色和少数褐色鳞片。花白色或淡白色，下垂；萼筒圆筒形，上部 4 裂；无花瓣。果实椭圆形，红色。花期 9 ~ 12 月，果期翌年 4 ~ 6 月。

耐寒区 7 ~ 9，适用东墙、南墙、屋顶、移动式绿化。

141. '花叶' 胡颓子 *Elaeagnus pungens* 'Variegata' 胡颓子科 / 胡颓子属

常绿直立灌木，高 3 ~ 4m，具刺。幼枝密被锈色鳞片。叶互生，革质，椭圆形，下面密被银白色和少数褐色鳞片，叶片淡绿色，边缘黄白色。花白色或淡白色，下垂；萼筒圆筒形，上部 4 裂；无花瓣。花期 9 ~ 12 月，果期翌年 4 ~ 6 月。

耐寒区 7 ~ 9，适用移动式绿化。

142. '聚光灯' 中叶胡颓子 *Elaeagnus* × *submacrophylla* 'Limelight' 胡颓子科 / 胡颓子属

常绿直立灌木，株高和冠幅 2.5 ~ 4m，具刺。叶互生，革质，长圆形至卵形，上面幼时银灰色，成熟时深绿色，中心具金黄色斑块，下面银灰色，密被银白色和少数褐色鳞片。花小，白色，芳香，下垂。花期秋季。

耐寒区 7 ~ 9，适用移动式绿化。

143. '金边' 中叶胡颓子 *Elaeagnus* × *submacrophylla* 'Gilt Edge' 胡颓子科 / 胡颓子属

常绿直立灌木，株高和冠幅 2.5 ~ 4m，具刺。叶互生，革质，长圆形至卵形，上面幼时银灰色，成熟时深绿色，边缘金黄色，下面银灰色，密被银白色和少数褐色鳞片。花小，白色，芳香，下垂。

花期秋季。

耐寒区 7 ~ 9，适用移动式绿化。

144. 牛奶子 *Elaeagnus umbellata* 胡颓子科 / 胡颓子属

落叶直立灌木，高 1 ~ 4m，具刺；小枝甚开展。幼枝密被银白色和少数黄褐色鳞片。叶互生，纸质或膜质，椭圆形至倒卵状披针形，长 3 ~ 8cm，下面密被银白色和散生少数褐色鳞片。花黄白色，芳香。果实几球形或卵圆形，红色。花期 4 ~ 5 月，果期 7 ~ 8 月。

耐寒区 4 ~ 9，适用东墙、南墙、移动式绿化。

145. 桧叶银桦 *Grevillea juniperina* 山龙眼科 / 银桦属

常绿灌木。株高 0.9 ~ 1.2m，冠径 1.8 ~ 2.4m。叶互生，线形，坚硬，长 0.5 ~ 3.5cm，宽 0.5 ~ 6mm，顶端有刺尖。花序多为顶生，具数朵花；花红色、粉色、橘色、黄色或淡绿色，长 2.5 ~ 3.5cm；开花时花被管下半部先分裂，花被片分离，外卷；花柱伸出。花期全年，仲冬和初夏最盛。

耐寒区 8 ~ 10，适用移动式绿化。

146. 细叶萼距花 *Cuphea hyssopifolia* 千屈菜科 / 萼距花属

常绿小灌木。多分枝。株高 30 ~ 60cm，冠径 20 ~ 75cm。叶片通常线形至线状披针形或狭椭圆形，长 0.5 ~ 1.3cm，宽 1.2 ~ 4mm，叶柄短或几无柄。花左右对称，小而多，直径约 7mm，花瓣 6 枚，通常淡紫色。果果期 5 ~ 10 月。

耐寒区 9 ~ 11，适用东墙、南墙、移动式绿化。

147. 火红萼距花 *Cuphea ignea* 千屈菜科 / 萼距花属

常绿亚灌木，分枝极多，成丛生状，披散，高 30cm 以上，无毛或近无毛。叶对生，披针形至卵状披针形，长 2.5 ~ 6cm，宽约 3cm。花单生叶腋或近腋生；萼筒细长，长约 2cm，基部背面有距，顶端 6 齿裂，火焰红色，末端有紫黑色的环，口部白色；无花瓣。

耐寒区 10 ~ 12，适用移动式绿化。

148. 紫薇 *Lagerstroemia indica* 千屈菜科 / 紫薇属

落叶灌木或小乔木，高可达 7m。树皮平滑；小枝具 4 棱，略成翅状。叶互生或有时对生，纸质，椭圆形至倒卵形，长 2.5 ~ 7cm，宽 1.5 ~ 4cm。花淡红色或紫色、白色，直径 3 ~ 4cm，常组成 7 ~ 20cm 的顶生圆锥花序；花瓣 6 枚，皱缩，具长爪。花期 6 ~ 9 月。

耐寒区 6 ~ 9，适用东墙、南墙、屋顶、移动式绿化。

149. [姬粉] 紫薇 *Lagerstroemia indica* 'Monkie' 千屈菜科 / 紫薇属

落叶灌木或小乔木，高可达 1.8m。植株矮小紧凑，小枝较密，节间较短。叶互生或有时对生，纸质，椭圆形至倒卵形，较小。顶生圆锥花序，花粉红色，花瓣 6 枚，皱缩，具长爪。花期 6 ~ 9 月。

耐寒区 6 ~ 9，适用屋顶绿化。

150. 瑞香 *Daphne odora* 瑞香科 / 结香属

常绿直立灌木。枝粗壮，通常二歧分枝。叶互生，纸质，长圆形或倒卵状椭圆形，长 7 ~ 13cm，宽 2.5 ~ 5cm，全缘，两面无毛。顶生头状花序，花外面淡紫红色，内面肉红色；花芳香；花萼筒管状，长 6 ~ 10mm，裂片 4 枚；无花瓣。果实红色。花期 3 ~ 5 月。

耐寒区 7 ~ 9，适用移动式绿化。

151. 芫花 *Daphne genkwa* 瑞香科 / 结香属

落叶灌木，高 0.3 ~ 1m，多分枝。叶对生，稀互生，纸质，卵形至椭圆状长圆形，长 3 ~ 4cm，全缘。花比叶先开放，紫色或淡紫蓝色，无香味，常 3 ~ 6 朵簇生于叶腋或侧生；花萼筒细瘦，筒状，长 6 ~ 10mm，裂片 4 枚；无花瓣。果实肉质，白色。花期 3 ~ 5 月。

耐寒区 5 ~ 9，适用西墙绿化。

152. 结香 *Edgeworthia chrysantha* 瑞香科 / 结香属

落叶灌木，高约 0.7 ~ 1.5m，小枝常作三叉分枝。叶互生，长圆形至倒披针形，长 8 ~ 20cm，宽 2.5 ~ 5.5cm，两面均被银灰色绢状毛。头状花序顶生或侧生，具花 30 ~ 50 朵，成绒球状；花芳香；花萼外面密被白色丝状毛，内面无毛，黄色，顶端 4 裂。花期冬末春初。

耐寒区 7 ~ 10，适用移动式绿化。

153. 凤榴 *Acca sellowiana* 桃金娘科 / 野凤榴属

常绿灌木或小乔木。株高和冠径均为 3 ~ 4.5m。叶对生，厚革质，椭圆形，长 5 ~ 7.5cm，宽 2.5cm，上面绿色，下面有银灰色细绒毛；叶柄短。花单生，花瓣倒卵形，内面紫红色，外面被白色绒毛；雄蕊和花柱红色。果实圆形或梨形，绿色。花期 5 ~ 6 月。

耐寒区 8 ~ 10，适用移动式绿化。

154. 美花红千层 *Callistemon citrinus* 桃金娘科 / 红千层属

常绿灌木。株高可达 3 ~ 4.5m。叶互生，披针形至狭椭圆形，长 3 ~ 8cm，宽 2 ~ 5mm，坚硬，无毛，有透明腺点，中脉明显，无柄。穗状花序生于枝顶，长可达 10cm，花开后花序轴能继续生长；雄蕊鲜红色。花期夏季，其他季节也可间歇性开花。

耐寒区 9 ~ 10，适用移动式绿化。

155. 红千层 *Callistemon rigidus* 桃金娘科 / 红千层属

常绿灌木。株高 0.9 ~ 2.4m，冠径 1.2 ~ 3m。叶互生，坚革质，线形，长 5 ~ 9cm，宽 3 ~ 6mm，全缘，油腺点明显；叶柄极短。穗状花序生于枝顶，花开后花序轴能继续生长；花瓣绿色；雄蕊长 2.5cm，鲜红色。花期 6 ~ 8 月。

耐寒区 9 ~ 10，适用移动式绿化。

156. 垂枝红千层 *Callistemon viminalis* 桃金娘科 / 红千层属

常绿灌木或小乔木，高可达 10m。嫩枝圆柱形，有柔毛，枝细长下垂。叶互生，革质，披针形至线状披针形，长 6 ~ 7.5cm，宽约 0.7cm，全缘，油腺点明显；叶柄极短。穗状花序呈瓶刷状，长 4 ~ 10cm，具花 15 ~ 50 朵；雄蕊多数，鲜红色。花期春季至秋季。

耐寒区 9 ~ 10，适用移动式绿化。

157. 松红梅 *Leptospermum scoparium* 桃金娘科 / 鱼柳梅属

常绿灌木或小乔木。株高和冠径均为 1.8 ~ 3m。分枝繁茂，枝条红褐色，较为纤细。叶互生，线状或线状披针形，叶长 0.7 ~ 2cm，宽 2 ~ 6mm，芳香。花单生，直径 0.5 ~ 2.5cm，单瓣或重瓣，白色、红色或粉红色等。花期 6 ~ 7 月。

耐寒区 9 ~ 10，适用移动式绿化。

158. '革命金'溪畔白千层 *Melaleuca bracteata* 'Revolution Gold' 桃金娘科 / 红千层属

常绿大灌木或小乔木。株高可达 6 ~ 8m。主干直立，枝条密集，细长柔软。叶互生，线形或线状披针形，长 0.8 ~ 2.8cm，宽 1 ~ 3mm，全缘，芳香，金黄色；无叶柄或叶柄很短。花乳白色。花期夏季。

耐寒区 9 ~ 11，适用移动式绿化。

159. 香桃木 *Myrtus communis* 桃金娘科 / 香桃木属

常绿灌木或小乔木，高可达 5m。叶芳香，革质，交互对生或 3 叶轮生，叶片卵形至披针形，长 1 ~ 3cm，宽 0.5 ~ 1cm，顶端渐尖，基部楔形，深绿色。花芳香，通常单生于叶腋；花瓣 5 枚，白色或淡红色，倒卵形；雄蕊多数。浆果蓝黑色。花期 5 ~ 7 月。

耐寒区 8 ~ 10，适用东墙、北墙、移动式绿化。

160. '斑叶'香桃木 *Myrtus communis* 'Variegata' 桃金娘科 / 香桃木属

常绿灌木或小乔木，高可达 5m。叶芳香，革质，交互对生或 3 叶轮生，叶片卵形至披针形，

长 1 ~ 3cm，宽 0.5 ~ 1cm，绿色，边缘乳白色。花芳香，通常单生于叶腋；花瓣 5 枚，白色或淡红色，倒卵形；雄蕊多数。浆果蓝黑色。花期 5 ~ 7 月。

耐寒区 9 ~ 10，适用移动式绿化。

161. 桃金娘 *Rhodomyrtus tomentosa* 桃金娘科 / 桃金娘属

常绿灌木，高 1 ~ 2m。叶对生，革质，叶片椭圆形或倒卵形，长 3 ~ 8cm，宽 1 ~ 4cm，先端圆或钝，常微凹入，下面有灰色茸毛，离基三出脉，边脉距边缘 3 ~ 4mm。花常单生，紫红色，直径 2 ~ 4cm；花瓣 5 枚；雄蕊红色。浆果熟时紫黑色。花期 4 ~ 5 月。

耐寒区 9 ~ 11，适用移动式绿化。

162. 赤楠 *Syzygium buxifolium* 桃金娘科 / 蒲桃属

常绿灌木或小乔木。嫩枝有棱。叶对生或 3 叶轮生，革质，阔椭圆形至椭圆形，长 1.5 ~ 3cm，宽 1 ~ 2cm，先端圆或钝，基部阔楔形或钝，全缘，深绿色。聚伞花序顶生，有花数朵；花瓣 4 枚，分离，长 2mm。果实球形，直径 5 ~ 7mm。花期 6 ~ 8 月。

耐寒区 8 ~ 10，适用移动式绿化。

163. 石榴 *Punica granatum* 石榴科 / 石榴属

落叶灌木或乔木，高通常 3 ~ 5m。枝顶常成尖锐长刺。叶通常对生，纸质，矩圆状披针形，长 2 ~ 9cm；叶柄短。花大，1 ~ 5 朵生枝顶；萼革质，近钟形，萼筒长 2 ~ 3cm，通常红色或淡黄色；花瓣红色、黄色或白色，长 1.5 ~ 3cm。浆果近球形。花期 7 ~ 9 月。

耐寒区 8 ~ 11，适用屋顶、移动式绿化。

164. 倒挂金钟 *Fuchsia hybrida* 柳叶菜科 / 倒挂金钟属

落叶半灌木。茎直立，高 50 ~ 200cm。叶对生，卵形，长 3 ~ 9cm，宽 2.5 ~ 5cm。花单生于枝顶叶腋，下垂；花梗纤细；花管红色，筒状；萼片 4 枚，红色，开放时反折；花瓣色多变，紫红色，红色、粉红或白色等，宽倒卵形，

长 1 ~ 2.2cm。花期 4 ~ 12 月。

耐寒区 10 ~ 11，适用移动式绿化。

165. 银毛野牡丹 *Tibouchina aspera* var. *asperrima* 野牡丹科 / 蒂牡花属

常绿灌木。株高约 1m。树冠开展。茎直立，四棱形，多分枝。叶对生，柔软，阔卵形，长 8 ~ 10cm，宽 4 ~ 6cm，基出脉 3 ~ 5 条，表面亮绿色，背面灰绿色，密被茸毛，粗糙。圆锥花序直立，顶生，长 20 ~ 30cm；花瓣 5 枚，蓝紫色。花期 5 ~ 7 月。

耐寒区 10 ~ 11，适用移动式绿化。

166. '朱尔斯' 蒂牡花 *Tibouchina* 'Jules' 野牡丹科 / 蒂牡花属

常绿灌木。株高 0.6 ~ 1.5m。茎四棱形，多分枝。叶对生，革质，披针状卵形，顶端渐尖，基部楔形，长 3 ~ 7cm，宽 1.5 ~ 3cm，全缘，叶表面光滑，无毛，5 基出脉，背面被细柔毛。花序顶生，有花 3 ~ 5 朵；花瓣 5 枚，蓝紫色。花期夏季至初冬。

耐寒区 9 ~ 11，适用移动式绿化。

167. 桃叶珊瑚 *Aucuba chinensis* 山茱萸科 / 桃叶珊瑚属

常绿小乔木或灌木，高 3 ~ 6m；小枝绿色，二歧分枝。叶对生，革质，椭圆形，长 10 ~ 20cm，宽 3 ~ 8cm，边缘常具 5 ~ 8 对锯齿或腺状齿。圆锥花序顶生，花单性；花瓣 4 枚，长 3 ~ 4mm。核果圆柱状或卵状，鲜红色。花期 1 ~ 2 月，果熟期达翌年 2 月。

耐寒区 9 ~ 10，适用东墙、北墙绿化。

168. 青木 *Aucuba japonica* 山茱萸科 / 桃叶珊瑚属

常绿灌木，高约 3m。叶对生，革质，长椭圆形或卵状长椭圆形，长 8 ~ 20cm，宽 5 ~ 12cm，边缘上段具 2 ~ 4 对疏锯齿或近于全缘，深绿色。圆锥花序顶生；花小，暗紫色。核果卵圆形，暗紫色或黑色。花期 3 ~ 4 月；果期至翌年 4 月。

耐寒区 7 ~ 9，适用移动式绿化。

169. '花叶' 青木 *Aucuba japonica* 'Variegata' 山茱萸科 / 桃叶珊瑚属

常绿灌木，植株常高 1 ~ 1.5m。叶对生，革质，长椭圆形或卵状长椭圆形，长 8 ~ 20cm，边缘上段具 2 ~ 4 对疏锯齿或近于全缘，深绿色，有大小不等的黄色或淡黄色斑点。花期 3 ~ 4 月。

耐寒区 7 ~ 9，适用东墙、北墙、移动式绿化。

170. 红瑞木 *Cornus alba* 山茱萸科 / 山茱萸属

落叶灌木，高达 3m。落叶后枝干鲜红色。叶对生，纸质，椭圆形，长 5 ~ 8.5cm，宽 1.8 ~ 5.5cm，侧脉 5 对，弓形内弯。伞房状聚伞花序顶生；花小，白色或淡黄白色，直径 6 ~ 8.2mm；花瓣 4 枚。核果长圆形，乳白色或蓝白色。花期 6 ~ 7 月；果期 8 ~ 10 月。

耐寒区 3 ~ 7，适用屋顶、移动式绿化。

171. '金叶' 红瑞木 *Cornus alba* 'Aurea' 山茱萸科 / 山茱萸属

落叶灌木，高达 3m。落叶后枝干鲜红色。叶对生，纸质，椭圆形，长 5 ~ 8.5cm，金黄色，先端突尖，基部楔形或阔楔形，边缘全缘或波状反卷，侧脉 5 对，弓形内弯。花小，白色或淡黄白色。核果乳白色。花期 6 ~ 7 月。

耐寒区 3 ~ 7，适用屋顶绿化。

172. '巴德黄' 柔枝红瑞木 *Cornus sericea* 'Bud's Yellow' 山茱萸科 / 山茱萸属

落叶灌木。株高和冠径均为 1.8 ~ 2.4m。冬季枝干鲜黄色。叶对生，纸质，卵形或椭圆形，长 5 ~ 11cm，绿色或深绿色，先端尖，侧脉弓形内弯。伞房状聚伞花序顶生；花小，白色。核果白色。花期春末；果期夏季。

耐寒区 3 ~ 7，适用屋顶绿化。

173. 卫矛 *Euonymus alatus* 卫矛科 / 卫矛属

落叶灌木，高 1 ~ 3m。小枝常具 2 ~ 4 列宽阔木栓翅。叶对生，卵状椭圆形或窄长椭圆形，长 2 ~ 8cm，宽 1 ~ 3cm，边缘具细锯齿，无毛。聚伞花序；花白绿色，直径约 8mm，4 数。蒴果长 7 ~ 8mm；假种皮橙红色。花期 5 ~ 6 月，果期 7 ~ 10 月。

耐寒区 4 ~ 9，适用东墙、南墙、移动式绿化。

174. 肉花卫矛 *Euonymus carnosus* 卫矛科 / 卫矛属

落叶灌木或小乔木，高可达 8m。叶对生，厚纸质或革质，长方椭圆形、阔椭圆形或长方倒卵形，长 5 ~ 15cm，宽 3 ~ 8cm，边缘具细锯齿。聚伞花序；花黄色或褐绿色，直径 10 ~ 12mm，4 数。蒴果褐色、黄褐色或红褐色。花期 5 ~ 8 月，果期 8 ~ 11 月。

耐寒区 5 ~ 9，适用东墙绿化。

175. 冬青卫矛 *Euonymus japonicus* 卫矛科 / 卫矛属

常绿灌木，高可达 3m。叶对生，革质，有光泽，倒卵形或椭圆形，长 3 ~ 5cm，宽 2 ~ 3cm，边缘具有浅细钝齿，深绿色。聚伞花序 5 ~ 12 花；花白绿色，直径 5 ~ 7mm，4 数。蒴果近球状，淡红色；假种皮桔红色全包种子。花期 6 ~ 7 月，果熟期 9 ~ 10 月。

耐寒区 6 ~ 9，适用东墙、南墙、屋顶、移动式绿化。

176. '小叶'冬青卫矛 *Euonymus japonicus* 'Microphyllus' 卫矛科 / 卫矛属

常绿灌木。植株低矮，紧凑，直立。株高 30 ~ 60cm，冠径 15 ~ 30cm。小枝具 4 棱，具细微皱突。叶对生，革质，椭圆形，长 1 ~ 2.5cm，深绿色，有光泽，先端圆阔或急尖，基部楔形，边缘有浅细钝齿；叶柄短。

耐寒区 6 ~ 9，适用东墙、南墙绿化。

177. '银边'冬青卫矛 *Euonymus japonicus* 'Albomarginatus' 卫矛科 / 卫矛属

常绿灌木，高可达 3m。叶对生，革质，有光泽，倒卵形或椭圆形，长 3 ~ 5cm，宽 2 ~ 3cm，绿色，边缘白色，具有浅细钝齿。聚伞花序；花白绿色，直径 5 ~ 7mm，4 数。蒴果近球状，淡红色；假种皮桔红色，全包种子。花期 6 ~ 7 月，果熟期 9 ~ 10 月。

耐寒区 6 ~ 9，适用屋顶、移动式绿化。

178. '金边'冬青卫矛 *Euonymus japonicus* 'Aureomarginatus' 卫矛科 / 卫矛属

常绿灌木，高可达 3m。叶对生，革质，有光泽，倒卵形或椭圆形，长 3 ~ 5cm，宽 2 ~ 3cm，边缘具有浅细钝齿，绿色，边缘黄色。聚伞花序；花白绿色，直径 5 ~ 7mm，4 数。蒴果近球状，淡红色；假种皮桔红色，全包种子。花期 6 ~ 7 月，果熟期 9 ~ 10 月。

耐寒区 6 ~ 9，适用屋顶绿化。

179. '金心'冬青卫矛 *Euonymus japonicus* 'Aureus' 卫矛科 / 卫矛属

常绿灌木，高可达 3m。叶对生，革质，有光泽，倒卵形或椭圆形，长 3 ~ 5cm，宽 2 ~ 3cm，边缘具有浅细钝齿，绿色，中心有黄色斑块。聚伞花序；花白绿色，4 数。蒴果近球状，淡红色；假种皮桔红色，全包种子。花期 6 ~ 7 月，果熟期 9 ~ 10 月。

耐寒区 6 ~ 9，适用屋顶绿化。

180. 枸骨 *Ilex cornuta* 冬青科 / 冬青属

常绿灌木或小乔木，高 0.6 ~ 3m。叶互生，厚革质，四角状长圆形或卵形，长 4 ~ 9cm，宽 2 ~ 4cm，先端具 3 枚尖硬刺齿，中央刺齿常反曲，深绿色，具光泽。雌雄异株；花淡黄色，4 基数。核果球形，直径 8 ~ 10mm，鲜红色。花期 4 ~ 5 月，果期 10 ~ 12 月。

耐寒区 7 ~ 9，适用东墙、南墙、屋顶、移动式绿化。

181. 无刺枸骨 *Ilex cornuta* 'Fortunei' 冬青科 / 冬青属

常绿灌木或小乔木，高 0.6 ~ 3m。叶互生，厚革质，椭圆形，全缘，叶尖为骤尖，较硬，深绿色，具光泽。雌雄异株；花淡黄色，4

基数。核果球形，鲜红色。花期 4 ~ 5 月，果期 10 ~ 12 月。

耐寒区 7 ~ 9，适用东墙、南墙、屋顶、移动式绿化。

182. 齿叶冬青 *Ilex crenata* 冬青科 / 冬青属

常绿灌木，高可达 5m。叶互生，革质，倒卵形、椭圆形或长圆状椭圆形，长 1 ~ 3.5cm，宽 5 ~ 15mm，边缘具圆齿状锯齿，叶面亮绿色，背面密生褐色腺点；托叶钻形。雌雄异株；花 4 基数，白色。果球形，成熟后黑色。花期 5 ~ 6 月，果期 8 ~ 10 月。

耐寒区 5 ~ 8，适用东墙、南墙、移动式绿化。

183. '龟甲'齿叶冬青 *Ilex crenata* 'Convexa' 冬青科 / 冬青属

常绿灌木。株高达 2.5m，冠径 1.2 ~ 1.5m。叶互生，革质，卵形，叶面呈龟甲状凸起，绿色，有光泽。雌株；花 4 基数，白色。果球形，成熟后黑色。花期 5 ~ 6 月，果期 8 ~ 10 月。

耐寒区 5 ~ 8，适用北墙、屋顶、移动式绿化。

184. '金宝石'齿叶冬青 *Ilex crenata* 'Golden Gem' 冬青科 / 冬青属

常绿灌木。株高 60 ~ 90cm，冠径 90cm。叶互生，革质，近圆形，叶面呈龟甲状凸起，金黄色。花 4 基数，白色。果球形，成熟后黑色。花期 5 ~ 6 月，果期 8 ~ 10 月。

耐寒区 5 ~ 8，适用东墙、南墙、屋顶绿化。

185. 匙叶黄杨 *Buxus harlandii* 黄杨科 / 黄杨属

常绿小灌木，高 0.5 ~ 1m。小枝近四棱形，纤细。叶对生，薄革质，匙形，长 2 ~ 3.5cm，宽 5 ~ 8mm，先端稍狭，顶圆或钝，或浅凹，叶面光亮，中脉和侧脉在叶面明显。花序腋生兼顶生，头状，花小，密集，无花瓣。花期 5 月。

耐寒区 7 ~ 9，适用东墙、南墙、屋顶、移动式绿化。

186. 大叶黄杨 *Buxus megistophylla* 黄杨科 / 黄杨属

常绿灌木或小乔木，高 0.6 ~ 2m，小枝四棱形。叶对生，革质或薄革质，卵形、椭圆状或长圆状披针形以至披针形，长 4 ~ 8cm，宽 1.5 ~ 3cm，先端渐尖，叶面光亮。花序腋生，花小，无花瓣。花期 3 ~ 4 月。

耐寒区 9 ~ 10，适用屋顶、移动式绿化。

187. 锦熟黄杨 *Buxus sempervirens* 黄杨科 / 黄杨属

常绿小灌木，高 1 ~ 1.5m。小枝近四棱形。叶对生，革质，长卵形或卵状长圆形，长 1.5 ~ 2cm，宽 1 ~ 1.2cm，顶圆或钝，或浅微凹，表面暗绿色，光亮，侧脉在两面均不明显。穗状花序腋生，花小，无花瓣。花期 4 月。

耐寒区 5 ~ 8，适用东墙、南墙、移动式绿化。

188. 黄杨 *Buxus sinica* 黄杨科 / 黄杨属

常绿灌木或小乔木，高 1 ~ 6m。小枝四棱形。叶对生，革质，阔椭圆形、阔倒卵形、卵状椭圆形或长圆形，长 1.5 ~ 3.5cm，宽 0.8 ~ 2cm，先端圆或钝，常有小凹口，叶面光亮，侧脉明显。花序腋生，头状，花小，密集，无花瓣。花期 3 月。

耐寒区 4 ~ 9，适用东墙、南墙、屋顶、移动式绿化。

189. 小叶黄杨 *Buxus sinica* var. *parvifolia* 黄杨科 / 黄杨属

常绿灌木。小枝四棱形。叶对生，薄革质，阔椭圆形或阔卵形，长 7 ~ 10mm，宽 5 ~ 7mm，叶面无光泽或光亮，侧脉明显凸出。花序腋生，头状，花小，密集，无花瓣。花期 3 月。

耐寒区 7 ~ 9，适用东墙、南墙、移动式绿化。

190. 顶花板凳果 *Pachysandra terminalis* 黄杨科 / 板凳果属

常绿亚灌木，下部根茎状，横卧、屈曲或斜

上，上部直立，高约 30cm。叶薄革质，4 ~ 6 枚接近着生，似簇生状，叶片菱状倒卵形，长 2.5 ~ 5cm，宽 1.5 ~ 3cm，上部边缘有齿牙。花序顶生，长 2 ~ 4cm，直立，花白色，无花瓣。花期 4 ~ 5 月。

耐寒区 5 ~ 9，适用移动式绿化。

191. 羽脉野扇花 *Sarcococca hookeriana* 黄杨科 / 野扇花属

常绿灌木，高 0.5 ~ 1.5m。茎绿色。叶互生，狭披针形，绿色，有光泽，叶脉羽状，两面均不甚明显。花序总状，腋生，白色和浅红色，芳香，无花瓣。花期冬季。

耐寒区 6 ~ 10，适用北墙绿化。

192. 东方野扇花 *Sarcococca orientalis* 黄杨科 / 野扇花属

常绿灌木，高 0.6 ~ 3m。叶互生，薄革质，长圆状披针形或长圆状倒披针形，长 6 ~ 9cm，宽 2 ~ 3cm，先端渐尖，基生三出脉，两面均明显。花序近头状，长约 1cm，花白色，无花瓣。果实卵形或球形，黑色，宿存花柱 2。花期 3 月或 9 月。

耐寒区 7 ~ 10，适用北墙绿化。

193. 野扇花 *Sarcococca ruscifolia* 黄杨科 / 野扇花属

常绿灌木，高 1 ~ 4m。叶互生，椭圆状卵形、卵形或披针形，长 2 ~ 7cm，宽 0.7 ~ 3cm，多少成离基三出脉，侧脉不明显。花序短总状，长 1 ~ 2cm；花白色，芳香，无花瓣。果实球形，猩红至暗红色，宿存花柱 3 或 2 枚。花果期 10 月至翌年 2 月。

耐寒区 7 ~ 9，适用移动式绿化。

194. 铁海棠 *Euphorbia milii* 大戟科 / 大戟属

常绿近直立或蔓生灌木。植物体具乳状汁液。茎多分枝，半肉质，长 60 ~ 100cm，密生硬而尖的锥状刺。叶互生，倒卵形或长圆状匙形，长 1.5 ~ 5cm，宽 0.8 ~ 1.8cm，全缘。二歧状复花序；苞叶 2 枚，肾圆形，鲜红色；花小，淡黄色。花期全年。

耐寒区 9 ~ 11，适用移动式绿化。

195. 一品红 *Euphorbia pulcherrima* 大戟科 / 大戟属

常绿灌木。植物体具乳状汁液。茎直立，高 1 ~ 3m。叶互生，卵状椭圆形至披针形，绿色；苞叶 5 ~ 7 枚，狭椭圆形，长 3 ~ 7cm，宽 1 ~ 2cm，朱红色。花序数个聚伞状排列于枝顶；花小，无花瓣。花果期 10 月至翌年 4 月。

耐寒区 9 ~ 11，适用东墙、南墙、移动式绿化。

196. 红背桂花 *Excoecaria cochinchinensis* 大戟科 / 海漆属

常绿灌木，高达 1m，具乳状汁液。叶对生，纸质，叶片狭椭圆形或长圆形，长 6 ~ 14cm，宽 1.2 ~ 4cm，边缘有疏细齿，上面绿色，下面紫红或血红色。花单性，雌雄异株，总状花序，花小，无花瓣。花期几乎全年。

耐寒区 10 ~ 11，适用北墙、移动式绿化。

197. 琴叶珊瑚 *Jatropha integerrima* 大戟科 / 麻疯树属

常绿灌木，高达 2.5 ~ 5m。叶互生，椭圆状卵形、倒卵形、琴形或提琴形，长 7.5 ~ 15.3 cm，宽 2.9 ~ 12.5cm，不分裂或 3 浅裂，全缘。单性花，雌雄同株；聚伞花序，花瓣 5 枚，长 8.4 ~ 12.1mm，花冠红色或粉色。花果期全年。

耐寒区 9 ~ 11，适用移动式绿化。

198. 红穗铁苋菜 *Acalypha hispida* 大戟科 / 铁苋菜属

常绿灌木，高 0.5 ~ 3m。叶互生，纸质，阔卵形或卵形，长 8 ~ 20cm，宽 5 ~ 14cm。雌雄异株，雌花序腋生，穗状，长 15 ~ 30cm，下垂；花柱 3 枚，长 6 ~ 7mm，撕裂 5 ~ 7 条，红色或紫红色。花期 2 ~ 11 月。

耐寒区 10 ~ 11，适用移动式绿化。

199. 红桑 *Acalypha wilkesiana* 大戟科 / 铁苋菜属

常绿灌木,高 1 ~ 4m。叶互生,纸质,阔卵形,古铜绿色或浅红色,常有不规则的红色或紫色斑块, 长 10 ~ 18cm, 宽 6 ~ 12cm, 边缘具粗圆锯齿;基出脉 3 ~ 5 条;托叶狭三角形。通常雌雄花异序;雌花花柱 3 枚,撕裂 9 ~ 15 条。花期几全年。

耐寒区 10 ~ 11, 适用移动式绿化。

200. '金边'红桑 *Acalypha wilkesiana* 'Marginata' 大戟科 / 铁苋菜属

常绿灌木,高 1 ~ 4m。叶互生,卵形、长卵形或菱状卵形, 长 9 ~ 20cm, 宽 4 ~ 9cm, 顶端长渐尖,基部阔楔形或浅心形,边缘具锯齿,上面浅绿色或浅红至深红色,叶缘红色;托叶钻状, 长 8 ~ 15mm。雌雄花异序。花期全年。

耐寒区 10 ~ 11, 适用移动式绿化。

201. 山麻杆 *Alchornea davidii* 大戟科 / 山麻杆属

落叶灌木。株高 1 ~ 4m。叶薄纸质,阔卵形或近圆形, 长 8 ~ 15cm, 宽 7 ~ 14cm, 基部心形,边缘具锯齿,基部具斑状腺体 2 或 4 个;基出脉 3 条;小托叶线状;叶柄长 2 ~ 10cm;早春嫩叶紫红色,后变为绿色。雌雄异株,花小,无花瓣。花期 3 ~ 5 月。

耐寒区 8 ~ 9, 适用移动式绿化。

202. 雪花木 *Breynia disticha* 大戟科 / 黑面神属

常绿小灌木。株高和冠径约 1m。叶互生,椭圆形、卵形或近圆形, 长 1.5 ~ 4cm, 宽 1 ~ 3cm, 嫩时白色或粉红色,成熟时绿色带有白斑,老叶绿色,先端圆,基部钝或圆,叶柄长 2 ~ 4mm。花小,无花瓣。花期夏季。

耐寒区 10 ~ 11, 适用移动式绿化。

203. 变叶木 *Codiaeum variegatum* 大戟科 / 变叶木属

常绿灌木。叶互生,薄革质,形状大小变异很大, 线形、披针形、长圆形、椭圆形、卵形、匙形或提琴形;长 5 ~ 30cm, 宽 0.3 ~ 8cm, 全缘、浅裂至深裂, 绿色、紫红色、紫红与黄色相间、黄色与绿色相间,或有时在绿色叶片上散生黄色或金黄色斑点或斑纹。总状花序腋生,雌雄同株异序,花小,无花瓣。花期 9 ~ 10 月。

耐寒区 11, 适用东墙、南墙、北墙、移动式绿化。

204. 鼠李 *Rhamnus davurica* 鼠李科 / 鼠李属

落叶灌木或小乔木,高达 10m。枝分叉处有时具短针刺。叶纸质,对生或近对生,或在短枝上簇生,宽椭圆形或卵圆形, 长 4 ~ 13cm, 宽 2 ~ 6cm。花单性,雌雄异株,花小, 4 基数,有花瓣。核果球形,黑色。花期 5 ~ 6 月,果期 7 ~ 10 月。

耐寒区 3 ~ 7, 适用移动式绿化。

205. 石海椒 *Reinwardtia indica* 亚麻科 / 石海椒属

常绿小灌木,高达 1m。叶互生,纸质,椭圆形或倒卵状椭圆形, 长 2 ~ 8.8cm, 宽 0.7 ~ 3.5cm, 全缘或有圆齿状锯齿。花序顶生或腋生,或单花腋生;花直径 1.4 ~ 3cm;同一植株上的花的花瓣有 5 枚有 4 枚,黄色。花果期 4 ~ 12 月,直至翌年 1 月。

耐寒区 9 ~ 11, 适用移动式绿化。

206. 鸡爪枫 *Acer palmatum* 槭树科 / 枫属

落叶小乔木或灌木。叶对生,纸质,圆形,直径 7 ~ 10cm, 基部心脏形或近于心脏形稀截形, 5 ~ 9 掌状分裂,通常 7 裂,裂片长圆卵形或披针形,先端锐尖,边缘具尖锐锯齿;上面深绿色,无毛。花紫色,杂性,伞房花序,花小,花瓣 5 枚。翅果嫩时紫红色。花期 5 月。

耐寒区 5 ~ 8, 适用移动式绿化。

207. 红枫 *Acer palmatum* 'Atropurpureum' 槭树科 / 枫属

落叶小乔木或灌木。叶对生,纸质,圆形,直径 7 ~ 10cm, 基部心脏形或近于心脏形稀截形, 5 ~ 9 掌状分裂,通常 7 裂,裂片长圆状卵形或披针形,先端锐尖,边缘具尖锐锯齿;紫红色。

花紫色，杂性，伞房花序，花小，花瓣 5 枚。翅果嫩时紫红色。花期 5 月。

耐寒区 5 ~ 8，适用移动式绿化。

208. 羽毛枫 *Acer palmatum* 'Dissectum' 槭树科 / 枫属

落叶小乔木或灌木。株高通常 4m 以下。叶对生，纸质，圆形，掌状 7 ~ 9 深裂至基部，裂片披针形，边缘有羽状缺刻。花紫色，杂性，伞房花序，花小，花瓣 5 枚。翅果嫩时紫红色。花期 4 ~ 5 月。

耐寒区 5 ~ 8，适用移动式绿化。

209. 黄栌 *Cotinus coggygria* 漆树科 / 黄栌属

落叶灌木，株高和冠径 3 ~ 4.5m。叶互生，倒卵形或卵圆形，长 3 ~ 7.5cm，宽 2.5 ~ 6cm，先端圆形或微凹，基部圆形或阔楔形，全缘，蓝绿色，秋季变为红色、橘色或黄色。圆锥花序；花杂性，径约 3mm；多数不孕花花后花梗伸长，被长柔毛。花期春季。

耐寒区 5 ~ 8，适用屋顶、移动式绿化。

210. 米仔兰 *Aglaia odorata* 楝科 / 米仔兰属

常绿灌木或小乔木。叶互生，长 5 ~ 12cm，叶轴和叶柄具狭翅，羽状复叶有小叶 3 ~ 5 枚；小叶对生，厚纸质，两面均无毛。圆锥花序腋生；花芳香，直径约 2mm；花瓣 5 枚，黄色，长圆形或近圆形，长 1.5 ~ 2mm。花期 5 ~ 12 月。

耐寒区 10 ~ 11，适用东墙、南墙绿化。

211. 香橼 *Citrus medica* 芸香科 / 柑橘属

常绿灌木或小乔木。茎枝多刺，刺长达 4cm。单叶，互生，叶片椭圆形或卵状椭圆形，长 6 ~ 12cm，宽 3 ~ 6cm，叶缘有浅钝裂齿。总状花序；花瓣 5 枚，长 1.5 ~ 2cm。柑果椭圆形、近圆形或纺锤形，果皮淡黄色，粗糙。花期 4 ~ 5 月，果期 10 ~ 11 月。

耐寒区 9 ~ 11，适用移动式绿化。

212. 佛手 *Citrus medica* 'Fingered' 芸香科 / 柑橘属

常绿灌木或小乔木。茎枝多刺。单叶，互生，叶片椭圆形或卵状椭圆形，长 6 ~ 12cm，宽 3 ~ 6cm，叶缘有浅钝裂齿。总状花序；花瓣 5 枚。子房在花柱脱落后即行分裂，在果的发育过程中成为手指状肉条，果皮甚厚。花期 4 ~ 5 月，果期 10 ~ 11 月。

耐寒区 9 ~ 11，适用移动式绿化。

213. 九里香 *Murraya paniculata* 芸香科 / 九里香属

常绿灌木或小乔木。奇数羽状复叶，成长叶有小叶 3 ~ 5 枚、稀 7 枚；小叶深绿色，叶面有光泽，卵形或卵状披针形，长 3 ~ 9cm，宽 1.5 ~ 4cm。花序腋生及顶生；花芳香；花瓣 5 枚，白色，倒披针形或狭长椭圆形，长达 2cm。花期 4 ~ 9 月。

耐寒区 10 ~ 11 适用东墙、南墙、移动式绿化。

214. 琉球花椒 *Zanthoxylum beecheyanum* 芸香科 / 花椒属

半常绿灌木。株高可达 1.5m，冠径均可达 1m。茎枝有皮刺。叶互生，奇数羽叶复叶，叶轴有狭翼；小叶对生，倒卵形，长 0.7 ~ 1cm，革质，浓绿，有光泽，具油点。雌雄异株，花小，黄绿色或淡红色。蓇葖果椭圆形，具油点。

耐寒区 9 ~ 11，适用移动式绿化。

215. 熊掌木 ×*Fatshedera lizei* 五加科 / 熊掌木属

常绿灌木，株高 1.2 ~ 2m；如果培养成攀缘植物，则更高。叶互生，直径 10 ~ 25cm，圆形，掌状 5 裂，裂片达叶片 1/3 ~ 1/2，深绿色，基部心形，革质，有光泽。伞形花序组成圆锥花序，花淡绿白色。

耐寒区 8 ~ 11，适用东墙、南墙、移动式绿化。

216. 八角金盘 *Fatsia japonica* 五加科 / 八角金盘属

常绿灌木，高达 5m。茎常丛生。叶互生，革质，直径 13 ~ 19cm，掌状 7 ~ 9 深裂，基部心形，裂片长椭圆形，先端渐尖，边缘有疏离粗锯齿；叶柄长 10 ~ 30cm。伞形花序组成大型圆锥花序；花瓣 5 枚，黄白色。花期 10 ~ 11 月。

耐寒区 8 ~ 10，适用东墙、南墙、北墙、移动式绿化。

217. 银边南洋参 *Polyscias guilfoylei* 五加科 / 南洋参属

常绿灌木或小乔木，高达 5m。叶互生，一回羽状复叶，有时 2 ~ 3 回羽状复叶；叶柄长 7 ~ 18cm；小叶 5 ~ 15 枚，椭圆形、卵形或倒卵形，长 5 ~ 20cm，宽 2.5 ~ 12cm，先端钝或尖，边缘具刺状齿。伞形花序组成顶生圆锥花序，下垂。

耐寒区 10 ~ 11，适用移动式绿化。

218. 圆叶南洋参 *Polyscias scutellaria* 五加科 / 南洋参属

常绿小乔木或灌木，高 2 ~ 6m。叶互生，1 ~ 2 回羽状复叶；叶柄长可达 30cm；小叶 1 ~ 5 枚，阔椭圆形、扁圆形或肾形，长 5 ~ 24cm，宽 5 ~ 26cm，纸质至近革质，先端圆，基部浅心形，边缘近全缘至具粗齿或浅细锯齿。伞形花序组成顶生圆锥花序，直立。

耐寒区 10 ~ 11，适用移动式绿化。

219. 孔雀木 *Schefflera elegantissima* 五加科 / 鹅掌柴属

常绿灌木，直立。掌状复叶，互生，上面暗绿色，有光泽，下面带古铜色；小叶 7 ~ 10 枚，狭窄，长可达 30cm，边缘有锯齿。伞形花序，花小，黄绿色。果实球形，黑色。花期秋季和冬季。

耐寒区 10 ~ 11，适用移动式绿化。

220. 鹅掌藤 *Schefflera arboricola* 五加科 / 鹅掌柴属

常绿藤状灌木，栽培条件下通常为灌木状。掌状复叶，互生，有小叶 7 ~ 9 枚；小叶片革质，倒卵状长圆形或长圆形，长 6 ~ 10cm，宽 1.5 ~ 3.5cm，上面深绿色，有光泽，下面灰绿色，两面均无毛，边缘全缘。伞形花序组成顶生圆锥花序；花小，白色。花期 7 月。

耐寒区 10 ~ 11，适用移动式绿化。

221. '花叶' 鹅掌藤 *Schefflera arboricola* 'Variegata' 五加科 / 鹅掌柴属

常绿灌木状，株高 2 ~ 3m。掌状复叶，互生，有小叶 7 ~ 9 枚；小叶片革质，倒卵状长圆形或长圆形，长 6 ~ 10cm，宽 1.5 ~ 3.5cm，绿色，有光泽，具金黄色斑纹，两面均无毛，边缘全缘。

耐寒区 10 ~ 11，适用移动式绿化。

222. 鹅掌柴 *Schefflera heptaphylla* 五加科 / 鹅掌柴属

常绿乔木或灌木，高 2 ~ 15m。掌状复叶，互生，有小叶 6 ~ 11 枚；小叶片纸质至革质，椭圆形至或倒卵状椭圆形，长 9 ~ 17cm，宽 3 ~ 5cm，幼时密生星状短柔毛，后毛渐脱落。圆锥花序顶生，长 20 ~ 30cm；花小，白色。花期 11 ~ 12 月。

耐寒区 9 ~ 11，适用北墙绿化。

223. 夹竹桃 *Nerium oleander* 夹竹桃科 / 夹竹桃属

常绿直立大灌木，高达 5m。叶 3 ~ 4 枚轮生，窄披针形，长 11 ~ 15cm，宽 2 ~ 2.5cm，深绿色，侧脉密生而平行。聚伞花序顶生，花冠为漏斗状，深红色、粉红色、白色或黄色，长和直径约 3cm，喉部具 5 枚宽鳞片状副花冠。花期 5 ~ 11 月，夏秋为最盛。

耐寒区 8 ~ 10，适用移动式绿化。

224. 狗牙花 *Tabernaemontana divaricata* 夹竹桃科 / 狗牙花属

常绿灌木，通常高达 3m。叶对生，坚纸质，椭圆形或椭圆状长圆形，长 5.5 ~ 11.5cm，宽 1.5 ~ 3.5cm，深绿色。聚伞花序腋生；花冠白色，花冠筒长达 2cm，花冠裂片 5 枚，向左覆盖而向右旋转。花期 6 ~ 11 月。

耐寒区 10 ~ 11，适用移动式绿化。

225. '重瓣'狗牙花 *Tabernaemontana divaricata* 'Flore Pleno' 夹竹桃科 / 狗牙花属

常绿灌木，通常高达 3m。叶对生，坚纸质，椭圆形或椭圆状长圆形，长 5.5 ~ 11.5cm，宽 1.5 ~ 3.5cm，深绿色。聚伞花序腋生；花冠白色，花冠筒长达 2cm，重瓣。花期 6 ~ 11 月。

耐寒区 10 ~ 11，适用东墙、南墙绿化。

226. 蔓长春花 *Vinca major* 夹竹桃科 / 蔓长春花属

常绿蔓性半灌木，茎偃卧，花茎直立。叶对生，椭圆形，长 3 ~ 7cm，宽 1.5 ~ 4cm，绿色，边缘有毛。花单朵腋生；花冠蓝色，花冠筒漏斗状，长 1.2 ~ 2cm，冠檐宽 3.5 ~ 5cm。花期 3 ~ 5 月。

耐寒区 7 ~ 9，适用东墙、南墙、北墙、移动式绿化。

227. '花叶'蔓长春花 *Vinca major* 'Variegata' 夹竹桃科 / 蔓长春花属

常绿蔓性半灌木，茎偃卧，花茎直立。叶对生，椭圆形，长 3 ~ 7cm，宽 1.5 ~ 4cm，绿色，边缘乳黄色，有毛。花单朵腋生；花冠蓝色，花冠筒漏斗状，长 1.2 ~ 2cm，冠檐宽 3.5 ~ 5cm。花期 3 ~ 5 月。

耐寒区 7 ~ 9，适用东墙、南墙、屋顶、移动式绿化。

228. 小蔓长春花 *Vinca minor* 夹竹桃科 / 蔓长春花属

常绿蔓性半灌木。茎偃卧，花茎直立。叶对生，长圆形至卵圆形，长 1.5 ~ 5cm，宽 0.7 ~ 1.7cm，无毛。花单朵腋生；花冠蓝色，花冠筒漏斗状，长 0.8 ~ 1.2cm，冠檐宽 2 ~ 3cm。花期 5 月。

耐寒区 4 ~ 8，适用移动式绿化。

229. 钝 钉 头 果 *Gomphocarpus physocarpus* 萝藦科 / 钉头果属

常绿灌木。株高 1 ~ 2m，全株有白色乳汁。叶对生，狭披针形，长 5 ~ 10cm，宽 0.6 ~ 1.5cm，绿色。聚伞花序；花冠白色，直径 1.4 ~ 2cm。蓇葖果膨胀，黄绿色，卵圆形或近球形，外果皮具软刺。花期夏季，果期秋季。

耐寒区 8 ~ 10，适用移动式绿化。

230. 木曼陀罗 *Brugmansia arborea* 茄科 / 曼陀罗属

常绿灌木或小乔木，高 2m 余。叶互生，卵状披针形、矩圆形或卵形，两面有微柔毛。花单生，俯垂，浓香；花冠白色，脉纹绿色，长漏斗状，直径 8 ~ 10cm，筒中部以下较细而向上渐扩大成喇叭状，长达 23cm；檐部浅裂，裂片呈花瓣状。花期夏秋。

耐寒区 9 ~ 11，适用移动式绿化。

231. 黄花木曼陀罗 *Brugmansia aurea* 茄科 / 曼陀罗属

常绿灌木或小乔木，高可达 6m 余。树冠圆球状。叶互生，卵形，长 15cm。花单生，俯垂，晚间浓香；花冠黄色或白色，长漏斗状，筒中部以下较细而向上渐扩大成喇叭状，长 19 ~ 25cm。花期夏秋。

耐寒区 9 ~ 11，适用移动式绿化。

232. 大花鸳鸯茉莉 *Brunfelsia pauciflora* 茄科 / 鸳鸯茉莉属

常绿灌木。株高可达 2.4m，冠径可达 1.5m。叶互生，革质，椭圆形至披针形，长可达 16cm，上面深绿色，下面淡绿色，光滑。聚伞花序，花冠漏斗状，长约 5cm，裂片 5 枚，蓝紫色，喉部白色，然后变为淡紫色，再变为白色。花期冬季至夏季。

耐寒区 9 ~ 11，适用北墙、移动式绿化。

233. 黄花夜香树 *Cestrum aurantiacum* 茄科 / 夜香树属

半常绿灌木，高 2m。叶互生，卵形或椭圆形，长 4 ~ 7cm，宽 2 ~ 4cm，全缘，有侧脉 5 ~ 6 对。总状式聚伞花序；花冠筒状漏斗形，金黄色，筒长 2cm 左右，裂片 5 枚，卵状三角形，开展或向外反折。花期夏季。

耐寒区 9 ~ 11，适用移动式绿化。

234. 夜香树 *Cestrum nocturnum* 茄科 / 夜香树属

常绿直立或近攀缘状灌木，高 2 ~ 3m，全体无毛；枝条细长而下垂。叶互生，矩圆状卵形或矩圆状披针形，长 6 ~ 15cm，宽 2 ~ 4.5cm，全缘。伞房式聚伞花序；花绿白色至黄绿色，晚间极香；花冠高脚碟状，长约 2cm，裂片 5 枚，直立或稍开张。花期 6 ~ 9 月。

耐寒区 9 ~ 11，适用移动式绿化。

235. 枸杞 *Lycium chinense* 茄科 / 枸杞属

落叶灌木，高 0.5 ~ 1m，有棘刺。多分枝，枝条细弱，弓状弯曲或俯垂。单叶互生或 2 ~ 4 枚簇生，纸质，卵形至卵状披针形，长 1.5 ~ 5cm，宽 0.5 ~ 2.5cm。花单生或双生；花冠漏斗状，长 9 ~ 12mm，淡紫色，5 深裂。浆果红色，卵状。花果期 6 ~ 11 月。

耐寒区 6 ~ 9，适用东墙、南墙、移动式绿化。

236. 珊瑚樱 *Solanum pseudocapsicum* 茄科 / 茄属

常绿小灌木，高达 2m，全株光滑无毛。叶互生，狭长圆形至披针形，长 1 ~ 6cm，宽 0.5 ~ 1.5cm，基部狭楔形下延成叶柄。花多单生；花小，白色，直径约 0.8 ~ 1cm；花冠星状辐形，裂片 5 枚。浆果橙红色，直径 1 ~ 1.5cm。花期初夏，果期秋末。

耐寒区 9 ~ 11，适用移动式绿化。

237. 珊瑚豆 *Solanum pseudocapsicum* var. *diflorum* 茄科 / 茄属

常绿小灌木，高 0.3 ~ 1.5m。叶双生，大小不相等，椭圆状披针形，长 2 ~ 5cm 或稍长，宽 1 ~ 1.5cm 或稍宽，叶下面沿脉常有树枝状簇绒毛。花腋生；花小，直径 8 ~ 10mm；花冠白色。浆果球状，珊瑚红色或桔黄色。花期 4 ~ 7 月，果熟期 8 ~ 12 月。

耐寒区 9 ~ 11，适用东墙、南墙、北墙绿化。

238. 基及树 *Carmona microphylla* 紫草科 / 基及树属

常绿灌木，高 1 ~ 3m。多分枝；分枝细弱。叶革质，倒卵形或匙形，长 1.5 ~ 3.5cm，宽 1 ~ 2cm，先端圆形或截形、具粗圆齿，基部渐狭为短柄，上面有短硬毛或斑点。团伞花序开展；花冠钟状，白色，长 4 ~ 6mm。

耐寒区 10 ~ 11，适用移动式绿化。

239. 华紫珠 *Callicarpa cathayana* 马鞭草科 / 紫珠属

落叶灌木，高 1.5 ~ 3m。叶对生，椭圆形或卵形，长 4 ~ 8cm，宽 1.5 ~ 3cm，有显著的红色腺点。聚伞花序细弱，3 ~ 4 次分歧；花香，紫色。果实球形，紫色，径约 2mm。花期 5 ~ 7 月，果期 8 ~ 11 月。

耐寒区 5 ~ 9，适用东墙、北墙、移动式绿化。

240. 白棠子树 *Callicarpa dichotoma* 马鞭草科 / 紫珠属

落叶灌木，高约 1m。叶对生，倒卵形或披针形，长 2 ~ 6cm，宽 1 ~ 3cm，背面无毛，密生细小黄色腺点。聚伞花序在叶腋的上方着生，2 ~ 3 次分歧；花冠紫色，长 1.5 ~ 2mm。果实球形，紫色，径约 2mm。花期 5 ~ 6 月，果期 7 ~ 11 月。

耐寒区 5 ~ 9，适用东墙、北墙、屋顶、移动式绿化。

241. 日本紫珠 *Callicarpa japonica* 马鞭草科 / 紫珠属

落叶灌木，高约 2m。叶对生，倒卵形、卵形或椭圆形，长 7 ~ 12cm，宽 4 ~ 6cm，两面通常无毛。聚伞花序细弱而短小，2 ~ 3 次分歧，花冠白色或淡紫色，长约 3mm。果实球形，径约 2.5mm。花期 6 ~ 7 月，果期 8 ~ 10 月。

耐寒区 5 ~ 9，适用东墙、北墙、移动式绿化。

242. 蓝莸 *Caryopteris* × *clandonensis* 马鞭草科 / 莸属

落叶亚灌木。丛生，矮丘状。株高 60 ~

90cm，冠径 60 ~ 90cm。叶对生，有香气，披针形或卵形，长 3 ~ 6cm，边缘有粗齿，被短柔毛。聚伞花序紧密，腋生和顶生；花小，花冠二唇形，淡紫色或淡蓝色。花期 7 ~ 9 月。

耐寒区 5 ~ 9，适用屋顶绿化。

243.‘天蓝’蓝莸 *Caryopteris × clandonensis* 'Heavenly Blue' 马鞭草科 / 莸属

落叶亚灌木。丛生，紧凑，矮丘状。株高 60 ~ 90cm，冠径 60 ~ 90cm。叶对生，有香气，披针形或卵形，长可达 4cm，边缘有粗齿，银灰色，被短柔毛。聚伞花序紧密，腋生和顶生；花小，芳香，花冠二唇形，天蓝色。花期 7 ~ 9 月。

耐寒区 5 ~ 9，适用东墙、南墙、西墙、移动式绿化。

244.‘邱园蓝’蓝莸 *Caryopteris × clandonensis* 'Kew Blue' 马鞭草科 / 莸属

落叶亚灌木。丛生，紧凑，近球状。株高 60 ~ 90cm，冠径 60 ~ 90cm。叶对生，有香气，披针形或卵形，长可达 4cm，边缘有粗齿，灰绿色，被短柔毛。聚伞花序紧密，腋生和顶生；花小，芳香，花冠二唇形，深蓝色。花期 7 ~ 9 月。

耐寒区 5 ~ 9，适用东墙、南墙、西墙、移动式绿化。

245.‘伍斯特金叶’蓝莸 *Caryopteris × clandonensis* 'Worcester Gold' 马鞭草科 / 莸属

落叶亚灌木。丛生，紧凑，近球状。株高 60 ~ 90cm，冠径 60 ~ 90cm。叶对生，有香气，披针形或卵形，长可达 4cm，边缘有粗齿，金黄色。聚伞花序紧密，腋生和顶生；花小，芳香，花冠二唇形，蓝紫色。花期 7 ~ 9 月。

耐寒区 5 ~ 9，适用东墙、南墙、西墙、移动式绿化。

246. 赪桐 *Clerodendrum japonicum* 马鞭草科 / 大青属

落叶灌木，高 1 ~ 4m。叶对生，圆心形，长 8 ~ 35cm，宽 6 ~ 27cm，缘有疏短尖齿，背面密具锈黄色盾形腺体。二歧聚伞花序组成顶生、大而开展的圆锥花序；花萼红色；花冠红色，稀白色，花冠管长 1.7 ~ 2.2cm，裂片 5 枚，长圆形。花果期 5 ~ 11 月。

耐寒区 9 ~ 11，适用移动式绿化。

247. 烟火树 *Clerodendrum quadriloculare* 马鞭草科 / 大青属

常绿灌木或小乔木。株高可达 4.5m。叶对生，长椭圆形，先端尖，全缘或锯齿状波状缘，叶背暗紫红色。伞房状聚伞花序密集，顶生，具多数花；花冠长管状，粉红色，先端 5 裂，裂片白色。花期仲冬至早春。

耐寒区 9 ~ 11，适用移动式绿化。

248. 海州常山 *Clerodendrum trichotomum* 马鞭草科 / 大青属

落叶灌木或小乔木，高 1.5 ~ 10m。叶片纸质，卵形或三角状卵形，长 5 ~ 16cm，宽 2 ~ 13cm。伞房状聚伞花序；花萼蕾时绿白色，后紫红色；花香，花冠白色或带粉红色。核果近球形，包藏于增大的宿存萼内，成熟时外果皮蓝紫色。花果期 6 ~ 11 月。

耐寒区 7 ~ 10，适用东墙、移动式绿化。

249. 假连翘 *Duranta erecta* 马鞭草科 / 假连翘属

常绿灌木，高 1.5 ~ 3m；枝条有皮刺。叶对生，少有轮生，叶片卵状椭圆形或卵状披针形，长 2 ~ 6.5cm，宽 1.5 ~ 3.5cm，纸质。总状花序顶生或腋生，常排成圆锥状；花冠通常蓝紫色，长约 8mm，稍不整齐，5 裂。核果红黄色。花果期 5 ~ 10 月。

耐寒区 10 ~ 11，适用东墙、南墙、移动式绿化。

250.‘金丘’假连翘 *Duranta erecta* 'Gold Mound' 马鞭草科 / 假连翘属

常绿灌木，枝条有皮刺。叶对生，卵状椭圆形或卵状披针形，纸质，金黄色至黄绿色。总状花序顶生或腋生，常排成圆锥状；花冠蓝色或淡蓝紫色，稍不整齐，5 裂。核果红黄色。花果期

5 ~ 10月。

耐寒区 10 ~ 11，适用东墙、南墙绿化。

251. '花叶'假连翘 *Duranta erecta* 'Variegata' 马鞭草科 / 假连翘属

常绿灌木，枝条有皮刺。叶对生，卵状椭圆形或卵状披针形，纸质，边缘有锯齿，绿色，边缘乳白色或乳黄色。总状花序顶生或腋生，常排成圆锥状；花冠淡蓝紫色，稍不整齐，5 裂。核果红黄色。花果期 5 ~ 10月。

耐寒区 10 ~ 11，适用东墙、南墙、移动式绿化。

252. 马缨丹 *Lantana camara* 马鞭草科 / 马缨丹属

常绿直立或蔓性的灌木，高 1 ~ 2m。茎枝通常有短而倒钩状刺。单叶对生，卵形至卵状长圆形，长 3 ~ 8.5cm，宽 1.5 ~ 5cm，边缘有钝齿。花密集成头状，顶生或腋生，花序直径 1.5 ~ 2.5cm；花冠黄色或橙黄色，后来转为深红色，花冠管长约 1cm。全年开花。

耐寒区 10 ~ 11，适用北墙、移动式绿化。

253. 蔓马缨丹 *Lantana montevidensis* 马鞭草科 / 马缨丹属

常绿开展或蔓性灌木。株高 30 ~ 45cm，冠幅 90 ~ 150cm。单叶对生，卵形至卵状长圆形，长 2.5 ~ 5cm，边缘有钝齿。花密集成头状，顶生或腋生，花冠淡紫红色。花期夏季至秋季。

耐寒区 8 ~ 10，适用北墙、移动式绿化。

254. 蓝蝴蝶 *Rotheca myricoides* 马鞭草科 / 三对节属

常绿灌木。株高 60 ~ 120cm，冠幅 60 ~ 90cm。叶对生，椭圆形至狭倒卵形，长 7.5 ~ 12.5cm，宽 2.5 ~ 7.5cm，光滑，叶缘上半部有疏齿。聚伞花序组成顶生圆锥花序；花朵形似蝴蝶，花冠蓝色，5 裂片大小不一，4 枚侧花瓣淡蓝色，下方 1 枚深蓝色。花期 6 ~ 9月。

耐寒区 9 ~ 11，适用移动式绿化。

255. 穗花牡荆 *Vitex agnus-castus* 马鞭草科 / 牡荆属

落叶灌木，高 2 ~ 3m。掌状复叶，对生，叶柄长 2 ~ 7cm，小叶 4 ~ 7枚，小叶片狭披针形，通常全缘。聚伞花序排列成圆锥状；花冠蓝紫色，长约 1cm，二唇形，上唇 2 裂，下唇 3 裂。花期 7 ~ 8月。

耐寒区 6 ~ 9，适用屋顶、移动式绿化。

256. 黄荆 *Vitex negundo* 马鞭草科 / 牡荆属

落叶灌木或小乔木。掌状复叶，对生，小叶 5 枚，少有 3 枚；小叶片长圆状披针形至披针形，全缘或每边有少数粗锯齿。聚伞花序排成圆锥花序式，顶生，长 10 ~ 27cm；花冠淡紫色，外有微柔毛，顶端 5 裂，二唇形。花期 4 ~ 6月。

耐寒区 6 ~ 9，适用移动式绿化。

257. 牡荆 *Vitex negundo* var. *cannabifolia* 马鞭草科 / 牡荆属

落叶灌木或小乔木。叶对生，掌状复叶，小叶 5 枚，少有 3 枚；小叶片披针形或椭圆状披针形，顶端渐尖，基部楔形，边缘有粗锯齿，表面绿色，背面淡绿色，通常被柔毛。圆锥花序顶生，长 10 ~ 20cm；花冠淡紫色。果实近球形，黑色。花期 6 ~ 7月。

耐寒区 6 ~ 9，适用移动式绿化。

258. 单叶蔓荆 *Vitex rotundifolia* 马鞭草科 / 牡荆属

落叶灌木。茎匍匐，节处常生不定根。单叶对生，叶片倒卵形或近圆形，顶端通常钝圆或有短尖头，基部楔形，全缘，长 2.5 ~ 5cm，宽 1.5 ~ 3cm。花和果实的形态特征同原变种。花期 7 ~ 8月，果期 8 ~ 10月。

耐寒区 6 ~ 9，适用屋顶绿化。

259. 银香科科 *Teucrium fruticans* 唇形科 / 香科科属

常绿灌木。株高 0.9 ~ 1.2m，冠径 1.2 ~ 1.5m。小枝四棱形，被白色绒毛。叶对生，卵形，芳香，长 1 ~ 2cm，宽 1cm，上面灰绿色，下面被白色绒毛。花冠唇形，淡蓝色。花期夏季。耐寒区 8 ～ 9，适用屋顶、移动式绿化。

260. 橙花糙苏 *Phlomis fruticosa* 唇形科 / 糙苏属

常绿灌木。株高 1m，冠幅 1.5m。叶对生，卵形，长 5 ～ 10cm，上面灰绿色，具皱纹，密被单毛及星状疏柔毛，下面因密被星状绒毛而呈灰白色，边缘具浅圆齿。轮伞花序生于茎顶部。花冠橙黄色，长 3cm，外面密被橙色星状柔毛。花期夏季。

耐寒区 7 ～ 11，适用移动式绿化。

261. 迷迭香 *Rosmarinus officinalis* 唇形科 / 迷迭香属

常绿灌木，芳香，可作烹调香料。丛生，冠密集。叶片线形，长 1 ～ 2.5cm，宽 1 ～ 2mm，全缘，向背面卷曲，革质，下面密被白色的星状绒毛。花冠二唇形，蓝紫色。花期仲春、初夏或秋季。

耐寒区 8 ～ 10，适用东墙、南墙、西墙、屋顶、移动式绿化。

262. 法国薰衣草 *Lavandula stoechas* 唇形科 / 薰衣草属

常绿灌木，芳香。丛生，株高和冠径 60 ～ 90cm。叶对生，披针形，长 1 ～ 4cm，灰绿色。轮伞花序在枝顶聚集成紧密的穗状花序，具长约 5cm 的长圆形蓝色苞片；花小，长可达 8mm，深紫色。花期春季至初夏。

耐寒区 8 ～ 9，适用移动式绿化。

263. 薰衣草 *Lavandula angustifolia* 唇形科 / 薰衣草属

常绿半灌木或矮灌木，芳香。叶对生，线形或披针状线形，长可达 5cm，宽 0.2 ～ 0.5cm，密被灰白色星状绒毛，全缘，边缘外卷。轮伞花序通常具 6 ～ 10 花，多数，在枝顶聚集成间断或近连续的穗状花序；花蓝色。花期 6 月。

耐寒区 5 ～ 8，适用移动式绿化。

264. 齿叶薰衣草 *Lavandula dentata* 唇形科 / 薰衣草属

常绿灌木，芳香。丛生，株高和冠径约 1m。叶对生，线形或披针形，边缘有浅圆齿，灰绿色。轮伞花序在枝顶聚集成紧密的穗状花序，具淡蓝紫色苞片；花小，稍芳香，紫色。花期春季至夏季。

耐寒区 8 ～ 9，适用移动式绿化。

265. 普通百里香 *Thymus vulgaris* 唇形科 / 百里香属

常绿矮小半灌木。茎多数，匍匐或上升。株高 15 ～ 30cm，冠径 40cm。叶小，对生，椭圆形，芳香，灰绿色，全缘，边缘显著反卷。花序头状；花冠紫色或粉红色，冠檐二唇形。花期夏季。

耐寒区 5 ～ 9，适用屋顶、移动式绿化。

266. 大叶醉鱼草 *Buddleja davidii* 马钱科 / 醉鱼草属

落叶灌木，高 1 ～ 5m。叶对生，狭卵形至卵状披针形，长 1 ～ 20cm，宽 0.3 ～ 7.5cm，边缘具细锯齿。总状或圆锥状聚伞花序，顶生，长 4 ～ 30cm；花 4 数；花冠高脚碟状，淡紫色、粉红色或白色等，喉部橙黄色，芳香，长 7.5 ～ 14mm。花期 5 ～ 10 月。

耐寒区 5 ～ 9，适用移动式绿化。

267. 醉鱼草 *Buddleja lindleyana* 马钱科 / 醉鱼草属

落叶灌木，高 1 ～ 3m。叶对生，萌芽枝条上的叶为互生或近轮生，叶片膜质，卵形、椭圆形至长圆状披针形，长 3 ～ 11cm，宽 1 ～ 5cm。穗状聚伞花序顶生；花紫色，芳香；花冠长 13 ～ 20mm，花冠管弯曲，长 11 ～ 17mm。花期 4 ～ 10 月。

耐寒区 5 ～ 9，适用屋顶、移动式绿化。

268. 金钟连翘 *Forsythia* × *intermedia* 木犀科 / 连翘属

落叶灌木，枝斜上或拱形。小枝节间具片状髓，节部具实心髓。叶对生，卵形至披针形，通常单叶，有时 3 裂，长可达 12.5cm。花着生于叶腋，先于叶开放；花萼长裂片长 2 ～ 4.5mm；花冠浅黄色至深黄色，深 4 裂；雄蕊 2 枚。花期 3 ～ 4 月。

耐寒区 5 ～ 8，适用屋顶绿化。

269. [金脉] 朝鲜连翘 *Forsythia koreana* 'Kumson' 木犀科 / 连翘属

落叶灌木，高可达 3m。叶对生，卵形至长椭圆形，长 3 ～ 12cm，边缘有锯齿，两面无毛，深绿色，叶脉金黄色。花着生于叶腋，先于叶开放；花冠黄色，深 4 裂；雄蕊 2 枚。花期 3 ～ 4 月。

耐寒区 5 ～ 8，适用移动式绿化。

270. [金叶] 朝鲜连翘 *Forsythia koreana* 'Suwan Gold' 木犀科 / 连翘属

落叶灌木，高可达 3m。叶对生，卵形至长椭圆形，长 3 ～ 12cm，边缘有锯齿，两面无毛，金黄色。花着生于叶腋，先于叶开放；花冠黄色，深 4 裂；雄蕊 2 枚；花柱异长。花期 3 ～ 4 月。

耐寒区 5 ～ 8，适用移动式绿化。

271. 连翘 *Forsythia suspensa* 木犀科 / 连翘属

落叶灌木。枝开展或下垂，节间中空，节部具实心髓。叶对生，通常为单叶，或 3 裂至三出复叶，叶片卵形至椭圆形，长 2 ～ 10cm。花单生或 2 至数朵着生于叶腋，先于叶开放；花萼绿色，裂片长 6 ～ 7mm；花冠黄色，深 4 裂，裂片长 1.2 ～ 2cm。花期 3 ～ 4 月。

耐寒区 5 ～ 8，适用屋顶、移动式绿化。

272. 金钟花 *Forsythia viridissima* 木犀科 / 连翘属

落叶灌木，高可达 3m。小枝节间和节部具片状髓。叶对生，长椭圆形至披针形，长 3.5 ～ 15cm。花 1 ～ 3 朵着生于叶腋，先于叶开放；花萼裂片长 2 ～ 4mm；花冠深黄色，长 1.1 ～ 2.5cm，深 4 裂，裂片长 0.6 ～ 1.8cm；雄蕊 2 枚。花期 3 ～ 4 月。

耐寒区 6 ～ 8，适用东墙、南墙、屋顶、移动式绿化。

273. 探春花 *Jasminum floridum* 木犀科 / 茉莉属

半常绿直立或攀缘灌木，高 0.4 ～ 3m。当年生枝草绿色，四棱。叶互生，复叶，小叶 3 或 5 枚；小叶片卵形至椭圆形，长 0.7 ～ 3.5cm。聚伞花序顶生；花冠黄色，近漏斗状，顶端 5 裂，裂片长 4 ～ 8mm。果长圆形或球形，黑色。花期 5 ～ 9 月。

耐寒区 8 ～ 10，适用东墙、移动式绿化。

274. 野迎春 *Jasminum mesnyi* 木犀科 / 茉莉属

常绿直立亚灌木，高 0.5 ～ 5m，枝条下垂。小枝四棱形。叶对生，近革质，三出复叶或小枝基部具单叶；小叶片长卵形，顶生小叶片长 2.5 ～ 6.5cm。花通常单生于叶腋；花冠黄色，漏斗状，径 2 ～ 4.5cm，花冠裂片 6 ～ 8 枚。花期 11 月至翌年 8 月。

耐寒区 8 ～ 10，适用东墙、南墙、西墙、屋顶、移动式绿化。

275. 迎春花 *Jasminum nudiflorum* 木犀科 / 茉莉属

落叶灌木，直立或匍匐，高 0.3 ～ 5m，枝条下垂。叶对生，三出复叶；叶轴具狭翼；小叶片卵形至椭圆形，顶生小叶片较大，长 1 ～ 3cm。花单生于叶腋；花冠黄色，径 2 ～ 2.5cm，花冠裂片 5 ～ 6 枚，长圆形或椭圆形，长 0.8 ～ 1.3cm。花期 6 月。

耐寒区 6 ～ 10，适用东墙、南墙、屋顶、移动式绿化。

276. 浓香探春 *Jasminum odoratissimum* 木犀科 / 茉莉属

常绿灌木，高 0.5 ～ 3m。枝具棱，初直立，后披散下垂。叶互生，复叶与单叶并存，复叶通常 5 小叶，稀 7 枚，叶片革质，小叶卵形或卵状披针形，长 3 ～ 6cm。聚伞花序排为圆锥状，顶生，有花多朵，芳香；花冠鲜黄色，近漏斗状，裂片 4 ～ 5 枚。花期 3 ～ 7 月。

耐寒区 7 ～ 9，适用移动式绿化。

277. 茉莉花 *Jasminum sambac* **木犀科 / 茉莉属**

常绿直立或攀缘灌木，高达 3m。叶对生，单叶，叶片纸质，圆形至倒卵形，长 4 ~ 12.5cm，宽 2 ~ 7.5cm。聚伞花序顶生，通常有花 3 朵；花极芳香；花冠白色，裂片长圆形至近圆形，宽 5 ~ 9mm。花期 5 ~ 8 月。

耐寒区 9 ~ 11，适用东墙、南墙、移动式绿化。

278. '维卡里'卵叶女贞 *Ligustrum ovalifolium* **'Vicaryi' 木犀科 / 女贞属**

落叶或半常绿灌木。株高 1.8 ~ 3.6m，冠径 2.1 ~ 3m。叶对生，近革质，椭圆形或卵状椭圆形，长 2 ~ 6.5cm，全缘，金黄色。圆锥花序顶生，花冠白色，花冠裂片 4 枚，花蕾时呈镊合状排列；雄蕊 2 枚。花期 6 ~ 7 月。

耐寒区 5 ~ 8，适用屋顶、移动式绿化。

279. 日本女贞 *Ligustrum japonicum* **木犀科 / 女贞属**

常绿灌木，高 3 ~ 5m，无毛。叶对生，厚革质，椭圆形或宽卵状椭圆形，长 5 ~ 8cm，宽 2.5 ~ 5cm，全缘，深绿色。圆锥花序塔形；花冠长 5 ~ 6mm，白色，裂片 4 枚；雄蕊 2 枚。核果长圆形或椭圆形，长 8 ~ 10mm，紫黑色。花期 6 月，果期 11 月。

耐寒区 8 ~ 10，适用东墙、南墙、移动式绿化。

280. '霍华德'日本女贞 *Ligustrum japonicum* **'Howardii' 木犀科 / 女贞属**

常绿灌木。株高 1.8 ~ 3m，冠径 2.4m。叶对生，厚革质，椭圆形或宽卵状椭圆形，长 5 ~ 8cm，宽 2.5 ~ 5cm，全缘，春季新叶鲜黄色，冬季转为金黄色。圆锥花序塔形；花白色，裂片 4 枚；雄蕊 2 枚。花期 6 月。

耐寒区 8 ~ 10，适用东墙、南墙、西墙、移动式绿化。

281. 小叶女贞 *Ligustrum quihoui* **木犀科 / 女贞属**

落叶灌木，高 1 ~ 3m。叶对生，薄革质，披针形、椭圆形至倒卵形，长 1 ~ 4cm，宽 0.5 ~ 2cm，两面无毛，稀沿中脉被微柔毛。圆锥花序顶生；花冠长 4 ~ 5mm，白色，无梗；雄蕊 2 枚。果紫黑色。花期 5 ~ 7 月。

耐寒区 8 ~ 10，适用东墙、南墙、北墙、移动式绿化。

282. 小蜡 *Ligustrum sinense* **木犀科 / 女贞属**

落叶或半常绿灌木或小乔木，高 2 ~ 7m。叶对生，纸质或薄革质，卵形、长圆形至披针形，长 2 ~ 7cm，宽 1 ~ 3cm，下面淡绿色，疏被短柔毛或无毛，常沿中脉被短柔毛。圆锥花序顶生或腋生，塔形；花梗长 1 ~ 3mm；花冠白色，长 3.5 ~ 5.5mm。花期 3 ~ 6 月。

耐寒区 7 ~ 9，适用东墙、北墙、移动式绿化。

283. [银姬]小蜡 *Ligustrum sinense* **'Variegatum' 木犀科 / 女贞属**

半常绿灌木或小乔木。株高可达 3 ~ 6m，冠径达 2.4 ~ 4.5m。叶对生，纸质或薄革质，卵形、长圆形至披针形，长 2 ~ 5cm，绿色，边缘具不规则的乳白色斑纹。圆锥花序顶生或腋生，塔形；花冠白色。花期 3 ~ 6 月。

耐寒区 7 ~ 10，适用移动式绿化。

284. 锈鳞木犀榄 *Olea europaea* subsp. *cuspidata* **木犀科 / 木犀榄属**

常绿灌木或小乔木，高 3 ~ 10m。叶对生，革质，狭披针形至长圆状椭圆形，长 3 ~ 10cm，宽 1 ~ 2cm，两面无毛或在上面中脉被微柔毛，下面密被锈色鳞片。圆锥花序腋生，长 1 ~ 4cm；花白色，花冠长 2.5 ~ 3.5mm。果宽椭圆形或近球形，成熟时呈暗褐色。花期 4 ~ 8 月。

耐寒区 9 ~ 11，适用移动式绿化。

285. 柊树 *Osmanthus heterophyllus* **木犀科 / 木犀属**

常绿灌木或小乔木，高 2 ~ 8m。叶对生，革质，长圆状椭圆形或椭圆形，长 4.5 ~ 6cm，

宽 1.5 ~ 2.5cm，先端具针状尖头，叶缘具 3 ~ 4
对刺状牙齿或全缘。花序簇生于叶腋，略具芳香；
花冠白色，长 3.5 ~ 5mm，裂片 4 枚。果卵圆形，
暗紫色。花期 11 ~ 12 月。

耐寒区 7 ~ 9，适用东墙、移动式绿化。

286. '五色'柊树 *Osmanthus heterophyllus* 'Goshiki' 木犀科 / 木犀属

常绿灌木。株高 0.9 ~ 1.5m，冠径 1.2m。
叶对生，革质，长圆状椭圆形或椭圆形，先端具
针状尖头，叶缘具 3 ~ 4 对刺状牙齿或全缘，新
叶粉紫至古铜色，成叶有灰绿、金黄和乳白等色
斑点。花序簇生于叶腋，略具芳香；花冠白色。
花期 11 ~ 12 月。

耐寒区 7 ~ 9，适用移动式绿化。

287. 紫丁香 *Syringa oblata* 木犀科 / 丁香属

落叶灌木或小乔木，高可达 5m。叶对生，
革质或厚纸质，卵圆形至肾形，长 2 ~ 14cm，
宽 2 ~ 15cm，深绿色；叶柄长 1 ~ 3cm。圆锥
花序直立，由侧芽抽生；芳香；花冠紫色，高脚
碟状，长 1.1 ~ 2cm，裂片 4 枚；雄蕊 2 枚。花
期 4 ~ 5 月。

耐寒区 3 ~ 7，适用移动式绿化。

288. 白丁香 *Syringa oblata* 'Alba' 木犀科 / 丁香属

落叶灌木或小乔木，高可达 5m。叶对生，
革质或厚纸质，卵圆形至肾形，长 3cm，宽
3 ~ 3.5cm；叶柄长 1 ~ 3cm。圆锥花序直立，
由侧芽抽生；芳香；花冠白色，高脚碟状，裂片
4 枚；雄蕊 2 枚。花期 4 ~ 5 月。

耐寒区 3 ~ 7，适用屋顶、移动式绿化。

289. 吊石苣苔 *Lysionotus pauciflorus* 苦苣苔科 / 吊石苣苔属

常绿小灌木。茎长 7 ~ 30cm，分枝或不分枝。
叶常 3 枚轮生，革质，线形、狭长圆形至倒卵状
长圆形，长 1.5 ~ 5.8cm，宽 0.4 ~ 1.5cm，两
面无毛。花序有 1 ~ 2 花；花冠白色带淡紫色条
纹或淡紫色，长 3.5 ~ 4.8cm；筒细漏斗状。花

期 7 ~ 10 月。

耐寒区 8 ~ 10，适用东墙、南墙绿化。

290. 单药爵床 *Aphelandra squarrosa* 爵床科 / 单药花属

常绿亚灌木。株高 1.2 ~ 1.8m，冠径
1.2 ~ 1.5m，盆栽高度通常 30 ~ 45cm。叶对生，
卵形或椭圆形，墨绿色，中脉和侧脉乳白色，对
比明显，十分优美。花序顶生，苞片金黄色，花
期可达两个月。

耐寒区 11 ~ 12，适用移动式绿化。

291. 十字爵床 *Crossandra infundibuliformis* 爵床科 / 十字爵床属

常绿亚灌木。株高 30 ~ 90cm，冠径
30 ~ 60cm。叶对生，阔披针形，全缘或波状，
叶面平滑，浓绿，有光泽。花序穗状，顶生或腋
生，花冠漏斗形，二唇状，直径约 3cm，裂片 5 枚，
宽阔，橙红色或黄色。花期春季至秋季。

耐寒区 10 ~ 11，适用移动式绿化。

292. 彩叶木 *Graptophyllum pictum* 爵床科 / 紫叶属

常绿灌木。株高和冠径均为 60 ~ 120cm。
叶对生，卵状椭圆形，长 10 ~ 20cm，宽
5 ~ 12cm，光滑，绿色或淡紫色，泛布黄色、
乳白色或淡红色斑彩，全缘。圆锥状聚伞花序顶
生，花深紫色或深红色，长 4.5 ~ 5cm；花冠筒
狭圆柱形。花期全年。

耐寒区 10 ~ 11，适用移动式绿化。

293. 鸭嘴花 *Justicia adhatoda* 爵床科 / 爵床属

常绿灌木，高达 1 ~ 3m。叶对生，纸
质，矩圆状披针形至卵形，长 15 ~ 20cm，宽
4.5 ~ 7.5cm，全缘，背面被微柔毛。穗状花序
卵形；苞片卵形或阔卵形，绿色；花冠白色，有
紫色条纹或粉红色，长 2.5 ~ 3cm，被柔毛。花
期 5 ~ 7 月。

耐寒区 11，适用移动式绿化。

294. 虾衣花 *Justicia brandegeana* 爵床科 / 爵

床属

亚灌木，株高和冠径均为 30 ~ 90cm。叶对生，卵形，长 2.5 ~ 6cm，全缘，两面被短硬毛。穗状花序紧密，稍弯垂，长 6 ~ 9cm；苞片砖红色，长 1.2 ~ 1.8cm，被短柔毛；花冠白色，在喉凸上有红色斑点，长 3.2cm。花期 6 ~ 8 月。

耐寒区 9 ~ 11，适用移动式绿化。

295. 红楼花 *Odontonema strictum* 爵床科 / 红缕花属

常绿灌木，高达 1 ~ 2m。叶对生，卵状披针形或卵圆状，绿色，边缘有波皱，先端渐尖。穗状花序顶生，长达 30cm；花萼钟状，5 裂；花冠长管形，火红色，裂片 5 枚。花期夏季和秋季。

耐寒区 9 ~ 11，适用移动式绿化。

296. 金苞花 *Pachystachys lutea* 爵床科 / 金苞花属

常绿灌木。株高和冠径均为 30 ~ 45cm。叶对生，长椭圆形，有明显的叶脉，长可达 15cm，绿色。穗状花序顶生；苞片黄色，层层叠叠；花冠白色，裂片二唇形。花期几乎全年。

耐寒区 10 ~ 11，适用移动式绿化。

297. 金脉爵床 *Sanchezia oblonga* 爵床科 / 黄脉爵床属

常绿直立灌木。株高可达 150cm，盆栽株高一般为 50 ~ 80cm。叶对生，卵形，长 15 ~ 30cm，宽 5 ~ 10cm，先端渐尖，基部宽楔形，深绿色，叶脉和侧脉金黄色。花序顶生；苞片红色；花黄色，花冠筒为管状。花期夏秋季。

耐寒区 9 ~ 11，适用移动式绿化。

298. 直立山牵牛 *Thunbergia erecta* 爵床科 / 山牵牛属

直立灌木，高达 2m。茎四棱形，多分枝。叶对生，近革质，卵形至卵状披针形，长 2 ~ 6cm，宽 0.7 ~ 3.5cm，羽状脉。花单生于叶腋；小苞片 2 枚，白色，长圆形；花冠漏斗状，冠檐紫堇色，喉黄色。花期春末至初秋。

耐寒区 10 ~ 11，适用移动式绿化。

299. 黄钟树 *Tecoma stans* 紫葳科 / 黄钟花属

常绿灌木。株高 0.6 ~ 1.8m，冠径 0.6 ~ 1.2m。叶对生，羽状复叶，小叶 3 ~ 7 枚；小叶椭圆形至椭圆状卵形。顶生圆锥花序；花鲜黄色，芳香；萼筒钟状，长 4.5mm；花冠筒长 3.2cm，裂片 5 枚，近等长；雄蕊和花柱内藏。花期几乎全年。

耐寒区 10 ~ 11，适用移动式绿化。

300. 草海桐 *Scaevola taccada* 草海桐科 / 草海桐属

常绿直立或铺散灌木。枝中空。叶螺旋状排列，大部分集中于分枝顶端，颇像海桐花，无柄或具短柄，匙形至倒卵形，长 10 ~ 22cm，宽 4 ~ 8cm，稍肉质。聚伞花序腋生，长 1.5 ~ 3cm。花冠两侧对称，白色或淡黄色，长约 2cm。花期秋季。

耐寒区 10 ~ 11，适用移动式绿化。

301. 水团花 *Adina pilulifera* 茜草科 / 水团花属

常绿灌木至小乔木，高达 5m。叶对生，厚纸质，椭圆形至椭圆状披针形，长 4 ~ 12cm，宽 1.5 ~ 3cm；托叶 2 裂，早落。头状花序明显腋生，直径不计花冠 4 ~ 6mm；花冠白色，窄漏斗状。花期 6 ~ 7 月。

耐寒区 9 ~ 11，适用移动式绿化。

302. 细叶水团花 *Adina rubella* 茜草科 / 水团花属

落叶小灌木，高 1 ~ 3m。叶对生，近无柄，薄革质，卵状披针形或卵状椭圆形，全缘，长 2.5 ~ 4cm，宽 8 ~ 12mm。头状花序不计花冠直径 4 ~ 5mm，单生；花冠淡紫红色，顶端 5 裂，裂片三角状。花期 6 ~ 7 月。

耐寒区 6 ~ 9，适用东墙、北墙、移动式绿化。

303. 风箱树 *Cephalanthus tetrandrus* 茜草科 / 风箱树属

落叶灌木或小乔木，高 1 ~ 5m。叶对生或轮生，近革质，卵形至卵状披针形，长 10 ~ 15cm，宽 3 ~ 5cm；托叶阔卵形，顶部常有一黑色腺体。头状花序不计花冠直径 8 ~ 12mm；花冠白色，花冠管长 7 ~ 12mm，顶端 4 裂。花期春末夏初。

耐寒区 9 ~ 11，适用移动式绿化。

304. 虎刺 *Damnacanthus indicus* 茜草科 / 虎刺属

常绿具刺灌木，高 0.3 ~ 1m。茎上部密集多回二叉分枝，节上托叶腋常生 1 针状刺。叶对生，常大小叶对相间，长 0.4 ~ 2cm，卵形、心形或圆形。花腋生，花冠白色，管状漏斗形，长 0.9 ~ 1cm，檐部 4 裂。核果红色。花期 3 ~ 5 月，果熟期冬季至翌年春季。

耐寒区 9 ~ 11，适用移动式绿化。

305. 栀子 *Gardenia jasminoides* 茜草科 / 栀子属

常绿灌木，高 0.3 ~ 3m。叶对生，革质，长圆状披针形、倒卵状长圆形或椭圆形，长 3 ~ 25cm；托叶生于叶柄内，膜质。花芳香，单朵生于枝顶；萼管有纵棱；花冠白色或乳黄色，芳香，高脚碟状，顶部 5 ~ 8 裂，通常 6 裂。果黄色或橙红色。花期 3 ~ 7 月。

耐寒区 8 ~ 11，适用东墙、南墙、西墙、北墙、移动式绿化。

306. 白蟾 *Gardenia jasminoides* 'Fortuneana' 茜草科 / 栀子属

常绿灌木，高 1 ~ 2m。叶对生或 3 叶轮生，革质，全缘，倒卵形或矩圆状倒卵形；托叶生于叶柄内，膜质。花芳香，单朵生于枝顶；萼管有纵棱；花冠白色或乳黄色，芳香，高脚碟状，直径 6 ~ 8cm，重瓣。花期 3 ~ 7 月。

耐寒区 8 ~ 11，适用屋顶、移动式绿化。

307. 雀舌栀子 *Gardenia jasminoides* 'Radicans' 茜草科 / 栀子属

常绿匍匐小灌木，多分枝，高 60cm 以下。叶对生或 3 叶轮生，革质，全缘，披针形，长 5cm，宽 0.8 ~ 1.5cm；托叶生于叶柄内，膜质。

花芳香，单朵生于枝顶；萼管有纵棱；花冠白色或乳黄色，芳香，高脚碟状，直径 2.5cm。花期 3 ~ 7 月。

耐寒区 8 ~ 11，适用东墙、北墙、屋顶、移动式绿化。

308. 长隔木 *Hamelia patens* 茜草科 / 长隔木属

常绿灌木，高 2 ~ 4m，嫩部均被灰色短柔毛。叶通常 3 枚轮生，椭圆状卵形至长圆形，长 7 ~ 20cm，顶端短尖或渐尖。聚伞花序有 3 ~ 5 个放射状分枝；花无梗，沿着花序分枝的一侧着生；花冠橙红色，冠管狭圆筒状，长 1.8 ~ 2cm。花期几乎全年。

耐寒区 8 ~ 11，适用移动式绿化。

309. 龙船花 *Ixora chinensis* 茜草科 / 龙船花属

常绿灌木，高 0.8 ~ 2m。叶对生，披针形至长圆状倒披针形，长 6 ~ 13cm，宽 3 ~ 4cm，顶端钝或圆形。顶生稠密伞房花序，多花，具短总花梗；花冠红色或红黄色，盛开时长 2.5 ~ 3cm，顶部 4 裂，裂片倒卵形或近圆形，长 5 ~ 7mm。花期 5 ~ 7 月。

耐寒区 9 ~ 11，适用移动式绿化。

310. 薄皮木 *Leptodermis oblonga* 茜草科 / 野丁香属

落叶灌木，高 0.2 ~ 1m；小枝纤细，灰色至淡褐色，表皮薄，常片状剥落。叶对生，纸质，披针形或长圆形，长通常 0.7 ~ 2.5cm，宽 0.3 ~ 1cm。花无梗，常 3 ~ 7 朵簇生枝顶；花冠淡紫红色，漏斗状，长 11 ~ 20mm，冠管狭长，下部常弯曲。花期 6 ~ 8 月。

耐寒区 5 ~ 8，适用屋顶、移动式绿化。

311. 红玉叶金花 *Mussaenda erythrophylla* 茜草科 / 玉叶金花属

常绿或半常绿藤本，栽培条件下常为直立灌木。株高 1.8 ~ 2.4m，冠径 1.2 ~ 2.4m。叶对生，宽卵形，亮绿色，全缘。聚伞花序顶生；萼裂片 5 枚，1 枚扩大成叶状，深红色，卵圆形，被红色柔毛；花冠直径 1cm，白色，中心红色。花期夏季。

耐寒区 9 ~ 11，适用移动式绿化。

312. '奥罗拉' 菲岛玉叶金花 *Mussaenda philippica* 'Aurorae' 茜草科 / 玉叶金花属

常绿或半常绿灌木。株高 1.8 ~ 2.5m，冠径 1.2 ~ 1.8m。叶对生，椭圆形或卵形，长可达 15cm，深绿色，全缘。聚伞花序顶生；萼裂片 5 枚，均扩大成叶状，白色，卵形，长可达 7.5cm；花冠高脚碟状，裂片 5 枚，橘黄色。花期夏季。

耐寒区 9 ~ 11，适用移动式绿化。

313. 六月雪 *Serissa japonica* 茜草科 / 白马骨属

半常绿小灌木，高 60 ~ 90cm，有臭气。叶对生，革质，卵形至倒披针形，长 6 ~ 22mm，宽 3 ~ 6mm，全缘，无毛。花单生或数朵丛生于小枝顶部或腋生；花冠淡红色或白色，长 6 ~ 12mm，裂片扩展，顶端 3 裂。花期 5 ~ 7 月。

耐寒区 7 ~ 9，适用东墙、南墙、屋顶、移动式绿化。

314. 六道木 *Zabelia biflora* 忍冬科 / 六道木属

落叶灌木，高 1 ~ 3m。叶对生，矩圆形至矩圆状披针形，长 2 ~ 6cm，宽 0.5 ~ 2cm，全缘或中部以上羽状浅裂而具 1 ~ 4 对粗齿。花单生于小枝上叶腋，无总花梗；萼齿 4 枚；花冠白色、淡黄色或带浅红色，狭漏斗形或高脚碟形，4 裂。早春开花。

耐寒区 7 ~ 8，适用屋顶绿化。

315. '弗朗西斯· 梅森' 大花糯米条 *Abelia* × *grandiflora* 'Francis Mason' 忍冬科 / 糯米条属

半常绿灌木。株高 0.9 ~ 1.5cm，冠径 1.2 ~ 1.8m。叶对生，卵形，长 2.5 ~ 3cm，边缘具疏浅齿，新叶金黄色，成熟叶深绿色具黄色边缘。圆锥状聚伞花序，花小，漏斗状，白色带粉色，繁茂而芬芳。花期 6 ~ 11 月。

耐寒区 6 ~ 9，适用东墙、南墙、移动式绿化。

316. 猬实 *Kolkwitzia amabilis* 忍冬科 / 猬实属

落叶灌木，高达 3m。叶对生，椭圆形，长 3 ~ 8cm，宽 1.5 ~ 2.5cm。伞房状聚伞花序；萼筒外面密生长刚毛；花冠钟状，淡红色，长 1.5 ~ 2.5cm，5 裂，裂片不等，其中 2 枚稍宽短，内面具黄色斑纹。果实密被黄色刺刚毛。花期 5 ~ 6 月，果熟期 8 ~ 9 月。

耐寒区 4 ~ 8，适用屋顶绿化。

317. 郁香忍冬 *Lonicera fragrantissima* 忍冬科 / 忍冬属

半常绿或落叶灌木，高达 2m。叶对生，厚纸质或带革质，椭圆形至卵形，长 3 ~ 7cm。花成对生于幼枝基部苞腋，芳香；花冠白色或淡红色，长 1 ~ 1.5cm，唇形，基部有浅囊。浆果鲜红色，矩圆形，长约 1cm。花期 2 ~ 4 月，果期 4 ~ 5 月。

耐寒区 4 ~ 8，适用屋顶、移动式绿化。

318. 新疆忍冬 *Lonicera tatarica* 忍冬科 / 忍冬属

落叶灌木，高达 3m。叶对生，纸质，卵形或卵状矩圆形，长 2 ~ 5cm，顶端尖，边缘有短糙毛。花成对生于腋生的总花梗顶端；花冠粉红色、红色或白色，长约 1.5cm，唇形，筒短于唇瓣，基部常有浅囊。果实红色，圆形。花期 5 ~ 6 月，果熟期 7 ~ 8 月。

耐寒区 3 ~ 8，适用移动式绿化。

319. 亮叶忍冬 *Lonicera ligustrina* var. *yunnanensis* 忍冬科 / 忍冬属

常绿或半常绿灌木，高达 2m。叶对生，革质，近圆形至宽卵形，顶端圆或钝，上面光亮，无毛或有少数微糙毛。花成对生于腋生的总花梗顶端；花冠黄白色，漏斗状，长 5 ~ 7mm，筒外面密生红褐色短腺毛。果实紫红色，后转黑色。花期 4 ~ 6 月，果熟期 9 ~ 10 月。

耐寒区 7 ~ 9，适用东墙、南墙、西墙、北墙绿化。

320. [匍枝] 亮叶忍冬 *Lonicera ligustrina* var. *yunnanensis* 'Maigrün' 忍冬科 / 忍冬属

常绿或半常绿灌木。株高60～90cm，冠径1.2～2.4m。枝条密集，小枝细长，横展生长。叶对生，革质，卵形至卵状椭圆形，长1.5～1.8cm，宽0.5～0.7cm，亮绿色。花成对生于腋生的总花梗顶端；花冠黄白色，漏斗状。果实蓝紫色。花期4～6月。

耐寒区7～9，适用东墙、南墙、西墙、屋顶、移动式绿化。

321. 金银忍冬 *Lonicera maackii* 忍冬科 / 忍冬属

落叶灌木，高达6m。叶对生，纸质，卵状椭圆形至卵状披针形，长5～8cm。花芳香，成对生于幼枝叶腋；花冠先白色后变黄色，长2cm，外被短伏毛或无毛，唇形，筒长约为唇瓣的1/2。果实暗红色，圆形，直径5～6mm。花期5～6月，果熟期8～10月。

耐寒区3～8，适用东墙、北墙、移动式绿化。

322. '金羽'总序接骨木 *Sambucus racemosa* 'Plumosa Aurea' 忍冬科 / 接骨木属

落叶灌木或小乔木。株高2.4～3.6m，冠径1.8～3m。叶对生，奇数羽状复叶；小叶5～7枚，椭圆形至卵状披针形，边缘羽状裂，金黄色。圆锥形聚伞花序顶生；花小，白色或淡黄色；花冠辐状。果实红色。花期春季。

耐寒区4～8，适用屋顶、移动式绿化。

323. 接骨木 *Sambucus williamsii* 忍冬科 / 接骨木属

落叶灌木或小乔木，高5～6m。叶对生，羽状复叶有小叶2～3对，侧生小叶片卵圆形至倒矩圆状披针形，长5～15cm，边缘具不整齐锯齿。圆锥形聚伞花序顶生；花小，白色或淡黄色；花冠辐状，5裂。果实红色，极少蓝紫黑色。花期4～5月，果期9～10月。

耐寒区4～9，适用移动式绿化。

324. 小花毛核木 *Symphoricarpos orbiculatus* 忍冬科 / 毛核木属

落叶灌木。株高0.6～1.5m，冠径1.2～2.4m。丛生，枝密集，拱形。叶对生，卵形至椭圆形，长可达6cm，蓝绿色。花簇生于侧枝顶部叶腋成穗状花序；花冠钟状，白色带粉色。浆果状核果近球形，珊瑚红色。花期夏季，果期秋季。

耐寒区2～7，适用移动式绿化。

325. 白毛核木 *Symphoricarpos albus* 忍冬科 / 毛核木属

落叶灌木。株高0.9～1.8m，冠径0.9～1.8m。叶对生，长圆状椭圆形至近圆形，长可达5cm，暗绿色。花簇生于侧枝顶部叶腋成穗状花序；花冠钟状，粉红色。浆果状核果近球形，直径达5mm，纯白色。花期夏季，果期夏末至秋初。

耐寒区3～7，适用屋顶绿化。

326. 川西荚蒾 *Viburnum davidii* 忍冬科 / 荚蒾属

常绿灌木。株高60～90cm，冠径90～120cm。叶对生，厚革质，椭圆状倒卵形至椭圆形，长6～14cm，具基部3出脉，因小脉深凹陷而呈皱纹状。聚伞花序，第一级辐射枝5～6条；花冠白色，辐状，直径约5mm。核果蓝黑色，卵圆形，直径4mm。花期6月，果熟期9～10月。

耐寒区7～9，适用屋顶绿化。

327. 绣球荚蒾 *Viburnum macrocephalum* 忍冬科 / 荚蒾属

落叶或半常绿灌木，高达4m。叶对生，临冬至翌年春季逐渐落尽，纸质，卵形至椭圆形，长5～11cm，边缘有小齿，被簇状短毛。聚伞花序直径8～15cm，全部由大型不孕花组成；花冠白色，辐状，直径1.5～4cm。花期4～5月。

耐寒区6～9，适用移动式绿化。

328. 琼花 *Viburnum macrocephalum* f. *keteleeri* 忍冬科 / 荚蒾属

落叶或半常绿灌木，高达4m。叶对生，临

冬至翌年春季逐渐落尽，纸质，卵形至椭圆形，长 5 ~ 11cm。聚伞花序仅周围具大型的不孕花，花冠直径 3 ~ 4.2cm，白色。核果红色而后变黑色，椭圆形。花期 4 月，果熟期 9 ~ 10 月。

耐寒区 6 ~ 9，适用移动式绿化。

329. 珊瑚树 *Viburnum odoratissimum* 忍冬科 / 荚蒾属

常绿灌木或小乔木，高达 10m。叶对生，革质，椭圆状倒卵形，长 7 ~ 20cm，上面深绿色有光泽。圆锥花序顶生或生于侧生短枝上，宽尖塔形；花芳香；花冠白色，后变黄白色，辐状，直径约 7mm。核果先红色后变黑色。花期 4 ~ 5月，果熟期 7 ~ 9 月。

耐寒区：7 ~ 9，适用东墙、移动式绿化。

330. 欧洲荚蒾 *Viburnum opulus* 忍冬科 / 荚蒾属

落叶灌木，高达 1.5 ~ 4m。叶对生，圆卵形至广卵形或倒卵形，长 6 ~ 12cm，通常 3 裂，具掌状 3 出脉；叶柄有腺体，基部有 2 钻形托叶。复伞形式聚伞花序，周围有大型的不孕花，第一级辐射枝 6 ~ 8 条；花冠白色，辐状，花药黄白色。核果红色。花期 5 ~ 6 月，果期 9 ~ 10 月。

耐寒区 3 ~ 8，适用移动式绿化。

331. 鸡树条 *Viburnum opulus* subsp. *calvescens* 忍冬科 / 荚蒾属

落叶灌木，高达 2 ~ 3m。树皮质厚而多少呈木栓质。叶对生，圆卵形至广卵形或倒卵形，长 6 ~ 12cm，通常 3 裂，具掌状 3 出脉。复伞形式聚伞花序，周围有大型的不孕花，第一级辐射枝 7 条；花冠白色，辐状，花药紫色。核果红色。花期 5 ~ 6 月，果期 9 ~ 10 月。

耐寒区 4 ~ 7，适用移动式绿化。

332. 蝴蝶戏珠花 *Viburnum plicatum* f. *tomentosum* 忍冬科 / 荚蒾属

落叶灌木，高达 3m。叶对生，纸质，宽卵形或矩圆状卵形，长 4 ~ 10cm，边缘有不整齐三角状锯齿，上面疏被短伏毛，下面密被绒毛。聚伞花序直径 4 ~ 10cm，外围有 4 ~ 6 朵白色、大型的不孕花，花冠直径达 4cm，不整齐 4 ~ 5 裂。核果先红色后变黑色。花期 4 ~ 5 月，果熟期 8 ~ 9 月。

耐寒区 5 ~ 8，适用移动式绿化。

333. 皱叶荚蒾 *Viburnum rhytidophyllum* 忍冬科 / 荚蒾属

常绿灌木或小乔木，高达 4m。叶对生，革质，卵状矩圆形至卵状披针形，长 8 ~ 18cm，上面深绿色有光泽，各脉深凹陷而呈极度皱纹状，下面密被厚绒毛。聚伞花序直径 7 ~ 12cm；花冠白色，辐状，直径 5 ~ 7mm。核果红色，后变黑色，宽椭圆形。花期 4 ~ 5 月，果熟期 9 ~ 10 月。

耐寒区 5 ~ 8，适用移动式绿化。

334. 地中海荚蒾 *Viburnum tinus* 忍冬科 / 荚蒾属

常绿灌木或小乔木。株高 1.8 ~ 3.7m。叶对生，革质，卵形或椭圆形，长 4 ~ 10cm，全缘，深绿色，有光泽。聚伞花序直径 5 ~ 10cm；花蕾粉红色，开放时白色，花冠辐状，裂片 5 枚。核果金属蓝色，成熟时黑色，卵形，长 6cm。花期冬末。

耐寒区 8 ~ 10，适用屋顶、移动式绿化。

335. 锦带花 *Weigela florida* 忍冬科 / 锦带花属

落叶灌木，高达 1 ~ 3m。叶对生，矩圆形、椭圆形至倒卵状椭圆形，长 5 ~ 10cm，边缘有锯齿，被短柔毛。花单生或成聚伞花序；花冠钟状漏斗形，紫红色或玫瑰红色，长 3 ~ 4cm，直径 2cm，裂片 5 枚，不整齐。花期 4 ~ 6 月。

耐寒区 4 ~ 8，适用屋顶绿化。

336. 半边月 *Weigela japonica* var. *sinica* 忍冬科 / 锦带花属

落叶灌木，高达 6m。叶对生，长卵形至卵状椭圆形，长 5 ~ 15cm，宽 3 ~ 8cm，边缘具锯齿。单花或具 3 朵花的聚伞花序；花冠白色或淡红色，花开后逐渐变红色，漏斗状钟形，长 2.5 ~ 3.5cm，裂片开展，近整齐。花期

4 ~ 5月。

耐寒区 8 ~ 9，适用东墙、北墙、屋顶绿化。

337. '淘金'锦带花 *Weigela* 'Gold Rush' 忍冬科 / 锦带花属

落叶灌木。株高和冠径 1.2 ~ 1.8m。叶对生，椭圆形，顶端渐尖，边缘有锯齿，绿色，边缘有不规则的黄色斑纹。花单生或成聚伞花序，花冠钟状漏斗形，亮粉色，裂片 5 枚，不整齐。花期初夏。

耐寒区 4 ~ 8，适用屋顶绿化。

338. '红王子'锦带花 *Weigela* 'Red Prince' 忍冬科 / 锦带花属

落叶灌木。株高和冠径 1.8 ~ 2.7m。树形直立，紧凑，卵圆形。叶对生，椭圆形、长圆形或倒卵形，长可达 11cm，顶端渐尖，边缘有锯齿，绿色。花单生或成聚伞花序，花冠钟状漏斗形，长可达 3.8cm，鲜红色，裂片 5 枚。花期 5 ~ 6月。

耐寒区 4 ~ 8，适用屋顶、移动式绿化。

339. 芙蓉菊 *Crossostephium chinensis* 菊科 / 芙蓉菊属

半灌木，高 10 ~ 40cm，上部多分枝。叶聚生枝顶，狭匙形或狭倒披针形，长 2 ~ 4cm，宽 4 ~ 5mm，全缘或有时 3 ~ 5 裂，两面密被灰色短柔毛，质地厚。头状花序盘状，直径约 7mm，排成有叶的总状花序；花冠管状。花果期全年。

耐寒区 9 ~ 11，适用屋顶、移动式绿化。

340. 梳黄菊 *Euryops chrysanthemoides* × *Euryops pectinatus* 菊科 / 黄蓉菊属

常绿灌木。株高0.5 ~ 1.5m。茎直立，多分枝。叶互生，长 5 ~ 10cm，宽 2.5cm，羽状深裂，灰绿色，有毛。头状花序单生，直径 2.5 ~ 5cm；舌状花亮黄色；管状花黄色。花期秋末冬初，以及春季。

耐寒区 8 ~ 11，适用屋顶、移动式绿化。

341. 黄金菊 *Euryops chrysanthemoides* × *Euryops speciosissimus* 菊科 / 黄蓉菊属

常绿灌木。株高 0.5 ~ 1.5m。茎直立，多分枝。叶互生，长 5 ~ 10cm，宽 2.5cm，羽状深裂，亮绿色，光滑。头状花序单生，直径 2.5 ~ 5cm，花序梗长 10 ~ 15cm；舌状花亮黄色；管状花黄色。花期秋末冬初，以及春季。

耐寒区 8 ~ 11，适用屋顶、移动式绿化。

342. 意大利蜡菊 *Helichrysum italicum* 菊科 / 蜡菊属

常绿亚灌木。株高可达 60cm，冠幅 50 ~ 100cm。叶互生，线形，具咖喱香气，银灰色。头状花序小，黄色，排列成伞房花序，全为管状花。花期夏季。

耐寒区 7 ~ 10，适用移动式绿化。

343. 银香菊 *Santolina chamaecyparissus* 菊科 / 银香菊属

常绿亚灌木。株高 30 ~ 60cm，冠径 60 ~ 90cm。叶互生，1 回羽状分裂，长 10 ~ 20mm，宽 1 ~ 3mm，银灰色。头状花序，直径 3 ~ 4mm，花序梗长 3 ~ 6cm；全为管状花，黄色。花期夏季。

耐寒区 6 ~ 9，适用移动式绿化。

344. 羽叶喜林芋 *Philodendron bipinnatifidum* 天南星科 / 喜林芋属

常绿灌木。植株高大，可达 1.5m 以上。茎粗壮，不分枝，呈木质化，具气生根。叶簇生于茎端，浓绿色，有光泽，长 60cm 以上，宽 40cm，羽状深裂似手掌状，裂片多数。佛焰苞绿白色。

耐寒区 9 ~ 11，适用北墙、移动式绿化。

345. 非洲天门冬 *Asparagus densiflorus* 百合科 / 天门冬属

多年生常绿半灌木，蔓生，高可达 1m，冠径 50cm。茎和分枝有纵棱。叶状枝每 3 枚成簇，扁平，条形，长 1.5 ~ 3.5cm，宽 1.5 ~ 2.5mm，先端具锐尖头；茎上鳞片状叶的基部具长 5mm

的刺。总状花序单生或成对，通常具十几朵花；花白色，直径约 3 ~ 4mm。浆果红色。

耐寒区 9 ~ 11，适用东墙、南墙、北墙、移动式绿化。

346. 狐尾天门冬 *Asparagus densiflorus* **'Myers'**
百合科 / 天门冬属

多年生常绿半灌木，高可达 1m，冠径 50cm。枝叶呈圆筒形，似柔软蓬松狐尾。叶状枝每 3 枚成簇，扁平，条形，长 1cm，宽约 1mm；鳞片状叶基部近无刺。总状花序单生或成对；花小，白色。浆果红色。

耐寒区 9 ~ 11，适用东墙、南墙、北墙、移动式绿化。

347. 假叶树 *Ruscus aculeatus* **百合科 / 假叶树属**

直立半灌木。茎多分枝，高 20 ~ 80cm。叶退化成干膜质小鳞片。叶状枝卵形，长 1.5 ~ 3.5cm，宽 1 ~ 2.5cm，先端渐尖成针刺，全缘。花小，白色，1 ~ 2 朵生于叶状枝上面中脉的下部。浆果红色。花期 1 ~ 4 月。

耐寒区 7 ~ 9，适用移动式绿化。

348. 朱蕉 *Cordyline fruticosa* **百合科 / 朱蕉属**

常绿灌木，直立，高 1 ~ 3m。茎粗 1 ~ 3cm，有时稍分枝。叶聚生于茎或枝的上端，矩圆形至矩圆状披针形，长 25 ~ 50cm，宽 5 ~ 10cm，绿色或带紫红色，叶柄基部抱茎。圆锥花序；花淡红色、青紫色至黄色，长约 1cm。花期 11 月至翌年 3 月。

耐寒区 10 ~ 11，适用东墙、南墙、移动式绿化。

349. 长花龙血树 *Dracaena angustifolia* **百合科 / 龙血树属**

常绿灌木，高 1 ~ 3m。茎不分枝或稍分枝，有疏的环状叶痕，皮灰色。叶生于茎上部或近顶端，条状倒披针形，长 20 ~ 45 cm，宽 1.5 ~ 5.5cm，基部渐窄成柄状。圆锥花序，花绿白色；花被圆筒状，长 19 ~ 23mm。浆果桔

黄色。花期 3 ~ 5 月，果期 6 ~ 8 月。

耐寒区 10 ~ 11，适用移动式绿化。

350. 香龙血树 *Dracaena fragrans* **百合科 / 龙血树属**

常绿灌木。生长缓慢。茎直径可达 30cm。叶披针形，长 20 ~ 150cm，宽 2 ~ 12cm，绿色，有光泽。圆锥花序长 15 ~ 160 cm；花冠直径 2.5cm，起初为粉红色，开放时白色。浆果直径 1 ~ 2cm，橙红色。

耐寒区 10 ~ 11，适用移动式绿化。

351. '沃内基'香龙血树 *Dracaena fragrans* **'Warneckei'** **百合科 / 龙血树属**

常绿灌木。生长缓慢。株高 2 ~ 4m，冠径 1m 以上。茎直立，分枝较少。叶披针形，长可达 60cm，直立至拱状，光滑，灰绿色，有宽窄不一的银白色条纹。

耐寒区 10 ~ 11，适用东墙、南墙绿化。

352. 吸枝龙血树 *Dracaena surculosa* **百合科 / 龙血树属**

常绿灌木。生长缓慢。株高 60 ~ 90m，冠径 30 ~ 60cm。茎较细，直立，有时弯曲或下垂。叶轮生或对生，椭圆形，长 4 ~ 18cm，宽 3 ~ 6cm，亮绿色或深绿色，或者叶面有白色、淡黄色或淡绿色斑点。花序长 7 ~ 8cm，花小，白色。浆果红橙色。

耐寒区 9 ~ 11，适用移动式绿化。

353. 红边龙血树 *Dracaena marginata* **百合科 / 龙血树属**

常绿灌木或小乔木。生长缓慢。株高 3m 以上，冠径 1 ~ 2m。茎直立。叶狭条形，浓绿色，具红色边缘。花较稀疏。

耐寒区 10 ~ 11，适用移动式绿化。

354. '三色'红边龙血树 *Dracaena marginata* **'Tricolor'** **百合科 / 龙血树属**

常绿灌木或小乔木。生长缓慢。株高 3m 以上，冠径 1 ~ 2m。茎直立。叶狭，带状，浓绿色，

具乳白色条纹，边缘显著红色。

耐寒区 10 ~ 11，适用东墙、南墙绿化。

355.'牙买加之歌'百合竹 *Dracaena reflexa* 'Song of Jamaica' 百合科 / 龙血树属

常绿灌木或小乔木。株高 90 ~ 180cm。生长缓慢。茎常多数，直立。树冠卵圆形，开展。叶螺旋状排列，较密，窄披针形至椭圆形，深绿色，中心有黄色条纹，全缘，具平行脉。花小，白色，芳香。浆果橘红色。

耐寒区 10 ~ 11，适用移动式绿化。

356. 富贵竹 *Dracaena sanderiana* 百合科 / 龙血树属

常绿灌木。株高可达 1.5m。生长缓慢。茎直立，较细，很少分枝。叶螺旋状排列，披针形至椭圆形，长 15 ~ 25cm，宽 1.5 ~ 4cm，全缘，具平行脉，基部明显变窄成近柄状。

耐寒区 10 ~ 11，适用东墙、南墙、移动式绿化。

357. 千手丝兰 *Yucca aloifolia* 百合科 / 丝兰属

常绿灌木或小乔木。高可达 7m。茎明显，常直立，不分枝或有少数分枝。叶质厚而坚挺，深绿色，长 12 ~ 40cm，宽 2.5 ~ 6cm，顶端具一硬刺。大型圆锥花序，花下垂，花被片长 3 ~ 4cm，乳白色。花期秋季。

耐寒区 7 ~ 11，适用移动式绿化。

358. 丝兰 *Yucca filamentosa* 百合科 / 丝兰属

常绿灌木。茎很短或不明显。叶近莲座状簇生，质地较薄，较柔软，近剑形或长条状披针形，长 50 ~ 75cm，宽 2 ~ 4cm，顶端具一硬刺，边缘有许多稍弯曲的丝状纤维。花葶高大而粗壮；花近白色，下垂，排成狭长的圆锥花序；花被片长 5 ~ 7cm。秋季开花。

耐寒区 5 ~ 10，适用屋顶、移动式绿化。

359.'亮边'丝兰 *Yucca filamentosa* 'Bright Edge' 百合科 / 丝兰属

常绿灌木。株高 60 ~ 100 cm，冠径

75 ~ 90cm。茎很短或不明显。叶近莲座状簇生，质地较薄，较柔软，近剑形或长条状披针形，绿色，边缘金黄色，顶端具一硬刺，边缘有许多稍弯曲的丝状纤维。花近白色，下垂。

耐寒区 5 ~ 10，适用屋顶、移动式绿化。

360.'嘉兰之金'丝兰 *Yucca filamentosa* 'Garland's Gold' 百合科 / 丝兰属

常绿灌木。株高 75 ~ 120cm，冠径 80 ~ 90cm。茎很短或不明显。叶近莲座状簇生，质地较薄，较柔软，近剑形或长条状披针形，叶片中央金黄色，边缘绿色，顶端具一硬刺，边缘有许多稍弯曲的丝状纤维。花近白色，下垂。

耐寒区 5 ~ 9，适用屋顶绿化。

361. 软叶丝兰 *Yucca flaccida* 百合科 / 丝兰属

常绿灌木。无茎或茎很短。叶披针形，长 40 ~ 80cm，宽 1 ~ 4cm，质地较薄，坚硬或柔软，顶端具一硬刺，边缘有许多丝状纤维。大型圆锥花序，通常有毛；花下垂，白色、乳白色或淡绿白色；花被片长 3 ~ 5cm，通常有毛。花期春季。

耐寒区 5 ~ 10，适用屋顶、移动式绿化。

362. 象腿丝兰 *Yucca gigantean* 百合科 / 丝兰属

常绿灌木，高达 8 ~ 12m，常见株高 6m 以下。茎粗壮，单一或有分枝，基部膨大呈象腿状。叶近莲座状排列于茎或分枝的近顶端，窄披针形，长可达 1.2m，全缘，末端急尖，无硬刺。圆锥花序直立；花下垂，白色。花期夏季。

耐寒区 9 ~ 11，适用移动式绿化。

363. 凤尾丝兰 *Yucca gloriosa* 百合科 / 丝兰属

常绿灌木。株高和冠径 2m。茎明显，有时有分枝。叶近莲座状排列于茎或分枝的近顶端，剑形，质厚而坚挺，长 40 ~ 80cm，宽 4 ~ 6cm，顶端具一硬刺，边缘全缘。花葶高大而粗壮；圆锥花序，花白色，近钟形，下垂。秋季开花。

耐寒区 6 ~ 10，适用屋顶、移动式绿化。

364.'斑叶'凤尾丝兰 *Yucca gloriosa* 'Variegata'
百合科 / 丝兰属

常绿灌木。株高和冠径约 1.2m。茎明显,有时有分枝。叶近莲座状排列于茎或分枝的近顶端,剑形,质厚而坚挺,蓝绿色,具金黄色或白色边缘,顶端具一硬刺,边缘全缘。花葶高大而粗壮;圆锥花序,花白色,近钟形,下垂。初夏开花。

耐寒区 6 ~ 10,适用屋顶绿化。

（四）藤本植物

1. 南五味子 *Kadsura longipedunculata* **五味子科 / 南五味子属**

常绿木质藤本，各部无毛。叶互生，长圆状披针形、倒卵状披针形或卵状长圆形，长5 ~ 13cm，宽2 ~ 6cm，先端尖，基部楔形，边有疏齿。花单生于叶腋，雌雄异株；花被片白色或淡黄色。聚合果球形，径1.5 ~ 3.5cm，深红色。花期6 ~ 9月，果期9 ~ 12月。

耐寒区8 ~ 11，适用东墙、北墙绿化。

2. 冷饭藤 *Kadsura oblongifolia* **五味子科 / 南五味子属**

常绿木质藤本，全株无毛。叶互生，纸质，长圆状披针形至狭椭圆形，长5 ~ 10cm，宽1.5 ~ 4cm，先端圆或钝，基部宽楔形，叶缘有不明显疏齿。花单生于叶腋，雌雄异株，花被片黄色。聚合果近球形或椭圆体形，红色。花期7 ~ 9月，果期10 ~ 11月。

耐寒区9 ~ 11，适用东墙、北墙绿化。

3. 五味子 *Schisandra chinensis* **五味子科 / 五味子属**

落叶木质藤本。叶互生，膜质，宽椭圆形、卵形至近圆形，长5 ~ 10cm，宽3 ~ 5cm，上部边缘具胼胝质的疏浅锯齿，近基部全缘。花单性；花被片粉白色或粉红色，6 ~ 9枚，长6 ~ 11mm。聚合果长1.5 ~ 8.5cm；小浆果红色。花期5 ~ 7月，果期7 ~ 10月。

耐寒区4 ~ 7，适用东墙、北墙绿化。

4. 铁箍散 *Schisandra propinqua* **subsp.** *sinensis* **五味子科 / 五味子属**

落叶木质藤本，全株无毛。叶互生，坚纸质，卵形、长圆状卵形或狭长圆状卵形，长7 ~ 11cm，宽2 ~ 3.5cm，先端渐尖或长渐尖，边缘具疏离的胼胝质齿。花单性，橙黄色；花被片6 ~ 9枚，椭圆形。聚合果长3 ~ 15cm。花期6 ~ 8月。

耐寒区7 ~ 10，适用东墙、北墙绿化。

5. 大花铁线莲 *Clematis* **Early/Late Large-flowered Group 毛茛科 / 铁线莲属**

落叶藤本。叶对生，三出复叶或羽状复叶，少数为单叶。花大色艳；萼片4 ~ 8枚，或多数，花瓣不存在，雄蕊多数。早花品种的花朵直径10 ~ 20cm，花期春末至夏初。晚花类品种的花朵直径7 ~ 15cm，花期夏季和初秋。

耐寒区4 ~ 11，适用移动式绿化。

6. 大花威灵仙 *Clematis courtoisii* **毛茛科 / 铁线莲属**

落叶木质攀缘藤本，长2 ~ 4m。叶对生，三出复叶至二回三出复叶；叶片薄纸质或亚革质，长圆形或卵状披针形，长5 ~ 7cm，宽2 ~ 3.5cm。花单生于叶腋；花大，直径5 ~ 8cm；萼片常6枚，白色，倒卵状披针形或宽披针形；雄蕊多数，暗紫色。花期5 ~ 6月。

耐寒区6 ~ 10，适用移动式绿化。

7. 铁线莲 *Clematis florida* **毛茛科 / 铁线莲属**

落叶草质藤本，长1 ~ 2m。茎棕色或紫红色。叶对生，二回三出复叶，连叶柄长达12cm；小叶片狭卵形至披针形，长2 ~ 6cm，宽1 ~ 2cm。花单生于叶腋；萼片6枚，白色，倒卵圆形或匙形，长达3cm，宽约1.5cm；雄蕊紫红色。花期1 ~ 2月。

耐寒区7 ~ 11，适用东墙绿化。

8. 半钟铁线莲 *Clematis sibirica* **var.** *ochotensis* **毛茛科 / 铁线莲属**

落叶木质藤本。三出复叶至二回三出复叶，对生，小叶片3 ~ 9枚，窄卵状披针形至卵状椭圆形，长3 ~ 7cm，宽1.5 ~ 3cm。花单生于当年生枝顶，钟状，直径3 ~ 3.5cm；萼片4枚，淡蓝色，长2.2 ~ 4cm，外面边缘密被白色绒毛；退化雄蕊成匙状条形，长约为萼片之半或更短。花期5 ~ 6月。

耐寒区3 ~ 9，适用东墙绿化。

9. 木通 *Akebia quinata* 木通科 / 木通属

落叶木质藤本。茎纤细，缠绕。掌状复叶互生，小叶 5 枚；小叶纸质，倒卵形，长 2 ~ 5cm。总状花序腋生，基部有雌花 1 ~ 2 朵，以上为雄花；萼片淡紫色，偶有淡绿色或白色。果长圆形或椭圆形，长 5 ~ 8cm，紫色，腹缝开裂。花期 4 ~ 5 月，果期 6 ~ 8 月。

耐寒区 4 ~ 8，适用东墙、北墙、移动式绿化。

10. 三叶木通 *Akebia trifoliata* 木通科 / 木通属

落叶木质藤本。掌状复叶互生，小叶 3 枚，纸质或薄革质，卵形至阔卵形，长 4 ~ 7.5cm。总状花序自短枝上簇生叶中抽出，下部有 1 ~ 2 朵雌花，以上为雄花，萼片 3 枚，淡紫色。果长圆形，长 6 ~ 8cm，成熟时灰白略带淡紫色。花期 4 ~ 5 月，果期 7 ~ 8 月。

耐寒区 5 ~ 8，适用东墙、南墙、西墙、移动式绿化。

11. 鹰爪枫 *Holboellia coriacea* 木通科 / 牛姆瓜属

常绿木质藤本。掌状复叶互生，小叶 3 枚；小叶厚革质，椭圆形，长 6 ~ 10cm，上面深绿色，下面粉绿色。花雌雄同株；伞房式总状花序；萼片白绿色或紫色；花瓣极小。果长圆状柱形，长 5 ~ 6cm，熟时紫色。花期 4 ~ 5 月，果期 6 ~ 8 月。

耐寒区 9 ~ 11，适用移动式绿化。

12. 大血藤 *Sargentodoxa cuneata* 木通科 / 大血藤属

落叶木质藤本，长达到 10 余 m。三出复叶，互生；小叶革质，顶生小叶近菱状倒卵圆形，长 4 ~ 12.5cm。雌雄同株，总状花序下垂；萼片 6 枚，花瓣状，长圆形，长 0.5 ~ 1cm。果实为多数小浆果合成的聚合果，成熟时黑蓝色。花期 4 ~ 5 月，果期 6 ~ 9 月。

耐寒区 9 ~ 11，适用北墙绿化。

13. 薜荔 *Ficus pumila* 桑科 / 榕属

常绿攀缘或匍匐灌木。叶两型，不结果枝节上生不定根，叶卵状心形，长约 2.5cm，薄革质；结果枝上无不定根，革质，卵状椭圆形，长 5 ~ 10cm。隐头花序。榕果单生叶腋，瘿花果梨形，雌花果近球形，长 4 ~ 8cm，直径 3 ~ 5cm。花果期 5 ~ 8 月。

耐寒区 9 ~ 11，适用东墙、南墙、北墙、屋顶、移动式绿化。

14. 叶子花 *Bougainvillea glabra* 紫茉莉科 / 叶子花属

常绿藤状灌木。茎粗壮，枝下垂；刺腋生。叶互生，纸质，卵形或卵状披针形，长 5 ~ 13cm，宽 3 ~ 6cm，上面无毛，下面被微柔毛。花顶生枝端的 3 个苞片内；苞片叶状，紫色或洋红色；花被管圆形，顶端 5 浅裂。花期冬春间。

耐寒区 9 ~ 11，适用移动式绿化。

15. 光叶子花 *Bougainvillea spectabilis* 紫茉莉科 / 叶子花属

常绿藤状灌木。枝、叶密生柔毛；刺腋生、下弯。叶互生，椭圆形或卵形，基部圆形，有柄。花序腋生或顶生；苞片椭圆状卵形，基部圆形至心形，长 2.5 ~ 6.5cm，暗红色或淡紫红色；花被管有棱，顶端 5 ~ 6 裂。花期冬春间。

耐寒区 9 ~ 11，适用东墙、南墙、西墙绿化。

16. 落葵 *Basella alba* 落葵科 / 落葵属

一年生缠绕草本。叶互生，卵形或近圆形，长 3 ~ 9cm，宽 2 ~ 8cm，全缘。穗状花序腋生，长 3 ~ 15cm；花小，无梗；花被片淡红色或淡紫色，卵状长圆形，全缘。胞果球形，肉质，直径 5 ~ 6mm，红色至深红色或黑色，多汁液。花期 5 ~ 9 月，果期 7 ~ 10 月。

耐寒区 7 ~ 11，适用东墙、南墙、北墙绿化。

17. 落葵薯 *Anredera cordifolia* 落葵科 / 落葵薯属

多年生草质缠绕藤本。叶互生，卵形至近圆形，长 2 ~ 6cm，宽 1.5 ~ 5.5cm，顶端急尖，基部圆形或心形，腋生小块茎。总状花序具多花，花序轴纤细，下垂，长 7 ~ 25cm；花直径约

5mm；花被片白色，渐变黑，开花时张开。花期6～10月。

耐寒区9～11，适用东墙、南墙绿化。

18. 珊瑚藤 *Antigonon leptopus* 蓼科 / 珊瑚藤属

常绿草质藤本，基部有时木质化。生长快，以卷须攀缘，长可达10m。叶互生，纸质，卵状三角形，长6～12cm，宽4～5cm。总状花序，花序轴顶部延伸变成卷须；花疏离，淡红色，有时白色，长7～10mm。花期几乎全年。

耐寒区8～11，适用移动式绿化。

19. 何首乌 *Fallopia multiflora* 蓼科 / 首乌属

落叶多年生草本。茎缠绕，长2～4m，多分枝。叶互生，卵形或长卵形，长3～7cm，宽2～5cm，边缘全缘；叶柄长1.5～3cm；托叶鞘膜质。花序圆锥状，顶生或腋生，长10～20cm；花小，花被5深裂，白色或淡绿色。花期8～9月。

耐寒区7～11，适用东墙、南墙、北墙绿化。

20. 京梨猕猴桃 *Actinidia callosa* var. *henryi* 猕猴桃科 / 猕猴桃属

大型落叶木质藤本。枝髓淡褐色，片层状或实心。叶互生，叶卵形或卵状椭圆形至倒卵形，长8～10cm，宽4～5.5cm。通常1花单生；花白色，直径约15mm；花瓣5枚，倒卵形。浆果乳头状至矩圆圆柱状，长可达5cm。花期6月，果期9～10月。

耐寒区7～9，适用移动式绿化。

21. 中华猕猴桃 *Actinidia chinensis* 猕猴桃科 / 猕猴桃属

大型落叶木质藤本。枝髓白色至淡褐色，片层状。叶互生，倒阔卵形至近圆形，长6～17cm，宽7～15cm，背面密被星状绒毛。雌雄异株。聚伞花序；花初开时白色，开放后变淡黄色，有香气，直径1.8～3.5cm。果黄褐色，近球形至椭圆形，被毛。花期4～5月。

耐寒区8～9，适用东墙、南墙、移动式绿化。

22. 狗枣猕猴桃 *Actinidia kolomikta* 猕猴桃科 / 猕猴桃属

大型落叶木质藤本。枝髓褐色，片层状。叶互生，阔卵形至长方状倒卵形，长6～15cm，宽5～10cm，两面近洁净。雌雄异株。聚伞花序，花白色或粉红色，芳香，直径15～20mm。果柱状长圆形、卵形或球形，果皮洁净无毛。花期5～7月。

耐寒区4～8，适用移动式绿化。

23. 紫花西番莲 *Passiflora amethystina* 西番莲科 / 西番莲属

常绿或半常绿草质藤本，以卷须攀缘。叶互生，纸质，常掌状3深裂。花大，具有香气；萼片和花瓣紫红色或紫褐色；副花冠裂片丝状，紫红色、紫褐色到近白色；盘形柱头下垂。浆果卵圆球形。花期夏秋季。

耐寒区9～11，适用移动式绿化。

24. 西番莲 *Passiflora caerulea* 西番莲科 / 西番莲属

常绿或半常绿草质藤本。叶互生，纸质，长5～7cm，掌状5深裂。花大，直径6～10cm；萼片淡绿色；花瓣5枚，淡绿色；外副花冠裂片3轮，丝状，顶端天蓝色，中部白色，下部紫红色；内副花冠流苏状，裂片紫红色。浆果卵圆球形，橙黄色或黄色。花期5～7月。

耐寒区7～10，适用东墙、南墙、移动式绿化。

25. 红花西番莲 *Passiflora coccinea* 西番莲科 / 西番莲属

常绿草质藤本，以卷须攀缘。叶互生，长圆形或椭圆形，长可达12.5cm，边缘有重锯齿。花序与卷须对生；花猩红色至深红色，直径7.5～10cm。浆果卵圆球形，橙黄色或黄色，长5～7.5cm。花期春季至秋季。

耐寒区10～11，适用移动式绿化。

26. 鸡蛋果 *Passiflora edulis* 西番莲科 / 西番莲属

常绿或半常绿草质藤本，以卷须攀缘。叶互生，纸质，长6～13cm，掌状3深裂。花序与卷须对生；花芳香，直径约4cm；萼片绿白色；花瓣5枚，绿白色；外副花冠裂片丝状，基部淡绿色，中部紫色，顶部白色。浆果卵球形，熟时紫色。花期6月，果期11月。

耐寒区9～11，适用移动式绿化。

27. 冬瓜 *Benincasa hispida* 葫芦科 / 冬瓜属

一年生蔓生或架生草本。茎被黄褐色硬毛及长柔毛。卷须侧生叶柄基部。叶互生，叶片肾状近圆形，宽15～30cm，5～7浅裂或有时中裂；背面有粗硬毛。雌雄同株；花单生；花冠黄色。果实长圆柱状或近球状，大型，有硬毛和白霜。花果期夏秋季。

耐寒区2～11，适用屋顶绿化。

28. 南瓜 *Cucurbita moschata* 葫芦科 / 南瓜属

一年生蔓生草本。叶互生，宽卵形或卵圆形，有5角或5浅裂，长12～25cm，宽20～30cm。卷须侧生叶柄基部。雌雄同株，花单生；花冠黄色，钟状，5中裂，裂片边缘反卷。瓠果形状多样，因品种而异。花果期夏秋季。

耐寒区2～11，适用屋顶绿化。

29. 葫芦 *Lagenaria siceraria* 葫芦科 / 葫芦属

一年生攀缘草本；茎、枝具沟纹，被黏质长柔毛。叶互生，卵状心形或肾状卵形，长、宽均10～35cm，不分裂或3～5裂，两面均被微柔毛。雌雄同株，花单生；花冠白色，裂片5，皱波状。果实初为绿色，后变白色至带黄色，果形变异很大。花期夏季，果期秋季。

耐寒区2～11，适用东墙、南墙绿化。

30. 丝瓜 *Luffa aegyptiaca* 葫芦科 / 丝瓜属

一年生攀缘藤本。卷须稍粗壮，通常2～4歧。叶互生，三角形或近圆形，长、宽约10～20cm，通常掌状5～7裂，裂片三角形。雌雄同株。雄花：通常15～20朵花，生于总状花序上部；花冠黄色，辐状。雌花单生。果实圆柱状，长15～30cm。花果期夏、秋季。

耐寒区2～11，适用东墙、南墙绿化。

31. 栝楼 *Trichosanthes kirilowii* 葫芦科 / 栝楼属

草质攀缘藤本，长达10m。块根圆柱状，粗大肥厚。叶互生，轮廓近圆形，长宽均5～20cm，常3～5浅裂至中裂。花雌雄异株；花冠白色，裂片倒卵形，两侧具丝状流苏；雌花单生。果实椭圆形或圆形，成熟时黄褐色或橙黄色。花期5～8月，果期8～10月。

耐寒区7～11，适用东墙、南墙绿化。

32. 木香花 *Rosa banksiae* 蔷薇科 / 蔷薇属

落叶或半常绿攀缘小灌木，高可达6m。小枝常有短小皮刺，有时无刺。羽状复叶，互生，小叶3～5枚，稀7枚，连叶柄长4～6cm；小叶片椭圆状卵形或长圆披针形；托叶离生，早落。伞形花序，花直径1.5～2.5cm；花瓣重瓣至半重瓣，白色，芳香。花期4～5月。

耐寒区8～10，适用东墙、南墙、移动式绿化。

33. 黄木香花 *Rosa banksiae* f. *lutea* 蔷薇科 / 蔷薇属

落叶或半常绿攀缘小灌木，高可达6m。小枝常有短小皮刺，有时无刺。羽状复叶，互生，小叶3～5枚，稀7枚，连叶柄长4～6cm；小叶片椭圆状卵形或长圆状披针形；托叶离生，早落。伞形花序，花直径1.5～2.5cm；花重瓣黄色，无香味。花期4～5月。

耐寒区8～10，适用东墙、南墙绿化。

34. 单瓣木香花 *Rosa banksiae* var. *normalis* 蔷薇科 / 蔷薇属

落叶或半常绿攀缘小灌木，高可达6m。小枝常有短小皮刺，有时无刺。羽状复叶，互生，小叶3～5枚，稀7枚，连叶柄长4～6cm；小叶片椭圆状卵形或长圆状披针形；托叶离生，早落。伞形花序，花直径1.5～2.5cm；花单瓣，白色，芳香。花期4～5月。

耐寒区8～10，适用东墙、南墙绿化。

35. 藤本月季 *Rosa hybrida* hort.（Climbing Roses） 蔷薇科 / 蔷薇属

半常绿攀缘或蔓性灌木，通常具钩状皮刺。羽状复叶，互生，小叶 3 ~ 5 枚，稀 7 枚，边缘有锯齿。花单生或形成花序，蔷薇花冠，多数多次开花，品种繁多，花色丰富多彩，芳香。花期春季至秋季。

耐寒区 5 ~ 9，适用移动式绿化。

36. 金樱子 *Rosa laevigata* 蔷薇科 / 蔷薇属

常绿攀缘灌木，高可达 5m；小枝粗壮，散生扁弯皮刺。叶互生，小叶革质，通常 3 枚；小叶片椭圆状卵形或倒卵形。花单生于叶腋，直径 5 ~ 7cm；花梗和萼筒密被腺毛，随果实成长变为针刺；花瓣 5 枚，白色，宽倒卵形，先端微凹；雄蕊多数。花期 4 ~ 6 月。

耐寒区 7 ~ 9，适用东墙、南墙绿色。

37. 野蔷薇 *Rosa multiflora* 蔷薇科 / 蔷薇属

落叶攀缘灌木；小枝有短、粗，稍弯曲皮刺。羽状复叶，互生，小叶 5 ~ 9 枚；小叶片倒卵形、长圆形或卵形，长 1.5 ~ 5cm；托叶篦齿状，大部分贴生于叶柄。圆锥状花序；花直径 1.5 ~ 2cm；花瓣白色，宽倒卵形；花柱结合成束。果红褐色或紫褐色。花期 4 ~ 7 月。

耐寒区 5 ~ 9，适用东墙、南墙、移动式绿化。

38. 粉团蔷薇 *Rosa multiflora* var. *cathayensis* 蔷薇科 / 蔷薇属

落叶攀缘灌木；小枝有短、粗，稍弯曲皮刺。羽状复叶，互生，小叶 5 ~ 9 枚；小叶片倒卵形、长圆形或卵形，长 1.5 ~ 5cm；托叶篦齿状，大部分贴生于叶柄。圆锥状花序；花直径 1.5 ~ 2cm；花粉红色，单瓣；花柱结合成束。果红褐色或紫褐色。花期 4 ~ 7 月。

耐寒区 5 ~ 9，适用移动式绿化。

39. 七姊妹 *Rosa multiflora* 'Grevillei' 蔷薇科 / 蔷薇属

落叶攀缘灌木；小枝有短、粗，稍弯曲皮刺。羽状复叶，互生，小叶 5 ~ 9 枚；小叶片倒卵形、长圆形或卵形，长 1.5 ~ 5cm；托叶篦齿状，大部分贴生于叶柄。圆锥状花序；花直径 1.5 ~ 2cm；花粉红色，重瓣；花柱结合成束。果红褐色或紫褐色。花期 4 ~ 7 月。

耐寒区 5 ~ 9，适用移动式绿化。

40. 云实 *Caesalpinia decapetala* 豆科 / 云实属

落叶藤本。枝、叶轴和花序均被柔毛和钩刺。二回羽状复叶互生，长 20 ~ 30cm；羽片 3 ~ 10 对，对生；小叶 8 ~ 12 对，膜质，长圆形。总状花序顶生，直立，长 15 ~ 30cm，具多花；花瓣黄色，长 10 ~ 12mm。荚果长圆状舌形，长 6 ~ 12cm。花期 4 ~ 5 月。

耐寒区 8 ~ 11，适用移动式绿化。

41. 春云实 *Caesalpinia vernalis* 豆科 / 云实属

常绿有刺藤本；植株各部分被锈色绒毛。叶互生，2 回羽状复叶；羽片 8 ~ 16 对；小叶 6 ~ 10 对，对生，革质，卵状披针形至椭圆形。圆锥花序，多花；花瓣 5 枚，黄色，上面一枚较小，外卷，有红色斑纹。荚果斜长圆形。花期 4 月；果期 12 月。

耐寒区 9 ~ 10，适用移动式绿化。

42. 香花鸡血藤 *Callerya dielsiana* 豆科 / 鸡血藤属

常绿攀缘灌木，长 2 ~ 5m。羽状复叶互生，长 15 ~ 30cm；小叶 2 对，纸质，披针形，长圆形至狭长圆形，长 5 ~ 15cm，宽 1.5 ~ 6cm，先端急尖至渐尖。圆锥花序顶生，宽大，长达 40cm；蝶形花冠，紫红色。花期 5 ~ 9 月。

耐寒区 8 ~ 11，适用东墙、南墙、西墙、北墙、移动式绿化。

43. 网络鸡血藤 *Callerya reticulata* 豆科 / 鸡血藤属

半常绿攀缘灌木。叶互生，羽状复叶长 10 ~ 20cm；小叶 3 ~ 4 对，硬纸质，卵状长椭圆形或长圆形，长 5 ~ 6cm，宽 1.5 ~ 4cm，先端钝。圆锥花序顶生或着生于枝梢叶腋，长 10 ~ 20cm，花密集；蝶形花冠，红紫色。花期

5 ～ 11 月。

耐寒区 8 ～ 11，适用南墙、移动式绿化。

44. 扁豆 *Lablab purpureus* 豆科 / 扁豆属

多年生缠绕藤本，常作一年生蔬菜栽培。全株几无毛，茎长可达 6m。叶互生，羽状复叶具 3 小叶；小叶宽三角状卵形，长 6 ～ 10cm，宽约与长相等。总状花序直立，长 15 ～ 25cm；蝶形花冠白色或紫色。荚果长圆状镰形，长 5 ～ 7cm。花期 4 ～ 12 月。

耐寒区 10 ～ 11，适用移动式绿化。

45. 宽叶山黧豆 *Lathyrus latifolius* 豆科 / 山黧豆属

多年生草质藤本，以卷须攀缘。茎可达 3m，四棱形，具翅。叶互生，具 1 对小叶，形状多变，通常椭圆形、卵形至线形，长 4 ～ 15cm，宽 3 ～ 50mm；托叶宽大，卷须发达，有分枝。总状花序具 5 ～ 15 朵花；花冠紫色到粉红色，长 2 ～ 3cm。花期夏季至初秋。

耐寒区 3 ～ 8，适用移动式绿化。

46. 香豌豆 *Lathyrus odoratus* 豆科 / 山黧豆属

一年生草质藤本，以卷须攀缘。高 50 ～ 200cm。茎具翅。叶互生，具 1 对小叶，托叶半箭形；叶轴末端具卷须；小叶卵状长圆形或椭圆形，长 2 ～ 6cm。总状花序具 1 ～ 4 朵花，花下垂，极香，长 2 ～ 3cm，通常紫色，也有白色、粉红色及蓝色等。花果期 6 ～ 9 月。

耐寒区 2 ～ 11，适用东墙、移动式绿化。

47. 大果油麻藤 *Mucuna macrocarpa* 豆科 / 黧豆属

常绿大型木质藤本。叶互生，羽状复叶具 3 小叶，叶长 25 ～ 33cm；小叶纸质或革质，顶生小叶椭圆形或卵形，长 10 ～ 19cm，宽 5 ～ 10cm。花序通常生在老茎上；花常有恶臭；蝶形花冠，暗紫色，但旗瓣带绿白色，旗瓣长 3 ～ 3.5cm。花期 4 ～ 5 月。

耐寒区 9 ～ 11，适用北墙绿化。

48. 常春油麻藤 *Mucuna sempervirens* 豆科 / 黧豆属

常绿木质藤本，长可达 25m。叶互生，羽状复叶具 3 小叶，叶长 21 ～ 39cm；小叶纸质或革质，顶生小叶椭圆形或卵状椭圆形，长 8 ～ 15cm，宽 3.5 ～ 6cm。总状花序生于老茎上，长 10 ～ 36cm，花无香气或有臭味；花冠深紫色，长约 6.5cm。花期 4 ～ 5 月。

耐寒区 8 ～ 10，适用东墙、移动式绿化。

49. 荷包豆 *Phaseolus coccineus* 豆科 / 菜豆属

多年生缠绕草本，常作一年生作物栽培。茎长 2 ～ 4m。叶互生，羽状复叶具 3 小叶；小叶卵形或卵状菱形，长 7.5 ～ 12.5cm。总状花序；花冠通常鲜红色，偶为白色，长 1.5 ～ 2cm。荚果镰状长圆形，长 10 ～ 16cm。花期 6 ～ 8 月。

耐寒区 7 ～ 11，适用移动式绿化。

50. 葛 *Pueraria montana* 豆科 / 葛属

落叶粗壮藤本，长可达 8m。全体被黄色长硬毛，茎基部木质，有粗厚的块状根。叶互生，羽状复叶具 3 小叶；小叶 3 裂，偶尔全缘，顶生小叶宽卵形，长 7 ～ 15cm，宽 5 ～ 12cm。总状花序长 15 ～ 30cm，花密集，花冠长 10 ～ 12mm，紫色。花期 9 ～ 10 月。

耐寒区 5 ～ 10，适用东墙、南墙、西墙、移动式绿化。

51. 多花紫藤 *Wisteria floribunda* 豆科 / 紫藤属

落叶木质藤本。茎右旋。叶互生，奇数羽状复叶长 20 ～ 30cm；小叶 5 ～ 9 对，薄纸质，卵状披针形，长 4 ～ 8cm，宽 1 ～ 2.5cm。总状花序生于当年生枝的枝梢，长 30 ～ 90cm；花冠紫色至蓝紫色。花期 4 月下旬至 5 月中旬。

耐寒区 4 ～ 9，适用移动式绿化。

52. 紫藤 *Wisteria sinensis* 豆科 / 紫藤属

落叶木质藤本。茎左旋。叶互生，奇数羽状复叶长 15 ～ 25cm；小叶 3 ～ 6 对，纸质，卵状椭圆形至卵状披针形，长 5 ～ 8cm，宽 2 ～ 4cm。总状花序发自去年生短枝的腋芽或顶芽，长

15 ~ 30cm；花冠紫色。花期4月中旬至5月上旬。

耐寒区5 ~ 8，适用东墙、南墙、北墙、移动式绿化。

53. 豇豆 *Vigna unguiculata* **豆科 / 豇豆属**

一年生缠绕草质藤本。叶互生，羽状复叶具3小叶；托叶披针形，着生处下延成一短距；小叶卵状菱形，长5 ~ 15cm，宽4 ~ 6cm。总状花序腋生，具长梗；花冠黄白色而略带青紫，长约2cm。荚果线形，长7.5 ~ 70cm。花期5 ~ 8月。

耐寒区2 ~ 11，适用屋顶绿化。

54. 使君子 *Quisqualis indica* **使君子科 / 使君子属**

落叶或半常绿攀缘状灌木，高2 ~ 8m。叶对生或近对生，叶片膜质，卵形或椭圆形，长5 ~ 11cm，宽2.5 ~ 5.5cm，侧脉7 ~ 8对。顶生穗状花序，组成伞房花序式；萼管细长，管状，长5 ~ 9cm；花瓣5枚，长1.8 ~ 2.4cm，初为白色，后转淡红色。花期初夏。

耐寒区10 ~ 11，适用东墙、南墙、西墙、移动式绿化。

55. 苦皮藤 *Celastrus angulatus* **卫矛科 / 南蛇藤属**

落叶藤状灌木；小枝常具4 ~ 6纵棱。叶互生，近革质，长方阔椭圆形、阔卵形或圆形，长7 ~ 17cm，宽5 ~ 13cm，先端圆阔，中央具尖头。聚伞圆锥花序顶生；花5数；花瓣长方形，长约2mm。蒴果近球状，直径8 ~ 10mm。花期5 ~ 6月。

耐寒区7 ~ 9，适用移动式绿化。

56. 南蛇藤 *Celastrus orbiculatus* **卫矛科 / 南蛇藤属**

落叶藤状灌木。叶互生，通常阔倒卵形、近圆形或长方椭圆形，长5 ~ 13cm，宽3 ~ 9cm，边缘具锯齿。聚伞花序腋生，间有顶生；花5数；花瓣长3 ~ 4cm。蒴果近球状，直径8 ~ 10mm；种子赤褐色。花期5 ~ 6月，果期7 ~ 10月。

耐寒区5 ~ 9，适用东墙、南墙、北墙、移动式绿化。

57. 东南南蛇藤 *Celastrus punctatus* **卫矛科 / 南蛇藤属**

落叶藤状灌木。叶互生，纸质或厚纸质，椭圆形，长1.5 ~ 7cm，宽1 ~ 3cm，先端急尖或短渐尖，基部楔形，边缘具细锯齿或钝锯齿，无毛。花序通常腋生；花5数；花瓣倒披针形至倒卵状长方形，长约4.5mm。蒴果球状，直径5.5 ~ 7mm。花期3 ~ 5月。

耐寒区8 ~ 10，适用东墙、南墙、北墙、移动式绿化。

58. 扶芳藤 *Euonymus fortunei* **卫矛科 / 卫矛属**

常绿木质藤本。叶对生，薄革质，椭圆形、长方椭圆形或长倒卵形，长2 ~ 8cm，宽1.5 ~ 4cm，边缘具钝圆小锯齿。聚伞花序3 ~ 4次分枝；花白绿色，4数，直径约6mm。蒴果粉红色，果皮光滑，近球状，直径6 ~ 12mm。花期6月，果期10月。

耐寒区4 ~ 9，适用北墙、屋顶、移动式绿化。

59. 小叶扶芳藤 *Euonymus fortunei* var. *radicans* **卫矛科 / 卫矛属**

常绿木质藤本。叶对生，薄革质，椭圆形，长1.5 ~ 2.5cm，边缘具粗锐锯齿，深绿色。聚伞花序；花淡绿色，4数。蒴果粉红色、淡红色至黄色，果皮光滑，近球状。种子橘红色。花期6月，果期10月。

耐寒区5 ~ 9，适用东墙、北墙绿化。

60. 蛇葡萄 *Ampelopsis glandulosa* **葡萄科 / 蛇葡萄属**

落叶木质藤本。卷须2 ~ 3叉分枝，与叶对生。叶互生，阔卵状心形，不分裂或3 ~ 5浅裂，长3.5 ~ 14cm，宽3 ~ 11cm。复二歧聚伞花序；花小，花瓣5枚，长椭圆形。浆果近球形，直径0.6 ~ 0.8cm，由深绿转紫再变深蓝色。花期4 ~ 6月，果期7 ~ 8月。

耐寒区4 ~ 9，适用东墙、南墙绿化。

61. 牯岭蛇葡萄 *Ampelopsis glandulosa* var. *kulingensis* 葡萄科 / 蛇葡萄属

落叶木质藤本。卷须 2 ~ 3 叉分枝，小枝无毛。叶互生，纸质，肾状三角形或心状三角形，长 6 ~ 14cm，宽 5 ~ 12cm，通常 3 浅裂。花序为多分歧的聚伞花序，花小，淡黄色。浆果，球形，直径 8 ~ 10mm，熟时浅蓝色。花期 5 ~ 6 月，果期 8 ~ 9 月。

耐寒区 7 ~ 9，适用东墙、南墙绿化。

62. 菱叶白粉藤 *Cissus alata* 葡萄科 / 白粉藤属

常绿木质藤本。卷须末端分叉、卷曲。3 小叶复叶，互生；小叶卵形至菱形，羽状分裂，中叶柄较长，幼叶密被银白色茸毛，后逐渐脱落，成年后光滑无毛，边缘有锯齿，叶面浓绿色，革质，光亮，叶背有棕色小茸毛。花小，淡绿色，不显眼。浆果黑色。花期夏季。

耐寒区 10 ~ 11，适用移动式绿化。

63. 锦屏藤 *Cissus verticillata* 葡萄科 / 白粉藤属

常绿木质藤本。卷须 2 叉分枝。气生根着生于茎节处，下垂生长，初为紫红色，老熟时为黄绿色。单叶互生，长圆形至卵形，长 5 ~ 15cm，宽 2 ~ 8cm，不分裂，边缘具粗锯齿或细锯齿，上面通常有毛。花小，淡绿色或黄绿色。浆果黑色，直径 6 ~ 10mm。花果期全年。

耐寒区 10 ~ 11，适用西墙、移动式绿化。

64. 异叶地锦 *Parthenocissus dalzielii* 葡萄科 / 地锦属

落叶木质藤本。卷须总状 5 ~ 8 分枝，与叶对生，顶端有吸盘。两型叶，着生在短枝上的常为 3 小叶，较小的单叶常着生在长枝上，边缘有细牙齿，两面无毛。花序假顶生于短枝顶端；花小，不显眼，花瓣 4 枚，淡绿色。浆果紫黑色。花期 5 ~ 7 月，果期 7 ~ 11 月。

耐寒区 8 ~ 10，适用屋顶绿化。

65. 花叶地锦 *Parthenocissus henryana* 葡萄科 / 地锦属

落叶木质藤本。卷须总状 4 ~ 7 分枝，顶端

有吸盘。叶互生，掌状 5 小叶，小叶倒卵形、倒卵状长圆形或宽倒卵状披针形，长 3 ~ 10cm，宽 1.5 ~ 5cm，两面均无毛。圆锥状多歧聚伞花序，假顶生，花小，不显眼，花瓣 5 枚。浆果近球形。花期 5 ~ 7 月，果期 8 ~ 10 月。

耐寒区 7 ~ 9，适用东墙、北墙、屋顶绿化。

66. 绿叶地锦 *Parthenocissus laetevirens* 葡萄科 / 地锦属

落叶木质藤本。卷须总状 5 ~ 10 分枝，与叶对生，顶端有吸盘。叶互生，掌状 5 小叶，小叶倒卵状长椭圆形或倒卵状披针形，长 2 ~ 12cm，上面深绿色，显著呈泡状隆起。多歧聚伞花序圆锥状；花小，花瓣 5 枚。浆果蓝黑色。花期 7 ~ 8 月。

耐寒区 8 ~ 10，适用东墙、南墙、西墙、北墙、屋顶绿化。

67. 五叶地锦 *Parthenocissus quinquefolia* 葡萄科 / 地锦属

落叶木质藤本。卷须总状 5 ~ 9 分枝，顶端有吸盘。叶互生，掌状 5 小叶，小叶倒卵圆形或倒卵状椭圆形，长 5.5 ~ 15cm，基部阔楔形或楔形，绿色，秋季变为深红色或紫色。圆锥状多歧聚伞花序，花小，不显眼，花瓣 5 枚，淡绿色。浆果蓝黑色。花期 6 ~ 7 月，果期 8 ~ 10 月。

耐寒区 3 ~ 9，适用北墙、屋顶、移动式绿化。

68. '恩格曼' 五叶地锦 *Parthenocissus quinquefolia* 'Engelmanii' 葡萄科 / 地锦属

落叶木质藤本。长势比原种稍弱。卷须总状 5 ~ 9 分枝，与叶对生，顶端有吸盘。叶互生，为掌状 5 小叶，小叶倒卵状圆形或倒卵状椭圆形，比原种小，基部窄楔形或楔形，绿色，有光泽，秋季变为铜红色。花小，淡绿色，不显眼。

耐寒区 3 ~ 9，适用屋顶绿化。

69. 三叶地锦 *Parthenocissus semicordata* 葡萄科 / 地锦属

落叶木质藤本。卷须总状 4 ~ 6 分枝，相

隔 2 节间断与叶对生，顶端有吸盘。叶互生，3 小叶，中央小叶倒卵状椭圆形或倒卵状圆形，长 6 ~ 13cm，宽 3 ~ 6.5cm。多歧聚伞花序着生在短枝上，花小，不显眼，花瓣 5 枚。浆果近球形。花期 5 ~ 7 月，果期 9 ~ 10 月。

耐寒区 8 ~ 9，适用北墙、屋顶绿化。

70. 地锦 *Parthenocissus tricuspidata* 葡萄科 / 地锦属

落叶木质藤本。卷须 5 ~ 9 分枝，相隔 2 节间断与叶对生，顶端有吸盘。叶互生，通常 3 浅裂，有时不裂，倒卵圆形，长 4.5 ~ 17cm，绿色，秋季变酒红色或橘黄色。多歧聚伞花序，花小，淡绿色，不显眼，花瓣 5 枚。浆果球形，蓝黑色。花期 5 ~ 8 月，果期 9 ~ 10 月。

耐寒区 4 ~ 8，适用东墙、南墙、西墙、北墙、移动式绿化。

71. 山葡萄 *Vitis amurensis* 葡萄科 / 葡萄属

落叶木质藤本。卷须 2 ~ 3 分枝。叶互生，阔卵圆形，长 6 ~ 24cm，宽 5 ~ 21cm，3 浅裂或中裂，或不分裂，叶基部心形，基缺凹成圆形或钝角，边缘有粗锯齿。圆锥花序；花小，花瓣 5 枚，呈帽状粘合脱落。浆果直径 1 ~ 1.5cm。花期 5 ~ 6 月，果期 7 ~ 9 月。

耐寒区 4 ~ 9，适用东墙、南墙、西墙绿化。

72. 葡萄 *Vitis vinifera* 葡萄科 / 葡萄属

落叶木质藤本。卷须 2 叉分枝。叶互生，卵圆形，3 ~ 5 浅裂或中裂，长 7 ~ 18cm，宽 6 ~ 16cm，基部深心形，基缺凹成圆形，两侧常靠合，边缘有粗大锯齿。圆锥花序与叶对生；花小；花瓣 5 枚，呈帽状粘合脱落。浆果球形或椭圆形，直径 1.5 ~ 2cm。花期 4 ~ 5 月，果期 8 ~ 9 月。

耐寒区 6 ~ 9，适用东墙、南墙、移动式绿化。

73. 三星果 *Tristellateia australasiae* 金虎尾科 / 三星果属

木质藤木，长达 10m。叶对生，纸质或亚革质，卵形，长 6 ~ 12cm，宽 4 ~ 7cm，基部圆形至心形，与叶柄交界处有 2 腺体，全缘。总状花序；花鲜黄色，直径 2 ~ 2.5cm；花瓣 5 枚，长圆形，全缘，具长爪。翅果星芒状。花期 8 月。

耐寒区 9 ~ 11，适用移动式绿化。

74. 洋常春藤 *Hedera helix* 五加科 / 常春藤属

常绿攀缘灌木。植株的幼嫩部分及花序均被灰白色星状毛。叶互生，二型；不育枝上的叶片常 5 裂，有时 3 裂，暗绿色；可育枝上的叶片常为卵形、狭卵形至菱形，全缘。伞形花序球状，再组成总状花序，花黄色。浆果熟时黑色。花期 9 ~ 12 月。

耐寒区 4 ~ 9，适用北墙、移动式绿化。

75. '花叶' 洋常春藤 *Hedera helix* 'Variegata' 五加科 / 常春藤属

常绿攀缘灌木。植株的幼嫩部分及花序均被灰白色星状毛。叶互生，不育枝上的叶片 3 ~ 5 裂，长 5 ~ 7cm，灰绿色，边缘具宽的鲜黄色斑纹，在炎热天气里，斑纹会褪色为奶油黄色。

耐寒区 4 ~ 9，适用移动式绿化。

76. 常春藤 *Hedera nepalensis* var. *sinensis* 五加科 / 常春藤属

常绿攀缘灌木。一年生枝疏生锈色鳞片。叶互生，革质，在不育枝上通常为三角状卵形或三角状长圆形，长 5 ~ 12cm，边缘全缘或 3 裂，花枝上的叶片为椭圆状卵形至椭圆状披针形。伞形花序；花淡黄白色或淡绿白色，芳香。果实球形，红色或黄色。花期 9 ~ 11 月。

耐寒区 7 ~ 10，适用东墙、南墙、西墙、北墙、移动式绿化。

77. 常绿钩吻 *Gelsemium sempervirens* 马钱科 / 断肠草属

常绿木质藤本。茎缠绕，红褐色，长可达 6m。叶对生，披针形，长 2.5 ~ 7.5cm，淡绿色，有光泽，先端尖。花单生叶腋，或成小型聚伞花序，花冠漏斗形，长 4cm，鲜黄色，芳香，裂片 5 枚，圆形。花期 2 ~ 5 月。

耐寒区7～10，适用移动式绿化。

78. 软枝黄蝉 *Allamanda cathartica* **夹竹桃科 / 黄蝉属**

常绿藤状灌木，长达4m，也可修剪成灌木状；枝条软、弯垂，具白色乳汁。叶纸质，通常3～4枚轮生，倒卵形或倒卵状披针形，长6～12cm，宽2～4cm，全缘。聚伞花序顶生；花冠漏斗状，橙黄色，大形，长7～11cm，直径9～11cm。花期春夏两季。

耐寒区10～11，适用移动式绿化。

79. '爱丽丝之桥' 愉悦飘香藤 *Mandevilla × amabilis* **'Alice du Pont' 夹竹桃科 / 文藤属**

常绿木质藤木。生长旺盛。叶对生，薄革质，披针状长圆形至长椭圆形，长9～18cm，全缘，叶面皱褶，深绿色。花大，喇叭状，直径8～10cm，亮粉红色。花期夏季。

耐寒区10，适用移动式绿化。

80. '黄金锦' 亚洲络石 *Trachelospermum asiaticum* **'Ogon-nishiki' 夹竹桃科 / 络石属**

常绿木质藤本，具乳汁。叶对生，革质，椭圆形至卵状椭圆形或宽倒卵形，长2～6cm，宽1～3cm。第一轮新叶橙红色，新叶下有数对叶为黄色或叶边缘有大小不一的绿色斑块，从新叶到老叶叶脉绿色逐渐加深，老叶绿色。

耐寒区8～10，适用东墙、南墙、西墙绿化。

81. 紫花络石 *Trachelospermum axillare* **夹竹桃科 / 络石属**

常绿粗壮木质藤本，具乳汁。叶对生，厚纸质，倒披针形或倒卵形或长椭圆形，长8～15cm，宽3～4.5cm，先端尖尾状。聚伞花序近伞形，腋生；花冠高脚碟状，紫色，花冠裂片倒卵状长圆形，长5～7mm。花期5～7月。

耐寒区9～10，适用东墙、北墙绿化。

82. 络石 *Trachelospermum jasminoides* **夹竹桃科 / 络石属**

常绿木质藤本，长达10m，具乳汁。叶对生，革质，椭圆形至卵状椭圆形或宽倒卵形，长2～10cm，宽1～4.5cm。二歧聚伞花序腋生或顶生；花白色，芳香；花冠高脚碟状，顶端5裂，裂片向右覆盖。蓇葖双生，线状披针形。花期3～7月。

耐寒区8～10，适用东墙、北墙、屋顶绿化。

83. '三色' 络石 *Trachelospermum jasminoides* **'Tricolor' 夹竹桃科 / 络石属**

常绿木质藤本，具乳汁。叶对生，革质，椭圆形至卵状椭圆形或宽倒卵形，长2～6cm，宽1～3cm。第一对新叶粉红色，少数有2～3对粉红叶，第二至第三对为纯白色叶，在纯白叶与老绿叶间有数对斑状花叶，老叶绿色。

耐寒区8～10，适用东墙、南墙、西墙、移动式绿化。

84. '花叶' 络石 *Trachelospermum jasminoides* **'Variegata' 夹竹桃科 / 络石属**

常绿木质藤本，具乳汁。叶对生，革质，卵形，长2～6cm，绿色，具宽窄不等的黄白色边缘。花冠高脚碟状，乳白色，直径2.5cm，芳香。

耐寒区8～10，适用东墙、南墙、西墙绿化。

85. '卷叶' 球兰 *Hoya carnosa* **'Compacta' 萝藦科 / 球兰属**

常绿攀缘灌木。叶对生，肉质，翻转扭曲，顶端锐尖，基部略凹。聚伞花序伞形状；花白色，芳香；花冠辐状，花冠裂片内面多乳头状突起；副花冠星状。花期4～6月。

耐寒区10～11，适用东墙、南墙绿化。

86. '三色' 球兰 *Hoya carnosa* **'Tricolor' 萝藦科 / 球兰属**

常绿攀缘灌木。叶对生，肉质，卵圆形至卵圆状长圆形，长3.5～12cm，宽3～4.5cm，羽状脉，侧脉不明显，绿色，边缘白色。聚伞花序伞形状，着花约30朵；花白色，芳香，直径2cm；花冠辐状，花冠裂片内面多乳头状突起；副花冠星状。花期4～6月。

耐寒区10～11，适用东墙、南墙绿化。

87. 裂瓣球兰 *Hoya lacunosa* 萝藦科 / 球兰属

常绿攀缘半灌木。除花冠内面外，全株无毛。叶对生，卵形或卵状披针形，长 3 ~ 4.5cm，宽 1 ~ 1.5cm，顶端渐尖，边缘显著地反卷。花冠辐状，白色，具紫色斑点，直径 6 ~ 7mm，内面被柔毛；副花冠裂片卵形。

耐寒区 11，适用东墙、南墙绿化。

88. 秋水仙球兰 *Hoya nicholsoniae* 萝藦科 / 球兰属

常绿攀缘灌木。叶对生，肉质，卵圆形，基出 3 ~ 5 脉，侧脉明显，绿色。聚伞花序伞形状；花冠辐状，绿黄色，5 裂，裂片无毛；副花冠星状。

耐寒区 11，适用东墙、南墙绿化。

89. 多花牛奶菜 *Marsdenia floribunda* 萝藦科 / 牛奶菜属

常绿木质藤本，以茎缠绕爬升，高可达 8m。叶对生，卵形，长可达 10cm，质厚，全缘，深绿色，有光泽。聚伞花序腋生，具 3 ~ 6 花；花冠长管状，5 裂，白色，长 4 ~ 6cm，蜡质，有芳香。花期夏秋季。

耐寒区 11，适用东墙、南墙绿化。

90. 杠柳 *Periploca sepium* 萝藦科 / 杠柳属

落叶蔓性灌木，长可达 1.5m，具乳汁。叶对生，膜质，卵状长圆形，长 5 ~ 9cm，宽 1.5 ~ 2.5cm，深绿色。聚伞花序腋生；花冠紫红色，辐状，张开直径 1.5cm，裂片 5 枚，内面被长柔毛；副花冠环状。花期 5 ~ 6 月。

耐寒区 4 ~ 9，适用东墙、南墙、西墙、北墙绿化。

91. 夜来香 *Telosma cordata* 萝藦科 / 夜来香属

柔弱藤状灌木；小枝被柔毛，黄绿色。叶对生，膜质，卵状长圆形至宽卵形，长 6.5 ~ 9.5cm，宽 4 ~ 8cm，基部心形。伞形状聚伞花序腋生；花芳香，夜间更盛；花黄绿色，高脚碟状，花冠裂片 5 枚，长圆形；副花冠 5 枚。花期 5 ~ 8 月。

耐寒区 10 ~ 11，适用北墙绿化。

92. 金杯藤 *Solandra maxima* 茄科 / 金杯藤属

常绿木质藤本。生长旺盛，以蔓生茎爬升。叶互生，革质，椭圆形，长约 15cm，有光泽。花芳香，初开时淡黄色，后变为金黄色，花冠漏斗状，长 15 ~ 25cm，直径 10 ~ 18cm，5 浅裂，裂片向外卷曲，裂片中央有紫褐色条纹。花期 2 ~ 5 月。

耐寒区 9 ~ 11，适用移动式绿化。

93. 素馨叶白英 *Solanum jasminoides* 茄科 / 茄属

常绿缠绕灌木，多分枝，光滑无毛。叶互生，茎上着生的叶多 3 深裂，长达 4.5cm，宽 4cm，光滑无毛。聚伞式圆锥花序顶生或侧生；花白带蓝色，直径约 2.5cm；花冠辐形，具皱折，冠檐长约 10 ~ 11mm，5 裂。花期主要在春季，其他季节也有零星开放。

耐寒区 9 ~ 11，适用移动式绿化。

94. 牵牛 *Ipomoea nil* 旋花科 / 番薯属

一年生缠绕草本，茎上被倒向的短柔毛及杂有倒向或开展的长硬毛。叶互生，宽卵形或近圆形，深或浅的 3 裂，偶 5 裂，长 4 ~ 15cm，宽 4.5 ~ 14cm。花腋生；花冠漏斗状，长 5 ~ 10cm，蓝紫色、紫红色或粉色等。花期 6 ~ 9 月。

耐寒区 2 ~ 11，适用西墙、移动式绿化。

95. 圆叶牵牛 *Ipomoea purpurea* 旋花科 / 番薯属

一年生缠绕草本，茎上被倒向的短柔毛杂有倒向或开展的长硬毛。叶互生，圆心形或宽卵状心形，长 4 ~ 18cm，宽 3.5 ~ 16.5cm，通常全缘，偶有 3 裂。花腋生；花冠漏斗状，长 4 ~ 6cm，紫红色、红色或白色。花期 6 ~ 9 月。

耐寒区 2 ~ 11，适用移动式绿化。

96. 茑萝 *Ipomoea quamoclit* 旋花科 / 番薯属

一年生柔弱缠绕草本，无毛。叶互生，卵形或长圆形，长 2 ~ 10cm，宽 1 ~ 6cm，羽状深裂至中脉，具 10 ~ 18 对线形至丝状的细裂片。聚伞花序，腋生；花冠高脚碟状，长约 2.5cm 以上，深红色，直径 1.7 ~ 2cm，5 浅裂。花期 7 ~ 9 月。

耐寒区 2 ~ 11，适用东墙、移动式绿化。

97. 红萼龙吐珠 *Clerodendrum × speciosum* 马鞭草科 / 大青属

常绿木质藤本。株高达 3m。叶对生，纸质，具柄，卵状椭圆形，全缘，先端渐尖，基部近圆形。聚伞花序腋生或顶生；花萼粉白色，基部合生；花冠红色，顶端 5 深裂；雌雄蕊细长，突出花冠外。核果。花期春至秋末。

耐寒区 10 ~ 11，适用移动式绿化。

98. 龙吐珠 *Clerodendrum thomsoniae* 马鞭草科 / 大青属

常绿木质藤本。高 2 ~ 5m。叶对生，纸质，狭卵形或卵状长圆形，长 4 ~ 10cm，宽 1.5 ~ 4cm，全缘，三出基脉；叶柄长 1 ~ 2cm。聚伞花序腋生或假顶生；花萼白色，基部合生，顶端 5 深裂；花冠深红色；雄蕊 4 枚，与花柱同伸出花冠外。花期 3 ~ 5 月。

耐寒区 10 ~ 12，适用移动式绿化。

99. 红素馨 *Jasminum beesianum* 木犀科 / 茉莉属

缠绕木质藤本，高 1 ~ 3m。叶对生，单叶，卵形至披针形，长 1 ~ 5cm，宽 0.3 ~ 1.8cm，叶柄长 0.5 ~ 3mm。聚伞花序有花 2 ~ 5 朵，顶生于当年生短侧枝上；花极芳香；花冠常红色或紫色，近漏斗状，裂片 4 ~ 8 枚，长 3 ~ 9mm。花期 11 月至翌年 6 月。

耐寒区 7 ~ 9，适用东墙、南墙、屋顶绿化。

100. 清香藤 *Jasminum lanceolaria* 木犀科 / 茉莉属

木质藤本，高 10 ~ 15m。小枝圆柱形。叶对生或近对生，三出复叶；小叶片椭圆形至披针形，长 3.5 ~ 16cm，宽 1 ~ 9cm。复聚伞花序常排列呈圆锥状，顶生或腋生，有花多朵，密集；花冠白色，高脚碟状，裂片 4 ~ 5 枚，长 5 ~ 10mm。花期 4 ~ 10 月。

耐寒区 9 ~ 11，适用东墙、南墙、北墙绿化。

101. 毛茉莉 *Jasminum multiflorum* 木犀科 / 茉莉属

攀缘灌木，攀缘能力弱，达 3m。小枝圆柱形，密被黄褐色绒毛。叶对生或近对生，单叶，纸质，卵形或心形，长 3 ~ 8.5cm，宽 1.5 ~ 5cm，下面疏被毛。头状花序或密集呈圆锥状聚伞花序；花芳香；花冠白色，高脚碟状，裂片 8 枚，长 1 ~ 1.4cm。花期 10 月至翌年 4 月。

耐寒区 9 ~ 11，适用移动式绿化。

102. [金叶] 素方花 *Jasminum officinale* 'Frojas' 木犀科 / 茉莉属

攀缘灌木，高 0.4 ~ 5m。叶对生，羽状深裂或羽状复叶，金黄色，有小叶 3 ~ 9 枚；叶轴常具狭翼；顶生小叶片卵形至狭椭圆形，长 1 ~ 4.5cm。聚伞花序伞状或近伞状；花冠白色，或外面红色，内面白色，裂片常 5 枚，长 6 ~ 8mm。花期 5 ~ 8 月。

耐寒区 7 ~ 10，适用移动式绿化。

103. 翼叶山牵牛 *Thunbergia alata* 爵床科 / 山牵牛属

多年生缠绕草本。叶对生，叶柄具翼，叶片卵状箭头形或卵状稍戟形，长 2 ~ 7.5cm，宽 2 ~ 6cm，先端锐尖，基部箭形或稍戟形，两面被稀柔毛。花单生叶腋；小苞片 2 枚；花冠漏斗状，冠檐直径约 4cm，冠檐黄色，喉蓝紫色。花期夏秋季。

耐寒区 10 ~ 11，适用东墙、南墙、移动式绿化。

104. 红花山牵牛 *Thunbergia coccinea* 爵床科 / 山牵牛属

常绿攀缘灌木。叶对生，叶柄长 2 ~ 7cm；叶片宽卵形、卵形至披针形，长 8 ~ 15cm，宽 3.5 ~ 11cm，先端渐尖，基部圆或心形，脉掌状 5 ~ 7 出。总状花序顶生或腋生，长可达 35cm，下垂；花冠红色，花冠管长 5 ~ 6mm。花期秋末冬初和冬末春初。

耐寒区 10 ~ 11，适用东墙、南墙绿化。

105. 山牵牛 *Thunbergia grandiflora* 爵床科 / 山牵牛属

常绿攀缘灌木。叶对生，叶柄长达 8cm；叶片卵形、宽卵形至心形，长 4 ~ 9cm，宽 3 ~ 7.5cm，边缘有宽三角形裂片，通常 5 ~ 7 脉。花在叶腋单生或成顶生总状花序，苞片小，卵形；花冠漏斗状，冠檐蓝紫色，裂片 5 枚，长 2.1 ~ 3mm。

耐寒区 10 ~ 11，适用移动式绿化。

106. 桂叶山牵牛 *Thunbergia laurifolia* 爵床科 / 山牵牛属

常绿高大藤本，枝叶无毛。茎枝近四棱形。叶对生，具柄，长可达 3cm；叶片长圆形至长圆状披针形，长 7 ~ 18cm，宽 3 ~ 8cm，近革质，3 出脉。总状花序顶生或腋生；花冠管和喉白色，冠檐淡蓝色，冠檐裂片圆形，径 20mm。

耐寒区 10 ~ 11，适用东墙、南墙、西墙绿化。

107. 凌霄 *Campsis grandiflora* 紫葳科 / 凌霄花属

落叶攀缘藤本。茎木质，以气生根攀附于他物之上。叶对生，奇数羽状复叶；小叶 7 ~ 9 枚，卵形至卵状披针形，长 3 ~ 6cm，无毛，边缘有粗锯齿。短圆锥花序；花萼钟状，薄，分裂至中部；花冠内面鲜红色，外面橙黄色，长约 5cm。花期 5 ~ 8 月。

耐寒区 6 ~ 9，适用东墙、南墙、西墙、屋顶、移动式绿化。

108. 厚萼凌霄 *Campsis radicans* 紫葳科 / 凌霄花属

落叶攀缘藤本。茎木质，以气生根攀附于他物之上。叶对生，奇数羽状复叶；小叶 9 ~ 11 枚，椭圆形至卵状椭圆形，长 3.5 ~ 6.5cm，下面被毛。短圆锥花序；花萼钟状，厚，5 浅裂至萼筒的 1/3 处；花冠筒细长，漏斗状，橙红色至鲜红色。花期 5 ~ 7 月。

耐寒区 4 ~ 9，适用东墙、南墙、移动式绿化。

109. 蒜香藤 *Mansoa alliacea* 紫葳科 / 蒜香藤属

常绿木质藤本。三出复叶对生，小叶椭圆形，顶小叶常呈卷须状或脱落，小叶长 7 ~ 10cm，宽 3 ~ 5cm；叶揉搓有蒜香味。圆锥花序腋生；花冠筒状，顶端 5 裂，紫色，初开时颜色较深，以后颜色渐淡。花期为春至秋季，一般在 9 ~ 10 月开花最旺。

耐寒区 9 ~ 11，适用移动式绿化。

110. 粉花凌霄 *Pandorea jasminoides* 紫葳科 / 粉花凌霄属

常绿木质藤本。奇数羽状复叶对生，小叶 5 ~ 9 枚；小叶椭圆形至披针形，长 2.5 ~ 5cm，全缘。顶生圆锥花序；花萼不膨大；花冠钟状漏斗形，淡粉色或白色，喉部具褐红色晕，花冠裂片 5 枚。花期春末至夏季。

耐寒区 9 ~ 10，适用移动式绿化。

111. 非洲凌霄 *Podranea ricasoliana* 紫葳科 / 非洲凌霄属

常绿木质藤本。奇数羽状复叶对生，小叶 7 ~ 11 枚；小叶卵状披针形，长 5 ~ 8cm，叶缘有锯齿。顶生圆锥花序；花萼膨大；花冠钟状漏斗形，粉红色，脉色较深，花冠裂片 5 枚。花期春末至秋初。

耐寒区 9 ~ 10，适用移动式绿化。

112. 炮仗花 *Pyrostegia venusta* 紫葳科 / 炮仗藤属

常绿木质藤本，具有 3 叉丝状卷须。叶对生；小叶 2 ~ 3 枚，卵形，顶端渐尖，基部近圆形，长 4 ~ 10cm，宽 3 ~ 5cm，无毛，全缘。圆锥花序着生于侧枝的顶端；花冠筒状，橙红色，裂片 5 枚，长椭圆形。花期长，通常在 1 ~ 6 月。

耐寒区 9 ~ 11，适用东墙、南墙、移动式绿化。

113. 鸡矢藤 *Paederia foetida* **茜草科 / 鸡矢藤属**

木质缠绕藤本。叶对生,纸质或近革质,卵形、卵状长圆形至披针形,长 5 ~ 15cm,宽 1 ~ 6cm,全缘。圆锥花序式的聚伞花序腋生和顶生,扩展;花冠浅紫色,管长 7 ~ 10mm,外面灰白色,内面紫色,均被毛,顶部 5 裂。果球形,成熟时近黄色。花期 5-7 月。

耐寒区 6 ~ 11,适用东墙、南墙绿化。

114. '德罗绯红' 布朗忍冬 *Lonicera × brownii* **'Dropmore Scarlet' 忍冬科 / 忍冬属**

半常绿木质藤本。株高可达 4m。叶对生,卵形,蓝绿色,小枝顶端的 1 ~ 2 对基部相连成盘状。顶生穗状花序,花轮生;花冠近整齐,细长漏斗形,外面鲜红色,内面黄橙色。花期仲夏至秋末。

耐寒区 4 ~ 8,适用移动式绿化。

115. '金焰' 京红久忍冬 *Lonicera × heckrottii* **'Gold Flame' 忍冬科 / 忍冬属**

落叶或半常绿木质藤本,茎长 5 ~ 6m 以上。叶对生,卵状椭圆形,长达 5cm,下面粉白色,小枝顶端的 1 ~ 2 对基部相连成盘状。顶生穗状花序,花轮生;花冠长达 5cm,唇形,外面玫瑰红色,内面黄色,长 3.5 ~ 5cm。果实红色。花期 3 ~ 10 月。

耐寒区 5 ~ 9,适用移动式绿化。

116. 忍冬 *Lonicera japonica* **忍冬科 / 忍冬属**

半常绿木质藤本。叶对生,纸质,卵形至矩圆状卵形,长 3 ~ 5cm,有糙缘毛,上面深绿色,下面淡绿色。花成对生于腋生的总花梗顶端,芳香;苞片大,叶状,卵形至椭圆形;花冠白色,后变黄色,长 3 ~ 4.5cm,唇形,筒稍长于唇瓣。果实蓝黑色。花期 4 ~ 6 月。

耐寒区 4 ~ 9,适用东墙、南墙、移动式绿化。

117. '金脉' 忍冬 *Lonicera japonica* **'Aureoreticulata' 忍冬科 / 忍冬属**

半常绿木质藤本。叶对生,纸质,卵形至矩圆状卵形,长 3 ~ 5cm,有糙缘毛,绿色,具金黄色网状脉纹。花成对生于腋生的总花梗顶端,芳香;苞片大,叶状,卵形至椭圆形;花冠白色,后变黄色,唇形,筒稍长于唇瓣。花期 4 ~ 6 月。

耐寒区 4 ~ 9,适用移动式绿化。

118. 红白忍冬 *Lonicera japonica* var. *chinensis* **忍冬科 / 忍冬属**

半常绿木质藤本。幼枝紫黑色。叶对生,纸质,卵形至矩圆状卵形,长 3 ~ 5cm,幼叶带紫红色,成熟叶绿色。花成对生于腋生的总花梗顶端,芳香;花冠外面紫红色,内面白色,后变黄色,唇形。花期 4 ~ 6 月。

耐寒区 4 ~ 9,适用屋顶绿化。

119. 贯月忍冬 *Lonicera sempervirens* **忍冬科 / 忍冬属**

常绿木质藤本。叶对生,宽椭圆形、卵形至矩圆形,长 3 ~ 7cm,下面粉白色,生于小枝顶端的 1 ~ 2 对基部相连成盘状。花轮生,每轮通常 6 朵,2 至数轮组成顶生穗状花序;花冠近整齐,细长漏斗形,外面桔红色,内面黄色,长 3.5 ~ 5cm。果实红色。花期 4 ~ 8 月。

耐寒区 4 ~ 9,适用移动式绿化。

120. 绿萝 *Epipremnum aureum* **天南星科 / 麒麟叶属**

高大常绿藤本,茎攀缘。幼枝鞭状,细长,叶互生,长 5 ~ 10cm,纸质,宽卵形。成熟枝上叶薄革质,翠绿色,通常有多数不规则的纯黄色斑块,全缘,不等侧的卵形或卵状长圆形,长 32 ~ 45cm,宽 24 ~ 36cm,一级侧脉 8 ~ 9 对。

耐寒区 10 ~ 11,适用北墙、移动式绿化。

121. 麒麟叶 *Epipremnum pinnatum* **天南星科 / 麒麟叶属**

高大常绿藤本。叶互生,薄革质,幼叶狭披针形或披针状长圆形,成熟叶宽长圆形,基部宽心形,沿中肋有 2 行星散的或长达 2mm 的小穿孔，叶片长 40 ~ 60cm，宽 30 ~ 40cm，两侧不等地羽状深裂，裂片线形。佛焰苞外面绿色，内面黄色。花期 4 ~ 5 月。

耐寒区 10 ~ 11，适用移动式绿化。

122. 龟背竹 *Monstera deliciosa* 天南星科 / 龟背竹属

常绿攀缘灌木。茎绿色，长 3 ~ 6m，粗 6cm，具气生根。叶互生，心状卵形，宽 40 ~ 60cm，厚革质，边缘羽状分裂，侧脉间有 1 ~ 2 个较大的空洞。佛焰苞厚革质，宽卵形，舟状，苍白带黄色。肉穗花序淡黄色。雄蕊花丝线形，花粉黄白色。花期 8 ~ 9 月。

耐寒区 10 ~ 11，适用北墙、移动式绿化。

123. 斜叶龟背竹 *Monstera obliqua* 天南星科 / 龟背竹属

常绿藤本。茎绿色，细长。叶互生，纸质，质地薄，卵状椭圆形或长卵形，长 12 ~ 15cm，先端渐尖，基部楔形，偏斜，全缘，绿色，光滑，中肋至叶缘间有椭圆形或卵圆形穿孔，穿孔很大。

耐寒区 10 ~ 11，适用移动式绿化。

124. '红宝石'红苞喜林芋 *Philodendron erubescens* 'Red Emerald' 天南星科 / 喜林芋属

常绿攀缘植物，以气生根攀缘。新梢红色。叶柄腹面扁平，长 15 ~ 25cm，红色；叶片纸质，伸长的三角状箭形，长 15 ~ 25cm，宽 12 ~ 18cm，基部心形，新叶酒红色，成年叶暗绿色，具红铜色晕。

耐寒区 10 ~ 11，适用移动式绿化。

125. 心叶蔓绿绒 *Philodendron hederaceum*

天南星科 / 喜林芋属

常绿攀缘植物，以气生根攀缘，可达 3 ~ 6m。叶互生，心形，革质，长 10cm，宽 8cm，先端尖，基部心形，深绿色，有光泽，稍具淡褐色晕；叶柄长 5 ~ 8cm。肉穗花序白色。

耐寒区 10 ~ 11，适用移动式绿化。

126. 合果芋 *Syngonium podophyllum* 天南星科 / 合果芋属

常绿木质藤本，以气生根攀缘。叶片二型：幼叶为单叶，箭形或戟形；成年叶为鸟足状复叶，长 30cm，具 5 ~ 9 枚小叶，中间 1 枚小叶较大。初生叶色淡，成年叶呈深绿色，常有黄白色斑纹。佛焰苞浅绿色或黄色。

耐寒区 10 ~ 11，适用北墙、移动式绿化。

127. 天门冬 *Asparagus cochinchinensis* 百合科 / 天门冬属

攀缘植物。根在中部或近末端成纺锤状膨大。茎长可达 1 ~ 2m。叶状枝通常每 3 枚成簇，扁平，稍镰刀状，长 0.5 ~ 8cm，宽 1 ~ 2mm；茎上的鳞片状叶基部延伸为长 2.5 ~ 3.5mm 的硬刺。花通常每两朵腋生，淡绿色。花期 5 ~ 6 月。

耐寒区 7 ~ 9，适用东墙绿化。

128. 短梗菝葜 *Smilax scobinicaulis* 百合科 / 菝葜属

攀缘灌木或半灌木。茎和枝条通常疏生刺，刺针状。叶卵形或椭圆状卵形，长 4 ~ 12.5cm，宽 2.5 ~ 8cm，基部钝或浅心形；叶柄长 5 ~ 15mm，叶柄中部以上着生卷须。伞形花序，花小，单性异株。浆果黑色。花期 5 月，果期 10 月。

耐寒区 7 ~ 9，适用东墙、北墙绿化。

（五）棕榈和苏铁类

1. 篦齿苏铁 *Cycas pectinata* 苏铁科 / 苏铁属

常绿棕榈状植物。树干圆柱形，高达 3m，有分枝或不分枝。羽状叶从茎的顶部生出，披针形，长 150 ~ 240cm；羽状裂片 80 ~ 120 对，条形或披针状条形，厚革质，坚硬，直或微弯，边缘稍反曲。雌雄异株，雄球花长圆锥状圆柱形。种子熟时暗红褐色。

耐寒区 9 ~ 11，适用屋顶、移动式绿化。

2. 苏铁 *Cycas revoluta* 苏铁科 / 苏铁属

常绿棕榈状植物。树干高约 2m，不分枝或有数个分枝。羽状叶从茎的顶部生出，倒卵状狭披针形，长 75 ~ 200cm；羽状裂片达 100 对以上，条形，厚革质，坚硬，边缘反卷，先端有刺状尖头。雌雄异株，雄球花圆柱形。种子红褐色或桔红色，倒卵圆形或卵圆形。

耐寒区 9 ~ 10，适用东墙、南墙、屋顶、移动式绿化。

3. 三药槟榔 *Areca triandra* 棕榈科 / 槟榔属

常绿灌木状植物。茎丛生，高 3 ~ 4m，直径 2.5 ~ 4cm，具明显的环状叶痕。叶羽状全裂，长 1m 或更长，羽片约 17 对，顶端 1 对合生，羽片长 35 ~ 60cm，宽 4.5 ~ 6.5cm。花序生于叶丛之下，佛焰苞开花后脱落。果实卵状纺锤形，长 3.5cm，深红色。

耐寒区 10 ~ 11，适用移动式绿化。

4. 布迪椰子 *Butia capitata* 棕榈科 / 果冻椰子属

常绿乔木状植物。生长缓慢。茎单生，单干型，高达 6m，直径达 45cm，老叶基残存，包裹于树干。叶长 1.5 ~ 3m，灰绿蓝色，弯曲如弓形，羽状全裂，羽片 25 ~ 60 对；叶柄具刺。花序腋生。果卵球形，成熟时橘黄色或橘红色。

耐寒区 8 ~ 11，适用屋顶绿化。

5. 袖珍椰子 *Chamaedorea elegans* 棕榈科 / 袖珍椰子属

常绿乔木状植物。茎通常单生，不分枝，深绿色，高 2 ~ 3m，盆栽高度一般不超过 1m。叶羽状全裂；裂片 12 对或更多，披针形，长 14 ~ 22cm，宽 2 ~ 3cm，深绿色，有光泽，顶端两枚羽片的基部常合生为鱼尾状。肉穗花序腋生，花序松散，花黄色。果实黑色。

耐寒区 10 ~ 11，适用东墙、南墙、移动式绿化。

6. 散尾葵 *Dypsis lutescens* 棕榈科 / 散尾葵属

常绿丛生灌木，高 2 ~ 5m，茎粗 4 ~ 5cm。叶羽状全裂，平展而稍下弯，长约 1.5m，羽片 40 ~ 60 对，2 列，黄绿色，表面有蜡质白粉，披针形；叶鞘长而略膨大，通常黄绿色。花序生于叶鞘之下，呈圆锥花序式。果实略为陀螺形或倒卵球形，土黄色。

耐寒区 10 ~ 11，适用东墙、南墙、移动式绿化。

7. 酒瓶椰子 *Hyophorbe lagenicaulis* 棕榈科 / 酒瓶椰属

常绿乔木状植物。茎单生，平滑，酒瓶状，中部以下膨大，近顶部渐狭成长颈状，高 1 ~ 2.5m，最大茎粗 38 ~ 60cm。叶片 4 ~ 6 枚，深绿色，羽状全裂，羽片 40 ~ 60 对。肉穗花序多分支。果实椭圆形，熟时黑褐色。

耐寒区 10 ~ 11，适用移动式绿化。

8. 穗花轴榈 *Licuala fordiana* 棕榈科 / 轴榈属

常绿灌木状植物。茎丛生，高 1.5 ~ 3m。叶片半圆形，掌状分裂，裂片楔形，裂至基部，16 ~ 18 枚，长 25 ~ 42cm，近顶部宽 2.5 ~ 4cm，先端具钝的小齿裂；叶柄长 85cm 或更长，下部两侧具刺。花序生于叶腋，长 50 ~ 100cm；花小，两性。果实球形，直径 8mm。

耐寒区 9 ~ 10，适用东墙、南墙绿化。

9. 蒲葵 *Livistona chinensis* 棕榈科 / 蒲葵属

常绿乔木状植物。茎单生，高 5 ～ 20m，直径 20 ～ 30cm。叶阔肾状扇形，直径达 1m 余，掌状深裂至中部，裂片线状披针形，顶部长渐尖，2 深裂成长达 50cm 的丝状下垂的小裂片，两面绿色；叶柄下部两侧有短刺。花序呈圆锥状。果实椭圆形，黑褐色。

耐寒区 9 ～ 11，适用屋顶、移动式绿化。

10. 加那利海枣 *Phoenix canariensis* 棕榈科 / 刺葵属

常绿乔木状植物。茎单生，粗壮，高 12 ～ 16m，直径 55 ～ 70cm。叶羽状全裂，长 5 ～ 6m，羽片多数，绿色，有光泽，近基部羽片变成针刺。花序自叶间抽出，花小。果实长圆状椭圆形，熟时黄色至淡红色。

耐寒区 9 ～ 11，适用屋顶绿化。

11. 江边刺葵 *Phoenix roebelenii* 棕榈科 / 刺葵属

常绿灌木状植物。茎丛生，栽培时常为单生，高 1 ～ 3m，直径达 10cm，具宿存的三角状叶柄基部。叶长 1 ～ 1.5m；羽片线形，较柔软，长 20 ～ 30cm，呈 2 列排列，下部羽片变成细长软刺。花序生于叶间，花小。果实长圆形，顶端具短尖头，成熟时枣红色。

耐寒区 9 ～ 11，适用移动式绿化。

12. 林刺葵 *Phoenix sylvestris* 棕榈科 / 刺葵属

常绿乔木状植物。茎单生，粗壮，高 7.5 ～ 15m，直径 35 ～ 50cm，具宿存的叶柄基部。叶羽状全裂，长 3 ～ 5m；叶柄短；叶鞘具纤维；羽片剑形，顶端尾状渐尖，互生或对生，呈 2 ～ 4 列排列，下部羽片较小，最后变为针刺。花序自叶间抽出，花小。果实长圆状椭圆形或卵球形，橙黄色。

耐寒区 9 ～ 11，适用屋顶绿化。

13. 棕竹 *Rhapis excelsa* 棕榈科 / 棕竹属

常绿灌木状植物。茎丛生，高 2 ～ 3m，圆柱形，有节，直径 1.5 ～ 3cm。叶掌状深裂，裂片 4 ～ 10 枚，长 20 ～ 32cm，宽 1.5 ～ 5cm，

宽线形或线状椭圆形。叶鞘具淡黑色、马尾状粗糙而硬的网状纤维。花序自叶间抽出，长约 30cm，花小。果实球状倒卵形。

耐寒区 9 ～ 11，适用东墙、南墙、移动式绿化。

14. 细棕竹 *Rhapis gracilis* 棕榈科 / 棕竹属

常绿灌木状植物。茎丛生，高 1 ～ 1.5m，茎圆柱形，有节，直径约 1cm。叶掌状深裂成 2 ～ 4 裂片，裂片长圆状披针形，长 15 ～ 18cm，宽 1.7 ～ 3.5cm；叶鞘被褐色、网状的细纤维。花序自叶间抽出，长约 20cm，花小。果实球形。

耐寒区 9 ～ 11，适用东墙、南墙绿化。

15. 多裂棕竹 *Rhapis multifida* 棕榈科 / 棕竹属

常绿灌木状植物。茎丛生，高 2 ～ 3m，裸茎直径约 1cm。叶掌状深裂，扇形，长 28 ～ 36cm，裂片 16 ～ 30 枚，线状披针形，每裂片长 28 ～ 36cm，宽 1.5 ～ 1.8cm；叶鞘纤维褐色，整齐排列，较粗壮。花序自叶间抽出，长 40 ～ 50cm。果实球形。

耐寒区 9 ～ 11，适用移动式绿化。

16. 棕榈 *Trachycarpus fortunei* 棕榈科 / 棕榈属

常绿乔木状植物。茎单生，高 3 ～ 10m 或更高，直径 10 ～ 15cm，被不易脱落的老叶柄基部和密集的网状纤维。叶片近圆形，掌状深裂；裂片线状剑形，具皱折，长 60 ～ 70cm，宽 2.5 ～ 4cm，裂片先端具短 2 裂或 2 齿；叶柄长 75 ～ 80cm，两侧具细圆齿。花序粗壮，花小。果实阔肾形，成熟时由黄色变为淡蓝色，有白粉。

耐寒区 7 ～ 10，适用屋顶绿化。

17. 丝葵 *Washingtonia filifera* 棕榈科 / 丝葵属

常绿乔木状植物。茎单生，高达 18 ～ 21m，近基部直径约 75 ～ 105cm，被覆许多下垂的枯叶。叶片直径达 1.8m，掌状分裂至中部而成 50 ～ 80 枚裂片，在裂片之间及边缘具灰白色的丝状纤维；叶柄下半部边缘具刺。花序大型，弓状下垂。果实卵球形，亮黑色。

耐寒区 8 ～ 11，适用屋顶绿化。

（六）竹类

1. 孝顺竹 *Bambusa multiplex* 禾本科 / 簕竹属

常绿竹类。地下茎合轴型，竿丛生，秋季出笋。竿高 4 ~ 7m，直径 1.5 ~ 2.5cm，中空，尾梢近直或略弯；节间长 30 ~ 50cm，幼时薄被白蜡粉；分数枝乃至多枝簇生，主枝稍较粗长。末级小枝具 5 ~ 12 叶；叶片线形，长 5 ~ 16cm，宽 7 ~ 16mm。

耐寒区 9 ~ 11，适用北墙绿化。

2. 凤尾竹 *Bambusa multiplex* 'Floribunda' 禾本科 / 簕竹属

常绿竹类。地下茎合轴型，竿丛生，秋季出笋。竿高 3 ~ 6m，中空，小枝稍下弯，绿色；分数枝乃至多枝簇生，主枝稍较粗长。末级小枝具 9 ~ 13 枚叶；叶片线形，长 3.3 ~ 6.5cm，宽 4 ~ 7mm。

耐寒区 9 ~ 11，适用屋顶、移动式绿化。

3. 观音竹 *Bambusa multiplex* var. *riviereorum* 禾本科 / 簕竹属

常绿竹类。地下茎合轴型，竿丛生，秋季出笋。竿高 1 ~ 3m，直径 3 ~ 5mm，实心；分数枝乃至多枝簇生，主枝稍较粗长。末级小枝具 13 ~ 23 枚叶，且常下弯呈弓状；叶片线形，长 1.6 ~ 3.2cm，宽 2.6 ~ 6.5mm。

耐寒区 9 ~ 11，适用移动式绿化。

4. 佛肚竹 *Bambusa ventricosa* 禾本科 / 簕竹属

常绿竹类。地下茎合轴型。竿二型：正常竿高 8 ~ 10m，节间圆柱形，分枝 1 ~ 3 枝；畸形竿通常高 25 ~ 50cm，节间短缩而其基部肿胀，呈瓶状，长 2 ~ 3cm；分枝常为单枝。叶片线状披针形至披针形，长 9 ~ 18cm，宽 1 ~ 2cm。

耐寒区 9 ~ 11，适用移动式绿化。

5. 阔叶箬竹 *Indocalamus latifolius* 禾本科 / 箬竹属

常绿竹类。地下茎复轴型。春季出笋，箨耳无或不明显。竿高达 2m，直径 5 ~ 15mm；节间长 5 ~ 22cm，圆筒形，绿色。竿每节通常仅生 1 枝，分枝与竿近等粗。叶片长圆状披针形，长 10 ~ 45cm，宽 2 ~ 9cm，先端渐尖，下表面灰白色或灰白绿色，近无毛。

耐寒区 7 ~ 10，适用北墙、屋顶、移动式绿化。

6. 箬叶竹 *Indocalamus longiauritus* 禾本科 / 箬竹属

常绿竹类。地下茎复轴型。春季出笋；箨耳发达，基部半抱茎。竿高 0.8 ~ 1m，直径 3.5 ~ 8mm；节间长 10 ~ 55cm，圆筒形，绿色。竿每节通常仅生 1 枝，分枝与竿近等粗。叶片长椭圆形，长 10 ~ 35.5cm，宽 1.5 ~ 6.5cm，先端长尖，下表面无毛或有微毛。

耐寒区 7 ~ 10，适用屋顶绿化。

7. 箬竹 *Indocalamus tessellatus* 禾本科 / 箬竹属

常绿竹类。地下茎复轴型。春季出笋，无箨耳。竿高 0.75 ~ 2m，直径 4 ~ 7.5mm；节间长约 25cm，圆筒形，在分枝一侧的基部微扁，绿色。竿每节仅生 1 枝，分枝与竿近等粗。小枝具 2 ~ 4 枚叶；叶片宽披针形或长圆状披针形，长 20 ~ 46cm，宽 4 ~ 10.8cm，下表沿中脉 1 侧有 1 行细毛。

耐寒区 7 ~ 10，适用北墙绿化。

8. 金镶玉竹 *Phyllostachys aureosulcata* 'Spectabilis' 禾本科 / 刚竹属

常绿竹类。地下茎为单轴散生，春季出笋。竿高达 9m，粗 4cm，圆筒形，金黄色，但沟槽为绿色。竿每节 2 分枝，一粗一细。末级小枝具 2 或 3 枚叶；叶片长约 12cm，宽约 1.4cm，基部收缩成 3 ~ 4mm 长的细柄。

耐寒区 5 ~ 9，适用屋顶绿化。

9. 淡竹 *Phyllostachys glauca* 禾本科 / 刚竹属

常绿竹类。地下茎为单轴散生，春季出笋。竿高 5 ~ 12m，粗 2 ~ 5cm，圆筒形，幼竿密被白粉，无毛，老竿灰黄绿色；节间最长可达 40cm。竿每节 2 分枝，一粗一细。末级小枝具 2 或 3 枚叶；叶舌紫红色；叶片长 7 ~ 16cm，宽 1.2 ~ 2.5cm，下表面沿中脉两侧稍被柔毛。

耐寒区 6 ~ 9，适用屋顶绿化。

10. 紫竹 *Phyllostachys nigra* 禾本科 / 刚竹属

常绿竹类。地下茎为单轴散生，春季出笋。竿高 4 ~ 8m，直径可达 5cm，圆筒形，一年生以后的竿先逐渐出现紫斑，最后全部变为紫黑色，无毛；中部节间长 25 ~ 30cm。竿每节 2 分枝，一粗一细。末级小枝具 2 或 3 枚叶；叶片质薄，长 7 ~ 10cm，宽约 1.2cm。

耐寒区 7 ~ 10，适用屋顶、移动式绿化。

11. 早园竹 *Phyllostachys propinqua* 禾本科 / 刚竹属

常绿竹类。地下茎为单轴散生，春季出笋。竿高 6m，粗 3 ~ 4cm，圆筒形，幼竿绿色被以渐变厚的白粉，光滑无毛；中部节间长约 20cm。竿每节 2 分枝，一粗一细。箨舌和叶舌黄绿色或绿褐色。末级小枝具 2 或 3 枚叶；叶片披针形或带状披针形，长 7 ~ 16cm。

耐寒区 8 ~ 9，适用屋顶绿化。

12. 金竹 *Phyllostachys sulphurea* 禾本科 / 刚竹属

常绿竹类。地下茎为单轴散生，春季出笋。竿高 6 ~ 15m，直径 4 ~ 10cm，幼时无毛，微被白粉，竿于解箨时呈金黄色。竿每节 2 分枝，一粗一细。叶片长圆状披针形或披针形，长 5.6 ~ 13cm，宽 1.1 ~ 2.2cm。春季出笋。

耐寒区 7 ~ 10，适用屋顶绿化。

13. 无毛翠竹 *Pleioblastus distichus* 禾本科 / 大明竹属

常绿竹类。地下茎复轴型。竿高 20 ~ 40cm，直径 1 ~ 2mm，竿箨及节间无毛。竿每节仅 1 分枝。小枝具 5 ~ 8 枚叶；叶密生，2 行排列；叶片披针形，长 3 ~ 7cm，宽 3 ~ 8mm，纸状皮质，无毛。

耐寒区 7 ~ 10，适用屋顶绿化。

14. 菲白竹 *Pleioblastus fortunei* 禾本科 / 大明竹属

常绿竹类。地下茎复轴型。竿高 10 ~ 30cm；节间细而短小，圆筒形，直径 1 ~ 2mm，光滑无毛；竿不分枝或每节仅 1 分枝。小枝具 4 ~ 7 枚叶；叶片披针形，长 6 ~ 15cm，宽 8 ~ 14mm，先端渐尖，两面均具白色柔毛，叶面通常有浅黄色至近白色的纵条纹。

耐寒区 8 ~ 11，适用屋顶绿化。

15. 菲黄竹 *Pleioblastus viridistriatus* 禾本科 / 大明竹属

常绿竹类。地下茎复轴型。竿高 0.6 ~ 1.2m，节间圆筒形，最粗可达 0.3cm；竿每节仅 1 分枝。叶片披针形，长可达 20cm，嫩叶金黄色，具绿色条纹，老后叶片变为绿色。

耐寒区 7 ~ 10，适用屋顶绿化。

16. 矢竹 *Pseudosasa japonica* 禾本科 / 矢竹属

常绿竹类。地下茎复轴型，6 月出笋。竿高 2 ~ 5m，粗 0.5 ~ 1.5cm；节间长 15 ~ 30cm，圆筒形，绿色，无毛。竿每节 1 ~ 3 分枝。小枝具 5 ~ 9 枚叶；叶片狭长披针形，长 4 ~ 30cm，宽 7 ~ 46mm，无毛，上表面有光泽，下表面淡白色。

耐寒区 7 ~ 10，适用移动式绿化。

17. 鹅毛竹 *Shibataea chinensis* 禾本科 / 倭竹属

常绿竹类。地下茎复轴型，春夏出笋。竿高 1m，直径 2 ~ 3mm，表面光滑无毛，淡绿色或稍带紫色；竿中部之节间长 7 ~ 15cm。竿每节 3 ~ 5 分枝。每枝仅具 1 枚叶，偶有 2 枚叶；叶片纸质，卵状披针形，长 6 ~ 10cm，宽 1 ~ 2.5cm，两面无毛，叶缘具细小锯齿。

耐寒区 6 ~ 10，适用屋顶绿化。

18. 芦花竹 *Shibataea hispida* **禾本科 / 倭竹属**

常绿竹类。地下茎复轴型，春夏出笋。竿高1m，直径1.5 ~ 4mm，光滑无毛，淡黄色而有光泽；竿中部之节间长7 ~ 15cm。竿每节3 ~ 4分枝。每枝通常仅有1枚叶；叶片卵状披针形，长7 ~ 10cm，最宽处2 ~ 4cm，叶片下面被微毛，叶缘具坚硬的刺锯齿。

耐寒区8 ~ 10，适用屋顶绿化。

（七）一、二年生花卉

1. 杂种耧斗菜 *Aquilegia hybrida* 毛茛科 / 耧斗菜属

短命多年生草本，常作二年生栽培。基生叶为二至三回三出复叶，有长柄；小叶倒卵形或近圆形，小叶常 2 ~ 3 裂。聚伞花序；花辐射对称，较大，美丽；萼片 5 枚，花瓣状，紫色、堇色、黄绿色或白色；花瓣 5 枚，与萼片同色或异色，下部常向下延长成距。花期春季。

耐寒区 3 ~ 9，适用移动式绿化。

2. 翠雀 *Delphinium grandiflorum* 毛茛科 / 翠雀属

短命多年生草本，常作二年生栽培。茎高 35 ~ 65cm。基生叶和茎下部叶有长柄；叶片圆五角形，长 2.2 ~ 6cm，宽 4 ~ 8.5cm，3 全裂。总状花序有 3 ~ 15 朵花；萼片紫蓝色，椭圆形或宽椭圆形，长 1.2 ~ 1.8cm，距钻形；花瓣蓝色。花期春季。

耐寒区 3 ~ 7，适用移动式绿化。

3. 花菱草 *Eschscholtzia californica* 罂粟科 / 花菱草属

短命多年生草本，常作二年生或一年生栽培。茎直立，高 30 ~ 60cm。基生叶数枚，长 10 ~ 30cm，叶柄长，叶片灰绿色，多回三出羽状细裂。花单生于茎和分枝顶端；花瓣 4 枚，三角状扇形，长 2.5 ~ 3cm，黄色，基部具橙黄色斑点。花期 4 ~ 8 月。

耐寒区 6 ~ 10，适用移动式绿化。

4. 野罂粟 *Papaver nudicaule* 罂粟科 / 罂粟属

多年生草本，常作二年生栽培。株高 20 ~ 60cm。叶全部基生，叶片轮廓卵形至披针形，长 3 ~ 8cm，羽状浅裂、深裂或全裂，被刚毛。花单生于花葶先端；花瓣 4 枚，宽楔形或倒卵形，长 2 ~ 3cm，淡黄色、黄色、橙黄色、红色或白色。花果期 5 ~ 9 月。

耐寒区 2 ~ 7，适用移动式绿化。

5. 虞美人 *Papaver rhoeas* 罂粟科 / 罂粟属

二年生或一年生草本。全体被伸展的刚毛。茎直立，高 25 ~ 90cm。叶互生，披针形或狭卵形，长 3 ~ 15cm，宽 1 ~ 6cm，羽状分裂。花瓣 4 枚，圆形或横向宽椭圆形，长 2.5 ~ 4.5cm，紫红色、鲜红色或白色等，基部通常具深紫色斑点。花果期 3 ~ 8 月。

耐寒区 3 ~ 10，适用移动式绿化。

6. 紫茉莉 *Mirabilis jalapa* 紫茉莉科 / 紫茉莉属

一年生或多年生草本，高可达 1m。叶对生，卵形或卵状三角形，长 3 ~ 15cm，宽 2 ~ 9cm，全缘。每花基部包以 1 个 5 深裂的萼状总苞；花被紫红色、黄色、白色或杂色，高脚碟状，檐部直径 2.5 ~ 3cm；花傍晚开放，有香气，次日午前凋萎。花期 6 ~ 10 月。

耐寒区 9 ~ 11，适用移动式绿化。

7. 厚皮菜 *Beta vulgaris var. cicla* 藜科 / 甜菜属

二年生草本。茎直立。基生叶矩圆形，长 20 ~ 30cm，宽 10 ~ 15cm，具粗壮的长叶柄，上面皱缩不平，绿色、深红或红褐色，有光泽。花 2 ~ 3 朵团集，于枝上部排列成顶生穗状花序，花小。花期 5 ~ 6 月。

耐寒区 2 ~ 11，适用移动式绿化。

8. 地肤 *Kochia scoparia* 藜科 / 地肤属

一年生草本，高 50 ~ 100cm。叶互生，披针形或条状披针形，长 2 ~ 5cm，宽 3 ~ 7mm，无毛或稍有毛，先端短渐尖，通常有 3 条明显的主脉，绿色，秋季常变为红色。疏穗状圆锥状花序，花小，花被淡绿色。花期 6 ~ 9 月。

耐寒区 2 ~ 11，适用屋顶、移动式绿化。

9. 菠菜 *Spinacia oleracea* 藜科 / 菠菜属

一年生草本，常作二年生栽培。植物高可达 1m。茎直立，中空，脆弱多汁。叶互生，戟形至卵形，鲜绿色，柔嫩多汁，全缘或有少数牙齿状裂片。穗状圆锥花序，花小。

耐寒区2～11，适用屋顶绿化。

10. 锦绣苋 *Alternanthera bettzickiana* 苋科 / 莲子草属

多年生草本，常作一年生栽培。株高20～50cm；茎直立或基部匍匐，多分枝。叶对生，矩圆形、矩圆状倒卵形或匙形，长1～6cm，宽0.5～2cm，边缘皱波状，绿色或红色，或部分绿色，杂以红色或黄色斑纹。头状花序顶生及腋生；花被片白色。花期8～9月。

耐寒区10～11，适用东墙、南墙、西墙、移动式绿化。

11. 巴西莲子草 *Alternanthera brasiliana* 苋科 / 莲子草属

多年生草本，也常作一年生栽培。株高可达1m，园林栽培中通常株高25～40cm，冠径45～50cm。茎紫红色，直立或基部匍匐，节间较长，多分枝。叶对生，卵形，紫红色，长2.5～7.5cm，全缘。头状花序；花小，花被片白色。

耐寒区10～11，适用移动式绿化。

12. 莲子草 *Alternanthera sessilis* 苋科 / 莲子草属

一年生或多年生草本。株高10～45cm。叶对生，条状披针形、矩圆形、倒卵形或卵状矩圆形，长1～8cm，宽2～20mm，全缘或有不明显锯齿。头状花序腋生，无总花梗，初为球形，后渐成圆柱形；花小，花被片白色。花期5～7月。

耐寒区8～11，适用东墙、南墙绿化。

13. 苋 *Amaranthus tricolor* 苋科 / 苋属

一年生草本。株高80～150cm。茎粗壮，绿色或红色。叶互生，卵形、菱状卵形或披针形，长4～10cm，宽2～7cm，绿色或常成红色、紫色或黄色，或部分绿色掺杂其他颜色。花簇腋生或顶生；花小，花被片绿色或黄绿色。花期5～8月。

耐寒区2～11，适用屋顶、移动式绿化。

14. 雁来红 *Amaranthus tricolor* 'Splendens' 苋科 / 苋属

一年生草木。株高60～100cm。茎直立，粗壮，绿色或红色。叶互生，卵形或菱状卵形，有长柄。初秋时上部叶片变色，变为红、黄、绿三色相间，或者鲜黄或鲜红色，8～10月为最佳观赏期。

耐寒区2～11，适用移动式绿化。

15. 鸡冠花 *Celosia cristata* Cristata Group 苋科 / 青葙属

一年生直立草本。株高22～90cm。叶互生，卵形、卵状披针形或披针形，宽2～6cm；花多数，极密生，成扁平肉质鸡冠状、卷冠状，圆锥状矩圆形，表面羽毛状；花被片红色、紫色、黄色、橙色或红色黄色相间。花果期7～9月。

耐寒区2～11，适用移动式绿化。

16. 凤尾鸡冠 *Celosia cristata* Plumosa Group 苋科 / 青葙属

一年生直立草本。株高15～90cm。叶互生，卵形、卵状披针形或披针形，宽2～6cm；花多数，极密生，成羽毛状的穗状花序，一个大花序下面有数个较小的分枝，圆锥状矩圆形，表面羽毛状；花被片红色、紫色、黄色、橙色或红色黄色相间。花果期7～9月。

耐寒区2～11，适用移动式绿化。

17. 千日红 *Gomphrena globosa* 苋科 / 千日红属

一年生直立草本，高20～60cm。叶对生，纸质，长椭圆形或矩圆状倒卵形，长3.5～13cm，宽1.5～5cm，边缘波状，两面有小斑点、白色长柔毛及缘毛。花多数，密生，成顶生球形或矩圆形头状花序，紫红色、淡紫色、粉红色或白色。花果期6～9月。

耐寒区2～11，适用东墙、南墙、移动式绿化。

18. 血苋 *Iresine herbstii* 苋科 / 血苋属

多年生草本，常作一年生栽培。株高1～2m。茎粗壮，常带红色，有分枝。叶对生，宽卵形至近圆形，直径 2 ~ 6cm，顶端凹缺或 2 浅裂，基部近截形，全缘，两面有贴生毛，紫红色。雌雄异株，花成顶生及腋生圆锥花序，花小，花被片绿白色或黄白色。

耐寒区 10 ~ 11，适用移动式绿化。

19. 大花马齿苋 *Portulaca grandiflora* 马齿苋科 / 马齿苋属

一年生草本，高 10 ~ 30cm。茎平卧或斜升，多分枝。叶互生，叶片细圆柱形，长 1 ~ 2.5cm，叶腋常生一撮白色长柔毛。花朵直径 2.5 ~ 4cm；花瓣 5 枚或重瓣，倒卵形，顶端微凹，长 12 ~ 30mm，红色、紫色或黄白色等色。蒴果近椭圆形，盖裂。花期 6 ~ 9 月。

耐寒区 2 ~ 11，适用西墙、移动式绿化。

20. 环翅马齿苋 *Portulaca umbraticola* 马齿苋科 / 马齿苋属

一年生草本。茎平卧或斜升，枝条长 5 ~ 20cm。叶互生，叶片倒卵形、匙形，长 1 ~ 3.5cm，宽 0.2 ~ 1.5cm，扁平，先端圆或平截。花瓣 5 枚或重瓣，匙形或倒卵形，红色、粉红色、黄色或白色等色。蒴果具膜质环翅。花期 6 ~ 9 月。

耐寒区 2 ~ 11，适用屋顶绿化。

21. 蜀葵 *Alcea rosea* 锦葵科 / 蜀葵属

二年生直立草本，高达 2m，茎枝密被刺毛。叶互生，近圆心形，直径 6 ~ 16cm，掌状 5 ~ 7 浅裂或波状棱角。花腋生，单生或近簇生，排列成总状花序式；花大，直径 6 ~ 10cm，有红、紫、白、粉红、黄和黑紫等色，单瓣或重瓣；雄蕊柱无毛。花期 2 ~ 8 月。

耐寒区 2 ~ 10，适用屋顶绿化。

22. 锦葵 *Malva cathayensis* 锦葵科 / 锦葵属

二年生或多年生直立草本，高 50 ~ 90cm。叶互生，圆心形或肾形，具 5 ~ 7 枚圆齿状钝裂片，长 5 ~ 12cm，宽几相等，基部近心形至圆形，边缘具圆锯齿。花 3 ~ 11 朵簇生，花梗长 1 ~ 2cm；花紫红色或白色，直径 3.5 ~ 4cm，

花瓣 5 枚，匙形。花期 5 ~ 10 月。

耐寒区 5 ~ 10，适用移动式绿化。

23. 角堇 *Viola cornuta* 堇菜科 / 堇菜属

多年生草本，常作二年生或一年生栽培。株高 12 ~ 20cm，冠径 20cm 以上。叶卵形，边缘有整齐锯齿。花两侧对称，芳香；花瓣 5 枚，扁平，有距，蓝紫色、红色、黄色或白色等。花冠直径可达 3.8cm，颜色多样。花期冬夏季。

耐寒区 6 ~ 11，适用东墙、南墙、移动式绿化。

24. 大花三色堇 *Viola × wittrockiana* 堇菜科 / 堇菜属

多年生草本，常作二年生或一年生栽培。株高 15 ~ 20cm，冠径 20cm。基生叶多枚，卵圆形，茎生叶长卵形，叶缘有整齐的钝锯齿，中绿色。花两侧对称，单生，有距；花冠直径 2.5 ~ 10cm，颜色多样。花期冬春季。

耐寒区 6 ~ 10，适用东墙、南墙、移动式绿化。

25. 四季秋海棠 *Begonia cucullata* 秋海棠科 / 秋海棠属

常绿多年生草本，常作一年生栽培。株高 15 ~ 30cm。茎直立，柔软，肉质，有分枝。叶互生，卵形至宽卵形，长 5 ~ 8cm，宽 3.5 ~ 6cm，两面光亮，绿色、青铜色或杂色。聚伞花序，花红色、淡红色或白色，单瓣或重瓣。花期 3 ~ 12 月。

耐寒区 10 ~ 11，适用西墙、移动式绿化。

26. 丽格秋海棠 *Begonia* Hiemalis Group 秋海棠科 / 秋海棠属

多年生草本，常作一、二年生栽培。茎直立，株高 20 ~ 30cm，冠径 20 ~ 30cm。叶互生，卵圆形，边缘有缺刻和重锯齿，翠绿色，光滑。花朵亮丽，品种甚多，单瓣或重瓣，花色丰富，有红色、粉红色、黄色、白色等。花期春季至秋季。

耐寒区 9 ~ 11，适用移动式绿化。

27. 醉蝶花 *Tarenaya hassleriana* 白花菜科 /

醉蝶花属

　　一年生强壮草本，高 1 ~ 1.5m，全株被黏质腺毛，有特殊臭味，有托叶刺。叶为具 5 ~ 7 枚小叶的掌状复叶，小叶草质，椭圆状披针形或倒披针形。总状花序长达 40cm；花瓣 4 枚，花瓣粉红色，少见白色。果圆柱形。花期初夏。

　　耐寒区 2 ~ 11，适用移动式绿化。

28. 白菜 *Brassica rapa* var. *glabra* 十字花科 / 云苔属

　　二年生或一年生草本。高 40 ~ 60cm。基生叶多数，大形，倒卵状长圆形至宽倒卵形，长 30 ~ 60cm，边缘皱缩，波状，中脉白色，很宽；叶柄白色，扁平。总状花序；十字花冠；花鲜黄色，直径 1.2 ~ 1.5cm。长角果长 3 ~ 6cm。花期 5 月，果期 6 月。

　　耐寒区 2 ~ 11，适用屋顶绿化。

29. 青菜 *Brassica rapa* var. *chinensis* 十字花科 / 云苔属

　　二年或一年生草本，高 25 ~ 70cm。基生叶倒卵形或宽倒卵形，长 20 ~ 30cm，坚实，深绿色，有光泽，基部渐狭成宽柄。总状花序顶生，呈圆锥状；十字花冠；花浅黄色，长约 1cm。长角果线形，长 2 ~ 6cm。花期 4 月，果期 5 月。

　　耐寒区 2 ~ 11，适用屋顶绿化。

30. 紫叶青菜 *Brassica rapa* var. *chinensis* 'Rubi F1' 十字花科 / 云苔属

　　二年或一年生草本，高 25 ~ 70cm。基生叶倒卵形或宽倒卵形，长 20 ~ 30cm，紫红色，坚实，基部渐狭成宽柄。总状花序顶生，呈圆锥状；十字花冠；花浅黄色，长约 1cm。长角果线形，长 2 ~ 6cm。花期 4 月，果期 5 月。

　　耐寒区 2 ~ 11，适用屋顶绿化。

31. 雪里蕻 *Brassica juncea* var. *multiceps* 十字花科 / 云苔属

　　二年或一年生草本，高 30 ~ 150cm。基生叶倒披针形或长圆状倒披针形，不裂或稍有缺刻，有不整齐锯齿或重锯齿，上部及顶部茎生叶小，长圆形，全缘，皱缩。总状花序顶生；十字花冠；花黄色，直径 7 ~ 10mm。长角果线形。花期 3 ~ 5 月，果期 5 ~ 6 月。

　　耐寒区 2 ~ 11，适用屋顶绿化。

32. 羽衣甘蓝 *Brassica oleracea* var. *acephala* 十字花科 / 云苔属

　　二年生草本。栽培一年植株形成莲座状叶丛，经冬季低温，于翌年开花、结实。基生叶多数，质厚，叶皱缩，呈白黄、黄绿、粉红或红紫等色，有长叶柄。总状花序；花淡黄色。长角果圆柱形。花期 4 月，果期 5 月。

　　耐寒区 2 ~ 11，适用移动式绿化。

33. 花椰菜 *Brassica oleracea* var. *botrytis* 十字花科 / 云苔属

　　二年生草本，高 60 ~ 90cm，被粉霜。基生叶及下部叶长圆形至椭圆形，灰绿色，顶端圆形，开展，不卷心。茎顶端有 1 个由总花梗、花梗和未发育的花芽密集成的乳白色肉质头状体；花淡黄色，后变成白色。长角果圆柱形。花期 4 月，果期 5 月。

　　耐寒区 2 ~ 11，适用屋顶绿化。

34. 结球甘蓝 *Brassica oleracea* var. *capitata* 十字花科 / 云苔属

　　二年生草本，被粉霜。基生叶多数，质厚，层层包裹成球状体，扁球形，直径 10 ~ 30cm 或更大，乳白色或淡绿色。基生叶及下部茎生叶长圆状倒卵形至圆形，长和宽达 30cm。总状花序顶生及腋生；花淡黄色。长角果圆柱形。花期 4 月，果期 5 月。

　　耐寒区 2 ~ 11，适用屋顶绿化。

35. 擘蓝 *Brassica oleracea* var. *gongylodes* 十字花科 / 云苔属

　　二年生草本，高 30 ~ 60cm，全体无毛，带粉霜。茎短，在离地面 2 ~ 4cm 处膨大成 1 个实心长圆球体或扁球体，绿色，其上生叶。叶略厚，宽卵形至长圆形，长 13.5 ~ 20cm。总状花序顶生；花淡黄色。长角果圆柱形。花期 4 月，果期 6 月。

　　耐寒区 2 ~ 11，适用屋顶绿化。

36. 绿花菜 *Brassica oleracea var. italica* 十字花科 / 云苔属

　　二年生草本，高 60 ~ 90cm，被粉霜。基生叶及下部叶长圆形至椭圆形，灰绿色，顶端圆形，开展，不卷心。茎顶端有 1 个由总花梗、花梗和未发育的花芽密集成的绿色肉质头状体；花淡黄色，后变成白色。长角果圆柱形。花期 4 月，果期 5 月。

　　耐寒区 2 ~ 11，适用屋顶绿化。

37. 香雪球 *Lobularia maritima* 十字花科 / 香雪球属

　　多年生草本，常作一年或二年生栽培。株高 10 ~ 40cm。茎自基部向上分枝，常呈密丛。叶互生，条形或披针形，长 1.5 ~ 5cm，全缘。花序伞房状；十字花冠；花瓣淡紫色或白色，长约 3mm。短角果椭圆形。花期温室栽培的 3 ~ 4 月，露地栽培的 6 ~ 7 月。

　　耐寒区 5 ~ 9，适用移动式绿化。

38. 紫罗兰 *Matthiola incana* 十字花科 / 紫罗兰属

　　二年生或多年生草本，高达 60cm。叶互生，长圆形至倒披针形或匙形，连叶柄长 6 ~ 14cm，宽 1.2 ~ 2.5cm，全缘或呈微波状。总状花序，花多数，较大，芳香；十字花冠；花瓣紫红、淡红或白色，近卵形，长约 12mm。长角果圆柱形。花期 4 ~ 5 月。

　　耐寒区 7 ~ 10，适用移动式绿化。

39. 欧洲报春 *Primula vulgaris* 报春花科 / 报春花属

　　多年生草本，多作二年生栽培。株高 10 ~ 30cm。叶基生，倒披针形至倒卵形，长 5 ~ 25cm，宽 2 ~ 6cm，向基部渐狭成翅柄，叶脉深凹，叶面具皱。单花顶生，直径约 4cm，栽培品种有白、粉红、洋红、蓝、紫、黄等色。花期 1 ~ 4 月。

　　耐寒区 4 ~ 8，适用移动式绿化。

40. 多叶羽扇豆 *Lupinus polyphyllus* 豆科 / 羽扇豆属

　　多年生草本，通常作二年生栽培。株高 50 ~ 100cm。茎直立，分枝成丛。叶互生，掌状复叶；小叶 9 ~ 15 枚，椭圆状倒披针形，长 4 ~ 10 cm。总状花序远长于复叶，长 15 ~ 40cm；花多而稠密，长 10 ~ 15mm；花冠蓝色至堇青色。花期 6 ~ 8 月。

　　耐寒区 4 ~ 8，适用移动式绿化。

41. 蓖麻 *Ricinus communis* 大戟科 / 蓖麻属

　　一年生粗壮草本或草质灌木，高达 5m。叶互生，纸质，盾状着生，长和宽达 40cm，掌状 7 ~ 11 裂，叶缘具锯齿。总状花序或圆锥花序，长 15 ~ 30cm；花小，无花瓣。花期 6 ~ 9 月。

　　耐寒区 9 ~ 11，适用移动式绿化。

42. 猩猩草 *Euphorbia cyathophora* 大戟科 / 大戟属

　　一年生草本。植物体具乳状汁液。茎直立，上部多分枝，高可达 1m。叶互生，卵形或椭圆形，长 3 ~ 10cm，宽 1 ~ 5cm，边缘波状分裂或具波状齿或全缘；总苞叶与茎生叶同形，较小，淡红色或仅基部红色。花序单生，花小，无花瓣。花果期 5 ~ 11 月。

　　耐寒区 2 ~ 11，适用移动式绿化。

43. 银边翠 *Euphorbia marginata* 大戟科 / 大戟属

　　一年生草本。植物体具乳状汁液。茎单一，多分枝，高可达 60 ~ 80cm。叶互生，椭圆形，长 5 ~ 7cm，宽约 3cm，绿色，全缘；总苞叶 2 ~ 3 枚，椭圆形，绿色具白色边。花小，白色，无花瓣。花果期 6 ~ 9 月。

　　耐寒区 2 ~ 11，适用移动式绿化。

44. 旱金莲 *Tropaeolum majus* 旱金莲科 / 旱金莲属

　　一年生草本，蔓生。叶互生；叶柄长 6 ~

31cm，盾状着生于叶片的近中心处；叶片圆形，直径 3 ～ 10cm。单花腋生，花黄色、紫色、桔红色或杂色，直径 2.5 ～ 6cm；萼片 5 枚，长椭圆状披针形，其中一枚延长成一长距；花瓣 5 枚。花期 6 ～ 10 月。

耐寒区 2 ～ 11，适用移动式绿化。

45. 凤仙花 *Impatiens balsamina* 凤仙花科 / 凤仙花属

一年生草本。高 60 ～ 100cm。茎粗壮，肉质，直立。叶互生，披针形、狭椭圆形或倒披针形，长 4 ～ 12cm，宽 1.5 ～ 3cm，边缘有锐锯齿。花腋生，花瓣 5 枚，有距，白色、粉红色或紫色，单瓣或重瓣。蒴果宽纺锤形，密被柔毛。花期 7 ～ 10 月。

耐寒区 2 ～ 11，适用东墙、移动式绿化。

46. 新几内亚凤仙花 *Impatiens hawkeri* 凤仙花科 / 凤仙花属

多年生常绿草本，也常作一年生栽培。株高 15 ～ 90cm。茎肉质，光滑。3 ～ 7 叶轮生，卵形至椭圆形，长 5 ～ 10cm，叶缘具锐锯齿，深绿色至青铜色，有的具斑纹。花腋生，花大，花瓣 5 枚，扁平，有矩，洋红色、雪青色、白色、紫色或橙色等。花期 5 ～ 10 月。

耐寒区 10 ～ 12，适用移动式绿化。

47. 苏丹凤仙花 *Impatiens walleriana* 凤仙花科 / 凤仙花属

多年生草本，常作一年生栽培。株高 30 ～ 70cm。茎肉质，直立。叶互生或上部螺旋状排列，叶片椭圆形或卵形，长 4 ～ 12cm，宽 2.5 ～ 5.5cm。花腋生，花瓣 5 枚，有距，鲜红色、粉红色、紫红色、蓝紫色、白色或复色等。花期 6 ～ 10 月。

耐寒区 10 ～ 11，适用东墙、南墙、移动式绿化。

48. 旱芹 *Apium graveolens* 伞形科 / 芹属

二年生或多年生草本，高 15 ～ 150cm，有强烈香气。茎直立，光滑，有少数分枝，并有棱角和直槽。较上部的茎生叶阔三角形，通常分裂为 3 枚小叶。复伞形花序顶生或与叶对生；花瓣白色或黄绿色。花期 4 ～ 7 月。

耐寒区 3 ～ 9，适用屋顶绿化。

49. 胡萝卜 *Daucus carota* var. *sativa* 伞形科 / 胡萝卜属

二年生草本，高 15 ～ 120cm。根肉质，长圆锥形，粗肥，呈红色或黄色。茎单生，全体有白色粗硬毛。基生叶薄膜质，长圆形，2 ～ 3 回羽状全裂，末回裂片线形或披针形。复伞形花序；伞辐多数；花通常白色，有时带淡红色。花期 5 ～ 7 月。

耐寒区 3 ～ 9，适用屋顶绿化。

50. 洋桔梗 *Eustoma grandiflorum* 龙胆科 / 洋桔梗属

二年生或一年生草本。茎直立，灰绿色，株高 30 ～ 100cm。叶对生，卵形至长椭圆形，长达 7.5cm，几无柄，叶基略抱茎，灰绿色。花冠钟状，直径达 5cm，花色丰富，淡紫色、淡红色或白色等。

耐寒区 8 ～ 10，适用移动式绿化。

51. 长春花 *Catharanthus roseus* 夹竹桃科 / 长春花属

半灌木，常作一年生栽培。株高达 60cm。叶对生，膜质，倒卵状长圆形，长 3 ～ 4cm，宽 1.5 ～ 2.5cm，绿色。聚伞花序腋生或顶生，有花 2 ～ 3 朵；花冠高脚碟状，红色、粉红色等。花期几乎全年。

耐寒区 10 ～ 11，适用西墙、移动式绿化。

52. 辣椒 *Capsicum annuum* 茄科 / 辣椒属

一年生或短命多年生植物；高 40 ～ 80cm。叶互生，矩圆状卵形、卵形或卵状披针形，长 4 ～ 13cm，宽 1.5 ～ 4cm，全缘。花单生，俯垂；花冠白色，裂片 5 枚。果梗较粗壮，俯垂；果实长指状，未成熟时绿色，成熟后成红色、橙色或紫红色，味辣。花果期 5 ～ 11 月。

耐寒区 9 ～ 11，适用屋顶、移动式绿化。

53. 樱桃椒 *Capsicum annuum* Cerasiforme Group 茄科 / 辣椒属

一年生或短命多年生植物；高 50 ~ 80cm。叶互生，矩圆状卵形、卵形或卵状披针形，全缘。花单生，俯垂；花冠白色，裂片 5 枚。果实呈小圆球形，似樱桃，颜色因其转色期不同，同一植株上的果实分绿、紫、黄、鲜红等颜色。花果期 5 ~ 11 月。

耐寒区 9 ~ 11，适用屋顶、移动式绿化。

54. 蕹菜 *Ipomoea aquatica* 旋花科 / 番薯属

一年生草本，陆生、蔓生或漂浮于水。茎圆柱形，有节，节间中空，节上生根，无毛。叶互生，卵形、长卵形或披针形，长 3.5 ~ 17cm，宽 0.9 ~ 8.5cm，全缘或波状。聚伞花序腋生；花冠白色、淡红色或紫红色，漏斗状，长 3.5 ~ 5cm。花期 6 ~ 10 月。

耐寒区 2 ~ 11，适用屋顶、移动式绿化。

55. 番薯 *Ipomoea batatas* 旋花科 / 番薯属

多年生草本，常作一年生栽培。具圆形、椭圆形或纺锤形的块根。茎平卧或上升。叶互生，通常为宽卵形，长 4 ~ 13cm，宽 3 ~ 13cm，全缘或 3 ~ 5 裂，叶色有浓绿、黄绿、紫绿等。聚伞花序腋生；花冠粉红色、白色、淡紫色或紫色，钟状或漏斗状，长 3 ~ 4cm。

耐寒区 9 ~ 11，适用屋顶绿化。

56. '玛格丽特'番薯 *Ipomoea batatas* 'Marguerite' 旋花科 / 番薯属

多年生草本，常作一年生栽培。茎叶具乳汁。茎平卧或上升。叶互生，通常为宽卵形，长 4 ~ 13cm，宽 3 ~ 13cm，全缘或 3 裂，基部心形，顶端渐尖，两面被疏柔毛或近于无毛，黄色或黄绿色；具柄。

耐寒区 9 ~ 11，适用移动式绿化。

57. 花烟草 *Nicotiana alata* 茄科 / 烟草属

短命多年生草本，常作一、二年生栽培。株高 0.6 ~ 1.5m，全体被粘毛。叶互生，基部稍抱茎或具翅状柄，向上成卵形或卵状矩圆形。花序为假总状式，散生数朵花；花冠淡绿色、红色、粉色或白色等，花冠筒长 5 ~ 10cm，檐部宽 15 ~ 25mm。

耐寒区 10 ~ 11，适用移动式绿化。

58. 舞春花 × *Petchoa* hort. 茄科 / 舞春花属

多年生草本，常作一、二年生栽培。株高 8 ~ 23cm，冠径 15 ~ 60cm。叶互生，狭椭圆形或倒披针形，无腺毛。花单生于叶腋；花冠漏斗状，直径 3.5 ~ 5cm，花色有红、白、粉、紫及各种带斑点、网纹、条纹等。

耐寒区 9 ~ 11，适用东墙、南墙、移动式绿化。

59. 碧冬茄 *Petunia* × *hybrida* 茄科 / 碧冬茄属

一年生或多年生草本，高 30 ~ 60cm，全体被腺毛。叶互生，卵形，顶端急尖，基部阔楔形或楔形，全缘，长 3 ~ 8cm，宽 1.5 ~ 4.5cm。花单生于叶腋；花萼 5 深裂，裂片条形；花冠白色或紫堇色，有各式条纹，漏斗状，直径 5 ~ 13cm。

耐寒区 10 ~ 11，适用西墙、移动式绿化。

60. 茄 *Solanum melongena* 茄科 / 茄属

直立分枝草本至亚灌木，通常作一年生栽培。高可达 1m，小枝、叶及花梗均被星状绒毛。叶互生，卵形至长圆状卵形，长 8 ~ 18cm，宽 5 ~ 11cm。花萼密被星状绒毛及小皮刺；花冠辐状，紫色或白色。浆果大，圆柱形或其他形状。花果期 5 ~ 9 月。

耐寒区 9 ~ 11，适用屋顶绿化。

61. 羽叶薰衣草 *Lavandula pinnata* 唇形科 / 薰衣草属

常绿灌木，常作一年生栽培。株高约 60cm。单叶对生，芳香，羽状深裂，灰绿色。轮伞花序在枝顶聚集成穗状花序，具淡蓝紫色苞片；花小，紫色。花期集中在 11 月到翌年 6 月。

耐寒区 10 ~ 11，适用移动式绿化。

62. 美国薄荷 *Monarda didyma* 唇形科 / 美国

薄荷属

直立一年生草本。株高 60 ~ 120cm，冠径 60 ~ 90cm。叶对生，卵状披针形，长达 10cm，宽达 4.5cm，纸质。轮伞花序多花，在茎顶密集成径达 6cm 的头状花序；苞片叶状，染红色，短于花序；花冠紫红色，冠檐二唇形；能育雄蕊 2 枚。花期夏季。

耐寒区 4 ~ 9，适用屋顶绿化。

63. 罗勒 *Ocimum basilicum* 唇形科 / 罗勒属

一年生草本，高 20 ~ 80cm，芳香。茎直立，钝四棱形，多分枝。叶卵圆形至卵圆状长圆形，长 2.5 ~ 5cm，宽 1 ~ 2.5cm，两面近无毛，下面具腺点。轮伞花序组成顶生总状花序，通常长 10 ~ 20cm；花冠淡紫色，或上唇白色，下唇紫红色。花期通常 7 ~ 9 月。

耐寒区 2 ~ 11，适用移动式绿化。

64. 紫苏 *Perilla frutescens* 唇形科 / 紫苏属

一年生草本。茎直立，高 0.3 ~ 2m。叶阔卵形或圆形，长 7 ~ 13cm，宽 4.5 ~ 10cm，绿色或紫红色，基部圆形或阔楔形，边缘有粗锯齿。轮伞花序 2 花，组成偏向一侧的顶生及腋生总状花序；花冠白色至紫红色，长 3 ~ 4mm。花期 8 ~ 11 月。

耐寒区 2 ~ 11，适用移动式绿化。

65. 五彩苏 *Plectranthus scutellarioides* 唇形科 / 马刺花属

多年生草本，常作一年生栽培。茎四棱形，具分枝。叶膜质，其大小、形状及色泽变异很大，通常卵圆形，长 4 ~ 12.5cm，宽 2.5 ~ 9cm，色泽多样，有黄、暗红、紫色及绿色。轮伞花序多花，排列成圆锥花序；花冠浅紫至紫或蓝色。花期 7 月。

耐寒区 10 ~ 11，适用东墙、南墙、移动式绿化。

66. 朱唇 *Salvia coccinea* 唇形科 / 鼠尾草属

一年生或多年生草本。茎直立，高达 70cm。叶对生，卵圆形或三角状卵圆形，长 2 ~ 5cm，宽 1.5 ~ 4cm，边缘具锯齿或钝锯齿。轮伞花序 4 至多花，疏离，组成顶生总状花序；花冠二唇形，深红或绯红色，长 2 ~ 2.3cm。花期 4 ~ 7 月。

耐寒区 8 ~ 10，适用移动式绿化。

67. 一串红 *Salvia splendens* 唇形科 / 鼠尾草属

亚灌木状草本，常作一年生栽培。株高 30cm，冠径 20 ~ 30cm。叶对生，卵圆形或三角状卵圆形，长 2.5 ~ 7cm，宽 2 ~ 4.5cm。轮伞花序 2 ~ 6 花，组成顶生总状花序；苞片和花萼红色；花冠二唇形，鲜红色，长 4 ~ 4.2cm。花期 3 ~ 10 月。

耐寒区 10 ~ 11，适用东墙、南墙、移动式绿化。

68. 金鱼草 *Antirrhinum majus* 玄参科 / 金鱼草属

短命多年生草本，常作二年生或一年生栽培。株高 30 ~ 100cm。叶对生或上部互生，披针形，长 3 ~ 7cm，宽 5 ~ 10mm，全缘。总状花序顶生，密被腺毛；花冠筒状，唇形，基部膨大成囊状，喉部几为下唇的假面部封闭，红、紫、黄、白等色。花期春季至秋季。

耐寒区 7 ~ 10，适用移动式绿化。

69. 毛地黄 *Digitalis purpurea* 玄参科 / 毛地黄属

二年生或多年生草本，除花冠外，全体被灰白色短柔毛和腺毛。株高 60 ~ 120cm。叶互生，基生叶多数成莲座状，卵形或长椭圆形，长 5 ~ 15cm，边缘具圆齿。花常排列成朝向一侧的长而顶生的总状花序；花冠紫红色、淡黄色或白色，内面具斑点，长 3 ~ 4.5cm。花期 5 ~ 6 月。

耐寒区 4 ~ 8，适用移动式绿化。

70. 蓝猪耳 *Torenia fournieri* 玄参科 / 蝴蝶草属

一年生直立草本，高 15 ~ 50cm。叶对生，长卵形或卵形，长 3 ~ 5cm，宽 1.5 ~ 2.5cm，几无毛，先端略尖或短渐尖，基部楔形，边缘具带短尖的粗锯齿。花萼具 5 枚翅；花冠长 2.5 ~ 4cm，筒状，淡青紫色、蓝紫色、粉色或白色等。花果期 6 ～ 12 月。

耐寒区 2 ～ 11，适用移动式绿化。

71. 风铃草 *Campanula medium* 桔梗科 / 风铃草属

二年生直立草本。植株粗壮，高可达 1m，全株被粗毛。基生叶倒披针形，长 15 ～ 25cm，茎生叶披针状长圆形，长 7 ～ 12cm，叶缘具钝齿。花冠钟形，蓝紫色、淡红色或近白色等，5 浅裂，裂片反卷。花期 5 ～ 6 月。

耐寒区 5 ～ 8，适用移动式绿化。

72. 腋花同瓣草 *Isotoma axillaris* 桔梗科 / 长星花属

多年生直立草本，常作一年生栽培。植株含有白色汁液。株高 15 ～ 30cm，冠径 20 ～ 30cm。叶互生，狭长，长可达 12cm，羽状深裂。花顶生或者腋生，花冠管长柱形，先端 5 裂，如星状，淡蓝色、紫蓝色、粉红色或白色等。花期夏秋季。

耐寒区 10 ～ 11，适用移动式绿化。

73. 南非半边莲 *Lobelia erinus* 桔梗科 / 半边莲属

多年生草本植物，常作一年生栽培。株高 15 ～ 20cm，冠径 15 ～ 30cm。茎平卧或匍匐蔓生。基生叶卵形，长 10mm，宽 4 ～ 8mm。总状花序；花冠二唇形，直径 8 ～ 20mm，先端 5 裂，下 3 裂片较大，蓝色、紫色、红色、粉色或白色等。花期 4 ～ 6 月。

耐寒区 10 ～ 11，适用移动式绿化。

74. 五星花 *Pentas lanceolata* 茜草科 / 五星花属

常绿亚灌木，常作一年生栽培。株高和冠径均为 30 ～ 60cm。叶对生，卵形、椭圆形或披针状长圆形，长 3 ～ 15cm，宽 1 ～ 5cm，基部渐狭成短柄。聚伞花序密集，顶生；花冠淡紫色、粉红色、白色等，喉部被密毛，冠檐开展，直径约 1.2cm。花期夏秋。

耐寒区 10 ～ 11，适用移动式绿化。

75. 熊耳草 *Ageratum houstonianum* 菊科 / 藿香蓟属

一年生草本，高 30 ～ 70cm。叶对生，宽卵形、长卵形或三角状卵形，中部茎叶长 2 ～ 6cm，宽 1.5 ～ 3.5cm，边缘有圆锯齿，两面被柔毛。头状花序排成伞房花序；总苞钟状，径 6 ～ 7mm；总苞片 2 层；花冠长 2.5 ～ 3.5mm，檐部淡紫色。花果期全年。

耐寒区 2 ～ 11，适用移动式绿化。

76. 木茼蒿 *Argyranthemum frutescens* 菊科 / 木茼蒿属

灌木，因不耐高温，常作二年生栽培。株高和冠径均为 1m。叶互生，宽卵形至长椭圆形，长 3 ～ 6cm，宽 2 ～ 4cm，2 回羽状分裂。头状花序排成伞房花序；苞片边缘白色宽膜质；舌状花舌片长 8 ～ 15mm，白色、粉红色、黄色或红色等。花果期 2 ～ 10 月。

耐寒区 10 ～ 11，适用移动式绿化。

77. 雏菊 *Bellis perennis* 菊科 / 雏菊属

多年生草本，常作二年生栽培。株高 10cm 左右。叶基生，匙形，顶端圆钝，基部渐狭成柄，上半部边缘有疏钝齿或波状齿。头状花序单生，直径 2.5 ～ 3.5cm；总苞片近 2 层；舌状花 1 层，舌片白色、粉红色或红色等，开展。花期早春。

耐寒区 4 ～ 11，适用移动式绿化。

78. 阿魏叶鬼针草 *Bidens ferulifolia* 菊科 / 鬼针草属

多年生草本，常作一年生栽培。株高 25 ～ 38cm，冠径 60 ～ 90cm。叶对生，椭圆形，长 8cm，1 ～ 3 回羽状深裂，鲜绿色。花期 6 ～ 8 月。头状花序，星形，花径 3 ～ 5cm，有舌状花，金黄色。花期 6 ～ 8 月。

耐寒区 8 ～ 11，适用移动式绿化。

79. 鹅河菊 *Brachyscome iberidifolia* 菊科 / 鹅河菊属

一年生草本。株高 30 ～ 45cm，冠径 30 ～

45cm。茎直立,多分枝。叶互生,深裂,裂片线形,灰绿色。头状花序,直径2.5cm,芳香,蓝色、紫色、粉红色或白色等。花期5月至秋季。

耐寒区2～11,适用移动式绿化。

80. 金盏菊 *Calendula officinalis* 菊科 / 金盏花属

一年生草本,常作二年生栽培,高20～75cm。基生叶长圆状倒卵形或匙形,长15～20cm,全缘或具疏细齿,具柄,茎生叶长圆状披针形。头状花序单生茎枝端,直径4～5cm,总苞片1～2层,小花黄或橙黄色,舌片宽4～5mm。花期4～9月。

耐寒区5～11,适用东墙、南墙、移动式绿化。

81. 翠菊 *Callistephus chinensis* 菊科 / 翠菊属

一年生或二年生草本,高30～100cm。茎直立,单生。叶互生,卵形、匙形或近圆形,长2.5～6cm,宽2～4cm,边缘有粗锯齿。头状花序单生,直径6～8cm;总苞片3层,外层叶质,舌状花1层或多层,红色、淡红色、蓝色、黄色或淡蓝紫色。花期5～10月。

耐寒区2～11,适用移动式绿化。

82. 黄晶菊 *Coleostephus multicaulis* 菊科 / 鞘冠菊属

一年生草本。株高15～30cm,冠径15～30cm。茎具半匍匐性。叶互生,肉质,条匙状,羽状裂。头状花序顶生,花小而繁多,花色金黄,直径2～3cm,边缘为扁平舌状花,中央为筒状花。花期从冬末至初夏,3～5月是盛花期。

耐寒区5～10,适用移动式绿化。

83. 金鸡菊 *Coreopsis basalis* 菊科 / 金鸡菊属

一年生草本。株高30～60cm,冠径20～30cm。茎直立,多分枝。叶对生,1～2回羽状全裂,裂片卵圆形至长圆形。头状花序,直径2.5～5cm,着生于长花序梗上;总苞片2层;舌状花8朵,黄色,基部褐紫色。花期6～10月。

耐寒区4～9,适用屋顶绿化。

84. 两色金鸡菊 *Coreopsis tinctoria* 菊科 / 金鸡菊属

一年生草本,株高30～100cm。叶对生,下部及中部叶有长柄,2回羽状全裂,裂片线形或线状披针形,全缘;上部叶线形。头状花序多数,径2～4cm,排列成伞房或疏圆锥花序状;舌状花黄色,管状花红褐色。花期5～9月。

耐寒区2～11,适用移动式绿化。

85. 秋英 *Cosmos bipinnatus* 菊科 / 秋英属

一年生或多年生草本,高1～2m。叶对生,2回羽状深裂,裂片线形或丝状线形。头状花序单生,径3～6cm;花序梗长6～18cm;舌状花紫红色、粉红色或白色;舌片椭圆状倒卵形,长2～3cm;管状花黄色。花期6～10月。

耐寒区2～11,适用移动式绿化。

86. 黄秋英 *Cosmos sulphureus* 菊科 / 秋英属

一年生或多年生草本,高1～2m。叶对生,2～3回羽状深裂,裂片披针形或椭圆形。头状花序,径4～6cm;舌状花8朵,橘红色或金黄色;管状花黄色。花期7～10月。

耐寒区2～11,适用屋顶、移动式绿化。

87. 蓝花矢车菊 *Cyanus segetum* 菊科 / 蓝花矢车菊属

一年生或二年生草本。高30～70cm。基生叶及下部茎叶长椭圆状倒披针形或披针形,中上部叶线形。头状花序单生;总苞片约7层,顶端有浅褐色或白色的附属物;全部小花管状,边花增大,超长于中央盘花,蓝色、白色、红色或紫色。花果期2～8月。

耐寒区3～11,适用移动式绿化。

88. 勋章菊 *Gazania rigens* 菊科 / 勋章菊属

常绿多年生草本植物,常作二年生栽培。株高和冠径15～30cm。叶丛生,披针形或倒卵状披针形,全缘或浅羽裂,叶背密被白色绵毛。头状花序单生,直径7.5～10cm;舌状花白、黄、橙红色，有光泽，基部常有深色环纹。花期主要是 4 ~ 6 月。

耐寒区 9 ~ 11，适用移动式绿化。

89. 蒿子杆 *Glebionis carinata* 菊科 / 茼蒿属

一年生草本，常作二年生栽培。株高 20 ~ 70cm。茎直立，通常自中上部分枝。叶互生，中下部茎叶倒卵形至长椭圆形，长 8 ~ 10cm。2 回羽状分裂。头状花序；总苞片 4 层；舌片长 15 ~ 25mm，黄、白、橙或红等色，或形成 2 ~ 3 轮环状色彩。花期 4 ~ 6 月。

耐寒区 2 ~ 11，适用移动式绿化。

90. 南茼蒿 *Glebionis segetum* 菊科 / 茼蒿属

一年生草本，常作二年生栽培。株高 20 ~ 60cm。茎直立，富肉质。叶互生，椭圆形或倒卵状披针形，边缘有不规则的大锯齿，少有成羽状浅裂的，长 4 ~ 6cm。头状花序顶生；舌片长达 1.5cm，黄色或黄白色。花果期 3 ~ 6 月。

耐寒区 2 ~ 11，适用屋顶绿化。

91. 苦味堆心菊 *Helenium amarum* 菊科 / 堆心菊属

一年生草本。株高 10 ~ 100cm，冠径 60 ~ 120cm。茎直立，有分枝。叶互生，基生叶线形至卵形，全缘或羽裂，中上部叶线形。头状花序排列成圆锥状；总苞片被毛；舌状花 8 ~ 10 朵，黄色至黄褐色，或者基部紫色，长 1.6 ~ 2.7cm。花期 7 ~ 10 月。

耐寒区 3 ~ 10，适用移动式绿化。

92. 向日葵 *Helianthus annuus* 菊科 / 向日葵属

一年生高大草本。茎直立，高 1 ~ 3m，粗壮，被白色粗硬毛，通常不分枝。叶互生，心状卵圆形或卵圆形，边缘有粗锯齿。头状花序极大，径 10 ~ 30cm，单生于茎端或枝端。总苞片多层，叶质；舌状花多数，黄色。花期 7 ~ 9 月。

耐寒区 2 ~ 11，适用移动式绿化。

93. 蜡菊 *Helichrysum bracteatum* 菊科 / 蜡菊属

一年生草本。茎直立，高 20 ~ 120cm。叶互生，长披针形至线形，长达 12cm，全缘。头状花序径 2 ~ 5cm，单生于枝端。总苞片多层，覆瓦状排列，内层长，宽披针形，有光泽，黄色或白、红、紫色。花期 5 ~ 8 月。

耐寒区 8 ~ 10，适用移动式绿化。

94. 莴笋 *Lactuca sativa* var. *angustana* 菊科 / 莴苣属

二年生或一年生草本，植物有乳汁。株高 25 ~ 60cm。茎直立，单生，粗或极粗，供食用。基生叶及下部茎生叶大，不分裂，披针形，无柄，向上的渐小。头状花序多数或极多数，在茎枝顶端排成圆锥花序。舌状小花约 15 枚，无管状花。花果期 2 ~ 9 月。

耐寒区 2 ~ 11，适用屋顶绿化。

95. 油麦菜 *Lactuca sativa* var. *asparagina* 菊科 / 莴苣属

二年生或一年生草本，有乳汁。株高 25 ~ 60cm。茎直立，单生。基生叶及下部茎生叶大，不分裂，倒披针形，无柄，向上的渐小，淡绿色，质地脆嫩，供食用。头状花序多数或极多数，在茎枝顶端排成圆锥花序。舌状小花约 15 枚，无管状花。花果期 2 ~ 9 月。

耐寒区 2 ~ 11，适用屋顶绿化。

96. 生菜 *Lactuca sativa* var. *ramosa* 菊科 / 莴苣属

二年生或一年生草本，植物有乳汁。茎直立，单生。叶长倒卵形，密集成甘蓝状叶球，质地脆嫩，供食用。头状花序，全为舌状花。

耐寒区 2 ~ 11，适用屋顶绿化。

97. 白晶菊 *Mauranthemum paludosum* 菊科 / 白晶菊属

多年生草本，常作二年生栽培。植株低矮而强健。株高 5 ~ 15cm。叶互生，披针形，长 1.5 ~ 3.5cm，宽 0.3 ~ 1.2cm，边缘有锯齿，无柄，绿色。头状花序顶生，直径 3 ~ 4cm，舌状花白色，管状花白色。花期 3 ～ 5 月。

耐寒区 6 ～ 11，适用移动式绿化。

98. 黄帝菊 *Melampodium divaricatum* 菊科 / 黑子菊属

一年生草木，株高 30 ～ 60cm，冠径 20 ～ 30cm。茎直立，二歧分枝，分枝点处抽生花梗。叶对生，长圆形，缘具疏锯齿，浅绿色。头状花序单生，直径约 3cm；总苞黄褐色，半球状；舌状花金黄色。花期春季至秋季。

耐寒区 2 ～ 11，适用移动式绿化。

99. 蓝目菊 *Osteospermum ecklonis* 菊科 / 骨子菊属

多年生草本，常作二年生或一年生栽培。株高 30 ～ 90cm，冠径 20 ～ 60cm。叶互生，椭圆形，稍肉质，无柄，边缘全缘或有锯齿。头状花序，直径 5 ～ 8cm，具短花序梗；舌状花白色、粉色、红色、紫红色、蓝色或紫色等；管状花深蓝色或紫色。花期 5 ～ 7 月。

耐寒区 10 ～ 11，适用移动式绿化。

100. 瓜叶菊 *Pericallis hybrida* 菊科 / 瓜叶菊属

多年生草本，常作二年生栽培。茎直立，高 30 ～ 70cm。叶互生，肾形至宽心形，长 10 ～ 15cm，宽 10 ～ 20cm。头状花序直径 3 ～ 5cm，多数，在茎端排列成宽伞房状；总苞片 1 层；舌状花紫红色、淡蓝色、粉红色或近白色；管状花黄色。花果期 3 ～ 7 月。

耐寒区 9 ～ 11，适用移动式绿化。

101. 黑心金光菊 *Rudbeckia hirta* 菊科 / 金光菊属

一年生、二年生或多年生草本，高 30 ～ 100cm。全株被粗刺毛。叶互生，下部叶长卵圆形，长圆形或匙形，长 8 ～ 12cm。头状花序直径 5 ～ 7cm，有长花序梗；总苞片 2 层，叶质；舌状花鲜黄色，长 20 ～ 40mm；管状花暗

褐色或暗紫色。花期 6 ～ 10 月。

耐寒区 3 ～ 9，适用移动式绿化。

102. 银叶菊 *Senecio cineraria* 菊科 / 千里光属

常绿亚灌木，常作二年生栽培。株高 15 ～ 45cm，冠径 15 ～ 30cm。叶互生，长 5 ～ 15cm，宽 3 ～ 7cm，匙形或羽状分裂，两面均被银白色绒毛。头状花序，直径 1.2 ～ 1.5cm；舌状花 10 ～ 13 朵，黄色；管状花黄色。花期 6 ～ 9 月。

耐寒区 7 ～ 10，适用东墙、南墙、移动式绿化。

103. 万寿菊 *Tagetes erecta* 菊科 / 万寿菊属

一年生草本，株高 50 ～ 150cm。茎直立，粗壮。叶通常对生，羽状分裂，长 5 ～ 10cm，宽 4 ～ 8cm。头状花序单生，径 5 ～ 8cm；总苞长 1.8 ～ 2cm，宽 1 ～ 1.5cm，杯状；舌状花黄色或暗橙色；管状花花冠黄色。花期 7 ～ 9 月。

耐寒区 2 ～ 11，适用移动式绿化。

104. 孔雀草 *Tagetes patula* 菊科 / 万寿菊属

一年生草本。株高 30 ～ 100cm。叶通常对生，羽状分裂，长 2 ～ 9cm，宽 1.5 ～ 3cm，裂片线状披针形。头状花序单生，径 3.5 ～ 4cm；总苞长 1.5cm，宽 0.7cm，长椭圆形；舌状花金黄色或橙色，带有红色斑；管状花花冠黄色。花期 7 ～ 9 月。

耐寒区 2 ～ 11，适用屋顶、移动式绿化。

105. 百日菊 *Zinnia elegans* 菊科 / 百日菊属

一年生草本。茎直立，高 30 ～ 100cm。叶对生，宽卵圆形或长圆状椭圆形，长 5 ～ 10cm，宽 2.5 ～ 5cm，基部稍心形抱茎，基出三脉。头状花序径 5 ～ 6.5cm，单生枝端。总苞片多层；舌状花深红色、玫瑰红色、紫堇色或白色。花期 6 ～ 9 月。

耐寒区 2 ～ 11，适用移动式绿化。

（八）宿根花卉

1. 蕺菜 *Houttuynia cordata* **三白草科 / 蕺菜属**

多年生腥臭草本，高 30 ～ 60cm。茎下部伏地。叶互生，薄纸质，有腺点，卵形或阔卵形，长 4 ～ 10cm，宽 2.5 ～ 6cm，基部心形，背面常呈紫红色。花小，聚集成顶生或与叶对生的穗状花序，花序基部有 4 枚白色花瓣状的总苞片；无花被。花期 4 ～ 7 月。

耐寒区 4 ～ 10，适用移动式绿化。

2. 钝叶椒草 *Peperomia obtusifolia* **胡椒科 / 草胡椒属**

多年生常绿草本。茎直立，株高和冠径 15 ～ 30cm。叶互生，质厚，椭圆形或倒卵形，长 5 ～ 6cm，宽 4 ～ 5cm，先端钝圆，深绿色，有蜡质光泽。穗状花序，长可达 13cm，花小，淡绿白色，无花被。

耐寒区 10 ～ 11，适用移动式绿化。

3. 杂交铁筷子 *Helleborus × hybridus* **毛茛科 / 铁筷子属**

常绿多年生草本，有根状茎。株高和冠径均为 30 ～ 45cm。叶为单叶，鸡足状全裂或深裂。花少数组成顶生聚伞花序。花冠直径 5 ～ 7.5cm。萼片 5 枚，花瓣状，白色、粉红色、紫红色或绿色等，也有重瓣的品种，常宿存。花瓣小，筒形或杯形。花期 2 ～ 4 月。

耐寒区 4 ～ 9，适用移动式绿化。

4. 荷包牡丹 *Lamprocapnos spectabilis* **紫堇科 / 荷包牡丹属**

落叶多年生草本，高 30 ～ 60cm 或更高。叶片轮廓三角形，长 20 ～ 30cm，宽 14 ～ 17cm，二回三出全裂，小裂片通常全缘，表面绿色，背面具白粉。总状花序，花于花序轴的一侧下垂；花优美，粉红色、紫红色或白色，长 2.5 ～ 3cm，基部心形。花期 4 ～ 6 月。

耐寒区 3 ～ 9，适用移动式绿化。

5. 博落回 *Macleaya cordata* **罂粟科 / 博落回属**

落叶多年生草本。茎高 1 ～ 4m，绿色，光滑，多白粉，中空。叶互生，宽卵形或近圆形，长 5 ～ 27cm，宽 5 ～ 25cm，通常 7 或 9 裂。大型圆锥花序多花。萼片倒卵状长圆形，长约 1cm，黄白色；花瓣无。花果期 6 ～ 11 月。

耐寒区 3 ～ 9，适用移动式绿化。

6. 花叶冷水花 *Pilea cadierei* **荨麻科 / 冷水花属**

常绿多年生草本，无毛，具匍匐根茎。茎肉质，高 15 ～ 40cm。叶多汁，同对的近等大，倒卵形，长 2.5 ～ 6cm，宽 1.5 ～ 3cm，先端骤凸，边缘有浅牙齿或啮蚀状，上面深绿色，中央有 2 条（有时在边缘也有 2 条）间断的白斑。雌雄异株；花小。

耐寒区 10 ～ 11，适用北墙绿化。

7. 冷水花 *Pilea notata* **荨麻科 / 冷水花属**

多年生草本，具匍匐茎。茎肉质，纤细，中部稍膨大，高 25 ～ 70cm，无毛。叶纸质，同对的近等大，狭卵形、卵状披针形或卵形，长 4 ～ 11cm，宽 1.5 ～ 4.5cm，边缘有浅锯齿，深绿色，有光泽。雌雄异株；花小。

耐寒区 8 ～ 11，适用北墙绿化。

8. 镜面草 *Pilea peperomioides* **荨麻科 / 冷水花属**

常绿多年生草本，无毛，丛生，具根状茎。茎直立，粗状，不分枝，高 2 ～ 13cm。叶聚生茎顶端，肉质，近圆形或圆卵形，长 2.5 ～ 9cm，宽 2 ～ 8cm，盾状着生于叶柄，边缘全缘或浅波状，绿色，基出脉 3 条，弧曲。雌雄异株；花小。

耐寒区 10 ～ 11，适用北墙绿化。

9. 柳叶牛膝 *Achyranthes longifolia* **苋科 / 牛膝属**

多年生草本，高 70 ～ 120cm。叶对生，披针形或宽披针形，长 10 ～ 20cm，宽 2 ～ 5cm，顶端尾尖。穗状花序顶生及腋生；花被片 4 ～ 5 枚，披针形，干膜质，长 3 ~ 5mm。花果期 9 ~ 11 月。

耐寒区 7 ~ 10，适用移动式绿化。

10. 棱轴土人参 *Talinum fruticosum* 马齿苋科 / 土人参属

多年生或一年生草本，高 30 ~ 90cm。茎粗壮，直立，肉质。叶互生或近对生，稍肉质，倒卵形或倒披针形，长可达 9cm，全缘。总状花序或聚伞花序；花瓣淡紫色、粉红色或白色，长 7 ~ 13mm。花果期几乎全年。

耐寒区 8 ~ 11，适用东墙、南墙绿化。

11. 须苞石竹 *Dianthus barbartus* 石竹科 / 石竹属

多年生草本，高 30 ~ 60cm，全株无毛。叶对生，披针形，长 4 ~ 8cm，宽约 1cm，顶端急尖，基部渐狭，合生成鞘，全缘。花多数，集成头状，有数枚叶状总苞片；花瓣 5 枚，具长爪，瓣片卵形，通常红紫色，有白点斑纹，顶端齿裂，喉部具髯。花果期 5 ~ 10 月。

耐寒区 3 ~ 9，适用屋顶绿化。

12. 香石竹 *Dianthus caryophyllus* 石竹科 / 石竹属

多年生草本，高 40 ~ 70cm，全株无毛，粉绿色。叶对生，线状披针形，长 4 ~ 14cm，宽 2 ~ 4mm。花常单生枝端，有时 2 或 3 朵，有香气，粉红、紫红或白色；单瓣或重瓣，瓣片倒卵形，先端具不整齐齿。花期 5 ~ 8 月，果期 8 ~ 9 月。

耐寒区 6 ~ 9，适用屋顶、移动式绿化。

13. 石竹 *Dianthus chinensis* 石竹科 / 石竹属

多年生草本，高 30 ~ 50cm，全株无毛。叶对生，线状披针形，长 3 ~ 5cm，宽 2 ~ 4mm，全缘或有细小齿。花单生或成聚伞花序；花瓣 5 枚，长 16 ~ 18mm，瓣片倒卵状三角形，紫红色、粉红色、鲜红色或白色，先端不整齐齿裂，喉部有斑纹。花期 5 ~ 6 月。

耐寒区 6 ~ 9，适用东墙、南墙、屋顶、移动式绿化。

14. 西洋石竹 *Dianthus deltoides* 石竹科 / 石竹属

多年生草本，簇生，呈草垫状，高 15 ~ 35cm。叶对生，长 1 ~ 12cm，宽 1 ~ 2mm，基生叶狭线形。花 2 ~ 8 朵排列成聚伞花序；花小，直径 6 ~ 12mm；花瓣 5 枚，红色，先端齿裂。花期 6 ~ 7 月。

耐寒区 3 ~ 8，适用屋顶绿化。

15. 常夏石竹 *Dianthus plumarius* 石竹科 / 石竹属

多年生草本，簇生，呈草垫状，高 20 ~ 45cm。叶对生，狭线形，基部叶较稠密，茎上叶稀疏，长 38cm，宽 1 ~ 2mm，边缘有细齿。花 1 ~ 3 朵排列成聚伞花序；花较大，粉红色，芳香；花瓣 5 枚，倒匙状，先端浅裂至丝裂。花期 5 ~ 6 月。

耐寒区 3 ~ 9，适用屋顶、移动式绿化。

16. 瞿麦 *Dianthus superbus* 石竹科 / 石竹属

多年生草本，高 50 ~ 60cm。叶对生，线状披针形，长 5 ~ 10cm，宽 3 ~ 5mm，顶端锐尖。花 1 或 2 朵生枝端；花瓣 5 枚，长 4 ~ 5cm，爪长 1.5 ~ 3cm，包于萼筒内，瓣片宽倒卵形，边缘繸裂至中部或中部以上，通常淡红色或带紫色，稀白色。花期 6 ~ 9 月。

耐寒区 3 ~ 8，适用屋顶绿化。

17. 剪春罗 *Lychnis coronata* 石竹科 / 剪春罗属

多年生草本，高 50 ~ 90cm。叶对生，椭圆状倒披针形，长 8 ~ 15cm，宽 2 ~ 5cm，两面近无毛，边缘具缘毛。二歧聚伞花序通常具数朵花；花直径 4 ~ 5cm；花瓣 5 枚，橙红色，倒卵形，长 20 ~ 25mm，顶端具不整齐缺刻状齿；副花冠片椭圆状。花期 6 ~ 7 月。

耐寒区 5 ~ 9，适用移动式绿化。

18. 肥皂草 *Saponaria officinalis* 石竹科 / 肥皂草属

多年生草本，高 30 ~ 70cm。叶对生，椭圆形或椭圆状披针形，长 5 ~ 10cm，宽

2 ~ 4cm，基部渐狭成短柄状，微合生，半抱茎，具 3 或 5 基出脉。聚伞圆锥花序；花萼筒状，绿色；花瓣 5 枚，白色或淡红色，楔状倒卵形，长 10 ~ 15mm；副花冠片线形。花期 6 ~ 9 月。

耐寒区 3 ~ 8，适用移动式绿化。

19. '红龙' 小头蓼 *Polygonum microcephalum* 'Red Dragon' 蓼科 / 蓼属

落叶多年生草本，具根状茎。株高 75cm，冠径 90cm。茎直立或外倾，高 40 ~ 60cm，红色。叶互生，宽卵形或三角状卵形，春季新叶紫褐色，有灰褐色和浅绿色斑彩；托叶鞘筒状。花序头状；花被 5 深裂，白色；通常不育。花期 5 ~ 9 月。

耐寒区 6 ~ 9，适用移动式绿化。

20. 赤胫散 *Polygonum runcinatum* var. *sinense* 蓼科 / 蓼属

落叶多年生草本。茎近直立或上升，高 30 ~ 60cm。叶互生，三角状卵形，长 4 ~ 8cm，宽 2 ~ 4cm，基部通常具 1 对裂片；托叶鞘膜质，筒状，具缘毛。花序头状，紧密，直径 5 ~ 7mm，数个再集成圆锥状；花被 5 深裂，淡红色或白色。花期 4 ~ 8 月。

耐寒区 7 ~ 9，适用东墙、南墙、西墙、屋顶绿化。

21. 海石竹 *Armeria maritima* 白花丹科 / 海石竹属

多年生常绿草本。丛生，株高 10cm，冠径 15cm。叶片狭窄，长 1 ~ 15cm，宽 0.5 ~ 3mm，暗绿色。花序球状，单个顶生，直径 13 ~ 28mm，花二型，小而多，白色至红色。花期夏季。

耐寒区 4 ~ 8，适用移动式绿化。

22. 芍药 *Paeonia lactiflora* 芍药科 / 芍药属

落叶多年生草本。茎高 40 ~ 70cm，无毛。叶互生，下部茎生叶为二回三出复叶，上部茎生叶为三出复叶；小叶狭卵形，椭圆形或披针形。花数朵，生茎顶和叶腋，直径 8 ~ 11.5cm；花瓣 9 ~ 13 枚，或为重瓣，白色、粉红色或红色等。

花期 5 ~ 6 月。

耐寒区 3 ~ 8，适用移动式绿化。

23. 红秋葵 *Hibiscus coccineus* 锦葵科 / 木槿属

多年生直立草本，高 1 ~ 3m，茎带白霜，无毛。叶互生，指状 5 裂，裂片狭披针形，长 6 ~ 14cm，宽 6 ~ 15mm。花单生于枝端叶腋间；花瓣玫瑰红至洋红色，倒卵形，长 7 ~ 8cm，宽 3 ~ 4cm，雄蕊柱长约 7cm。花期 8 月。

耐寒区 6 ~ 9，适用移动式绿化。

24. 芙蓉葵 *Hibiscus moscheutos* 锦葵科 / 木槿属

多年生直立草本，高 1 ~ 2.5m。叶互生，卵形至卵状披针形，有时具 2 枚小侧裂片，长 10 ~ 18cm，宽 4 ~ 8cm，下面被灰白色毡毛。花单生于枝端叶腋间；花大，白色、淡红和红色等，内面基部深红色，直径 10 ~ 14cm。花期 7 ~ 9 月。

耐寒区 5 ~ 9，适用屋顶、移动式绿化。

25. 海滨沼葵 *Kosteletzkya pentacarpos* 锦葵科 / 沼葵属

多年生草本。株高 0.9 ~ 1.2m，冠径 0.6 ~ 0.9m。叶互生，狭卵形至阔卵形，长 5.5 ~ 17.5cm，宽 3.5 ~ 16cm，常掌状或戟状 3 ~ 5 裂。花腋生，直径约 6cm；花瓣 5 枚，粉色，稀白色，长 1.5 ~ 4.5cm。花期夏秋季。

耐寒区 6 ~ 9，适用移动式绿化。

26. 砖红蔓赛葵 *Malvastrum lateritium* 锦葵科 / 赛葵属

多年生蔓生草本。株高 15 ~ 30cm，冠径 30 ~ 45cm。茎匍匐蔓生，上部稍上升，节上生根。叶互生，近圆形，掌状 5 ~ 7 裂，裂片先端尖或钝，边缘具锯齿。花瓣 5 枚，杏粉色，具红色心。花期 6 ~ 9 月。

耐寒区 8 ~ 10，适用移动式绿化。

27. 紫花地丁 *Viola philippica* 堇菜科 / 堇菜属

多年生草本，无地上茎，高 4 ~ 14cm。叶多数，基生，莲座状；叶片三角状卵形、长圆形、至长圆状卵形，长 1.5 ~ 4cm，宽 0.5 ~ 1cm；托叶膜质，部分与叶柄合生。花两侧对称，单生；花瓣 5 枚，异形，紫堇色或淡紫色；距细管状。花果期 4 月中下旬至 9 月。

耐寒区 5 ~ 9，适用屋顶绿化。

28. 银星秋海棠 *Begonia albopicta* 秋海棠科 / 秋海棠属

常绿多年生草本，高 0.5 ~ 1.5m。茎直立，有分枝，多节，无毛。叶互生，卵形至长圆状卵形，长 10 ~ 20cm，宽 5 ~ 13cm，基部偏心形，边缘角裂，有细齿，上面深绿色，有多数圆形白斑，下面紫红色。聚伞花序，花红色或淡红色，花被片 4 枚。花期 4 ~ 9 月。

耐寒区 10 ~ 11，适用西墙绿化。

29. 竹节秋海棠 *Begonia maculata* 秋海棠科 / 秋海棠属

常绿多年生草本。株高 0.7 ~ 1.5m。茎直立或倾斜，有分枝。叶互生，肉质，斜长圆形至长圆状卵形，长 10 ~ 20cm，宽 4 ~ 5cm，边缘浅波状，无齿，上面深绿色，下面带红色。聚伞花序，花浅红色，花被片 4 枚。花期夏秋季。

耐寒区 10 ~ 11，适用西墙绿化。

30. 铁甲秋海棠 *Begonia masoniana* 秋海棠科 / 秋海棠属

常绿多年生草本。叶均基生，通常 1 枚，斜宽卵形至斜近圆形，长 10 ~ 19cm，宽 9 ~ 15cm，基部深心形，边缘有不规则锯齿，上面深绿色，有浅色斑纹，密被长硬毛。花多数，黄色，4 ~ 5 回圆锥状二歧聚伞花序。蒴果具 3 窄翅，翅近等宽。花期 5 ~ 7 月。

耐寒区 10 ~ 11，适用西墙绿化。

31. 大王秋海棠 *Begonia rex* 秋海棠科 / 秋海棠属

常绿多年生草本，高 17 ~ 23cm。叶均基生，长卵形，长 6 ~ 12cm，宽 5 ~ 8.9cm，基部心形，两侧不相等，边缘具不等浅三角形锯齿，齿尖带长芒。花 2 朵，生于茎顶；雄花花被片 4 枚。

蒴果具 3 翅，1 翅特大，呈宽披针形，其余 2 翅较窄，呈新月形。花期 5 月。

耐寒区 10 ~ 11，适用西墙绿化。

32. '金叶'圆叶过路黄 *Lysimachia nummularia* 'Aurea' 报春花科 / 珍珠菜属

多年生常绿草本。茎匍匐生长，株高 2.5 ~ 5cm，可达 60cm。单叶对生，圆形，长约 2cm，早春至秋季黄色，冬季霜后略带暗红色。单花腋生，亮黄色，直径约 2cm。花期夏季。

耐寒区 3 ~ 9，适用移动式绿化。

33. 落新妇 *Astilbe chinensis* 虎耳草科 / 落新妇属

多年生草本。株高 30 ~ 100cm，冠径 30 ~ 60cm。根状茎暗褐色，粗壮。基生叶为 2 至 3 回三出羽状复叶；小叶片卵形至椭圆形，长 1.8 ~ 8cm，宽 1.1 ~ 4cm，边缘有重锯齿。圆锥花序，花密集；花瓣 5 枚，淡紫色、紫红色、粉色或白色等，线形，长 4.5 ~ 5mm。花果期 6 ~ 9 月。

耐寒区 4 ~ 8，适用移动式绿化。

34. 矾根 *Heuchera micrantha* 虎耳草科 / 矾根属

多年生常绿草本。茎短，分枝。花枝高 6 ~ 57cm。基生叶圆形至多边形，长 2.5 ~ 10cm，基部心形，5 ~ 9 浅裂或深裂，裂片先端圆或钝，颜色丰富。聚伞状圆锥花序，花小，花瓣 5 枚，白色或浅粉色。花期 5 ~ 6 月。

耐寒区 4 ~ 9，适用东墙、北墙绿化。

35. 虎耳草 *Saxifraga stolonifera* 虎耳草科 / 虎耳草属

多年生常绿草本，高 8 ~ 45cm。鞭匐枝细长。基生叶具长柄，叶片近心形、肾形至扁圆形，长 1.5 ~ 7.5cm，5 ~ 11 浅裂，两面被腺毛，背面通常红紫色。聚伞花序圆锥状；花瓣白色，中上部具紫红色斑点，基部具黄色斑点，5 枚，其中 3 枚较短。花期 4 ~ 8 月。

耐寒区 6 ~ 9，适用东墙、南墙、北墙、移动式绿化。

36. 蛇莓 *Duchesnea indica* 蔷薇科 / 蛇莓属

多年生草本，具细长葡匐茎。基生叶数枚，茎生叶互生，皆为三出复叶，小叶片倒卵形至菱状长圆形，长 2 ~ 3.5cm，宽 1 ~ 3cm，被柔毛。花单生于叶腋；直径 1.5 ~ 2.5cm；副萼片比萼片长；花瓣 5 枚，黄色；花托在果期膨大，海绵质，鲜红色。花期 6 ~ 8 月。

耐寒区 5 ~ 9，适用东墙、南墙绿化。

37. 蔓花生 *Arachis duranensis* 豆科 / 落花生属

宿根草本。株高 10 ~ 15cm，匐匐生长。叶互生，偶数羽状复叶具小叶 2 对；小叶倒卵形，全缘；托叶大而显著，部分与叶柄贴生。花腋生，蝶形花冠，金黄色；开花后能形成胚栓，斜插入土壤中。花期春季至秋季。

耐寒区 10 ~ 11，适用移动式绿化。

38. 绣球小冠花 *Coronilla varia* 豆科 / 小冠花属

多年生草本。茎多分枝，疏展，高 30 ~ 60cm。叶互生，奇数羽状复叶，具小叶 11 ~ 25 枚；小叶薄纸质，椭圆形或长圆形，长 15 ~ 25mm，宽 4 ~ 8mm。伞形花序腋生，长 5 ~ 6cm，花密集排列成绣球状，花冠紫色、淡红色或白色。花期 6 ~ 7 月。

耐寒区 4 ~ 10，适用移动式绿化。

39. 百脉根 *Lotus corniculatus* 豆科 / 百脉根属

多年生草本，高 15 ~ 50cm。叶互生，羽状复叶 5 小叶；叶轴顶端 3 小叶，基部 2 小叶呈托叶状，纸质，斜卵形至倒披针状卵形，长 5 ~ 15mm，宽 4 ~ 8mm。伞形花序；总花梗长 3 ~ 10cm；花 3 ~ 7 朵集生于总花梗顶端；花冠黄色或金黄色。花期 5 ~ 9 月。

耐寒区 4 ~ 9，适用移动式绿化。

40. 霍州油菜 *Thermopsis chinensis* 豆科 / 野决明属

多年生草本。株高和冠径均为约 50cm。茎直立，分枝。叶互生，3 小叶；托叶线状卵形或披针形；小叶倒卵形或线状披针形，长 2 ~ 4.5cm，宽 0.8 ~ 2cm。总状花序顶生，长 10 ~ 30cm；花冠蝶形，黄色，花瓣均具长瓣柄，长 2.2 ~ 2.8cm。花期 4 ~ 5 月。

耐寒区 5 ~ 9，适用屋顶、移动式绿化。

41. 红车轴草 *Trifolium pratense* 豆科 / 车轴草属

短命多年生草本。茎直立或平卧上升。叶互生，掌状三出复叶；小叶卵状椭圆形至倒卵形，长 1.5 ~ 3.5cm，宽 1 ~ 2cm，叶面上常有 V 字形白斑。花序球状或卵状，顶生；无总花梗，具花 30 ~ 70 朵，密集；花冠紫红色至淡红色。花果期 5 ~ 9 月。

耐寒区 3 ~ 8，适用移动式绿化。

42. 白车轴草 *Trifolium repens* 豆科 / 车轴草属

短命多年生草本，高 10 ~ 30cm。茎匐匐蔓生。叶互生，掌状三出复叶；小叶倒卵形至近圆形，长 8 ~ 20mm，宽 8 ~ 16mm。花序球形，顶生，直径 15 ~ 40mm；总花梗甚长，比叶柄长近 1 倍；花冠白色、乳黄色或淡红色，具香气。花果期 5 ~ 10 月。

耐寒区 3 ~ 10，适用屋顶、移动式绿化。

43. 山桃草 *Gaura lindheimeri* 柳叶菜科 / 山桃草属

多年生粗壮草本。茎直立，高 60 ~ 100cm。叶无柄，椭圆状披针形，长 3 ~ 9cm，宽 5 ~ 11mm，向上渐变小，两面被长柔毛。花序长穗状，长 20 ~ 50cm；花瓣 4 枚，白色，后变粉红，排向一侧，倒卵形或椭圆形，长 12 ~ 15mm。花期 5 ~ 8 月。

耐寒区 5 ~ 9，适用屋顶、移动式绿化。

44. 美丽月见草 *Oenothera speciosa* 柳叶菜科 / 月见草属

多年生草本，具根状茎。株高 20 ~ 60cm，冠径 30 ~ 45cm。叶基生和茎生，披针形或倒披针形，长 1.5 ~ 7.5cm，边缘有时在近基部有小裂片。花粉红色，直径 5 ~ 7.5cm，花瓣 4 枚，宽倒卵形。花朵夜间开放，并持续到上午。花期 5 ~ 7 月。

耐寒区 4 ～ 9，适用屋顶、移动式绿化。

45. 红尾铁苋 *Acalypha chamaedrifolia* 大戟科 / 铁苋菜属

常绿多年生草本。株高 10 ～ 25cm。茎平卧或上升，有毛。叶互生，卵形或圆形，长 0.3 ～ 2.1cm，宽 0.3 ～ 1.2cm，边缘有锯齿。穗状花序顶生，鲜红色，雌雄花同序，雌花部分长 1.5 ～ 3cm，花柱撕裂。花期全年。

耐寒区 9 ～ 11，适用移动式绿化。

46. 宿根亚麻 *Linum perenne* 亚麻科 / 亚麻属

多年生草本，高 20 ～ 90cm。茎多数，直立。叶互生，狭条形或条状披针形，长 2 ～ 4cm，宽 1 ～ 5mm，全缘内卷，先端锐尖，基部渐狭。花多数，组成聚伞花序，蓝色、蓝紫色、淡蓝色，直径约 2cm；花瓣 5 枚，倒卵形。花期 6 ～ 7 月。

耐寒区 5 ～ 8，适用移动式绿化。

47. 家天竺葵 *Pelargonium domesticum* 牻牛儿苗科 / 天竺葵属

多年生草本，高 30 ～ 40cm，茎直立，分枝。基部木质化，被开展的长柔毛。叶互生，圆肾形，长 3 ～ 7cm，宽 5 ～ 8cm，边缘具不规则的锐锯齿，有鱼腥味。伞形花序具花数朵；花冠粉红、淡红、深红或白色，长 2.5 ～ 3.5mm。花期 7 ～ 8 月。

耐寒区 10 ～ 11，适用东墙、南墙、北墙绿化。

48. 天竺葵 *Pelargonium hortorum* 牻牛儿苗科 / 天竺葵属

多年生草本，高 30 ～ 60cm。茎直立，基部木质化，具浓裂鱼腥味。叶互生，圆形或肾形，直径 3 ～ 7cm，边缘波状浅裂，表面叶缘以内有暗红色马蹄形环纹。伞形花序腋生，花瓣红色、橙红、粉红或白色。花期 5 ～ 7 月。

耐寒区 10 ～ 11，适用东墙、南墙、移动式绿化。

49. 盾叶天竺葵 *Pelargonium peltatum* 牻牛

儿苗科 / 天竺葵属

多年生蔓生草本，长 40 ～ 100cm。茎匍匐或下垂。叶互生，略呈肉质；托叶大，三角状心形；叶片近圆形，直径 5 ～ 7cm，五角状浅裂或有时近全缘。伞房花序腋生；花冠红色、粉色、蓝紫色或白色等。

耐寒区 10 ～ 11，适用东墙、南墙绿化。

50. 菊叶天竺葵 *Pelargonium radula* 牻牛儿苗科 / 天竺葵属

多年生草本或灌木状，高达 1m。茎直立，基部木质化，上部肉质。叶互生，近圆形或心形，直径 3 ～ 10cm，掌状 5 ～ 7 深裂至近基部或仅达中部，裂片条形。伞形花序与叶对生，花瓣玫瑰红或粉红。花期 5 ～ 7 月。

耐寒区 10 ～ 11，适用东墙、南墙绿化。

51. 明日叶 *Angelica keiskei* 伞形科 / 当归属

多年生大草本。茎直立，多分枝，株高 50 ～ 120cm。茎叶内含黄色汁液。基生叶丛生，叶大形，1 ～ 2 回三出羽状分裂，小羽叶卵形或广卵形，边缘具细锯齿，无毛。复伞形花序；小花多数，乳黄色；花瓣 5 枚，内曲。双悬果，长椭圆形。花期 5 ～ 10 月。

耐寒区 4 ～ 9，适用屋顶绿化。

52. 鸭儿芹 *Cryptotaenia japonica* 伞形科 / 鸭儿芹属

多年生草本，株高 20 ～ 100cm。叶片轮廓三角形至广卵形，长 2 ～ 14cm，宽 3 ～ 17cm，通常为 3 小叶；小叶片边缘有不规则的尖锐重锯齿。复伞形花序呈圆锥状，伞辐 2 ～ 3，不等长；花小；花瓣白色。花期 4 ～ 5 月。

耐寒区 5 ～ 9，适用移动式绿化。

53. 马利筋 *Asclepias curassavica* 萝藦科 / 马利筋属

常绿多年生直立草本，灌木状，高达 80cm，全株有白色乳汁。叶对生或轮生，膜质，披针形至椭圆状披针形，长 6 ～ 14cm。聚伞花序顶生或腋生；花冠紫红色，裂片长圆形，长 5mm，反折；

副花冠生于合蕊冠上，5裂，黄色。花期几乎全年。

耐寒区9~11，适用移动式绿化。

54. 马蹄金 *Dichondra micrantha* 旋花科 / 马蹄金属

多年生匍匐小草本，茎细长，被灰色短柔毛，节上生根。叶互生，肾形至圆形，直径4~25mm，先端宽圆形或微缺，基部阔心形，正面微被毛，背面被贴生短柔毛，全缘；具长的叶柄。花单生叶腋；花小，黄色，深5裂。花期4~5月。

耐寒区9~11，适用东墙、南墙、北墙、移动式绿化。

55. 厚藤 *Ipomoea pes-caprae* 旋花科 / 番薯属

多年生草本，有乳汁，全株无毛。茎平卧，有时缠绕。叶互生，肉质，卵形、椭圆形、圆形、肾形或长圆形，长3.5~9cm，宽3~10cm，顶端微缺或2裂，裂片圆。多歧聚伞花序，腋生；花冠紫色或深红色，漏斗状，长4~5cm。花期3~10月。

耐寒区9~11，适用移动式绿化。

56. 天蓝绣球 *Phlox paniculata* 花葱科 / 天蓝绣球属

多年生落叶草本，茎直立，高60~100cm，单一或上部分枝。叶交互对生，有时3叶轮生，长圆形或卵状披针形，长7.5~12cm，宽1.5~3.5cm，全缘。多花密集成顶生伞房状圆锥花序，花冠高脚碟状，淡红、红、白、紫等色。花期6~9月。

耐寒区3~8，适用移动式绿化。

57. 针叶天蓝绣球 *Phlox subulata* 花葱科 / 天蓝绣球属

多年生矮小草本。茎丛生，铺散，多分枝。叶对生或簇生于节上，钻状线形或线状披针形，长1~1.5cm，锐尖。花数朵集生枝顶，成简单的聚伞花序；花冠高脚碟状，淡红、紫色或白色，长约2cm。花期4~5月。

耐寒区3~9，适用移动式绿化。

58. 聚合草 *Symphytum officinale* 紫草科 / 聚合草属

丛生型多年生草本，高30~90cm。基生叶通常50~80枚，具长柄，叶片带状披针形、卵状披针形至卵形，长30~60cm，宽10~20cm。镰状聚伞花序在茎的上部集生呈圆锥状；花冠筒状钟形，长14~15mm，淡紫色、紫红色至黄白色。花期5~10月。

耐寒区4~8，适用移动式绿化。

59. 单花莸 *Caryopteris nepetifolia* 马鞭草科 / 莸属

多年生草本，有时蔓生，仅基部木质化，高30~60cm。叶对生，纸质，宽卵形至近圆形，长1.5~5cm，宽1.5~4cm，边缘具4~6对钝齿，被柔毛及腺点。单花腋生；花冠淡蓝色，花冠管长6~9mm；雄蕊4枚，与花柱均伸出花冠管外。花果期5~9月。

耐寒区8~9，适用屋顶绿化。

60. 美女樱 *Glandularia × hybrida* 马鞭草科 / 美女樱属

多年生草本。株高20~45cm。冠径30~60cm。叶对生，长圆形或三角状披针形，长3~7cm，宽1.5~3cm，边缘有缺刻状圆齿，两面被灰白色糙伏毛。穗状花序短缩，生于枝顶，花冠紫色、红色、粉色或白色等。花期5~11月。

耐寒区9~10，适用东墙、南墙、移动式绿化。

61. 细叶美女樱 *Glandularia tenera* 马鞭草科 / 美女樱属

多年生草本。株高20~45cm。冠径30~60cm。叶对生，2~3回羽状分裂，裂片线形，被毛较稀。穗状花序短缩，生于枝顶，花冠长约1.2cm，淡紫色、粉色或白色等。花期6~11月。

耐寒区9~10，适用移动式绿化。

62. 柳叶马鞭草 *Verbena bonariensis* 马鞭草科 / 马鞭草属

多年生草本。茎直立,株高 60 ~ 120cm,冠径 45 ~ 90cm。叶对生,长圆状披针形,长 4 ~ 10cm,宽 5 ~ 15mm,边缘具锐齿,基部半抱茎。穗状花序顶生,紧凑,组成圆锥状伞房花序,花冠直径约 5mm,蓝紫色。花期 5 ~ 9月。

耐寒区 7 ~ 11,适用屋顶、移动式绿化。

63. '暗紫' 匍匐筋骨草 Ajuga reptans 'Atropurpurea' 唇形科 / 筋骨草属

多年生常绿草本。株高 15cm,冠径 90cm。茎多而蔓生,铺地状。叶丛莲座状,叶深古铜紫色,有光泽。穗状花序高于叶丛,花冠二唇形,蓝紫色。花期春季。

耐寒区 3 ~ 9,适用移动式绿化。

64. 肾茶 Clerodendranthus spicatus 唇形科 / 肾茶属

多年生草本。茎直立,高 1 ~ 1.5m,四棱形。叶卵形或卵状长圆形,长 2 ~ 5.5cm,宽 1.3 ~ 3.5cm,边缘具齿。轮伞花序 6 花,组成总状花序;花冠浅紫或白色;雄蕊 4 枚,超出花冠 2 ~ 4cm。花果期 5 ~ 11月。

耐寒区 10 ~ 11,适用移动式绿化。

65. '花叶' 欧活血丹 Glechoma hederacea 'Variegata' 唇形科 / 活血丹属

多年生蔓生草本,具匍匐茎,上升,逐节生根。茎高 10 ~ 17cm,四棱形。叶草质,肾形或肾状圆形,长 0.8 ~ 1.3cm,宽约 2cm,先端圆形,基部心形,边缘具粗圆齿,绿色,边缘具白色斑纹。聚伞花序 2 ~ 4 花,组成轮伞状;花冠紫色。花期 5 月。

耐寒区 3 ~ 10,适用移动式绿化。

66. 活血丹 Glechoma longituba 唇形科 / 活血丹属

多年生草本,具匍匐茎,上升,逐节生根。茎高 10 ~ 20cm,四棱形。叶草质,心形或近肾形,长 1.8 ~ 2.6cm,宽 2 ~ 3cm,边缘具圆齿,叶柄长为叶片的 1.5 倍。轮伞花序通常 2 花;花冠

淡蓝、蓝至紫色,下唇具深色斑点。花期 4 ~ 5月。

耐寒区 3 ~ 10,适用移动式绿化。

67. 水薄荷 Mentha aquatica 唇形科 / 薄荷属

多年生草本,具根状茎。高可达 90cm。叶对生,卵形至卵状披针形,长 2 ~ 6cm,宽 1 ~ 4cm,绿色,有时具紫色晕。轮伞花序密集成顶生的,常无叶的穗状花序;茎生叶低于轮伞花序;花冠淡粉色或蓝紫色。花期夏季。

耐寒区 5 ~ 11,适用移动式绿化。

68. 薄荷 Mentha canadensis 唇形科 / 薄荷属

多年生草本。茎直立,高 30 ~ 60cm,具水平、匍匐根状茎。叶对生,长圆状披针形,椭圆形或卵状披针形,长 3 ~ 5cm,宽 0.8 ~ 3cm。轮伞花序腋生,轮廓球形;花冠淡紫色,长 4mm。花期 7 ~ 9月。

耐寒区 6 ~ 9,适用移动式绿化。

69. 皱叶留兰香 Mentha crispata 唇形科 / 薄荷属

多年生草本。茎直立,高 30 ~ 60cm,钝四棱形,不育枝紧贴地生。叶对生,无柄,卵形或卵状披针形,长 2 ~ 3cm,宽 1.2 ~ 2cm;边缘有锐裂的锯齿,上面绿色,皱波状,脉纹明显凹陷。轮伞花序在茎及分枝顶端密集成穗状花序;花冠淡紫。花期夏季。

耐寒区 5 ~ 11,适用屋顶绿化。

70. 荆芥 Nepeta cataria 唇形科 / 荆芥属

多年生草本。茎基部木质化,多分枝,高 40 ~ 150cm。叶对生,卵状至三角状心脏形,长 2.5 ~ 7cm,宽 2.1 ~ 4.7cm,边缘具粗圆齿或牙齿,草质,黄绿色。花序为聚伞状,组成顶生、分枝的圆锥花序;花冠白色,下唇有紫色斑点。花期 7 ~ 9月。

耐寒区 3 ~ 7,适用屋顶绿化。

71. '六巨山' 荆芥 Nepeta 'Six Hills Giant' 唇形科 / 荆芥属

多年生草本。丛生,圆丘状。株高 45cm,

冠幅 45cm。叶对生，较小，灰绿色。花序为聚伞状，组成顶生、分枝圆锥的花序，花冠淡紫蓝色。花期初夏。

耐寒区 4 ~ 7，适用移动式绿化。

72.[莫娜紫] 马刺花 *Plectranthus 'Plepalila'* 唇形科 / 延命草属

常绿多年生草本，灌木状。株高 60cm。生长迅速，能形成茂密的株型。叶片深绿有光泽，叶背浓紫色。花序顶生，圆锥状，花淡紫色，具紫色斑纹；花冠筒较长，喉部略收缩。花期不定，但短日照条件下有利开花。秋季始花，持续到冬季，也可延长至初夏。

耐寒区 9 ~ 11，适用移动式绿化。

73. 大花夏枯草 *Prunella grandiflora* 唇形科 / 夏枯草属

多年生草本；根茎葡匐地下。茎上升，高 15 ~ 60cm。叶对生，卵状长圆形，长 3.5 ~ 4.5cm，宽 2 ~ 2.5cm；花序下方的一对叶长圆状披针形。轮伞花序密集组成长 4.5cm 的长圆形顶生花序。花冠蓝色，长 20 ~ 27mm。花期 9 月。

耐寒区 4 ~ 8，适用移动式绿化。

74. 药用鼠尾草 *Salvia officinalis* 唇形科 / 鼠尾草属

多年生草本。茎直立，基部木质。叶片长圆形或卵圆形，长 1 ~ 8cm，宽 0.6 ~ 3.5cm，坚纸质，两面具细皱，被白色短绒毛。轮伞花序 2 ~ 18 花，组成顶生总状花序；花冠紫色或蓝色，长 1.8 ~ 1.9cm。花期 4 ~ 6 月。

耐寒区 4 ~ 8，适用屋顶绿化。

75. 凤梨鼠尾草 *Salvia elegans* 唇形科 / 鼠尾草属

多年生草本，也可作一年生栽培。株高约 1.2m，冠径 60 ~ 90cm。叶对生，卵形，长可达 8cm，淡绿色，被柔毛，揉碎有凤梨香味。花序顶生，花冠二唇形，红色，长 2.5cm，下唇较上唇稍短。花期夏末至秋季。

耐寒区 8 ~ 11，适用移动式绿化。

76. 蓝花鼠尾草 *Salvia farinacea* 唇形科 / 鼠尾草属

多年生草本，常作一年生栽培。茎直立，高 45 ~ 90cm，冠径 30cm。叶对生，卵状披针形，长可达 8cm，边缘具不规则锯齿。轮伞花序组成顶生总状花序；花冠二唇形，青蓝色，也有白色、蓝色、紫色等品种。花期夏秋季。

耐寒区 8 ~ 10，适用移动式绿化。

77. 深蓝鼠尾草 *Salvia guaranitica* 唇形科 / 鼠尾草属

多年生草本，亚灌木状。茎直立，高 0.9 ~ 1.5m。叶对生，卵形，长 5 ~ 12cm，深绿色，具微皱，边缘具浅齿，揉碎有茴芹气味。花序顶生，长可达 25cm；花冠二唇形，深蓝色。花期夏秋季。

耐寒区 7 ~ 11，适用移动式绿化。

78. 紫绒鼠尾草 *Salvia leucantha* 唇形科 / 鼠尾草属

常绿多年生草本，亚灌木状。株高和冠径 60 ~ 90cm。茎直立，多分枝，茎基部稍木质化。叶对生，线状披针形，具微皱，上面中绿色，下面具白色绒毛。花序顶生，花萼紫色，具绒毛，花冠白色。花期夏季至秋季。

耐寒区 8 ~ 10，适用移动式绿化。

79. 天蓝鼠尾草 *Salvia uliginosa* 唇形科 / 鼠尾草属

多年生草本。茎直立，高 2m，冠径 45cm。叶对生，椭圆形至披针形，中绿色，边缘有锯齿。轮伞花序组成顶生总状花序；花冠二唇形，天蓝色。花期秋季。

耐寒区 6 ~ 10，适用移动式绿化。

80. 四棱草 *Schnabelia oligophylla* 唇形科 / 四棱草属

多年生草本。株高 60 ~ 100cm，直立或上升；茎绿色，四棱形，棱角上具翅，翅从中部向两端渐狭，在节部收缩。叶对生，卵形或三角状卵形，稀掌状三裂，长 1 ~ 3cm。花冠长

14 ~ 18mm，淡紫蓝色或紫红色，冠檐二唇形。花期 4 ~ 5 月。

耐寒区 8 ~ 9，适用移动式绿化。

81. 半枝莲 *Scutellaria barbata* 唇形科 / 黄芩属

多年生草本。茎直立，高 12 ~ 35cm，四棱形。叶对生，三角状卵圆形或卵圆状披针形，长 1.3 ~ 3.2cm，宽 0.5 ~ 1cm，边缘具浅牙齿，近无柄。花单生于茎或分枝上部叶腋内；萼筒背部有盾片；花冠紫蓝色，长 9 ~ 13mm。花果期 4 ~ 7 月。

耐寒区 4 ~ 9，适用屋顶绿化。

82. 绵毛水苏 *Stachys byzantina* 唇形科 / 水苏属

常绿多年生草本。株高 25 ~ 45cm，冠径 30 ~ 45cm。基生叶及茎生叶长圆状椭圆形，长约 10cm，宽约 2.5cm，质厚，两面均密被灰白色丝状绵毛。轮伞花序多花，密集组成顶生、长 10 ~ 22cm 的穗状花序；花冠紫粉色。花期夏季。

耐寒区 4 ~ 8，适用东墙、南墙、移动式绿化。

83. 香彩雀 *Angelonia angustifolia* 玄参科 / 香彩雀属

多年生草本。株高 30 ~ 45cm，冠径 20 ~ 30cm。叶对生，狭窄，长圆形至披针形，长可达 7.5cm，边缘有浅缺刻，绿色，稍有香气。花序顶生，狭长，长可达 20cm；花冠二唇形，直径约 1.9cm，蓝紫色、蓝色、浅粉色或白色等。花期春末至秋初。

耐寒区 9 ~ 11，适用移动式绿化。

84. 毛地黄钓钟柳 *Penstemon digitalis* 玄参科 / 钓钟柳属

多年生草本。株高 90 ~ 150cm，冠径 45 ~ 60cm。茎直立，丛生。叶对生，椭圆形、长圆形或披针形，无柄。花序顶生，圆锥状，花冠筒状，唇形，白色，长 3cm。花期仲春至初夏。

耐寒区 3 ~ 8，适用移动式绿化。

85. 穗花婆婆纳 *Veronica spicata* 玄参科 / 婆

婆纳属

多年生草本。茎单生或数支丛生，直立或上升，高 15 ~ 50cm，不分枝。叶对生，长矩圆形、椭圆形至披针形，长 2 ~ 8cm，宽 0.5 ~ 3cm，边缘具齿，被黏质腺毛。花序长穗状；花冠紫色或蓝色，长 6 ~ 7mm，筒部占 1/3 长，裂片 4 枚，稍开展。花期 7 ~ 9 月。

耐寒区 3 ~ 8，适用屋顶绿化。

86. 浙皖粗筒苣苔 *Briggsia chienii* 苦苣苔科 / 粗筒苣苔属

常绿多年生草本。叶全部基生，有柄；叶片椭圆状长圆形或狭椭圆形，长 4 ~ 10cm，宽 2 ~ 5.2cm，顶端钝，上面密被灰白色贴伏短柔毛，下面沿叶脉密被锈色绵毛。聚伞花序；花冠紫红色，长 3.5 ~ 4.2cm，外面疏生短柔毛，内面具紫色斑点。花期 9 月。

耐寒区 8 ~ 9，适用东墙、南墙绿化。

87. 牛耳朵 *Chirita eburnea* 苦苣苔科 / 唇柱苣苔属

常绿多年生草本。叶均基生，肉质；叶片卵形或狭卵形，长 3.5 ~ 17cm，宽 2 ~ 9.5cm，边缘全缘，两面均被贴伏的短柔毛。聚伞花序；苞片 2 枚，对生，卵形，长 1 ~ 4.5cm；花冠紫色或淡紫色，有时白色，喉部黄色，长 3 ~ 4.5cm。花期 4 ~ 7 月。

耐寒区 8 ~ 9，适用东墙、南墙绿化。

88. 蚂蝗七 *Chirita fimbrisepala* 苦苣苔科 / 唇柱苣苔属

常绿多年生草本。叶均基生；叶片草质，两侧不对称，卵形至近圆形，长 4 ~ 10cm，宽 3.5 ~ 11cm，边缘有小或粗牙齿，被短柔毛。聚伞花序有 2 ~ 5 朵花；花冠淡紫色或紫色，长 4.2 ~ 6.4cm，在内面上唇紫斑处有 2 纵条毛。花期 3 ~ 4 月。

耐寒区 8 ~ 10，适用东墙、南墙绿化。

89.闽赣长蒴苣苔 *Didymocarpus heucherifolius* 苦苣苔科 / 长蒴苣苔属

常绿多年生草本。叶5～6枚，均基生；叶片纸质，心状圆卵形或心状三角形，长3～9cm，宽3.5～11cm，边缘浅裂。花序有3～8朵花；花冠粉红色，长2.5～3.2cm；筒长约2cm；上唇2深裂，下唇3深裂。花期5月。

耐寒区9，适用东墙、南墙绿化。

90. 紫花马铃苣苔 *Oreocharis argyreia* 苦苣苔科 / 马铃苣苔属

常绿多年生无茎草本。叶全部基生，具柄；叶片狭椭圆形，长5.5～13cm，宽2.7～6.5cm，近全缘，两面均被贴伏长柔毛。聚伞花序具5～12朵花；花冠钟状细筒形，长2～2.3cm，直径约7mm，蓝紫色；筒长1.5～2cm；为檐部的5～7倍。花期8月。

耐寒区10，适用东墙、南墙绿化。

91. 蓝花草 *Ruellia brittoniana* 爵床科 / 芦莉草属

多年生草本。株高90～120cm，冠径60～90cm。叶对生，线状披针形，长8～15cm，叶宽0.5～1cm，暗绿色，新叶及叶柄常呈紫红色。花腋生，直径3～5cm；花冠漏斗状，5裂，蓝紫色、粉色或白色。花期3～10月。

耐寒区8～10，适用移动式绿化。

92. 桔梗 *Platycodon grandiflorus* 桔梗科 / 桔梗属

落叶多年生草本，有白色乳汁。茎高20～120cm，通常不分枝。叶全部轮生，部分轮生至全部互生，叶片卵形至披针形，长2～7cm，宽0.5～3.5cm。花单朵顶生，或数朵集成假总状花序，花冠宽漏斗状钟形，长1.5～4cm，蓝色或紫色。花期7～9月。

耐寒区3～8，适用屋顶、移动式绿化。

93. 日本蓝盆花 *Scabiosa japonica* 川续断科 / 蓝盆花属

多年生草本，高30～80cm；茎直立，多分枝。基生叶羽状分裂，长5～12cm，顶裂片倒卵形，两侧裂片披针形；茎生叶对生，羽状深裂。

头状花序稍扁球形，径2.5～4.5cm；花冠蓝紫色，边缘花常较大，二唇形，中央花通常筒状。花期8～9月。

耐寒区4～8，适用移动式绿化。

94. 蓍 *Achillea millefolium* 菊科 / 蓍属

多年生草本。茎直立，高40～100cm。叶披针形或近条形，长5～7cm，宽1～1.5cm，2～3回羽状全裂，末回裂片披针形至条形。头状花序多数，密集成复伞房状；边花5朵；舌片白色、粉红色或淡紫红色，长1.5～3mm。花果期6～9月。

耐寒区3～9，适用移动式绿化。

95. 金球亚菊 *Ajania pacifica* 菊科 / 亚菊属

多年生草本。柱形圆丘状。株高30～60cm，冠径30～90cm。叶互生，卵形，长达5cm，分裂，叶缘银白色，背面银灰色。头状花序小，在枝端排列成复伞房花序；花小，密集成团，黄色，全为管状花。花期秋季。

耐寒区5～9，适用移动式绿化。

96. '斑叶'北艾 *Artemisia vulgaris* 'Variegata' 菊科 / 蒿属

多年生草本。茎少数或单生，高45～160cm。叶互生，椭圆形、长圆形至长卵形，长3～15cm，宽1.5～10cm，1～2回羽状深裂或全裂，绿色，具不规则乳黄色斑纹。头状花序长圆形，直径2.5～3mm，花冠狭管状。花果期8～10月。

耐寒区3～8，适用移动式绿化。

97. 马兰 *Aster indicus* 菊科 / 紫菀属

多年生草本。根状茎有葡匐枝。茎直立，高30～70cm。叶互生，茎生叶倒披针形或倒卵状矩圆形，长3～6cm，宽0.8～2cm。头状花序；总苞片2～3层，覆瓦状排列；舌状花1层，15～20朵，舌片浅紫色，长达10mm；冠毛长0.1～0.8mm。花期5～9月。

耐寒区6～9，适用屋顶绿化。

98. 荷兰菊 *Aster novi-belgii* 菊科 / 紫菀属

多年生草本。株高 80 ~ 100cm，茎多分枝。叶互生，长圆形或披针形，长 7 ~ 15cm，宽 2 ~ 3cm，全裂或有浅锯齿，绿色，两面无毛。头状花序多数；总苞片 3 ~ 4 层；舌状花一层，20 ~ 25 朵，蓝紫色、粉红色等。花果期 7 ~ 11 月。

耐寒区 3 ~ 9，适用屋顶、移动式绿化。

99. 菊花 *Chrysanthemum morifolium* 菊科 / 菊属

落叶多年生草本，株高 60 ~ 150cm。茎直立，分枝或不分枝，被柔毛。叶卵形至披针形，长 5 ~ 15cm，羽状浅裂或半裂，叶下面被白色短柔毛。头状花序直径 2.5 ~ 20cm，大小不一。总苞片多层，外层外面被柔毛。舌状花颜色各种。管状花黄色。花期秋季。

耐寒区 5 ~ 10，适用移动式绿化。

100. 野菊 *Chrysanthemum indicum* 菊科 / 菊属

落叶多年生草本，株高 0.25 ~ 1m。茎直立或铺散。叶互生，中部茎叶卵形、长卵形或椭圆状卵形，长 3 ~ 7cm，宽 2 ~ 4cm，羽状分裂，两面较光滑。头状花序直径 1.5 ~ 2.5cm，排成伞房花序；总苞片约 5 层；舌状花黄色，舌片长 10 ~ 13mm。花期 6 ~ 11 月。

耐寒区 5 ~ 9，适用移动式绿化。

101. 菊花脑 *Chrysanthemum indicum* 'Nankingense' 菊科 / 菊属

落叶多年生草本，株高 0.4 ~ 1.2m。茎直立或铺散。叶互生，中部茎叶卵形或长椭圆形，长 2 ~ 6cm，宽 2 ~ 4cm，边缘具粗牙齿，两面被细毛。头状花序排成伞房花序；总苞片约 5 层；舌状花黄色，舌片长 5mm。花期 10 ~ 11 月。

耐寒区 5 ~ 9，适用屋顶绿化。

102. 大花金鸡菊 *Coreopsis grandiflora* 菊科 / 金鸡菊属

多年生草本，株高 20 ~ 100cm。茎直立，上部有分枝。叶对生；基部叶有长柄、披针形或匙形；下部叶羽状全裂，裂片长圆形。头状花序

单生于枝端，径 4 ~ 5cm，具长花序梗；总苞片 2 层；舌状花 6 ~ 10 朵，舌片宽大，黄色，长 1.5 ~ 2.5cm。花期 5 ~ 9 月。

耐寒区 4 ~ 9，适用屋顶绿化。

103. 剑叶金鸡菊 *Coreopsis lanceolata* 菊科 / 金鸡菊属

多年生草本，株高 30 ~ 70cm。叶较少数，在茎基部成对簇生，有长柄，叶片匙形或线状倒披针形，长 3.5 ~ 7cm，宽 1.3 ~ 1.7cm；茎上部叶少数，全缘或 3 深裂。头状花序在茎端单生，径 4 ~ 5cm；舌状花黄色，舌片倒卵形或楔形。花期 5 ~ 9 月。

耐寒区 3 ~ 9，适用移动式绿化。

104. 松果菊 *Echinacea purpurea* 菊科 / 松果菊属

多年生草本，株高 30 ~ 100cm。叶互生，卵形至卵状披针形，长 7 ~ 20cm，边缘有锯齿。头状花序单生，花托凸起，具长于管状花的、细长、具硬尖的托片；舌状花轮，紫红色或白色。花期 7 ~ 10 月。

耐寒区 5 ~ 9，适用屋顶、移动式绿化。

105. 大吴风草 *Farfugium japonicum* 菊科 / 大吴风草属

常绿多年生葶状草本。根茎粗壮。花葶高达 70cm。叶全部基生，莲座状，有长柄，叶片肾形，长 9 ~ 13cm，宽 11 ~ 22cm，先端圆形，绿色。头状花序排列成伞房状花序；总苞片 2 层；舌状花 8 ~ 12 朵，黄色。花果期 8 月至翌年 3 月。

耐寒区 7 ~ 10，适用东墙、南墙、北墙、移动式绿化。

106. '黄斑'大吴风草 *Farfugium japonicum* 'Aureomaculatum' 菊科 / 大吴风草属

常绿多年生葶状草本。根茎粗壮。花葶高达 70cm。叶全部基生，莲座状，有长柄，叶片肾形，长 9 ~ 13cm，宽 11 ~ 22cm，绿色，散布星点状黄斑。头状花序排列成伞房状花序；总苞片 2 层；舌状花 8 ~ 12 朵，黄色。花果期 8 月至翌

年 3 月。

耐寒区 7 ~ 10，适用移动式绿化。

107. 宿根天人菊 *Gaillardia aristata* 菊科 / 天人菊属

多年生草本，高 60 ~ 100cm，全株被具节粗毛。叶互生，基生叶和下部茎叶长椭圆形或匙形，长 3 ~ 6cm，宽 1 ~ 2cm，全缘或羽状缺裂，两面被柔毛。头状花序径 5 ~ 7cm；总苞片披针形；舌状花黄色。花果期 7 ~ 8 月。

耐寒区 3 ~ 8，适用移动式绿化。

108. 非洲菊 *Gerbera jamesonii* 菊科 / 火石花属

多年生草本，株高 30 ~ 45cm。叶基生，莲座状，叶片长椭圆形至长圆形，长 10 ~ 14cm，宽 5 ~ 6cm，边缘不规则羽裂。头状花序单生，直径 6 ~ 10cm；总苞片 2 层；舌片淡红色至紫红色，或白色及黄色，长 2.5 ~ 3.5cm。花期 11 月至翌年 4 月。

耐寒区 8 ~ 10，适用移动式绿化。

109. 橙花菊三七 *Gynura aurantiaca* 菊科 / 菊三七属

常绿多年生草本。株高 30 ~ 60cm，冠径 60 ~ 120cm。茎直立或匍匐。叶互生，卵形，长 7 ~ 15cm，边缘有锯齿，两面密生堇紫色柔毛。头状花序，直径 1.8cm，全为管状花，黄色或橙黄色。花期 5 ~ 7 月。

耐寒区 10 ~ 12，适用北墙绿化。

110. 大滨菊 *Leucanthemum maximum* 菊科 / 滨菊属

多年生草本。株高 30 ~ 70cm。茎单生或自基部疏分枝。叶长圆状披针形，近基部叶长达 30cm，向上渐短变成披针形，边缘具细或粗锯齿。头状花序单生枝端，具长花序梗，直径 5 ~ 7cm；舌状花白色。花期 7 ~ 9 月。

耐寒区 5 ~ 9，适用移动式绿化。

111. 金光菊 *Rudbeckia laciniata* 菊科 / 金光菊属

多年生草本，高 50 ~ 200cm。叶互生，下部叶具叶柄，不分裂或羽状 5 ~ 7 深裂，裂片长圆状披针形。头状花序单生于枝端，具长花序梗，径 7 ~ 12cm；舌状花金黄色；管状花黄色或黄绿色。花期 7 ~ 10 月。

耐寒区 3 ~ 9，适用移动式绿化。

112. 一枝黄花 *Solidago decurrens* 菊科 / 一枝黄花属

多年生草本，高 35 ~ 100cm。茎直立，细弱，单生或少数簇生。叶互生，椭圆形、卵形或宽披针形，长 2 ~ 5cm，宽 1 ~ 1.5cm。头状花序，直径 6 ~ 9mm，排列成长 6 ~ 25cm 的总状花序或伞房圆锥花序；舌状花舌片椭圆形，长 6mm。花果期 4 ~ 11 月。

耐寒区 8 ~ 10，适用屋顶绿化。

113. 兔儿伞 *Syneilesis aconitifolia* 菊科 / 兔儿伞属

多年生草本。根状茎短，横走；茎直立，高 70 ~ 120cm。叶通常 2 枚，疏生；叶片盾状圆形，直径 20 ~ 30cm，掌状深裂；裂片 7 ~ 9，每裂片再 2 ~ 3 浅裂。头状花序多数，在茎端密集成复伞房状；总苞片 1 层；小花 8 ~ 10，花冠淡粉白色。花期 6 ~ 7 月。

耐寒区 4 ~ 8，适用屋顶、移动式绿化。

114. 广东万年青 *Aglaonema modestum* 天南星科 / 广东万年青属

常绿多年生草本。茎直立或上升，株高和冠径均为 30 ~ 60cm。叶互生，质厚，椭圆形至披针形，长 10 ~ 15cm，宽 5 ~ 7.5cm，具银灰色斑纹，叶脉和边缘绿色。佛焰苞黄绿色，肉穗花序乳白色。花期夏季至秋初。

耐寒区 10 ~ 11，适用北墙、移动式绿化。

115. '银皇后' 粗肋草 *Aglaonema* 'Silver Queen' 天南星科 / 广东万年青属

常绿多年生草本。茎直立或上升，高 40 ~ 70cm。叶互生，深绿色，卵形或卵状披针形，长 15 ~ 25cm，宽 10 ~ 13cm，不等侧，先端长渐尖,基部钝或宽楔形。佛焰苞长 6 ～ 7cm,黄绿色或绿色,长圆状披针形,肉穗花序。花期 5 月。

耐寒区 10 ～ 11,适用北墙绿化。

116. 黑叶观音莲 *Alocasia × mortfontanensis* 天南星科 / 海芋属

多年生草本。茎短缩,株高 30 ～ 90cm。叶箭形盾状,长 30 ～ 40cm,宽 10 ～ 20cm,先端尖锐,有时尾状尖,叶缘有 5 ～ 7 个大型齿状缺刻,主脉三叉状,侧脉直达缺刻,叶暗绿色,叶脉银白色,叶缘周围有一圈极窄的银白色环线,叶背紫褐色。

耐寒区 9 ～ 11,适用移动式绿化。

117. 尖尾芋 *Alocasia cucullata* 天南星科 / 海芋属

常绿多年生草本。地上茎圆柱形,直立,粗 3 ～ 6cm,具环形叶痕。叶互生,膜质至亚革质,深绿色,宽卵状心形,先端骤狭具凸尖,长 10 ～ 16cm,宽 7 ～ 18cm,基部圆形。佛焰苞近肉质,淡绿至深绿色,长 4 ～ 8cm;肉穗花序比佛焰苞短。花期 5 月。

耐寒区 8 ～ 10,适用北墙、移动式绿化。

118. 海芋 *Alocasia odora* 天南星科 / 海芋属

大型、常绿多年生草本。地上茎可高达 3 ～ 5m,粗 10 ～ 30cm。叶螺旋状排列,亚革质,草绿色,箭状卵形,边缘波状,长 50 ～ 90cm,宽 40 ～ 90cm,有的长宽都在 1m 以上。佛焰苞黄绿色、绿白色,凋萎时变黄色、白色,舟状,长圆形;肉穗花序芳香。花期四季。

耐寒区 9 ～ 11,适用移动式绿化。

119. 花烛 *Anthurium andraeanum* 天南星科 / 花烛属

常绿多年生草本。株高 30 ～ 45cm,冠径 22 ～ 30cm。叶互生,革质,绿色,有光泽,阔心形、长方心形或卵圆心形,长 12 ～ 30cm,宽 10 ～ 20cm,先端钝或渐尖,基部深心形。佛焰苞深红色或橘红色,心形,长约 15cm;肉穗花序淡黄色,直立。

耐寒区 11,适用北墙、移动式绿化。

120. 火鹤花 *Anthurium scherzerianum* 天南星科 / 花烛属

常绿多年生草本。株高 45 ～ 60cm,冠径 30 ～ 45cm。叶互生,革质,绿色,有光泽,长椭圆状心形,长达 20cm,先端尖,基部圆形。佛焰苞大,亮红色,开展;肉穗花序弯曲,橙色至黄色。

耐寒区 11,适用移动式绿化。

121. 五彩芋 *Caladium bicolor* 天南星科 / 五彩芋属

多年生草本。块茎扁球形。株高和冠径均为 30 ～ 75cm。叶片表面满布各色透明或不透明斑点,背面粉绿色,戟状卵形至卵状三角形,先端骤狭具凸尖。佛焰苞外面绿色,内面绿白色;肉穗花序。花期 4 月。

耐寒区 8 ～ 10,适用北墙、移动式绿化。

122. 黛粉叶 *Dieffenbachia picta* 天南星科 / 黛粉芋属

常绿多年生草本,茎高 1m。叶柄具鞘;叶片长圆形、长圆状椭圆形或长圆状披针形,长 15 ～ 30cm,宽 7 ～ 12cm,两面暗绿色,发亮,脉间有许多大小不同的长圆形或线状长圆形斑块,斑块白色或黄绿色;一级侧脉 15 ～ 20 对。佛焰苞长圆状披针形;肉穗花序。

耐寒区 10 ～ 11,适用移动式绿化。

123. 黛粉芋 *Dieffenbachia seguine* 天南星科 / 黛粉芋属

常绿多年生草本,高 1m 以上。叶柄具鞘,绿色,具白色条状斑纹;叶片长圆形至卵状长圆形,长 45cm,基部圆形或微心形,或稍锐尖,向先端渐狭、具短尖头,绿色或具各种颜色的斑块;一级侧脉 5 ～ 15 对。佛焰苞绿色或白绿色;肉穗花序短于佛焰苞。

耐寒区 10 ～ 11,适用北墙绿化。

124. '愉悦' 黛粉芋 *Dieffenbachia seguine* 'Amoena' 天南星科 / 黛粉芋属

常绿多年生草本,粗壮,高达 2m。叶柄具鞘,绿色,具白色条状斑纹;叶片长圆形至卵状长圆形,长 50cm,基部圆形或微心形,向先端渐狭,暗绿色,沿侧脉有乳白色条纹。佛焰苞绿色或白绿色;肉穗花序短于佛焰苞。

耐寒区 10 ~ 11,适用北墙绿化。

125. 白鹤芋 *Spathiphyllum kochii* 天南星科 / 白鹤芋属

常绿多年生草本。株高 30 ~ 40cm。叶基生,叶长椭圆状披针形,两端渐尖,全缘,叶脉明显;叶柄长,深绿色,基部呈鞘状。花葶直立,高出叶丛;佛焰苞直立向上,大而显著,白色;肉穗花序圆柱状,乳黄色。花期 5 ~ 8 月。

耐寒区 11,适用北墙绿化。

126. 马蹄莲 *Zantedeschia aethiopica* 天南星科 / 马蹄莲属

多年生草本,具块茎。株高 60 ~ 90cm,冠径 45 ~ 60cm。叶基生,叶片较厚,绿色,心状箭形或箭形,全缘,长 15 ~ 45cm,宽 10 ~ 25cm。佛焰苞长 10 ~ 25cm,亮白色;肉穗花序圆柱形,长 6 ~ 9cm,黄色。花期 2 ~ 4 月。

耐寒区 8 ~ 10,适用移动式绿化。

127. '蓝与金' 紫露草 *Tradescantia* 'Blue and Gold' 鸭跖草科 / 紫露草属

多年生草本。株高和冠径均为 20 ~ 30cm。茎直立,簇生。叶互生,线形,亮黄色或黄绿色,基部具叶鞘。花多朵簇生于枝顶,成伞形;花径可达 3.8cm;花瓣 3 枚,蓝紫色;雄蕊黄色。花期 5 ~ 7 月。

耐寒区 4 ~ 9,适用屋顶、移动式绿化。

128. 白花紫露草 *Tradescantia fluminensis* 鸭跖草科 / 紫露草属

常绿多年生草本。株高 15 ~ 23cm,冠径 23 ~ 60cm。茎匍匐,节上生根。叶互生,长圆形或卵状长圆形,先端尖,光滑;叶鞘上端有毛。

花多朵成伞形花序,下包有 2 个宽披针形的苞片;花瓣 3 枚,白色。花果期 5 ~ 9 月。

耐寒区 9 ~ 11,适用移动式绿化。

129. 紫露草 *Tradescantia ohiensis* 鸭跖草科 / 紫露草属

多年生草本。株高 30 ~ 50cm,冠径 23 ~ 60cm。茎直立,簇生,苍绿色。叶互生,线形,淡绿色,长 15 ~ 30cm,多弯曲,基部具叶鞘。花多朵簇生于枝顶,成伞形;花径 2 ~ 3cm;花瓣 3 枚,蓝紫色。花期 5 ~ 6 月。

耐寒区 4 ~ 9,适用屋顶、移动式绿化。

130. 紫竹梅 *Tradescantia pallida* 鸭跖草科 / 紫露草属

多年生草本。株高 15 ~ 23cm,冠径 30 ~ 45cm。全株紫色。茎上部斜伸,下部匍匐,多分枝。叶互生,长圆形或长圆状披针形,长 7 ~ 15cm,宽 3 ~ 5cm,疏生长柔毛。聚伞花序缩短成近头状花序;花瓣 3 枚,淡紫色。花期 6 ~ 11 月。

耐寒区 9 ~ 11,适用东墙、南墙、移动式绿化。

131. 蚌花 *Tradescantia spathacea* 鸭跖草科 / 紫露草属

常绿多年生草本。株高 15 ~ 30cm,冠径 30 ~ 60cm。茎丛生。叶丛莲座状,叶条状披针形,肉质,长达 15 ~ 30cm,上面深绿色,下面紫红色。腋生聚伞花序;苞片舟状,紫色;花小,白色。花期几乎全年。

耐寒区 9 ~ 11,适用移动式绿化。

132. 吊竹梅 *Tradescantia zebrina* 鸭跖草科 / 紫露草属

常绿多年生草本。株高 15 ~ 23cm,冠径 30 ~ 60cm。茎披散或悬垂。叶互生,卵状椭圆形,长 3.5 ~ 10cm,宽 2 ~ 4cm,上面紫色或绿色,杂有白色条纹,下面紫红色。聚伞花序缩短成近头状花序;花冠裂片紫红色。花期 6 ~ 9 月。

耐寒区 9 ~ 11,适用移动式绿化。

133. 观赏凤梨 *Bromeliaceae* 凤梨科

常绿宿根草本。多为附生植物，喜温暖、潮湿的半遮阴环境。叶互生，狭长，常基生，莲座式排列，平行脉，单叶，全缘或有刺状锯齿。花序为顶生的穗状、总状、头状或圆锥花序；苞片常显著而具鲜艳的色彩。

耐寒区 10 ~ 11，适用移动式绿化。

134. 鹤望兰 *Strelitzia reginae* 旅人蕉科 / 鹤望兰属

常绿多年生草本，无茎。叶片长圆状披针形，长 25 ~ 45cm，宽约 10cm；叶柄细长。花数朵生于总花梗上，下托一佛焰苞；佛焰苞舟状，长达 20cm，绿色，边缘紫红，萼片披针形，长 7.5 ~ 10cm，橙黄色，箭头状花瓣暗蓝色。花期冬季。

耐寒区 10 ~ 12，适用移动式绿化。

135. 芭蕉 *Musa basjoo* 芭蕉科 / 芭蕉属

多年生丛生草本，具根状茎。株高 2.5 ~ 4m。假茎全由叶鞘紧密层层套叠而组成。叶片长圆形，长 2 ~ 3m，宽 25 ~ 30cm，叶面鲜绿色，有光泽。花序顶生，下垂；苞片红褐色或紫色，雄花生于花序上部，雌花生于花序下部。

耐寒区 5 ~ 10，适用移动式绿化。

136. 地涌金莲 *Musella lasiocarpa* 芭蕉科 / 地涌金莲属

多年生丛生草本，具水平向根状茎。假茎矮小，高不及 60cm，基部径约 15cm。叶片长椭圆形，长达 0.5m，宽约 20cm，有白粉。花序直立，直接生于假茎上，密集如球穗状，长 20 ~ 25cm，苞片干膜质，黄色或淡黄色，宿存。

耐寒区 7 ~ 10，适用移动式绿化。

137. 艳山姜 *Alpinia zerumbet* 姜科 / 山姜属

常绿多年生草本，具根状茎。株高 2 ~ 3m。叶两行排列，披针形，长 30 ~ 60cm，宽 5 ~ 10cm；具叶鞘。圆锥花序呈总状花序式，下垂，长达 30cm；小苞片、花萼及花冠裂片乳白色，顶端粉红色，唇瓣长 4 ~ 6cm，黄色而有紫红色

纹彩。花期 4 ~ 6月。

耐寒区：8 ~ 11，适用移动式绿化。

138. 花叶艳山姜 *Alpinia zerumbet* 'Variegata' 姜科 / 山姜属

常绿多年生草本，具根状茎。株高 2 ~ 3m。叶两行排列，披针形，长 30 ~ 60cm，宽 5 ~ 10cm，绿色，具金黄色纵斑纹。圆锥花序呈总状花序式，下垂，长达 30cm；小苞片、花萼及花冠裂片乳白色，顶端粉红色，唇瓣黄色而有紫红色纹彩。花期 4 ~ 6月。

耐寒区 8 ~ 11，适用移动式绿化。

139. 砂仁 *Amomum villosum* 姜科 / 砂仁属

多年生草本。株高 1.5 ~ 3m。茎散生；根状茎匍匐地面。中部叶片长披针形，长 37cm，宽 7cm，上部叶片线形，两面无毛。穗状花序由根状茎抽出；唇瓣圆匙形，长宽为 1.6 ~ 2cm，白色，顶端具 2 裂、反卷、黄色的小尖头。花期 5 ~ 6月。

耐寒区 10 ~ 11，适用移动式绿化。

140. 郁金 *Curcuma aromatica* 姜科 / 姜黄属

多年生草本。株高约 1m；根状茎肉质，肥大，黄色，芳香。叶基生，长圆形，长 30 ~ 60cm，宽 10 ~ 20cm，叶面无毛，叶背被短柔毛。花葶单独由根状茎抽出，穗状花序圆柱形，呈球果状，长约 15cm，苞片淡绿色和白色而染淡红色；唇瓣黄色。花期 4 ~ 6月。

耐寒区 9 ~ 10，适用移动式绿化。

141. 姜黄 *Curcuma longa* 姜科 / 姜黄属

多年生草本。株高 1 ~ 1.5m，根状茎很发达，橙黄色，极香。叶片长圆形或椭圆形，长 30 ~ 45 cm，宽 15 ~ 18cm，绿色，两面均无毛。花葶由叶鞘内抽出，穗状花序圆柱形，呈球果状，长 12 ~ 18cm；苞片淡绿色和白色而染淡红色；花冠淡黄色。花期 8月。

耐寒区 8 ~ 10，适用移动式绿化。

142. 红姜花 *Hedychium coccineum* 姜科 / 姜花属

多年生草本，具块状根状茎。茎高 1.5 ~ 2m。叶片狭线形，长 25 ~ 50cm，宽 3 ~ 5cm，具叶鞘。穗状花序顶生，稠密，圆柱形，长 15 ~ 25cm，径 6 ~ 7cm；花红色；花冠裂片线形，反折，长 3cm；侧生退化雄蕊披针形。花期 6 ~ 8 月。

耐寒区 8 ~ 11，适用移动式绿化。

143. 姜花 *Hedychium coronarium* 姜科 / 姜花属

多年生草本，具块状根状茎。茎高 1 ~ 2m。叶片长圆状披针形或披针形，长 20 ~ 40cm，宽 4.5 ~ 8cm，具叶鞘。穗状花序顶生，椭圆形，长 10 ~ 20cm，宽 4 ~ 8cm；花芬芳，白色；唇瓣倒心形，长和宽约 6cm，白色，基部稍黄。花期 8 ~ 12 月。

耐寒区 8 ~ 10，适用移动式绿化。

144. 黄姜花 *Hedychium flavum* 姜科 / 姜花属

多年生草本，具块状根状茎。茎高 1.5 ~ 2m；叶片长圆状披针形或披针形，长 25 ~ 45cm，宽 5 ~ 8.5cm。穗状花序长圆形，长约 10cm，宽约 5cm；花黄色；唇瓣倒心形，长约 4cm，黄色，当中有 1 个橙色的斑。花期 8 ~ 9 月。

耐寒区 8 ~ 11，适用移动式绿化。

145. 大花美人蕉 *Canna × generalis* 美人蕉科 / 美人蕉属

多年生草本，有块状的地下茎。株高 1.5m，茎、叶和花序均被白粉。叶片椭圆形，长达 40cm，宽达 20cm。总状花序顶生，较密集，花冠裂片长 4.5 ~ 6.5cm；外轮退化雄蕊 3 枚，倒卵状匙形，长 5 ~ 10cm，红色、桔红色、淡黄色或白色等。可用作水缘植物。

耐寒区 7 ~ 10，适用屋顶、移动式绿化。

146. '金脉' 大花美人蕉 *Canna × generalis* 'Striatus' 美人蕉科 / 美人蕉属

多年生草本，有块状的地下茎。株高约 1.5m。叶片椭圆形，长达 40cm，宽达 20cm，表面有鲜亮的奶油黄色和绿色条纹，叶色黄绿镶嵌，富有纹彩。总状花序顶生，较密集，花冠橘色。可用作水缘植物。

耐寒区 7 ~ 10，适用屋顶、移动式绿化。

147. 粉美人蕉 *Canna glauca* 美人蕉科 / 美人蕉属

多年生草本，有块状的地下茎。株高 1.5 ~ 2m；茎绿色。叶片披针形，长达 50cm，宽 10 ~ 15cm，绿色，被白粉。总状花序疏花，单生或分叉，稍高出叶上；苞片圆形，褐色，花黄色，无斑点。花期夏秋季。可用作水缘植物。

耐寒区 7 ~ 10，适用屋顶、移动式绿化。

148. 箭羽肖竹芋 *Calathea lancifolia* 竹芋科 / 肖竹芋属

常绿多年生草本，具根状茎。株高 23 ~ 45cm，冠径 23 ~ 45cm。叶片披针形，长达 45cm，边缘波状，叶面淡绿色至黄绿色，边缘颜色稍深，沿主脉两侧，与侧脉平行嵌有大小交替的深绿色斑纹，叶背棕色或紫色。花序球果状，花淡黄色。花期春末至夏初。

耐寒区 10 ~ 11，适用移动式绿化。

149. 孔雀肖竹芋 *Calathea makoyana* 竹芋科 / 肖竹芋属

常绿多年生草本，具根状茎。株高 30 ~ 60cm，冠径 23 ~ 45cm。叶片阔卵形或卵状椭圆形，长达 10 ~ 30cm，宽 5 ~ 10cm，隐约呈现出一种金属光泽，明亮艳丽，主脉两侧交互排列羽状、暗绿色、长椭圆形的绒状斑纹。穗状花序，花白色。

耐寒区 10 ~ 11，适用移动式绿化。

150. 圆叶肖竹芋 *Calathea orbifolia* 竹芋科 / 肖竹芋属

常绿多年生草本，具根状茎。株高 40 ~ 60cm。叶片硕大，卵圆形，薄革质，新叶翠绿色，老叶青绿色，有隐约的金属光泽，沿侧脉有排列整齐的银灰色宽条纹，叶背面淡绿色，叶缘有波状起伏。

耐寒区 10 ~ 11，适用移动式绿化。

151. 紫背栉花芋 *Ctenanthe oppenheimiana*

竹芋科 / 栉花芋属

常绿多年生草本，具根状茎。丛生。粗壮。株高和冠径均为 1m 以上。叶披针形，革质，长 30cm 以上，叶面暗绿色，沿脉具淡绿色或白色带纹，叶背紫红色。单侧穗状花序，花小，密集，白色。

耐寒区 10 ~ 11，适用移动式绿化。

152.'三色'紫背栉花芋 *Ctenanthe oppenheimiana* 'Tricolor' **竹芋科 / 栉花芋属**

常绿多年生草本，具根状茎。丛生。粗壮。株高和冠径均为 1m 以上。叶披针形，革质，长 30cm 以上，叶面暗绿色，具不规则乳白色斑纹，叶背紫红色。单侧穗状花序，花小，密集，白色。

耐寒区 10 ~ 11，适用移动式绿化。

153. 早花百子莲 *Agapanthus praecox* **百合科 / 百子莲属**

宿根草本。根粗壮，绳索状。株高 0.6 ~ 1m，冠径 60cm。基生叶多数，披针形至带状，宽大，深绿色。花茎粗壮，直立，高于叶；伞形花序大，花密集，花被片 6 枚，天蓝色。花期夏末。

耐寒区 8 ~ 10，适用移动式绿化。

154. 蜘蛛抱蛋 *Aspidistra elatior* **百合科 / 蜘蛛抱蛋属**

常绿多年生草本，具根状茎。叶单生，彼此相距 1 ~ 3cm，矩圆状披针形、披针形至近椭圆形，长 22 ~ 46cm，宽 8 ~ 11cm，两面绿色。总花梗从根状茎上长出，花靠近地面；花被钟状，直径 10 ~ 15mm，外面带紫色或暗紫色，内面下部淡紫色或深紫色。

耐寒区 8 ~ 10，适用东墙、南墙、西墙、北墙、移动式绿化。

155.'洒金'蜘蛛抱蛋 *Aspidistra elatior* 'Punctata' **百合科 / 蜘蛛抱蛋属**

常绿多年生草本，具根状茎。叶单生，矩圆状披针形、披针形至近椭圆形，长 22 ~ 46cm，宽 8 ~ 11cm，绿色叶面上有乳白色或浅黄色斑点。总花梗从根状茎上长出，花靠近地面；花被钟状，紫色或暗紫色。

耐寒区 8 ~ 10，适用东墙、南墙、北墙、移动式绿化。

156. 卵叶蜘蛛抱蛋 *Aspidistra typica* **百合科 / 蜘蛛抱蛋属**

常绿多年生草本，具根状茎。叶 2 ~ 3 枚簇生，卵圆状披针形至卵形，长 18 ~ 32cm，宽 7 ~ 12cm，绿色；叶柄明显，坚硬，长 12 ~ 21cm。总花梗常从根状茎上成簇抽出，长 2.5 ~ 4.6cm，纤细；花被坛状，直径 10 ~ 18mm，外面有紫色细点，内面深紫色。

耐寒区 9 ~ 10，适用东墙、南墙、北墙绿化。

157. 开口箭 *Campylandra chinensis* **百合科 / 开口箭属**

常绿多年生草本。根状茎长圆柱形。叶基生，4 ~ 8 枚，近革质或纸质，倒披针形至条形，长 15 ~ 65cm，宽 1.5 ~ 9.5cm。穗状花序直立，花短钟状，黄色或黄绿色。浆果球形，熟时紫红色。花期 4 ~ 6 月，果期 9 ~ 11 月。

耐寒区 8 ~ 9，适用东墙、南墙、北墙、移动式绿化。

158. 吊兰 *Chlorophytum comosum* **百合科 / 吊兰属**

常绿多年生草本。根状茎短，根稍肥厚。叶剑形，绿色，长 10 ~ 30cm，宽 1 ~ 2cm，向两端稍变狭。花葶比叶长，有时长可达 50cm，常变为匍枝而在近顶部具叶簇或幼小植株；花白色，常 2 ~ 4 朵簇生。花期 5 月。

耐寒区 9 ~ 11，适用东墙、南墙、北墙、移动式绿化。

159.'金心'吊兰 *Chlorophytum comosum* 'Vittatum' **百合科 / 吊兰属**

常绿多年生草本。根状茎短，根稍肥厚。叶剑形，绿色，长 10 ~ 30cm，向两端稍变狭，绿色，中心具黄白色条纹。花葶比叶长，常变为匍枝而在近顶部具叶簇或幼小植株；花白色，常 2 ~ 4 朵簇生。花期 5 月。

耐寒区 9 ~ 11，适用东墙、南墙、移动式绿化。

160.'银边'吊兰 *Chlorophytum comosum* 'Variegatum' 百合科 / 吊兰属

常绿多年生草本。根状茎短，根稍肥厚。叶剑形，绿色，长 10 ~ 30cm，向两端稍变狭，绿色，边缘具白色条纹。花葶比叶长，常变为葡枝而在近顶部具叶簇或幼小植株；花白色，常 2 ~ 4 朵簇生。花期 5 月。

耐寒区 9 ~ 11，适用移动式绿化。

161. 铃兰 *Convallaria majalis* 百合科 / 铃兰属

多年生草本，具根状茎和葡匐茎。植株全部无毛，高 18 ~ 30cm。叶椭圆形或卵状披针形，长 7 ~ 20cm，宽 3 ~ 8.5cm。总状花序；花俯垂，偏向一侧，短钟状，白色，芳香，长宽各 5 ~ 7mm。花期 5 ~ 6 月。

耐寒区 3 ~ 8，适用东墙、南墙、北墙绿化。

162. 山菅 *Dianella ensifolia* 百合科 / 山菅属

常绿多年生草本。株高可达 1 ~ 2m；根状茎圆柱状。叶狭条状披针形，长 30 ~ 80cm，宽 1 ~ 2.5cm，基部稍收狭成鞘状，套叠或抱茎，边缘和背面中脉具锯齿。圆锥花序顶生，分枝疏散；花绿白色、淡黄色至青紫色。浆果深蓝色。花果期 3 ~ 8 月。

耐寒区 9 ~ 11，适用屋顶、移动式绿化。

163.'斑叶'长果山菅 *Dianella tasmanica* 'Variegata' 百合科 / 山菅属

多年生常绿草本。株高 1.2m，冠径 50cm。叶带状，绿色，边缘具银白色纵向条纹，基部稍收狭成鞘状，套叠或抱茎，边缘具细锯齿。圆锥花序顶生，花下垂，星状，蓝色。浆果深蓝色。花期夏季。

耐寒区 9 ~ 11，适用东墙、南墙、北墙绿化。

164. 黄花菜 *Hemerocallis citrina* 百合科 / 萱草属

多年生草本。根近肉质，中下部常有纺锤状膨大。叶基生，两列，带状，长 50 ~ 130cm，

宽 6 ~ 25mm。花葶稍长于叶；花多朵，大型，长 9 ~ 17cm，淡黄色，有香气。花果期 5 ~ 9 月。

耐寒区 3 ~ 9，适用屋顶、移动式绿化。

165. 萱草 *Hemerocallis fulva* 百合科 / 萱草属

多年生草本。根常多少肉质，中下部有纺锤状膨大。叶基生，两列，带状，长 40 ~ 80cm，宽 1.5 ~ 3.5cm。花葶高可达 1.2m。花早上开，晚上凋谢，无香味，桔红色至桔黄色，内花被裂片下部一般有八字形彩斑；花被裂片 6 枚，明显长于花被管。花果期为 5 ~ 7 月。

耐寒区 3 ~ 9，适用东墙、南墙、屋顶、移动式绿化。

166. 大花萱草 *Hemerocallis* × *hybrida* 百合科 / 萱草属

多年生草本。根常多少肉质，中下部常有纺锤状膨大。叶基生，两列，带状。花冠近漏斗状，园艺品种花色丰富，有乳白色、黄色、粉红色、橙色、红色、紫色至近黑色等，部分品种的花瓣有不同颜色的斑纹。每朵花通常仅开 1 天。

耐寒区 3 ~ 10，适用屋顶、移动式绿化。

167.'金星'萱草 *Hemerocallis* 'Stella de Oro' 百合科 / 萱草属

多年生草本。根常多少肉质，中下部常有纺锤状膨大。株型紧凑，株高 30cm。叶基生，两列，带状，长约 25cm，宽约 1cm。花期长，花量大。花冠漏斗形，直径约 7 ~ 8cm，黄色，喉部深黄色。花果期为 5 ~ 11 月。

耐寒区 3 ~ 10，适用屋顶绿化。

168. 观叶玉簪 *Hosta* hort. 百合科 / 玉簪属

多年生草本。株形美观，叶片繁茂，通常用作观叶植物。品种繁多，各具特色。植株大型，叶片性质、质地、颜色和斑纹等都有细微的差别。许多品种还有美丽花穗，仲夏开放于叶丛之上。

耐寒区 3 ~ 9，适用移动式绿化。

169. 狭叶玉簪 *Hosta lancifolia* 百合科 / 玉簪属

多年生草本。株高 35 ~ 50cm，冠径 30cm。

叶披针形至卵状披针形，长 10 ～ 17cm，宽
5 ～ 7.5cm，基部心形，深橄榄绿色；叶柄长
17 ～ 25cm。花葶高 40 ～ 50cm，总状花序；花
被近漏斗状，长 4 ～ 4.5cm，淡紫色，无香气。
花期夏末至秋初。

耐寒区 3 ～ 8，适用移动式绿化。

170. 玉簪 *Hosta plantaginea* 百合科 / 玉簪属

多年生草本。根状茎粗厚。叶卵状心形、卵
形或卵圆形，长 14 ～ 24cm，宽 8 ～ 16cm，基
部心形，具 6 ～ 10 对侧脉；叶柄长 20 ～ 40cm。
花葶高 40 ～ 80cm，总状花序；花被近漏斗状，
长 10 ～ 13cm，白色，芳香。花果期 8 ～ 10 月。

耐寒区 3 ～ 9，适用移动式绿化。

171. 紫萼 *Hosta ventricosa* 百合科 / 玉簪属

多年生草本。根状茎粗。叶卵状心形、卵
形至卵圆形，长 8 ～ 19cm，宽 4 ～ 17cm，基
部心形或近截形；叶柄长 6 ～ 30cm。花葶高
60 ～ 100cm，总状花序。花被近漏斗状，长
4 ～ 5.8cm，紫红色，无香气。花期 6 ～ 7 月。

耐寒区 3 ～ 9，适用东墙、南墙、北墙、移
动式绿化。

172. 火把莲 *Kniphofia uvaria* 百合科 / 火炬花属

半常绿多年生草本。株高可达 150cm，茎直
立。叶丛生，草质，剑形，长可达 30cm，宽可
达 2.5cm，蓝绿色。总状花序，密生多数筒状小花，
呈火炬形；花下垂，花冠在蕾期和初开时为红色，
后来渐渐变为黄色。花期春末至夏初。

耐寒区 5 ～ 9，适用屋顶、移动式绿化。

173. 阔叶山麦冬 *Liriope muscari* 百合科 / 山麦冬属

常绿宿根草本。根状茎短，或多或少木
质。叶密集成丛，革质，长 12 ～ 65cm，宽
0.2 ～ 3.5cm。总状花序长 8 ～ 45cm，具多数花；
花被片长约 3.5mm，紫色或红紫色；花丝和子房
白色。种子球形，直径 6 ～ 7mm，黑紫色。花
期 7 ～ 8 月。

耐寒区 5 ～ 10，适用屋顶、移动式绿化。

174. ' 大蓝 ' 阔叶山麦冬 *Liriope muscari* 'Big Blue' 百合科 / 山麦冬属

常绿宿根草本。根状茎短，或多或少木质。
株高 30 ～ 60cm。叶密集成丛，革质，深绿色，
有光泽。总状花序具多数花，通常高于叶丛。花小，
蓝紫色，花被片 6 枚，分离；子房上位。果实在
发育的早期外果皮即破裂，露出种子，种子黑紫
色。花期夏季。

耐寒区 5 ～ 10，适用屋顶绿化。

175. ' 金纹 ' 阔叶山麦冬 *Liriope muscari* 'Gold-banded' 百合科 / 山麦冬属

常绿宿根草本。根状茎短，或多或少木质。
株高 20 ～ 25cm，冠径 30 ～ 40cm。叶密集成丛，
革质，宽可达 1.9cm，深绿色，具窄的金黄色边缘。
总状花序具多数花。花小，蓝紫色，花被片 6 枚，
分离；子房上位。花期夏季至秋初。

耐寒区 5 ～ 10，适用屋顶绿化。

176. ' 英沃森 ' 阔叶山麦冬 *Liriope muscari* 'Ingwersen' 百合科 / 山麦冬属

常绿宿根草本。根状茎短，或多或少木质。
株高常为 10 ～ 30cm，冠径 30 ～ 45cm。叶密
集成丛，革质，常为拱形，较宽而短，深绿色，
有光泽。总状花序具多数花。花小，蓝紫色，花
被片 6 枚，分离；子房上位。花期夏季。

耐寒区 5 ～ 10，适用屋顶绿化。

177. ' 金边 ' 阔叶山麦冬 *Liriope muscari* 'Variegata' 百合科 / 山麦冬属

常绿宿根草本。根状茎短，或多或少木质。
株高可达 45cm，冠径可达 60cm。叶密集成丛，
革质，拱形，中绿色，具较宽的乳黄色边缘。总
状花序具多数花。花小，蓝紫色，花被片 6 枚，
分离；子房上位。花期夏末。

耐寒区 5 ～ 10，适用东墙、南墙、屋顶、
移动式绿化。

178. 山麦冬 *Liriope spicata* 百合科 / 山麦冬属

常绿宿根草本。具地下走茎。根近末端处常膨大成矩圆形、椭圆形或纺锤形的肉质小块根。叶长 25 ~ 60cm，宽 4 ~ 8mm，上面深绿色，背面粉绿色。花葶通常长于或几等长于叶；总状花序；花被片淡紫色或淡蓝色。种子近球形，黑色。

耐寒区 4 ~ 10，适应移动式绿化。

179. 浙江山麦冬 *Liriope zhejiangensis* 百合科 / 山麦冬属

常绿宿根草本。根状茎肉质。叶密集成丛，线形，革质，长 18 ~ 55cm，宽 0.4 ~ 1.2cm。总状花序长 15 ~ 25cm，具多数花；花被片长 3.5 ~ 4mm，紫色或红紫色；花丝通常紫色，子房紫色。种子球形，直径 6 ~ 7mm，黑色。花期 7 ~ 8月。

耐寒区 7 ~ 10，适用屋顶绿化。

180. 短药沿阶草 *Ophiopogon angustifoliatus* 百合科 / 沿阶草属

常绿宿根草本。具地下走茎。叶丛生，长线形，长 15 ~ 25cm，宽 3 ~ 7mm，深绿色，基部逐渐收狭成不明显的柄。花葶长 5 ~ 15cm，总状花序具数朵至 10 多朵花；花常单生于苞片腋内；花被片 6 枚，近卵形，长 7 ~ 8mm。花期 7 ~ 8月。

耐寒区 9 ~ 10，适用屋顶绿化。

181. 沿阶草 *Ophiopogon bodinieri* 百合科 / 沿阶草属

常绿宿根草本。具地下走茎。叶基生成丛，禾叶状，长 20 ~ 40cm，宽 2 ~ 4mm。花葶较叶稍短或几等长，总状花序长 1 ~ 7cm，具数朵至 10 多朵小花；花被片 6 枚，长 4 ~ 6mm，白色或稍带紫色；子房半下位。种子暗蓝色。花期 6 ~ 8月。

耐寒区 8 ~ 10，适用屋顶绿化。

182. 异药沿阶草 *Ophiopogon heterandrus* 百合科 / 沿阶草属

常绿宿根草本。茎细，匍匐。叶 2 ~ 4 枚簇生，矩圆形至狭矩圆形，长 4.5 ~ 6.5cm，宽 1 ~ 1.6cm，绿色；叶柄长 5 ~ 8cm。总状花序生于茎先端叶簇中，具 3 ~ 4 朵花；花被片 6 枚，三角状披针形，长 7 ~ 8mm，白色，开花时向外翻卷。花期 7 月。

耐寒区 9，适用屋顶绿化。

183. 剑叶沿阶草 *Ophiopogon jaburan* 百合科 / 沿阶草属

常绿宿根草本。无地下走茎。叶丛生，线形，长 30 ~ 80cm，宽 1 ~ 1.5cm，深绿色，有光泽。花葶扁平，边缘具狭翅，长 30 ~ 50cm。总状花序长 7 ~ 10cm，花较密；花梗长 1 ~ 2cm；花下垂，淡紫色，长 7 ~ 8mm。种子蓝色。

耐寒区 7 ~ 10，适用屋顶绿化。

184. 麦冬 *Ophiopogon japonicus* 百合科 / 沿阶草属

常绿宿根草本。具地下走茎。叶基生成丛，禾叶状，长 10 ~ 50cm，宽 1.5 ~ 3.5mm。花葶长 6 ~ 15cm，通常比叶短得多，总状花序长 2 ~ 5cm；花小，花被片 6 枚，常稍下垂而不展开，白色或淡紫色。种子球形，暗蓝色。花期 5 ~ 8月。

耐寒区 7 ~ 10，适用东墙、南墙、北墙、屋顶、移动式绿化。

185. '京都'麦冬 *Ophiopogon japonicas* 'Kyoto' 百合科 / 沿阶草属

常绿宿根草本。具地下走茎。植株矮小紧凑，株高 5 ~ 10cm，通常用作地被。叶基生成丛，禾叶状，线形，墨绿色，无柄。花葶通常比叶短得多；总状花序；花小，钟状，花被片 6 枚，白色。种子蓝色。花期夏季。

耐寒区 7 ~ 10，适用东墙、南墙、屋顶、移动式绿化。

186. '银雾'麦冬 *Ophiopogon japonicus* 'Kigimafukiduma' 百合科 / 沿阶草属

常绿宿根草本。具地下走茎。株高 30cm。叶基生成丛，禾叶状，线形，深绿色，具宽窄不一的纵向白色条纹，无柄。花葶通常比叶短得多；总状花序；花小，钟状，花被片 6 枚，白色。种子蓝色。花期夏季。

耐寒区 7 ~ 10，适用屋顶绿化。

187. '黑色'扁葶沿阶草 *Ophiopogon planiscapus* 'Nigrescens' 百合科 / 沿阶草属

常绿宿根草本。生长慢。株高和冠径均为 22 ~ 30cm。叶丛生，禾叶状，线形，宽可达 5mm，黑紫色，拱形。总状花序，花小，钟状，长达 6mm，白色，稍带粉色或蓝紫色。种子球形，暗紫色。花期夏季，果期秋季。

耐寒区 6 ~ 9，适用屋顶、移动式绿化。

188. 吉祥草 *Reineckea carnea* 百合科 / 吉祥草属

常绿宿根草本。茎蔓延于地面。叶每簇有 3 ~ 8 枚，条形至披针形，长 10 ~ 38cm，宽 0.5 ~ 3.5cm，深绿色。花葶长 5 ~ 15cm；穗状花序长 2 ~ 6.5cm；花芳香，粉红色；裂片矩圆形，长 5 ~ 7mm，稍肉质。浆果鲜红色。花果期 7 ~ 11 月。

耐寒区 7 ~ 10，适用东墙、南墙、北墙、移动式绿化。

189. 万年青 *Rohdea japonica* 百合科 / 万年青属

常绿宿根草本。根状茎粗。叶 3 ~ 6 枚，厚纸质，矩圆形、披针形或倒披针形，长 15 ~ 50cm，宽 2.5 ~ 7cm，绿色。花葶短于叶；穗状花序长 3 ~ 4cm，多少肉质，密生多花；花被球状钟形，淡黄色，顶端 6 浅裂。浆果红色。花期 5 ~ 6 月，果期 9 ~ 11 月。

耐寒区 6 ~ 10，适用东墙、南墙、北墙绿化。

190. 白穗花 *Speirantha gardenii* 百合科 / 白穗花属

常绿多年生草本。根状茎圆柱形。叶基生，4 ~ 8 枚，倒披针形、披针形或长椭圆形，长 10 ~ 20cm，宽 3 ~ 5cm，下部渐狭成柄。花葶高 13 ~ 20cm；总状花序有花 12 ~ 18 朵；花被片 6 枚，白色，分离，披针形，长 4 ~ 6mm，开展。花期 5 ~ 6 月。

耐寒区 8 ~ 9，适用东墙、南墙、北墙绿化。

191. 君子兰 *Clivia miniata* 石蒜科 / 君子兰属

常绿多年生草本。茎基部宿存的叶基呈鳞茎状。叶质厚，深绿色，具光泽，带状，长 30 ~ 50cm，宽 3 ~ 5cm。花茎宽约 2cm；伞形花序有花 10 ~ 20 朵；花被宽漏斗形，鲜红色，内面略带黄色。浆果紫红色。花期为春夏季，有时冬季也可开花。

耐寒区 9 ~ 11，适用东墙、南墙、移动式绿化。

192. 射干 *Belamcanda chinensis* 鸢尾科 / 射干属

落叶多年生草本。根状茎为不规则的块状。茎高 1 ~ 1.5m。叶互生，嵌叠状排列，剑形，长 20 ~ 60cm，宽 2 ~ 4cm，无中脉。花序顶生，叉状分枝；花橙红色，散生紫褐色的斑点，直径 4 ~ 5cm；花被裂片 6 枚，2 轮排列。花期 6 ~ 8 月。

耐寒区 5 ~ 10，适用移动式绿化。

193. 德国鸢尾 *Iris germanica* 鸢尾科 / 鸢尾属

多年生草本。根状茎粗壮而肥厚。叶剑形，常具白粉，长 20 ~ 50cm，无明显的中脉。花茎高 60 ~ 100cm；花大，鲜艳，直径可达 12cm；品种甚多，多为淡紫色、蓝紫色、深紫色或白色，有香味；外花被裂片中脉上密生黄色的须毛状附属物。花期 4 ~ 5 月。

耐寒区 3 ~ 10，适用屋顶、移动式绿化。

194. 蝴蝶花 *Iris japonica* 鸢尾科 / 鸢尾属

常绿多年生草本。根状茎可分为较粗的直立根状茎和纤细的横走根状茎。叶基生，暗绿色，有光泽，剑形，长 25 ~ 60cm，宽 1.5 ~ 3cm，无明显的中脉。花淡蓝色或蓝紫色，直径 4.5 ~ 5cm；外花被裂片中脉上有隆起的黄色鸡冠状附属物。花期 3 ~ 4 月。

耐寒区 7 ~ 9，适用屋顶、移动式绿化。

195. 马蔺 *Iris lactea* 鸢尾科 / 鸢尾属

落叶多年生密丛草本。根状茎粗壮，木质。叶基生，坚韧，灰绿色，条形或狭剑形，长约 50cm，宽 4 ~ 6mm，无明显的中脉。花茎光滑，高 3 ～ 10cm；花浅蓝色、蓝色或蓝紫色，花被上有较深色的条纹，直径 5 ～ 6cm。花期 5 ～ 6 月。

耐寒区 4 ～ 9，适用屋顶、移动式绿化。

196. 鸢尾 *Iris tectorum* 鸢尾科 / 鸢尾属

多年生草本。根状茎粗壮。叶基生，黄绿色，宽剑形，长 15 ～ 50cm，宽 1.5 ～ 3.5cm，基部鞘状，有数条不明显的纵脉。花茎高 20 ～ 40cm；花蓝紫色，直径约 10cm；花被片 6 枚；外花被裂片中脉上有不规则的鸡冠状附属物，成不整齐的缝状裂。花期 4 ～ 5 月。

耐寒区 4 ～ 9，适用东墙、南墙、屋顶绿化。

197. 簇花庭菖蒲 *Sisyrinchium palmifolium* 鸢尾科 / 庭菖蒲属

多年生常绿草本。株高和冠径约 50cm。叶基生或互生，狭条形，蓝绿色。花葶高 60cm，聚伞花序顶生，具多数花；基部有多枚叶状的苞片；花亮黄色，傍晚至夜间开放；花被裂片 6 枚，同型。花期夏季。

耐寒区 7 ～ 9，适用屋顶、移动式绿化。

198. 白及 *Bletilla striata* 兰科 / 白及属

落叶地生兰。植株高 18 ～ 60cm。假鳞茎扁球形。叶 4 ～ 6 枚，狭长圆形或披针形，长 8 ～ 29cm，宽 1.5 ～ 4cm，先端渐尖，基部收狭成鞘并抱茎。花序具 3 ～ 10 朵花，不分枝；花大，紫红色或粉红色；唇瓣白色带紫红色，具紫色脉。花期 4 ～ 5 月。

耐寒区 5 ～ 9，适用移动式绿化。

199. 蝴蝶兰 *Phalaenopsis* hort. 兰科 / 蝴蝶兰属

常绿附生兰。根肉质。茎短，具少数近基生的叶。叶质地厚，扁平，椭圆形至倒卵状披针形，具关节和抱茎的鞘。花序侧生于茎的基部；花大色艳，有白色、红色、粉色和黄色等；花瓣与萼片近似，较宽阔；唇瓣基部具爪。花期春季。

耐寒区 10 ～ 12，适用移动式绿化。

200. 独蒜兰 *Pleione bulbocodioides* 兰科 / 独蒜兰属

半附生兰。假鳞茎卵形至卵状圆锥形，顶端具 1 枚叶。叶狭椭圆状披针形或近倒披针形，纸质，长 10 ～ 25cm，宽 2 ～ 5.8cm。花葶从无叶的老假鳞茎基部发出，长 7 ～ 20cm，顶端具 1 花；花粉红色至淡紫色，唇瓣上有深色斑。花期 4 ～ 6 月。

耐寒区 7 ～ 9，适用东墙、南墙绿化。

（九）球根花卉

1. 花毛茛 *Ranunculus asiaticus* **毛茛科 / 毛茛属**

多年宿根草本。块根纺锤形，常数个聚生于根颈部。株高 30 ~ 60cm，冠径 30 ~ 60cm。基生叶阔卵形，具长柄，茎生叶无柄，2 回羽状分裂。花单生或数朵顶生，直径 3 ~ 4cm。花期 4 ~ 6 月。

耐寒区 8 ~ 10，适用移动式绿化。

2. 仙客来 *Cyclamen persicum* **报春花科 / 仙客来属**

多年生草本。块茎扁球形，直径通常 4 ~ 5cm，棕褐色。叶片心状卵圆形，直径 3 ~ 14cm，上面深绿色，常有浅色的斑纹。花葶高 15 ~ 20cm；花冠白色、粉红色或玫瑰红色等，裂片长圆状披针形，剧烈反折。花期冬季或早春。

耐寒区 9 ~ 11，适用北墙、移动式绿化。

3. 关节酢浆草 *Oxalis articulata* **酢浆草科 / 酢浆草属**

多年生草本植物，高 15 ~ 23cm。具肉质鳞茎状或块茎状地下根状茎。无地上茎。叶多数，基生；小叶 3 枚，倒心形，先端深凹陷，常被毛。伞形花序，具花 5 ~ 10 朵；花直径达 1.9cm；花瓣 5 枚，粉红色；雄蕊 10 枚。花期几乎全年。

耐寒区 7 ~ 10，适用东墙、南墙、北墙、屋顶、移动式绿化。

4. 黄花酢浆草 *Oxalis pes-caprae* **酢浆草科 / 酢浆草属**

多年生草本，高 5 ~ 10cm。根状茎匍匐，具块茎，地上茎短缩不明显或无地上茎，基部具褐色膜质鳞片。叶多数，基生；小叶 3 枚，倒心形，长约 2cm，先端深凹陷，两面被柔毛，具紫斑。伞形花序基生，明显长于叶；花瓣 5 枚，黄色。花期冬末至春初。

耐寒区 9 ~ 10，适用屋顶绿化。

5. 紫叶酢浆草 *Oxalis triangularis* subsp. *papilionacea* **酢浆草科 / 酢浆草属**

多年生草本，高 15 ~ 30cm。具肉质鳞茎状或块茎状地下根状茎。叶多数，基生；小叶 3 枚，倒三角形至倒卵状三角形，光滑，紫红色。伞形花序，具花 5 ~ 8 朵；花瓣 5 枚，白色，长圆状披针形。花期春季至秋季。

耐寒区 8 ~ 11，适用东墙、屋顶、移动式绿化。

6. 大丽花 *Dahlia pinnata* **菊科 / 大丽花属**

落叶多年生草本，有巨大棒状块根。茎直立，高 1.5 ~ 2m，粗壮。叶对生，1 ~ 3 回羽状全裂，裂片卵形或长圆状卵形。头状花序大，有长花序梗，宽 6 ~ 12cm；外层总苞片叶质，内层膜质；舌状花 1 层或多层，白色、黄色、红色或紫色等。花期 6 ~ 12 月。

耐寒区 8 ~ 11，适用移动式绿化。

7. 蛇鞭菊 *Liatris spicata* **菊科 / 蛇鞭菊属**

多年生草本，茎基部膨大呈扁球形，地上茎直立，株形锥状。基生叶线形，长约 17cm，宽约 1cm，平直或卷曲，往上逐渐变小。花葶长 70 ~ 120cm；头状花序排列成密穗状，长达 60cm；管状花淡紫色或白色。花期 7 ~ 8 月。

耐寒区 3 ~ 8，适用移动式绿化。

8. 薤头 *Allium chinense* **百合科 / 葱属**

多年生草本。鳞茎数枚聚生，狭卵状。叶 2 ~ 5 枚，具 3 ~ 5 棱的圆柱状，中空。花葶侧生，圆柱状，高 20 ~ 40cm；伞形花序近半球状，较松散；花淡紫色至暗紫色；花被片宽椭圆形至近圆形，长 4 ~ 6mm。花果期 10 ~ 11 月。

耐寒区 8 ~ 11，适用屋顶绿化。

9. 葱 *Allium fistulosum* **百合科 / 葱属**

多年生草本。鳞茎单生，圆柱状，粗 1 ~ 2cm。叶圆筒状，中空，粗在 0.5cm 以上。花葶圆柱状，中空，高 30 ~ 50cm；伞形花序球状，多花，较疏散；花白色；花被片 6 枚，长 6 ~ 8.5mm，近卵形。花果期 4 ~ 7 月。

耐寒区 6 ~ 9，适用屋顶绿化。

10. 蒜 *Allium sativum* 百合科 / 葱属

多年生草本。鳞茎球状至扁球状，通常由多数肉质、瓣状的小鳞茎紧密地排列而成。叶宽条形至条状披针形，扁平，宽可达 2.5cm。花葶实心，高可达 60cm；伞形花序密具珠芽，间有数花；花常为淡红色；花被片 6 枚，披针形，长 3 ~ 4mm。花期 7 月。

耐寒区 4 ~ 9，适用屋顶绿化。

11. 北葱 *Allium schoenoprasum* 百合科 / 葱属

多年生草本。鳞茎常数枚聚生，卵状圆柱形，粗 0.5 ~ 1cm。叶 1 ~ 2 枚，光滑，管状，中空，粗 2 ~ 6mm。花葶圆柱状，中空，光滑，高 10 ~ 40cm。总苞紫红色；伞形花序近球状，具多而密集的花；花紫红色至淡红色；花被片 6 枚，披针形或矩圆形。花果期 7 ~ 9 月。

耐寒区 4 ~ 8，适用移动式绿化。

12. 韭 *Allium tuberosum* 百合科 / 葱属

多年生草本。鳞茎簇生，近圆柱状。叶条形，扁平，实心，宽 1.5 ~ 8mm。花葶圆柱状，常具 2 纵棱，高 25 ~ 60cm。伞形花序半球状或近球状，具多但较稀疏的花；花被片 6 枚，白色，常具绿色或黄绿色的中脉。花果期 7 ~ 9 月。

耐寒区 3 ~ 9，适用屋顶绿化。

13. 麻点百合 *Drimiopsis botryoides* 百合科 / 麻点花属

多年生草本，具鳞茎。株高 15 ~ 25cm，冠径 30cm。单叶，基生，带状，稍肉质，长 15 ~ 20cm，宽 1.5 ~ 7.5cm，绿色，常有褐色斑点。穗状花序或总状花序，花梗长 0 ~ 3mm；花被片 6 枚，白色至绿白色，长达 6mm。花期 3 ~ 9 月。

耐寒区 8 ~ 10，适用东墙、南墙绿化。

14. 阔叶油点百合 *Drimiopsis maculata* 百合科 / 麻点花属

多年生草本，具鳞茎。株高 15 ~ 30cm，冠径 30cm。单叶，基生，心状卵形，稍肉质，长 7 ~ 20cm，宽 5cm，绿色，有深色的半透明斑点。花序高于叶；花小，花蕾时为白色，开放时变为淡绿色。花期 4 ~ 5 月。

耐寒区 8 ~ 10，适用东墙、南墙绿化。

15. 浙贝母 *Fritillaria thunbergii* 百合科 / 贝母属

多年生草本。株高 50 ~ 80cm。鳞茎由 2 ~ 3 枚鳞片组成。叶对生、散生或轮生，近条形至披针形，长 7 ~ 11cm，宽 1 ~ 2.5cm。花 1 ~ 6 朵，淡黄色，有时稍带淡紫色；花被片 6，长 2.5 ~ 3.5cm，宽约 1cm。花期 3 ~ 4 月。

耐寒区 7 ~ 10，适用东墙、南墙绿化。

16. 风信子 *Hyacinthus orientalis* 百合科 / 风信子属

多年生草本。鳞茎近球形，有被膜，直径约 3cm。基生叶带状，长 15 ~ 21cm，宽 1 ~ 2.5cm。总状花序顶生，高于叶丛。花 5 ~ 20 朵或更多，横向，漏斗状，有蓝色、紫色、红色、粉红色、白色等，花被管长 1 ~ 1.5cm，裂片反卷。花期 3 ~ 4 月。

耐寒区 4 ~ 8，适用移动式绿化。

17. 野百合 *Lilium brownii* 百合科 / 百合属

多年生草本。鳞茎球形，直径 2 ~ 4.5cm；鳞片披针形，白色。茎高 0.7 ~ 2m。叶散生，披针形至条形，长 7 ~ 15cm，宽 1 ~ 2cm，全缘。花喇叭形，有香气，乳白色，向外张开或先端外弯而不卷，长 13 ~ 18cm；蜜腺两边具小乳头状突起。花期 5 ~ 6 月。

耐寒区 5 ~ 10，适用东墙、南墙绿化。

18. 百合 *Lilium brownii* var. *viridulum* 百合科 / 百合属

多年生草本。鳞茎球形；鳞片披针形，白色。茎高 0.7 ~ 2m。叶散生，叶倒披针形至倒卵形，全缘。花被片 6 枚；花喇叭形，有香气；乳白色，喉部淡黄色或黄色，常在开放一段时间后转为白色，向外张开或先端外弯而不卷；蜜腺两边具小乳头状突起。花期 5 ~ 6 月。

耐寒区 5 ~ 10，适用东墙、南墙、移动式绿化。

19. 条叶百合 *Lilium callosum* 百合科 / 百合属

多年生草本。鳞茎小，扁球形，鳞片白色。茎高 50 ~ 90cm，无毛。叶散生，条形，长 6 ~ 10cm，宽 3 ~ 5mm，有 3 条脉。花下垂；花被片 6 枚，长 3 ~ 4cm，中部以上反卷，红色或淡红色，几无斑点，蜜腺两边有稀疏的小乳头状突起。花期 7 ~ 8 月。

耐寒区 5 ~ 10，适用东墙、南墙绿化。

20. 有斑百合 *Lilium concolor var. pulchellum* 百合科 / 百合属

多年生草本。鳞茎卵球形，鳞片白色。茎高 28 ~ 60cm。叶散生，条形，长 2 ~ 7cm，宽 2 ~ 6mm，脉 3 ~ 7 条。花直立，星状开展，深红色，有褐色斑点，有光泽；花被片 6 枚，长 3 ~ 4cm，蜜腺两边具乳头状突起。花期 6 ~ 7 月。

耐寒区 4 ~ 9，适用东墙、南墙绿化。

21. 湖北百合 *Lilium henryi* 百合科 / 百合属

多年生草本。鳞茎近球形，鳞片白色。茎高 1 ~ 2m。叶两型，中、下部的矩圆状披针形，长 7.5 ~ 15cm；上部的卵圆形，长 2 ~ 4cm。总状花序；花被片 6 枚，披针形，反卷，橙色，具稀疏的黑色斑点，长 5 ~ 7cm，蜜腺两边具多数流苏状突起。花期 6 ~ 7 月。

耐寒区 5 ~ 9，适用东墙、南墙绿化。

22. 百合品种 *Lilium* hort. 百合科 / 百合属

多年生草本。鳞茎卵形或近球形；鳞片多数，肉质。茎圆柱形，直立。叶通常散生，较少轮生，披针形、椭圆形或条形，无柄或具短柄。花单生或排成总状花序；单瓣品种花被片 6 枚，也有重瓣品种，喇叭形或钟形，有的花瓣反卷。品种繁多，千姿百态，色彩丰富，有些有香气，可为夏季的

景观增添雅致的氛围。

适用移动式绿化。

23. 卷丹 *Lilium lancifolium* 百合科 / 百合属

多年生草本。鳞茎近宽球形，鳞片白色。茎高 0.8 ~ 1.5m，具白色绵毛。叶散生，披针形，长 6.5 ~ 9cm，宽 1 ~ 1.8cm，上部叶腋有珠芽。花下垂，花被片 6 枚，披针形，反卷，橙红色，有紫黑色斑点；蜜腺两边有乳头状突起，尚有流苏状突起。花期 7 ~ 8 月。

耐寒区 3 ~ 9，适用移动式绿化。

24. 欧洲百合 *Lilium martagon* 百合科 / 百合属

多年生草本。鳞茎宽卵形。茎高 1 ~ 2m，绿色，具紫色或红色晕。叶轮生，椭圆形至倒披针形，长可达 16cm，下面通常有微毛。总状花序顶生；花梗先端弯曲；花下垂，有香气；花被片 6 枚，粉紫色，但花色变化大，从近白色至近黑色，有斑点；花被片长椭圆形。花期 6 ~ 7 月。

耐寒区 3 ~ 9，适用东墙、南墙绿化。

25. 山丹 *Lilium pumilum* 百合科 / 百合属

多年生草本。鳞茎卵形或圆锥形，鳞片白色。茎高 15 ~ 60cm。叶散生于茎中部，条形，长 3.5 ~ 9cm，宽 1.5 ~ 3mm。花鲜红色，通常无斑点，下垂；花被片 6 枚，反卷，长 4 ~ 4.5cm，宽 0.8 ~ 1.1cm，蜜腺两边有乳头状突起。花期 7 ~ 8 月。

耐寒区 3 ~ 9，适用东墙、南墙绿化。

26. 岷江百合 *Lilium regale* 百合科 / 百合属

多年生草本。鳞茎宽卵圆形。茎高约 50cm。叶散生，狭条形，长 6 ~ 8cm，宽 2 ~ 3mm，具 1 条脉。花很香，喇叭形，白色，喉部为黄色；外轮花被片披针形，长 9 ~ 11cm，宽 1.5 ~ 2cm；内轮花被片倒卵形，蜜腺两边无乳头状突起。花期 6 ~ 7 月。

耐寒区 3 ~ 8，适用东墙、南墙绿化。

27. 药百合 *Lilium speciosum var. gloriosoides*

百合科 / 百合属

多年生草本。鳞茎近扁球形，鳞片白色。茎高60～120cm。叶散生，宽披针形至卵状披针形，长2.5～10cm，宽2.5～4cm。花下垂，花被片6枚，长6～7.5cm，反卷，边缘波状，白色，下部1/2～1/3有紫红色斑块和斑点，蜜腺两边有红色的流苏状突起和乳头状突起。花期7～8月。

耐寒区7～9，适用东墙、南墙绿化。

28. 蓝壶花 *Muscari botryoides* 百合科 / 蓝壶花属

多年生草本。鳞茎卵形或近球形。株高5～10cm。基生叶为半圆柱状线形。花葶通常不分枝。总状花序，长椭圆状柱形。花小，下垂，坛状，深蓝色，直径约3mm。花期4～5月。

耐寒区3～10，适用移动式绿化。

29. 紫娇花 *Tulbaghia violacea* 百合科 / 紫娇花属

半常绿多年生草本。鳞茎圆柱形，簇生。全株有浓郁韭菜气味。株高45～60cm，冠径30cm。叶狭长，带状。花葶直立，高30～60cm。伞形花序高于叶丛；花粉紫色，长可达2cm，基部合生成管状，裂片6枚。花期仲夏至秋季。

耐寒区7～10，适用屋顶、移动式绿化。

30. 郁金香 *Tulipa gesneriana* 百合科 / 郁金香属

多年生草本。鳞茎卵形，鳞茎皮纸质。叶3～5枚，条状披针形至卵状披针形。花单朵顶生，直立，大型而艳丽；花被片6枚，离生，红色、白色或黄色等，长5～7cm，宽2～4cm。花期4～5月。

耐寒区3～8，适用移动式绿化。

31. 红花文殊兰 *Crinum × amabile* 石蒜科 / 文殊兰属

常绿多年生粗壮草本。鳞茎长柱形。株高0.9～1.5m，冠径可达1.5m。叶多列，带状披针形，长70cm或更长，宽3.5～6cm或更宽，绿色。伞形花序有花数朵至10余朵；花高脚碟状；花被裂片6枚，线形，外面亮酒红色，内面粉色且边缘有浅色条纹。花期夏季。

耐寒区9～11，适用移动式绿化。

32. 文殊兰 *Crinum asiaticum* var. *sinicum* 石蒜科 / 文殊兰属

常绿多年生粗壮草本。鳞茎长柱形。叶20～30枚，多列，带状披针形，长可达1m，宽7～12cm或更宽，暗绿色。伞形花序有花10～24朵；花高脚碟状，芳香；花被裂片6枚，线形，长4.5～9cm，宽6～9mm，白色；雄蕊淡红色。花期夏季。

耐寒区9～11，适用北墙、移动式绿化。

33. 朱顶红 *Hippeastrum rutilum* 石蒜科 / 朱顶红属

多年生草本。鳞茎近球形。叶6～8枚，花后抽出，鲜绿色，带形，长约30cm，基部宽约2.5cm。花茎中空，稍扁，高约40cm；花2～4朵；花被裂片6枚，长圆形，顶端尖，长约12cm，宽约5cm，洋红色；雄蕊6枚。花期夏季。

耐寒区8～10，适用移动式绿化。

34. 水鬼蕉 *Hymenocallis littoralis* 石蒜科 / 水鬼蕉属

多年生草本。鳞茎近球形。叶10～12枚，剑形，长45～75cm，宽2.5～6cm，深绿色。花茎扁平，高30～80cm；花茎顶端生花3～8朵，白色；花被管纤细，花被裂片6枚，线形；杯状体（雄蕊杯）钟形或阔漏斗形，长约2.5cm，有齿。花期夏末秋初。

耐寒区9～11，适用移动式绿化。

35. 中国石蒜 *Lycoris chinensis* 石蒜科 / 石蒜属

多年生草本。鳞茎卵球形。春季出叶，叶带状，长约35cm，宽约2cm，顶端圆，绿色，中间淡色带明显。伞形花序有花5～6朵；花黄色；花被裂片6枚，倒披针形，长约6cm，宽约1cm，强度反卷和皱缩；雄蕊与花被近等长或略伸出花被外。花期7～8月。

耐寒区6～10，适用屋顶、移动式绿化。

36. 长筒石蒜 *Lycoris longituba* 石蒜科 / 石蒜属

多年生草本。鳞茎卵球形。早春出叶，叶披针形，长约38cm，宽1.5～2.5cm。伞形花序有花5～7朵；花白色，直径约5cm；花被裂片长椭圆形，长6～8cm，顶端稍反卷，花被筒长4～6cm；雄蕊略短于花被；花柱伸出花被外。花期7～8月。

耐寒区7～10，适用屋顶、移动式绿化。

37. 石蒜 *Lycoris radiata* 石蒜科 / 石蒜属

多年生草本。鳞茎近球形。秋季出叶，叶狭带状，长约15cm，宽约0.5cm，顶端钝，深绿色，中间有粉绿色带。伞形花序有花4～7朵，花鲜红色；花被裂片6枚，狭倒披针形，长约3cm，强度皱缩和反卷；雄蕊显著伸出于花被外。花期8～9月。

耐寒区6～10，适用屋顶、移动式绿化。

38. 换锦花 *Lycoris sprengeri* 石蒜科 / 石蒜属

多年生草本。鳞茎卵形。早春出叶，叶带状，长约30cm，宽约1cm，绿色，顶端钝。伞形花序有花4～6朵；花淡紫红色，花被裂片顶端常带蓝色，倒披针形，长约4.5cm，宽约1cm，边缘不皱缩；雄蕊与花被近等长。花期8～9月。

耐寒区6～10，适用屋顶、移动式绿化。

39. 稻草石蒜 *Lycoris straminea* 石蒜科 / 石蒜属

多年生草本。鳞茎近球形。秋季出叶，叶带状，长约30cm，宽约1.5cm。伞形花序有花5～7朵；花稻草黄色；花被裂片倒披针形，长约4cm，强度反卷和皱缩，花被筒长约1cm；雄蕊明显伸出于花被外，比花被长1/3。花期8月。

耐寒区7～9，适用屋顶、移动式绿化。

40. 黄水仙 *Narcissus pseudonarcissus* 石蒜科 / 水仙属

多年生草本。鳞茎球形。叶4～6枚，宽线形，长25～40cm，宽8～15mm，钝头。花茎高约30cm，顶端生1朵花；花被管倒圆锥形，长1.2～1.5cm，花被裂片6枚或重瓣，长圆形，长2.5～3.5cm，淡黄色；副花冠稍短于花被或近等长。花期春季。

耐寒区4～8，适用移动式绿化。

41. 水仙 *Narcissus tazetta* var. *chinensis* 石蒜科 / 水仙属

多年生草本。鳞茎卵球形。叶宽线形，扁平，长20～40cm，宽8～15mm，钝头，全缘，粉绿色。伞形花序有花4～8朵；花被裂片6枚，卵圆形至阔椭圆形，白色，芳香；副花冠浅杯状，淡黄色，长不及花被的一半。花期春季。

耐寒区9，适用移动式绿化。

42. 葱莲 *Zephyranthes candida* 石蒜科 / 葱莲属

多年生草本。鳞茎卵形，直径约2.5cm。叶狭线形，肥厚，亮绿色，长20～30cm，宽2～4mm。花茎中空；花单生于花茎顶端；花白色，外面常带淡红色；几无花被管，花被片6枚，长3～5cm；雄蕊6枚。花期秋季。

耐寒区7～10，适应移动式绿化。

43. 黄花葱莲 *Zephyranthes citrina* 石蒜科 / 葱莲属

多年生草本。鳞茎卵形。叶狭线形，暗绿色，宽达4mm。花茎中空，花单生于花茎顶端；花冠漏斗状，柠檬黄色；花被管长0.7～1cm，不到花被长度的1/3，花被片6枚；雄蕊6枚。花期7～9月。

耐寒区7～10，适应移动式绿化。

44. 韭莲 *Zephyranthes grandiflora* 石蒜科 / 葱莲属

多年生草本。鳞茎卵球形，直径2～3cm。基生叶常数枚簇生，线形，扁平，长15～30cm，宽6～8mm。花单生于花茎顶端，花玫瑰红色或粉红色；花被管长1～2.5cm，花被裂片6枚，长3～6cm；雄蕊6枚。花期夏秋。

耐寒区9～10，适应移动式绿化。

45. 雄黄兰 *Crocosmia* × *crocosmiiflora* 鸢尾科 / 雄黄兰属

落叶多年生草本。株高50～100cm。球茎扁圆球形。叶多基生，剑形，长40～60cm，中脉明显。花茎常 2 ~ 4 分枝，由多花组成疏散的穗状花序；花两侧对称，橙黄色、黄色或红色等，直径 3.5 ~ 4cm；花被管略弯曲，花被裂片 6 枚。花期 7 ~ 8 月。

耐寒区 6 ~ 9，适应移动式绿化。

46. 香雪兰 *Freesia refracta* **鸢尾科 / 香雪兰属**

多年生草本。球茎狭卵形或卵圆形。叶剑形或条形，略弯曲，长 15 ~ 40cm，宽 0.5 ~ 1.4cm，黄绿色，中脉明显。花茎直立，上部有 2 ~ 3 个弯曲的分枝；花直立，淡黄色或黄绿色，有香味，直径 2 ~ 3cm；花被管喇叭形，长约 4cm，花被裂片 6 枚。花期 4 ~ 5 月。

耐寒区 9 ~ 10，适应移动式绿化。

47. 唐菖蒲 *Gladiolus × gandavensis* **鸢尾科 / 唐菖蒲属**

落叶多年生草本。球茎扁圆球形。叶基生或在花茎基部互生，剑形，长 40 ~ 60cm，宽 2 ~ 4cm，嵌叠状排成 2 列，灰绿色。顶生穗状花序长 25 ~ 35cm；花两侧对称，有红、黄、白或粉红等色，直径 6 ~ 8cm；花被管长约 2.5cm，花被裂片 6 枚。花期春末至夏季。

耐寒区 5 ~ 9，适应移动式绿化。

（十）蕨类植物

1. 马尾杉 *Phlegmariurus phlegmaria* **石松科 / 马尾杉属**

常绿附生蕨类。茎簇生，茎柔软下垂，4 ~ 6 回二叉分枝，长 20 ~ 40cm，枝连叶扁平或近扁平。叶螺旋状排列，明显为二型。营养叶斜展，卵状三角形，中脉明显，革质，全缘。孢子叶卵状。孢子囊穗顶生，长线形。

耐寒区 10 ~ 11，适用北墙绿化。

2. 卷柏 *Selaginella tamariscina* **卷柏科 / 卷柏属**

常绿蕨类。土生或石生，复苏植物，呈垫状。主茎直立，粗壮，通常单一，高 10 ~ 20cm。小枝丛生于主茎顶端，各枝呈扇形分叉，辐射斜展，全株呈莲座状。叶全部交互排列，二型，叶质厚，表面光滑。孢子叶穗紧密，四棱柱形。

耐寒区 5 ~ 11，适用西墙绿化。

3. 翠云草 *Selaginella uncinata* **卷柏科 / 卷柏属**

常绿蕨类。株高 25 ~ 42cm。主茎细，伏地蔓生，节上生有不定根。小枝互生，且多回分叉。叶二型，排成 1 个平面，侧叶长圆形。孢子叶穗紧密，四棱柱形。

耐寒区 6 ~ 10，适用北墙、移动式绿化。

4. 问荆 *Equisetum arvense* **木贼科 / 木贼属**

落叶蕨类，地上茎当年枯萎。根状茎长而横走。茎二型，通常实心。孢子茎不分枝。营养茎高 15 ~ 30cm，轮生分枝多，鞘筒狭长，绿色。叶退化，无真正的叶。孢子囊穗圆柱形。

耐寒区 4 ~ 9，适用移动式绿化。

5. 木贼 *Equisetum hyemale* **木贼科 / 木贼属**

常绿蕨类，地上茎多年生，高 1m 以上。根状茎横走或直立。茎一型，空心。地上茎不分枝或仅基部有少数直立的侧枝，鞘筒黑棕色或顶部及基部各有 1 圈或仅顶部有 1 圈黑棕色。叶退化，无真正的叶。孢子囊穗卵状。

耐寒区 4 ~ 9，适用移动式绿化。

6. 乌蕨 *Odontosoria chinensis* **鳞始蕨科 / 乌蕨属**

半常绿蕨类。株高达 65cm。根状茎短而横走，密被赤褐色的钻状鳞片。叶片披针形，坚草质，长 20 ~ 40cm，宽 5 ~ 12cm，4 回羽状；羽片 15 ~ 20 对，互生，密接。孢子囊群边缘着生。

耐寒区 9 ~ 11，适用北墙绿化。

7. 杯盖阴石蕨 *Humata griffithiana* **骨碎补科 / 阴石蕨属**

常绿蕨类。株高达 40cm。根状茎长而横走，粗约 6mm，密被蓬松的灰白色或淡棕色鳞片。叶远生；叶片三角状卵形，长 16 ~ 25cm，宽 14 ~ 18cm，先端渐尖，2 ~ 4 回羽裂。孢子囊群生于裂片上侧小脉顶端。

耐寒区 9 ~ 11，适用北墙绿化。

8. 肾蕨 *Nephrolepis cordifolia* **肾蕨科 / 肾蕨属**

常绿蕨类。根状茎直立，下部有棕褐色葡匐茎，葡匐茎上生有近圆形的块茎。叶簇生，叶片线状披针形或狭披针形，坚草质或草质，长 30 ~ 70cm，宽 3 ~ 5cm，1 回羽状，羽片多数。孢子囊群成 1 行，位于主脉两侧，肾形。

耐寒区 9 ~ 11，适用东墙、北墙、移动式绿化。

9. ‘波斯顿’高大肾蕨 *Nephrolepis exaltata* **'Bostoniensis' 肾蕨科 / 肾蕨属**

常绿蕨类。根茎直立，有葡匐茎。叶簇生，长可达 60cm 以上；叶片披针形，羽状分裂，叶片较柔软，先端弯曲下垂。

耐寒区 10 ~ 11，适用北墙绿化。

10. 刺齿半边旗 *Pteris dispar* **凤尾蕨科 / 凤尾蕨属**

常绿蕨类。株高 30 ~ 80cm。根状茎斜向上。叶簇生；叶片卵状长圆形，长 25 ~ 40cm，宽 15 ~ 20cm，2 回深裂或 2 回半边深羽裂；顶生羽片披针形，篦齿状深裂几达叶轴。孢子囊群线形，沿叶缘连续延伸。

耐寒区 9 ~ 11，适用北墙绿化。

11. 剑叶凤尾蕨 *Pteris ensiformis* 凤尾蕨科 / 凤尾蕨属

常绿蕨类。株高 30 ~ 50cm。叶密生，叶片长圆状卵形，长 10 ~ 25cm，宽 5 ~ 15cm，2 回羽状，羽片 3 ~ 6 对，绿色。孢子囊群线形，沿叶缘连续延伸。

耐寒区 9 ~ 11，适用北墙绿化。

12. 白羽凤尾蕨 *Pteris ensiformis* 'Victoriae' 凤尾蕨科 / 凤尾蕨属

常绿蕨类。株高 30 ~ 50cm。叶密生，叶片长圆状卵形，长 10 ~ 25cm，宽 5 ~ 15cm，2 回羽状，羽片 3 ~ 6 对，羽片中央沿主脉两侧各有 1 条纵行的灰白色带。孢子囊群线形，沿叶缘连续延伸。

耐寒区 9 ~ 11，适用北墙、移动式绿化。

13. 井栏边草 *Pteris multifida* 凤尾蕨科 / 凤尾蕨属

常绿蕨类。株高 30 ~ 45cm。根状茎短而直立。叶多数，密而簇生；叶片卵状长圆形，长 20 ~ 40cm，宽 15 ~ 20cm，1 回羽状，羽片通常 3 对，顶生 3 叉羽片及上部羽片的基部显著下延，在叶轴两侧形成狭翅。孢子囊群线形，沿叶缘连续延伸。

耐寒区 7 ~ 10，适用北墙绿化。

14. 蜈蚣草 *Pteris vittata* 凤尾蕨科 / 凤尾蕨属

常绿蕨类。株高 30 ~ 100cm。根状茎直立，短而粗健。叶簇生；叶片倒披针状长圆形，暗绿色，无光泽，长 20 ~ 90cm，宽 5 ~ 25cm，1 回羽状；顶生羽片与侧生羽片同形，侧生羽多数。孢子囊群线形，沿叶缘连续延伸。

耐寒区 8 ~ 11，适用北墙绿化。

15. 扇叶铁线蕨 *Adiantum flabellulatum* 凤尾

蕨科 / 铁线蕨属

半常绿蕨类。株高 20 ~ 45cm。根状茎短而直立。叶簇生；柄长 10 ~ 30cm，紫黑色；叶片扇形，长 10 ~ 25cm，2 ~ 3 回不对称的 2 叉分枝；小羽片长 6 ~ 15mm，扇形或斜方形。孢子囊群椭圆形，着生于裂片顶端反折的囊群盖下面。

耐寒区 9 ~ 11，适用北墙绿化。

16. 楔叶铁线蕨 *Adiantum raddianum* 凤尾蕨科 / 铁线蕨属

半常绿蕨类。株高和冠径 30 ~ 60cm。根状茎短，有分枝。叶柄纤细，黑色，有光泽。叶片三角形，长达 30cm，宽达 45cm，3 ~ 4 回羽状，中部以上为一回奇数羽状。小羽片斜扇形，初为浅绿色，然后叶色逐渐变深。孢子囊群生于裂片顶部反折的假囊群盖下面。

耐寒区 10 ~ 11，适用北墙、移动式绿化。

17. 巢蕨 *Asplenium nidus* 铁角蕨科 / 铁角蕨属

常绿附生蕨类。株高 1 ~ 1.2m。根状茎直立，粗短，木质。叶簇生；叶片阔披针形，厚纸质或薄革质，两面均无毛，长 90 ~ 120cm，渐尖头，中部最宽处为 9 ~ 15cm，叶边全缘。孢子囊群线形，生于小脉的上侧。

耐寒区 10 ~ 11，适用北墙、移动式绿化。

18. 矮树蕨 *Blechnum gibbum* 乌毛蕨科 / 矮树蕨属

常绿小型树状蕨类。成年植株具直立性主干，黑色，高可达 90cm。叶簇生于茎顶，1 回羽状深裂，长可达 1m，宽可达 30cm，裂片宽线形，革质。

耐寒区 9 ~ 11，适用移动式绿化。

19. 乌毛蕨 *Blechnum orientale* 乌毛蕨科 / 乌毛蕨属

常绿蕨类。株高 0.5 ~ 2m。根状茎直立，粗短。叶簇生于根状茎顶端；叶片卵状披针形，近革质，长达 1m 左右，宽 20 ~ 60cm，1 回羽状；羽片多数，互生，基部往往与叶轴合生。孢子囊群线形，紧靠主脉两侧。

耐寒区 9 ~ 11，适用北墙绿化。

20. 苏铁蕨 Brainea insignis 乌毛蕨科 / 苏铁蕨属

常绿树状蕨类。植株高达 1.5m。主轴直立或斜上，粗约 10 ~ 15cm，单一或有时分叉，黑褐色，木质，坚实。叶簇生于主轴的顶部，叶片椭圆披针形，革质，长 50 ~ 100cm，1 回羽状；羽片 30 ~ 50 对，线状披针形至狭披针形，基部为不对称的心脏形。孢子囊群最初沿网脉生长，以后向外满布叶脉。

耐寒区 10 ~ 11，适用北墙绿化。

21. 东方荚果蕨 Pentarhizidium orientale 球子蕨科 / 东方荚果蕨属

落叶蕨类。植株高达 1m。根状茎短而直立，木质，坚硬。叶簇生，二型：不育叶叶片椭圆形，长 40 ~ 80cm，宽 20 ~ 40cm，2 回深羽裂，羽片 15 ~ 20 对，互生。能育叶 1 回羽状，羽片多数，两侧强度反卷成荚果状，幼时完全包被孢子囊群。

耐寒区 4 ~ 8，适用移动式绿化。

22. 戟叶耳蕨 Polystichum tripteron 鳞毛蕨科 / 耳蕨属

落叶蕨类。植株高 30 ~ 65cm。根状茎短而直立，先端及叶柄基部密被深棕色鳞片。叶簇生；叶片戟状披针形，草质，长 30 ~ 45cm，基部宽 10 ~ 16cm，具 3 枚椭圆状披针形的羽片，中央羽片远较侧生羽片为大。孢子囊群圆形，生于小脉顶端。

耐寒区 9 ~ 11，适用北墙绿化。

23. '鱼尾' 星蕨 Microsorum punctatum 'Grandiceps' 水龙骨科 / 星蕨属

常绿附生蕨类。株高 40 ~ 60cm。根状茎短而横走，粗壮。叶近簇生；叶片纸质，阔线状披针形，长 35 ~ 55cm，顶端呈扇状扩大和分裂。孢子囊群不规则散生。

耐寒区 10 ~ 11，适用北墙绿化。

24. 崖姜 Pseudodrynaria coronans 水龙骨科 / 崖姜蕨属

常绿大型附生蕨类。根状茎横卧，粗壮，肉质。叶大，厚革质，有光泽，簇生呈鸟巢状，长圆状倒披针形，长 80 ~ 120cm，中部宽 20 ~ 30cm，下部深波状以浅裂，叶的上部羽状深裂；裂片披针形，全缘。孢子囊群着生于小脉交叉处。

耐寒区 10 ~ 11，适用北墙绿化。

25. 二歧鹿角蕨 Platycerium bifurcatum 鹿角蕨科 / 鹿角蕨属

常绿附生蕨类。根状茎短而横卧，粗肥。叶近生，二型。基生不育叶直立，阔心脏形。正常能育叶具短柄，直立或下垂，叶形变化很大，全缘或多回分叉，宛如鹿角状分枝。孢子囊群生于圆形、增厚的小裂片顶部，或生于特化的裂片下面。

耐寒区 9 ~ 11，适用北墙、移动式绿化。

26. 鹿角蕨 Platycerium wallichii 鹿角蕨科 / 鹿角蕨属

常绿附生蕨类。根状茎肉质，短而横卧。叶 2 列，二型；基生不育叶宿存，初时绿色，不久枯萎，褐色。正常能育叶常成对生长，下垂，灰绿色，长 25 ~ 70cm，叉裂，宛如鹿角状。孢子囊群散生于主裂片第一次分叉的凹缺处以下。

耐寒区 10 ~ 11，适用北墙、移动式绿化。

27. 蘋 Marsilea quadrifolia 蘋科 / 蘋属

落叶蕨类。水生草本。株高 5 ~ 20cm。根状茎细长横走。叶柄长 5 ~ 20cm；叶片由 4 枚倒三角形的小叶组成，呈十字形，长宽各 1 ~ 2.5cm，外缘半圆形，全缘。孢子果双生或单生于短柄上，长椭圆形。

耐寒区 6 ~ 10，适用移动式绿化。

28. 槐叶蘋 Salvinia natans 槐叶蘋科 / 槐叶蘋属

水生蕨类。小型漂浮植物。茎细长而横走，被褐色节状毛。3 叶轮生，上面 2 叶漂浮水面，形如槐叶，长圆形或椭圆形，长 0.8 ~ 1.4cm，宽 5 ~ 8mm。下面 1 叶悬垂水中，细裂成线状，形如须根。孢子果簇生于沉水叶的基部。

耐寒区 5 ~ 11，适用移动式绿化。

（十一）观赏草

1. 灯心草 *Juncus effusus* 灯心草科 / 灯心草属

多年生常绿草本，高27～91cm；根状茎粗壮横走。茎丛生，直立，圆柱形，淡绿色，具纵条纹，直径1.5～3mm，茎内充满白色的髓心。叶鞘状或鳞片状，包围在茎的基部。聚伞花序假侧生，含多花，排列紧密或疏散。花期4～7月，果期6～9月。

耐寒区4～9，适用移动式绿化。

2. 青绿薹草 *Carex breviculmis* 莎草科 / 薹草属

多年生草本。根状茎短。秆丛生，高8～40cm，纤细，三棱形。叶短于秆，宽2～3mm，平张，边缘粗糙，质硬。小穗2～5个，上部的接近，下部的远离，顶生小穗雄性；侧生小穗雌性，长圆形或长圆状卵形，长0.6～1.5cm。花果期3～6月。

耐寒区4～9，适用屋顶绿化。

3. 棕红薹草 *Carex buchananii* 莎草科 / 薹草属

多年生常绿草本。秆丛生，三棱形，实心。株高30～60cm，冠径30～45cm。叶片狭长，宽1.3cm以下，直立，顶端稍弯曲，边缘粗糙，棕红色至青铜色。花单性，小形，不显眼。花期6～8月。

耐寒区6～9，适用移动式绿化。

4. '白卷发'发状薹草 *Carex comans* 'Frosted Curls' 莎草科 / 薹草属

常绿多年生草本。秆丛生，三棱形，实心。株高和冠径约45cm。叶片纤细，狭长，长可达45cm，发丝状，浅白绿色。顶生小穗雄性；侧生小穗雌性。花期春末至夏初。

耐寒区7～10，适用屋顶绿化。

5. 皱果薹草 *Carex dispalata* 莎草科 / 薹草属

多年生草本，喜湿。具长而较粗的地下葡匐茎。秆高40～80cm。叶几等长于秆，宽5～8mm，平张，具两条明显的侧脉。小穗4～6个，距离短，常集中生于秆的上端，顶生小穗为

雄小穗；侧生小穗为雌小穗。

耐寒区5～9，适用屋顶绿化。

6. '金叶'绿瓣薹草 *Carex elata* 'Aurea' 莎草科 / 薹草属

多年生常绿草本。秆丛生。株高和冠径均为45～75cm。叶片狭窄，线形，长可达70cm，亮黄色，边缘深绿色。小穗数个，褐色，顶生1个雄性；侧生小穗雌性，顶端常具雄花。花期5～7月。

耐寒区5～9，适用屋顶、移动式绿化。

7. 涝峪薹草 *Carex giraldiana* 莎草科 / 薹草属

多年生草本。根状茎木质，葡匐。秆高16～30cm，扁三棱形。叶短于或等长于秆，宽2～5mm，边缘粗糙，反卷，淡绿色。小穗3～5个，彼此远离，顶生1个雄性；侧生小穗雌性，顶端常具雄花，长6～8mm。花果期3～5月。

耐寒区6～8，适用屋顶绿化。

8. 筛草 *Carex kobomugi* 莎草科 / 薹草属

多年生草本。根状茎长而葡匐或斜向地下。秆高10～20cm，宽3～4mm，极粗壮，钝三棱形。叶长于秆，宽3～8mm，平张，革质，黄绿色，边缘锯齿状。小穗密集地排列成穗状花序；雌雄异株，稀同株。花果期6～9月。

耐寒区4～9，适用屋顶绿化。

9. 大披针薹草 *Carex lanceolata* 莎草科 / 薹草属

多年生草本。根状茎粗壮，斜生。秆密丛生，高10～35cm，纤细，粗约1.5mm，扁三棱形。叶平张，宽1～2.5mm，质软。小穗3～6个，彼此疏远；顶生的1个雄性；侧生的2～5个小穗雌性，长圆形，长1～1.7cm。花果期4～6月。

耐寒区4～9，适用屋顶绿化。

10. 棕榈叶薹草 *Carex muskingumensis* 莎草科 / 薹草属

多年生草本。秆密丛生，高 40 ～ 100cm。叶均匀地着生于营养茎上。叶片线形，长 12 ～ 25cm，宽 3 ～ 5mm，绿色，霜后变为黄色。花穗 5 ～ 12 个，长 12 ～ 28mm，宽 3.5 ～ 7mm；鳞片淡褐色。花期 5 月。

耐寒区 4 ～ 9，适用屋顶绿化。

11. '金叶'大岛薹草 *Carex oshimensis* 'Evergold' 莎草科 / 薹草属

常绿多年生草本。秆丛生。株高 25 ～ 40cm，冠径 25 ～ 40cm。叶片线形，长可达 40cm，宽可达 8mm，深绿色，中央具乳黄色纵长条纹。小穗淡褐色，顶生 1 个雄性；侧生小穗雌性。花期春季。

耐寒区 5 ～ 9，适用东墙、北墙、移动式绿化。

12. '银边'大岛薹草 *Carex oshimensis* 'Fiwhite' 莎草科 / 薹草属

常绿多年生草本。秆丛生。株高 25 ～ 40cm，冠径 25 ～ 40cm。叶片线形，长可达 40cm，宽可达 8mm，深绿色，边缘具银白色纵长条纹。小穗淡褐色，顶生 1 个雄性；侧生小穗雌性。花期春季。

耐寒区 5 ～ 9，适用东墙、北墙、移动式绿化。

13. 矮生薹草 *Carex pumila* 莎草科 / 薹草属

多年生草本。根状茎具细长的、发达的地下匍匐茎。秆疏丛生，高 10 ～ 30cm，三棱形。叶长于或近等长于秆，宽 3 ～ 4mm。小穗 3 ～ 6 个，间距较短，上端 2 ～ 3 个为雄小穗；其余 2 ～ 3 个为雌小穗，长圆形或长圆状圆柱形，长 1.5 ～ 2.5cm。花果期 4 ～ 6 月。

耐寒区 4 ～ 9，适用屋顶绿化。

14. 花莛薹草 *Carex scaposa* 莎草科 / 薹草属

多年生草本。根状茎短。秆侧生，高 20 ～ 80cm，三棱形。叶基生和秆生，基生叶数枚丛生，椭圆形至椭圆状带形，长 10 ～ 35cm，宽 2 ～ 5cm，有 3 条隆起的脉及多数细脉。圆锥

花序复出，具 3 至数枚支花序；小穗两性，雄雌顺序。花果期 5 ～ 11 月。

耐寒区 9 ～ 10，适用屋顶绿化。

15. 条穗薹草 *Carex nemostachys* 莎草科 / 薹草属

常绿、湿生、多年生草本，具地下匍匐茎。秆高 40 ～ 90cm，粗壮，三棱形。叶长于秆，宽 6 ～ 8mm，较坚挺，脉和边缘均粗糙。小穗 5 ～ 8 个，常聚生于秆的顶部，顶生小穗为雄小穗；其余小穗为雌小穗，长圆柱形，长 4 ～ 12cm，密生多数花。花果期 9 ～ 12 月。

耐寒区 8 ～ 10，适用屋顶绿化。

16. 相仿薹草 *Carex simulans* 莎草科 / 薹草属

常绿多年生草本。根状茎粗，木质，坚硬。秆侧生，高 30 ～ 70cm，纤细，钝三棱形。叶短于秆，宽 3 ～ 5mm，平张，淡绿色。小穗 3 ～ 4 个，彼此远离，顶生 1 个雄性；侧生小穗大部分为雌花，顶端或多或少具雄花，圆柱形，长 1.5 ～ 4.5cm。花果期 3 ～ 5 月。

耐寒区 8 ～ 9，适用屋顶绿化。

17. 褐果薹草 *Carex brunnea* 莎草科 / 薹草属

常绿多年生草本。根状茎短，无地下匍匐茎。秆密丛生，细长，高 40 ～ 70cm，锐三棱形。叶长于或短于秆，宽 2 ～ 3mm。小穗数个至 10 多个，常 1 ～ 2 个出自同 1 苞片鞘内，多数不分枝，排列稀疏，全部为雄雌顺序。花果期 6 ～ 10 月。

耐寒区 8 ～ 10，适用屋顶绿化。

18. 风车草 *Cyperus involucratus* 莎草科 / 莎草属

多年生草本，具根状茎。秆丛生，三棱形，高 30 ～ 150 cm，直径 1 ～ 5mm。叶片缺如。多次复出长侧枝聚伞花序；第一次辐射枝 14 ～ 22 个；苞片 18 ～ 22 枚，长 15 ～ 27cm，宽 8 ～ 12mm，向四周展开，平展；鳞片两列排列，浅褐色。

耐寒区 9 ～ 11，适用移动式绿化。

19. 纸莎草 *Cyperus papyrus* 莎草科 / 莎草属

多年生草本，具根状茎。秆丛生，粗壮，圆三棱形，高 3 ~ 5m，直径 15 ~ 45mm，光滑。叶片缺如。多次复出长侧枝聚伞花序；第一次辐射枝 40 ~ 100 个，下垂或弯曲；苞片 4 ~ 10 枚，长 3 ~ 8cm，宽 4 ~ 15mm，直立；鳞片两列排列。

耐寒区 9 ~ 10，适用移动式绿化。

20. 矮纸莎草 *Cyperus prolifer* 莎草科 / 莎草属

多年生草本，具根状茎。秆丛生，三棱形至圆柱形，高 20 ~ 100cm，直径 2 ~ 6mm，光滑。叶片缺如。多次复出长侧枝聚伞花序；第一次辐射枝 100 ~ 250 个；苞片 2 ~ 3 枚，长 4 ~ 12cm，宽 1.5 ~ 4mm；鳞片两列排列。

耐寒区 8 ~ 10，适用移动式绿化。

21. 荸荠 *Eleocharis dulcis* 莎草科 / 荸荠属

多年生水生草本。在匍匐根状茎的顶端生块茎。秆多数，丛生，直立，圆柱状，高 15 ~ 60cm，直径 1.5 ~ 3mm，有多数横隔膜，灰绿色，光滑无毛。叶缺如。小穗顶生，圆柱状，长 1.5 ~ 4cm，直径 6 ~ 7mm。花果期 5 ~ 10 月。

耐寒区 9 ~ 11，适用移动式绿化。

22. 绢毛飘拂草 *Fimbristylis sericea* 莎草科 / 飘拂草属

多年生草本，具长根状茎。秆散生，高 15 ~ 30cm，钝三棱形，被白色绢毛，基部生叶。叶平张，宽 1.5 ~ 3.2mm，两面密被白色绢毛。苞片 2 ~ 3 枚，叶状，短于花序；长侧枝聚伞花序简单，有 2 ~ 4 个辐射枝；小穗 3 ~ 15 个聚集成头状。花果期 8 ~ 10 月。

耐寒区 9 ~ 11，适用屋顶绿化。

23. 黑莎草 *Gahnia tristis* 莎草科 / 黑莎草属

多年生常绿草本。秆粗壮，丛生，高 0.5 ~ 1.5m，圆柱状，空心，有节。叶鞘红棕色；叶片狭长，硬纸质，长 40 ~ 60cm，宽 0.7 ~ 1.2cm，边缘及背面具刺状细齿。圆锥花序紧缩成穗状，长 14 ~ 35cm；鳞片初期为黄棕色，后期为暗褐色。小坚果成熟时为黑色。花果期 3 ~ 12 月。

耐寒区 9 ~ 11，适用屋顶绿化。

24. 白鹭莞 *Rhynchospora colorata* 莎草科 / 刺子莞属

多年生水生或湿生草本，具细长的根状茎。秆通常丛生，直立，高可达 70cm，三棱形。叶短于秆，狭线形，宽 0.5 ~ 3 mm。单个头状花序顶生；苞片数枚，叶状，较长的苞片长 13cm，宽 2 ~ 7mm，自基部至中部为白色，上部绿色；小穗白色。花期 6 ~ 8 月。

耐寒区 7 ~ 10，适用移动式绿化。

25. 水葱 *Schoenoplectus tabernaemontani* 莎草科 / 水葱属

多年生水生草本，具粗壮的匍匐根状茎。秆高大，圆柱状，高 1 ~ 2m，绿色，平滑，基部具 3 ~ 4 个叶鞘。叶片线形，长 1.5 ~ 11cm。苞片 1 枚，为秆的延长，常短于花序。长侧枝聚伞花序简单或复出，假侧生，具 4 ~ 13 或更多个辐射枝；鳞片棕色或紫褐色。花果期 6 ~ 9 月。

耐寒区 4 ~ 9，适用移动式绿化。

26. '银线' 水葱 *Schoenoplectus tabernaemontani* 'Albescens' 莎草科 / 水葱属

多年生水生草本，具粗壮的匍匐根状茎。秆高大，圆柱状，高 1 ~ 2m，平滑，灰绿色，具纵向黄白色条纹，基部具叶鞘。苞片 1 枚，为秆的延长，常短于花序。长侧枝聚伞花序简单或复出，假侧生，鳞片棕色。花果期 6 ~ 9 月。

耐寒区 4 ~ 9，适用移动式绿化。

27. '斑叶' 水葱 *Schoenoplectus tabernaemontani* 'Zebrinus' 莎草科 / 水葱属

多年生水生草本，具粗壮的匍匐根状茎。秆高大，圆柱状，高 1 ~ 2m，平滑，绿色，具有间隔的黄白色横向环纹，基部具叶鞘。苞片 1 枚，为秆的延长，常短于花序。长侧枝聚伞花序简单或复出，假侧生，鳞片褐色。花果期 6 ~ 9 月。

耐寒区 4 ~ 9，适用移动式绿化。

28. 三棱水葱 *Schoenoplectus triqueter* 莎草科 / 水葱属

多年生水生草本，具匍匐根状茎。秆散生，

粗壮,高20～90cm,三棱形,基部具2～3个鞘,鞘膜质。叶片扁平,长1.3～5.5cm。苞片1枚,为秆的延长,三棱形,长1.5～7cm。简单长侧枝聚伞花序假侧生,有1～8个辐射枝;鳞片黄棕色。花果期6～9月。

耐寒区3～10,适用移动式绿化。

29. 大须芒草 Andropogon gerardii 禾本科 / 须芒草属

暖季型多年生草本。秆高1～3m,基部常变为蓝色或紫色。叶片线形。总状花序常2～6(通常3)个着生于主秆或分枝顶;小穗成对着生于轴的各节,1无柄,另1个具柄;无柄小穗两性,具芒;具柄小穗无芒。花果期夏秋季。

耐寒区4～9,适用屋顶绿化。

30. 西藏须芒草 Andropogon munroi 禾本科 / 须芒草属

多年生草本。秆高60～100cm,纤细。叶片线形,长15～25cm,宽2.5～4mm,近革质,无毛。总状花序常4～8个着生于主秆或分枝顶,长2.5～7.5cm;小穗成对着生于轴的各节;第二外稃裂片钻形,具芒,芒长6～12mm。花果期6～11月。

耐寒区4～8,适用屋顶绿化。

31. 须芒草 Andropogon yunnanensis 禾本科 / 须芒草属

多年生丛生草本。秆高20～70cm,直立,纤细。叶片线形,长10～30cm,宽2.5～3.5mm,扁平,较硬。总状花序常常多于2个,长1～3cm,直立,常染以紫色;小穗成对着生于轴的各节;第二外稃裂片线形,具芒,芒长约10mm。花果期6～12月。

耐寒区4～8,适用屋顶绿化。

32. 燕麦草 Arrhenatherum elatius 禾本科 / 燕麦草属

冷季型多年生草本。秆高1～1.5m,具4～5节。叶片扁平,绿色,粗糙或下面较平滑,长14～25cm,宽3～9mm。圆锥花序疏松,灰绿色或略带紫色,有光泽,长20～25cm,宽1～2.5cm,分枝簇生,直立,粗糙。

耐寒区3～10,适用屋顶绿化。

33. '银边'球茎燕麦草 Arrhenatherum elatius var. bulbosum 'Variegatum' 禾本科 / 燕麦草属

冷季型多年生草本。秆高1～1.5m,基部膨大呈念珠状。叶片扁平,粗糙或下面较平滑,长20～30cm,具黄白色边缘。圆锥花序疏松,灰绿色或略带紫色,有光泽,分枝簇生,直立,粗糙。

耐寒区3～10,适用屋顶、移动式绿化。

34. 芦竹 Arundo donax 禾本科 / 芦竹属

多年生草本,具发达根状茎。秆粗大、直立,高3～6m,直径1.5～2.5cm,坚韧,具多数节,常生分枝。叶片扁平,长30～50cm,宽3～5cm,上面与边缘微粗糙,基部白色,抱茎。圆锥花序极大型,长30～60cm,宽3～6cm,分枝稠密。花果期9～12月。

耐寒区6～10,适用移动式绿化。

35. '花叶' 芦竹 Arundo donax 'Versicolor' 禾本科 / 芦竹属

多年生草本,具发达根状茎。秆粗大、直立,高3～6m,直径1.5～2.5cm,坚韧,具多数节,常生分枝。叶片扁平,伸长,具白色纵长条纹而甚美观。圆锥花序极大型,长30～60cm,宽3～6cm,分枝稠密,斜升。花果期9～12月。

耐寒区6～10,适用移动式绿化。

36. 银鳞茅 Briza minor 禾本科 / 凌风草属

一年生草本。秆直立,细弱,高20～30cm。叶片质薄,扁平,长4～12cm,宽4～10mm。圆锥花序开展,直立,长5～10cm;小穗柄细弱,长约14mm;小穗宽卵形,含3～6朵小花,小花紧密排列成覆瓦状而向两侧水平伸展。花果期夏季。

耐寒区9,适用屋顶绿化。

37. '花叶' 尖拂子茅 Calamagrostis × acutiflora 'Overdam' 禾本科 / 拂子茅属

多年生草本，具根状茎。株形紧凑，直立，株高 0.6 ~ 1.2m。叶片线形，先端长渐尖，绿色，边缘具乳白色纵长条纹。圆锥花序紧密，圆筒形；小穗淡粉绿色。花果期夏秋季。

耐寒区 4 ~ 8，适用屋顶绿化。

38.'雪崩'尖拂子茅 *Calamagrostis × acutiflora* 'Avalanche' 禾本科 / 拂子茅属

多年生草本，具根状茎。株形紧凑，直立，株高 0.6 ~ 1.2m。叶片线形，先端长渐尖，绿色，中央具白色纵长条纹。圆锥花序紧密，圆筒形；小穗淡粉绿色。花果期夏秋季。

耐寒区 5 ~ 9，适用屋顶绿化。

39.'卡尔·弗斯特'尖拂子茅 *Calamagrostis × acutiflora* 'Karl Foerster' 禾本科 / 拂子茅属

多年生草本，具根状茎。株形紧凑，狭窄，直立。株高 90cm（花期可高达 1.5m），冠径 60cm。叶片线形，先端长渐尖，亮绿色。圆锥花序紧密，圆筒形；小穗淡粉色或带淡紫色。花果期夏秋季。

耐寒区 5 ~ 9，适用屋顶绿化。

40. 拂子茅 *Calamagrostis epigeios* 禾本科 / 拂子茅属

多年生草本，具根状茎。秆直立，高 45 ~ 100cm，直径 2 ~ 3mm，平滑无毛。叶片线形，先端长渐尖，亮绿色。圆锥花序紧密，圆筒形、劲直、具间断，长 10 ~ 25cm，中部径 1.5 ~ 4cm；小穗淡绿色或带淡紫色，具芒。花果期 5 ~ 9 月。

耐寒区 4 ~ 8，适用屋顶绿化。

41. 宽叶林燕麦 *Chasmanthium latifolium* 禾本科 / 林燕麦属

暖季型多年生草本，具根状茎。植株直立，丛生，高 0.6 ~ 1.5m。叶片长 12 ~ 23cm，亮绿色，经霜后变为铜色，冬季变为褐色。圆锥花序生于茎顶，突出于叶丛之上；小穗扁平，风铃状，悬垂于纤细的梗上，初时淡绿色，夏末变为青铜色。

耐寒区 3 ~ 8，适用屋顶、移动式绿化。

42. 薏苡 *Coix lacryma-jobi* 禾本科 / 薏苡属

落叶性粗壮草本，喜湿。秆直立，丛生，高 1 ~ 2m，具 10 多节。叶片扁平宽大，开展，长 10 ~ 40cm，宽 1.5 ~ 3cm。总状花序腋生成束，具长梗。总苞卵圆形，长 7 ~ 10mm，直径 6 ~ 8mm，珐琅质，坚硬，有光泽。花果期 6 ~ 12 月。

耐寒区 6 ~ 11，适用屋顶绿化。

43. 蒲苇 *Cortaderia selloana* 禾本科 / 蒲苇属

多年生草本，雌雄异株。秆高大粗壮，直立，丛生，高 2 ~ 3m。叶舌为一圈密生柔毛；叶片质硬，狭窄，簇生于秆基，长达 1 ~ 3m，边缘具锯齿状粗糙。圆锥花序大型、稠密，长 50 ~ 100cm，银白色；雌花序较宽大，雄花序较狭窄。

耐寒区 7 ~ 10，适用屋顶、移动式绿化。

44.'矮'蒲苇 *Cortaderia selloana* 'Pumila' 禾本科 / 蒲苇属

多年生草本。秆丛生，直立，较低矮紧凑。株高 1.2 ~ 1.8m，冠径 0.9 ~ 1.2m。叶舌为 1 圈密生柔毛；叶片质硬，蓝绿色，狭窄，簇生于秆基，边缘具锯齿状粗糙。圆锥花序大型、稠密，银白色。

耐寒区 7 ~ 10，适用屋顶、移动式绿化。

45.'玫红'蒲苇 *Cortaderia selloana* 'Rosea' 禾本科 / 蒲苇属

多年生草本。秆高大粗壮，直立，丛生，高 2.4 ~ 3m，冠径 0.9 ~ 1.8m。叶舌为 1 圈密生柔毛；叶片质硬，狭窄，簇生于秆基，长达 1 ~ 3m，边缘具锯齿状粗糙。圆锥花序大型、稠密，粉红色。花果期夏秋季。

耐寒区 7 ~ 10，适用屋顶绿化。

46.'银色彗星'蒲苇 *Cortaderia selloana* 'Silver Comet' 禾本科 / 蒲苇属

多年生草本。秆粗壮，丛生，直立。株高 1.8m，冠径 1.2 ~ 1.8m。叶舌为 1 圈密生柔毛；叶片具白色纵长条纹，质硬，狭窄，簇生于秆基，边缘具锯齿状粗糙。圆锥花序大型、稠密、白色。

耐寒区 8 ~ 10，适用屋顶绿化。

47. '蓝穗'灰棒芒草 Corynephorus canescens 'Spiky Blue' 禾本科 / 棒芒草属

常绿多年生草本。株高 15 ~ 30cm，冠径 30 ~ 38cm。株型紧凑，丘状。叶片长 2 ~ 6cm，宽 0.3 ~ 0.5mm，银蓝绿色。圆锥花序长 1.5 ~ 8cm，宽 0.5 ~ 1.5cm。小穗含 2 朵可育小花。

耐寒区 5 ~ 9，适用屋顶绿化。

48. 柠檬草 Cymbopogon citratus 禾本科 / 香茅属

多年生草本密丛型，具香味。秆高达 2m，粗壮，节下被白色蜡粉。叶片中富含香精油，长 30 ~ 90cm，宽 5 ~ 15mm，顶端长渐尖，平滑或边缘粗糙。伪圆锥花序具多次复合分枝，长约 50cm，疏散，分枝细长，顶端下垂。

耐寒区 9 ~ 11，适用屋顶、移动式绿化。

49. 蓝披碱草 Elymus magellanicus 禾本科 / 披碱草属

冷季型多年生草本。植株直立，密集丛生，高 50 ~ 90cm，冠径 45 ~ 60cm。叶片线形，金属蓝色，长达 60cm，扁平，全缘。穗状花序顶生，直立。花期春末或夏初。

耐寒区 5 ~ 8，适用屋顶绿化。

50. 画眉草 Eragrostis pilosa 禾本科 / 画眉草属

一年生草本。秆丛生，高 15 ~ 60cm，径 1.5 ~ 2.5mm，通常具 4 节。叶片线形，扁平或蜷缩，长 6 ~ 20cm，宽 2 ~ 3mm，无毛。圆锥花序开展或紧缩，长 10 ~ 25cm，宽 2 ~ 10cm，小穗两侧压扁，乳白色。花果期 8 ~ 11 月。

耐寒区 4 ~ 9，适用屋顶绿化。

51. 丽色画眉草 Eragrostis spectabilis 禾本科 / 画眉草属

暖季型多年生草本。秆丛生，高 60cm，冠幅约 50cm。叶片多为基生，绿色，扁平，粗糙，长达 25cm，宽达 1cm。圆锥花序开展，蓬松，8 月开放。小穗两侧压扁，淡紫红色，10 月份变为褐色。

耐寒区 5 ~ 9，适用屋顶绿化。

52. 蓝羊茅 Festuca glauca 禾本科 / 羊茅属

冷季型多年生草本。植株呈圆垫状。秆丛生，高 14 ~ 18cm，花期可高达 20 ~ 25cm。叶片线形，强内卷几成针状或毛发状，蓝灰色，具白粉。圆锥花序，长 10cm，淡绿色，略带紫色。花期 5 月。

耐寒区 4 ~ 8，适用屋顶、移动式绿化。

53. '全金'箱根草 Hakonechloa macra 'All Gold' 禾本科 / 箱根草属

落叶多年生草本，具短根状茎。生长较慢。株高 36cm，冠径 46cm。叶片线状披针形，鲜亮的金黄色。圆锥花序，长 15cm，松散，小穗黄绿色，仲夏至夏末开放。

耐寒区 5 ~ 9，适用屋顶绿化。

54. '金线'箱根草 Hakonechloa macra 'Aureola' 禾本科 / 箱根草属

落叶多年生草本，具短根状茎。生长较慢。株高 38cm，冠径 45 ~ 60cm。叶片线状披针形，绿色，具金黄色纵向条纹，后变为红褐色。圆锥花序，松散，小穗黄绿色，仲夏开放。

耐寒区 5 ~ 9，适用屋顶绿化。

55. 白茅 Imperata cylindrica 禾本科 / 白茅属

多年生草本，具粗壮的长根状茎。秆直立，高 30 ~ 80cm，具 1 ~ 3 节，节无毛。叶多数基生，长约 20cm，宽约 8mm，扁平，质地较薄，绿色。圆锥花序稠密，长 20cm，宽达 3cm，小穗长 4.5 ~ 5mm，基盘具长 12 ~ 16mm 的白丝状长柔毛。花果期 4 ~ 6 月。

耐寒区 5 ~ 9，适用移动式绿化。

56. '红叶'白茅 Imperata cylindrica 'Rubra' 禾本科 / 白茅属

多年生草本，具粗壮的长根状茎。秆直立，高 30 ~ 80cm，具 1 ~ 3 节，节无毛。叶多数基生，长约 20cm，扁平，基部绿色，上部红色。圆锥花序稠密，小穗基部具白丝状长柔毛。花果期 4 ~ 6 月。

耐寒区 5 ~ 9，适用屋顶、移动式绿化。

57. 洽草 *Koeleria cristata* 禾本科 / 溚草属

多年生草本，密丛。秆直立，具 2 ~ 3 节，高 25 ~ 60cm。叶片灰绿色，线形，常内卷或扁平，长 1.5 ~ 7cm，宽 1 ~ 2mm。顶生穗状圆锥花序紧密不开展，下部间断，长 5 ~ 12cm，宽 7 ~ 18mm，有光泽，草绿色或黄褐色，主轴及分枝均被柔毛。花果期 5 ~ 9 月。

耐寒区 3 ~ 9，适用屋顶绿化。

58. 兔尾草 *Lagurus ovatus* 禾本科 / 兔尾草属

一年生草本。丛生。秆直立或上升，高 8 ~ 50cm。叶片长 1 ~ 20cm，宽 2 ~ 14mm，密被柔毛。圆锥花序，卵形，柔软，密被柔软的长毛。小穗多，白色，具芒，芒长 8 ~ 20mm。花期初夏至秋季。

耐寒区 8 ~ 10，适用屋顶绿化。

59. 黑麦草 *Lolium perenne* 禾本科 / 黑麦草属

冷季型多年生植物，具细弱根状茎。秆丛生，高 30 ~ 90cm，具 3 ~ 4 节，质软。叶片线形，长 5 ~ 20cm，宽 3 ~ 6mm，柔软，具微毛。穗形穗状花序直立或稍弯，长 10 ~ 20cm，宽 5 ~ 8mm。花果期 5 ~ 7 月。

耐寒区 3 ~ 8，适用东墙、北墙绿化。

60. 荻 *Miscanthus sacchariflorus* 禾本科 / 芒属

多年生草本，具发达的长葡匐根状茎。秆直立，高 1 ~ 1.5m，具 10 多节，节生柔毛。叶片扁平，宽线形，长 20 ~ 50cm，宽 5 ~ 18mm，边缘锯齿状粗糙，中脉白色。圆锥花序疏展成伞房状，长 10 ~ 20cm；小穗无芒，草黄色，基盘具长为小穗 2 倍的白色丝状柔毛。花果期 8 ~ 10 月。

耐寒区 4 ~ 9，适用屋顶绿化。

61. 芒 *Miscanthus sinensis* 禾本科 / 芒属

多年生苇状草本。秆高 1 ~ 2m。叶片线形，长 20 ~ 50cm，宽 6 ~ 10mm，下面疏生柔毛及被白粉，边缘粗糙。圆锥花序直立，长 15 ~ 40cm，主轴延伸至花序的中部以下；小穗黄色有光泽，基盘具等长于小穗的白色或淡黄色的丝状毛，具芒。花果期 7 ~ 12 月。

耐寒区 5 ~ 9，适用移动式绿化。

62. '远东'芒 *Miscanthus sinensis* 'Ferner Osten' 禾本科 / 芒属

多年生苇状草本。秆丛生，高可达 1.5m。叶片线形，狭窄，拱形，边缘粗糙，绿色，秋季和初冬变为暗橘色。圆锥花序直立，羽毛状，初开时红紫色，后变为粉红色和银白色；小穗具芒。

耐寒区 5 ~ 9，适用屋顶绿化。

63. '细叶'芒 *Miscanthus sinensis* 'Gracillimus' 禾本科 / 芒属

多年生苇状草本。秆丛生，植株较高而紧凑，高 1.5 ~ 1.8m。叶片线形，狭窄，宽 7 ~ 10mm，边缘粗糙，绿色，霜后变为淡黄色，冬季变为草黄色。圆锥花序直立，羽毛状，初开时淡红铜色，后来变为银白色；小穗具芒。花期 10 ~ 11 月。

耐寒区 5 ~ 9，适用屋顶、移动式绿化。

64. '小斑马'芒 *Miscanthus sinensis* 'Little Zebra' 禾本科 / 芒属

多年生苇状草本。秆丛生，植株较矮而紧凑，高 0.9 ~ 1.2m，冠径 60 ~ 90cm。叶片线形，拱形，绿色，具间隔的黄色横向条纹，斑纹在整个生长季节均保持良好色泽。圆锥花序直立，羽毛状，初开时酒红紫色，后来变为黄白色；小穗灰紫色，具芒。花期夏末或初秋。

耐寒区 5 ~ 9，适用屋顶绿化。

65. '晨光'芒 *Miscanthus sinensis* 'Morning Light' 禾本科 / 芒属

多年生苇状草本。秆丛生，植株较矮而紧凑，高 0.75 ~ 1.2m，冠径 90cm。叶片线形，狭窄，宽 0.7cm,边缘粗糙,绿色,边缘有白色纵向条纹。冬季叶片为草黄色。圆锥花序直立,羽毛状,初开时淡红铜色,后来变为银白色;小穗具芒。花期 9 月中下旬。

耐寒区 5 ~ 9,适用屋顶绿化。

66.'银边'芒 *Miscanthus sinensis* 'Variegatus' 禾本科 / 芒属

多年生苇状草本。秆丛生,高 1.5 ~ 1.8m,冠径 90cm。叶片线形,宽 1.5cm,绿色,边缘有白色纵向条纹。圆锥花序直立,羽毛状,初开时淡红色,后来变为银白色;小穗具芒。花期 9 月。

耐寒区 5 ~ 9,适用屋顶绿化。

67.'屋久岛'芒 *Miscanthus sinensis* 'Yaku-jima' 禾本科 / 芒属

多年生苇状草本。秆丛生,植株较矮而紧凑,高 0.9 ~ 1.2m。叶片线形,狭窄,拱形,宽 1cm 以下,边缘粗糙,绿色,秋季变为淡红褐色,冬季变为褐色。圆锥花序直立,羽毛状,初开时淡黄色,秋季变为银白色;小穗具芒。花期 8 ~ 9 月。

耐寒区 5 ~ 9,适用屋顶绿化。

68.'斑马'芒 *Miscanthus sinensis* 'Zebrinus' 禾本科 / 芒属

多年生苇状草本。秆丛生,株高 1.5 ~ 2.1m,冠径 1.2 ~ 1.8m。叶片线形,较宽,拱形,边缘粗糙,绿色,具间隔的黄色横向条纹。圆锥花序直立,羽毛状,初开时淡铜红色,后来变为黄白色;小穗具芒。花期夏末或初秋。

耐寒区 5 ~ 9,适用屋顶、移动式绿化。

69.'花叶'天蓝麦氏草 *Molinia caerulea* 'Variegata' 禾本科 / 麦氏草属

暖季型多年生草本。秆直立,丛生,株高 30 ~ 60cm。叶片线形,扁平,长可达 46cm,宽可达 1cm,绿色,具乳黄色纵长条纹,秋季叶片变黄色。圆锥花序高出叶丛,直立或稍弯曲,长 12 ~ 25cm,黄褐色。花期仲夏。

耐寒区 4 ~ 9,适用屋顶绿化。

70.毛芒乱子草 *Muhlenbergia capillaris* 禾本科 / 乱子草属

多年生草本。秆丛生,直立,高 0.6 ~ 1 (1.5)m,通常不分枝。叶片线形,扁平或内卷,长 10 ~ 35cm,宽 2 ~ 4mm,绿色,上面粗糙,下面光滑。圆锥花序开展,长 15 ~ 60cm,宽 5 ~ 41cm;分枝纤细;小穗通常紫红色或粉红色。花果期 9 ~ 11 月。

耐寒区 5 ~ 9,适用屋顶绿化。

71.针叶乱子草 *Muhlenbergia dubia* 禾本科 / 乱子草属

多年生草本。秆丛生,直立,高 0.3 ~ 1m。叶片线形,通常内卷,长 10 ~ 60cm,宽 1 ~ 2mm,绿色,上面具短硬毛,下面粗糙。圆锥花序狭窄,长 10 ~ 40cm,宽 0.6 ~ 2.4cm,灰绿色。花期夏末和秋季。

耐寒区 7 ~ 10,适用屋顶绿化。

72.硬叶乱子草 *Muhlenbergia rigens* 禾本科 / 乱子草属

多年生草本。秆丛生,高 0.5 ~ 1.5m。叶片线形,扁平,长 10 ~ 50cm,宽 1.5 ~ 6mm,绿色。圆锥花序狭窄,圆柱状,长 15 ~ 60cm,宽 5 ~ 12mm,分枝紧贴,花密集。花期 6 ~ 9 月。

耐寒区 7 ~ 11,适用屋顶绿化。

73.帚状裂稃草 *Schizachyrium scoparium* 禾本科 / 裂稃草属

多年生草本。秆高 0.5 ~ 1.5m,直立,纤细或粗壮。叶片线形,长达 30cm,宽 3 ~ 6mm,先端尖。总状花序长 3 ~ 6cm,生于伸长的花序梗上,聚集成松散的圆锥状。小穗无梗,窄披针形,长 6 ~ 8mm;具芒,芒长 8 ~ 15mm。花期夏季。

耐寒区 4 ~ 9,适用屋顶绿化。

74.针茅 *Stipa capillata* 禾本科 / 针茅属

多年生草本。秆直立,丛生,高 40 ~ 80cm,常具 4 节。叶片纵卷成线形,上面被微毛,基生叶长可达 40cm。圆锥花序狭窄,几乎全部藏于叶鞘内；小穗草黄或灰白色；颖尖披针形，先端细丝状，长 2.5 ～ 3.5cm；芒针卷曲，长约 10cm。花果期 6 ～ 8 月。

耐寒区 6 ～ 9，适用屋顶绿化。

75. 细茎针茅 *Stipa tenuissima* 禾本科 / 针茅属

冷季型多年生草本。植株密集丛生，茎秆细弱柔软，高 30 ～ 60cm。叶片细长如丝状，纤细柔美，绿色，近秋季时变为黄褐色。圆锥花序略高出叶丛；狭窄，羽毛状，具长芒。花期夏季。

耐寒区 7 ～ 10，适用屋顶、移动式绿化。

76. 类芦 *Neyraudia reynaudiana* 禾本科 / 类芦属

多年生草本，具木质根状茎。秆直立，高 2 ～ 3m，直径 5 ～ 10mm，通常节具分枝，节间被白粉。叶片长 30 ～ 60cm，宽 5 ～ 10mm，扁平或卷折，顶端长渐尖。圆锥花序长 30 ～ 60cm，分枝细长，开展或下垂。花果期 8 ～ 12 月。

耐寒区 9 ～ 11，适用屋顶绿化。

77. 柳枝稷 *Panicum virgatum* 禾本科 / 黍属

多年生草本。秆直立，质较坚硬，高 1 ～ 2m。叶片线形，长 20 ～ 40cm，宽约 5mm，顶端长尖，两面无毛或上面基部具长柔毛。圆锥花序开展，长 20 ～ 30cm，分枝粗糙，疏生小枝与小穗；小穗椭圆形，绿色或带紫色。花果期 6 ～ 10 月。

耐寒区 5 ～ 9，适用屋顶绿化。

78. '重金属' 柳枝稷 *Panicum virgatum* 'Heavy Metal' 禾本科 / 黍属

多年生草本。秆直立，质较坚硬，高 0.9m，花期可达 1.5m。叶片线形，宽 1cm，金属蓝色，秋季变为黄色，冬季变为草黄色。圆锥花序开展，分枝粗糙，疏生小枝与小穗；小穗椭圆形。花果期 6 ～ 10 月。

耐寒区 5 ～ 9，适用屋顶绿化。

79. '罗斯特' 柳枝稷 *Panicum virgatum* 'Rotstrahlbusch' 禾本科 / 黍属

多年生草本。秆直立，质较坚硬，高 0.9m，花期可达 1.5m。叶片线形，宽 1cm，绿色，在生长季节稍带红色，秋季变鲜红色，冬季变为草黄色。圆锥花序开展，分枝粗糙，疏生小枝与小穗；小穗椭圆形。花果期 6 ～ 10 月。

耐寒区 5 ～ 9，适用屋顶绿化。

80. '谢南多厄' 柳枝稷 *Panicum virgatum* 'Shenandoah' 禾本科 / 黍属

多年生草本。秆直立，质较坚硬，高 0.9m。叶片线形，宽 1.3cm，绿色，略带蓝色，夏季叶片先端变为深红色。圆锥花序开展，高出叶丛，粉红色，分枝粗糙，疏生小枝与小穗；小穗椭圆形。花果期 6 ～ 10 月。

耐寒区 5 ～ 9，适用屋顶绿化。

81. 狼尾草 *Pennisetum alopecuroides* 禾本科 / 狼尾草属

多年生草本。秆直立，丛生，高 30 ～ 120cm，在花序下密生柔毛。叶片线形，长 10 ～ 80cm，宽 3 ～ 8mm。圆锥花序直立，长 5 ～ 25cm，宽 1.5 ～ 3.5cm；乳白色、粉白色或淡紫色；主轴密生柔毛；刚毛粗糙，初为淡绿色或紫色。花果期夏秋季。

耐寒区 6 ～ 9，适用屋顶、移动式绿化。

82. '小兔子' 狼尾草 *Pennisetum alopecuroides* 'Little Bunny' 禾本科 / 狼尾草属

多年生草本。植株低矮紧凑。秆直立，丛生，高 30 ～ 45cm。叶片线形，绿色。圆锥花序直立，较短，乳黄色；主轴密生柔毛；刚毛粗糙。花果期夏秋季。

耐寒区 5 ～ 9，适用屋顶绿化。

83. 御谷 *Pennisetum glaucum* 禾本科 / 狼尾草属

一年生草本。秆直立，粗壮，高达 2m，在节上和花序下密生柔毛。叶片长 20 ～ 100cm，宽 2 ～ 5cm，两面粗糙，基部近心形，绿色。圆锥花序紧密呈柱状，长 40 ～ 50cm，宽 1.5 ～ 2.5cm；刚毛短于小穗，粗糙或基部生柔毛。

花果期 9 ～ 10月。

耐寒区 7 ～ 11，适用屋顶绿化。

84. 紫御谷 *Pennisetum glaucum* 'Purple Majesty' 禾本科 / 狼尾草属

一年生草本。秆直立，粗壮，高 0.9 ～ 1.5m，在节上和花序下密生柔毛。叶片长 20 ～ 100cm，宽 2 ～ 5cm，两面粗糙，基部近心形，深紫色或紫红色。圆锥花序紧密呈柱状，紫色。花果期 9 ～ 10月。

耐寒区 7 ～ 11，适用移动式绿化。

85. 东方狼尾草 *Pennisetum orientale* 禾本科 / 狼尾草属

多年生草本。秆直立，丛生，高 20 ～ 200cm，基部常多分枝。叶片线形，长达 60cm，宽达 15mm，扁平或卷曲。圆锥花序紧密呈柱状，长 8 ～ 30cm，下部有间断，淡粉白色。花果期夏秋季。

耐寒区 5 ～ 8，适用屋顶绿化。

86. '高尾' 东方狼尾草 *Pennisetum orientale* 'Tall Tails' 禾本科 / 狼尾草属

多年生草本。秆直立，丛生，高 1.2 ～ 1.5m，基部常多分枝。叶片线形，长达 60cm，宽达 15mm，扁平或卷曲。圆锥花序紧密呈柱状，长 30 ～ 40cm，下部有间断，淡粉白色。花果期夏秋季。

耐寒区 5 ～ 8，适用屋顶绿化。

87. 绒毛狼尾草 *Pennisetum setaceum* 禾本科 / 狼尾草属

多年生草本，但在寒冷地区冬季枯死。生长较快。茎丛生。秆直立，高 0.4 ～ 1.5m。叶片线形，长 20 ～ 65cm，宽 2 ～ 3.5mm。圆锥花序紧密呈柱状，长 8 ～ 30cm，粉红色至暗红色，弯曲或直立；小穗长 4.5 ～ 7mm；刚毛显著，不等长。花果期夏秋季。

耐寒区 9 ～ 10，适用屋顶绿化。

88. 羽绒狼尾草 *Pennisetum villosum* 禾本科 /

狼尾草属

多年生草本，具伸长的根状茎。秆直立，高 16 ～ 75cm。叶片线形，长 5 ～ 40 cm，宽 2 ～ 4.5mm。圆锥花序紧密，柱状至头状，长 2 ～ 10cm，白色至浅褐色；小穗长 9 ～ 12mm；刚毛显著不等长。花果期夏秋季。

耐寒区 8 ～ 10，适用屋顶绿化。

89. '烟火' 狼尾草 *Pennisetum* × *advena* 'Fireworks' 禾本科 / 狼尾草属

多年生草本。秆直立，丛生，株高达 90cm，冠径达 60cm。叶片色彩丰富，新叶具红色、粉色和绿色条纹，成熟叶片酒红色。圆锥花序高出叶丛，紧密呈柱状，紫色。花果期仲夏至秋季。

耐寒区 9 ～ 10，适用屋顶绿化。

90. '紫叶' 狼尾草 *Pennisetum* × *advena* 'Rubrum' 禾本科 / 狼尾草属

多年生草本。秆直立，丛生，高 1.2 ～ 1.5m。叶片线形，紫红色。圆锥花序高出叶丛，紧密呈柱状，上部拱形，长 30cm，紫红色。花果期仲夏至秋季。

耐寒区 9 ～ 10，适用移动式绿化。

91. '花叶' 虉草 *Phalaris arundinacea* 'Picta' 禾本科 / 虉草属

多年生草本，有根茎。秆通常单生或少数丛生，高 60 ～ 140cm，有 6 ～ 8 节。叶片扁平，长 6 ～ 30cm，宽 1 ～ 1.8cm，绿色而有白色条纹间于其中，柔软而似丝带。圆锥花序紧密狭窄，长 8 ～ 15cm，分枝直向上举，密生小穗。花果期 6 ～ 8月。

耐寒区 4 ～ 9，适用移动式绿化。

92. 芦苇 *Phragmites australis* 禾本科 / 芦苇属

多年生草本，根状茎十分发达。秆直立，高 1 ～ 3m，直径 1 ～ 4cm，具 20 多节。叶片披针状线形，长 30cm，宽 2cm，无毛，顶端长渐尖成丝形。圆锥花序大型，长 20 ～ 40cm，宽约 10cm，分枝多数，小穗稠密、下垂。花果期

7 ～ 11月。

　　耐寒区4 ～ 10，适用移动式绿化。

93. 华山新麦草 *Psathyrostachys huashanica* 禾本科 / 新麦草属

　　多年生草本，具延长根茎。秆散生，高40 ～ 60cm，直径2 ～ 3mm。叶片扁平或稍内卷，长3 ～ 20cm，宽2 ～ 4mm，上面黄绿色，具柔毛。顶生穗状花序紧密，长4 ～ 8cm，宽约1cm，穗轴脆弱，成熟后逐节断落；小穗黄绿色。花果期5 ～ 7月。

　　耐寒区7 ～ 8，适用屋顶绿化。

94. 秋蓝禾 *Sesleria autumnalis* 禾本科 / 蓝禾属

　　冷季型多年生草本。秆丛生，高20 ～ 30cm，花期可达45cm。叶片狭窄，宽可达0.5cm，黄绿色。花序高出叶丛，狭窄，秋季变为银白色。花期夏季。

　　耐寒区5 ～ 9，适用屋顶绿化。

95. 棕叶狗尾草 *Setaria palmifolia* 禾本科 / 狗尾草属

　　多年生草本，具根茎。秆直立，高0.75 ～ 2m，直径约3 ～ 7mm。叶片纺锤状宽披针形，长20 ～ 59cm，宽2 ～ 7cm，先端渐尖，基部窄缩呈柄状，具纵深皱折。圆锥花序呈开展或稍狭窄的塔形，长20 ～ 60cm，分枝排列疏松；小穗卵状披针形。花果期8 ～ 12月。

　　耐寒区8 ～ 11，适用屋顶绿化。

96. 皱叶狗尾草 *Setaria plicata* 禾本科 / 狗尾草属

　　多年生草本。秆通常瘦弱，直立或基部倾斜，高45 ～ 130cm。叶片椭圆状披针形或线状披针形，长4 ～ 43cm，宽0.5 ～ 3cm，具较浅的纵向皱折。圆锥花序狭长圆形或线形，长15 ～ 33cm；小穗卵状披针状，绿色或微紫色。花果期6 ～ 10月。

　　耐寒区8 ～ 11，适用屋顶、移动式绿化。

97. '金边' 草原网茅 *Spartina pectinata*

'Aureomarginata' 禾本科 / 米草属

　　多年生草本，具根状茎。秆坚硬，高可达3m。叶片线形，狭长，边缘有锐齿，淡绿色，边缘具黄色纵向条纹。圆锥花序淡绿色，长达50cm，多分枝；小穗长达2.5cm。花期初夏。

　　耐寒区4 ～ 9，适用屋顶绿化。

98. 大油芒 *Spodiopogon sibiricus* 禾本科 / 大油芒属

　　多年生草本，具长根状茎。秆直立，通常单一，高70 ～ 150cm，具5 ～ 9节。叶片线状披针形，长15 ～ 30cm，宽8 ～ 15mm，中脉粗壮、隆起。顶生圆锥花序开展，长10 ～ 20cm；小穗宽披针形，草黄色或稍带紫色，芒长8 ～ 15mm。花果期7 ～ 10月。

　　耐寒区5 ～ 8，适用屋顶绿化。

99. 异鳞鼠尾粟 *Sporobolus heterolepis* 禾本科 / 鼠尾粟属

　　多年生草本。丛生，叶丛高30 ～ 60cm，花穗可高达45 ～ 90cm，冠径60 ～ 90cm。叶片细长，长达50cm，宽达1.6mm，中绿色，秋季变为黄色，冬季变为浅青铜色。圆锥花序显著高出叶丛，长8 ～ 20cm，开展，小花略带粉色和褐色，具特殊香气。花期7月下旬至9月中旬。

　　耐寒区3 ～ 9，适用屋顶绿化。

100. 巨针茅 *Stipa gigantea* 禾本科 / 针茅属

　　常绿或半常绿多年生草本。丛生，叶丛高60 ～ 90cm，花穗可高达240cm，冠径90 ～ 120cm。叶片线形，狭窄，灰绿色。圆锥花序显著高出叶丛，开展；小穗具长芒，淡紫色，后来变为黄色。花果期夏秋季。

　　耐寒区5 ～ 10，适用移动式绿化。

101. 鼠茅 *Vulpia myuros* 禾本科 / 鼠茅属

　　一年生草本。秆直立，细弱，光滑，高20 ～ 60cm，径约1mm，具3 ～ 4节。叶片长7 ～ 11cm，宽1 ～ 2mm，内卷，背面无毛，上面被毛茸。圆锥花序狭窄，基部通常为叶鞘所包裹或稍露出，长10 ～ 20cm，宽约1cm；芒长

13 ～ 18mm。花果期 4 ～ 7 月。

耐寒区 8 ～ 10，适用屋顶绿化。

102. 菰 *Zizania latifolia* 禾本科 / 菰属

落叶性多年生草本，水生或沼生。具葡匐根状茎。须根粗壮。秆高大直立，高 1 ～ 2m。叶片扁平、宽大，长 50 ～ 90cm，宽 15 ～ 30mm。圆锥花序长 30 ～ 50cm。秆基嫩茎为黑穗菌寄生后，粗大肥嫩。

耐寒区 4 ～ 10，适用移动式绿化。

（十二）多浆植物

1. 心叶日中花 *Mesembryanthemum cordifolium* 番杏科 / 日中花属

多年生多浆植物。常绿草本。茎斜卧，铺散。叶对生，叶片心状卵形，扁平，长 1 ~ 2cm，宽约 1cm，全缘。花单个顶生或腋生，雏菊状，直径约 1cm，花瓣多数，红紫色。花期 7 ~ 8 月。

耐寒区 10 ~ 11，适用东墙、南墙绿化。

2. 岩牡丹 *Ariocarpus retusus* 仙人掌科 / 岩牡丹属

多年生仙人掌类植物。生长缓慢。茎呈扁球形，高 3 ~ 12cm，直径 10 ~ 25cm；具硕大的叶状疣突，疣突灰色或蓝绿色，长 1.5 ~ 4cm，宽 1 ~ 3.5cm，平滑，无皱褶。花辐状，白色，直径 4 ~ 5cm。

耐寒区 9 ~ 11，适用屋顶绿化。

3. 山影拳 *Cereus peruvianus* 'Monstrosus' 仙人掌科 / 山影拳属

多年生仙人掌类植物。肉质灌木。为石化品种，茎岩石状畸变，长成参差不齐的山峦状。茎暗绿色，具褐色刺。花大型，辐状，白色。

耐寒区 9 ~ 11，适用屋顶绿化。

4. 米斯提仙人掌 *Cumulopuntia mistiensis* 仙人掌科 / 敦丘掌属

多年生仙人掌类植物。丛生肉质灌木，高可达 15cm，冠径 38 ~ 45cm。分枝圆柱状，绿色，光滑；小窠常无刺，具绵毛和倒刺刚毛。

耐寒区 10 ~ 11，适用屋顶绿化。

5. 金琥 *Echinocactus grusonii* 仙人掌科 / 金琥属

多年生仙人掌类植物。茎球状，不分枝，高达 1.3m，直径 40 ~ 80cm，具 20 ~ 30 条高的、锋利的棱，中刺 3 ~ 5 根，长达 5cm，起初为金黄色或红色。花辐状，长 4 ~ 6cm，白色、黄色或金黄色。

耐寒区 9 ~ 11，适用屋顶绿化。

6. 利刺仙人掌 *Ferocactus acanthodes* 仙人掌科 / 强刺球属

多年生仙人掌类植物。茎球状至圆柱状，通常不分枝，高可达 2m，直径可达 30cm，具多条棱，棱高 2.5cm，具红色、黄色或浅灰色的刺，中刺长 5 ~ 7.5cm。花辐状，黄色，略带红色，5 ~ 6 月开放。

耐寒区 9 ~ 11，适用屋顶绿化。

7. 绯牡丹 *Gymnocalycium mihanovichii* 'Hibotan' 仙人掌科 / 裸萼球属

多年生仙人掌类植物。茎球状，红色，直径可达 8cm，具 8 条棱；小窠具 5 ~ 6 根弯曲的刺。花辐状，粉红色，春夏季开放。

耐寒区 9 ~ 11，适用屋顶绿化。

8. 仙人掌 *Opuntia dillenii* 仙人掌科 / 仙人掌属

多年生仙人掌类植物。丛生肉质灌木，高 1 ~ 3m。上部分枝宽倒卵形至近圆形，长 10 ~ 35cm，宽 7.5 ~ 20cm，厚达 1.2 ~ 2cm，先端圆形，绿色至蓝绿色；每小窠具 3 ~ 10 根刺，密生短绵毛和倒刺刚毛；刺黄色。花辐状，直径 5 ~ 6.5cm，黄色。花期 6 ~ 10 月。

耐寒区 9 ~ 11，适用东墙、南墙绿化。

9. 梨果仙人掌 *Opuntia ficus-indica* 仙人掌科 / 仙人掌属

多年生仙人掌类植物。肉质灌木或小乔木，高 1.5 ~ 5m。分枝多数，淡绿色至灰绿色，宽椭圆形至长圆形，长 25 ~ 60cm，宽 7 ~ 20cm；小窠通常无刺，有时具 1 ~ 6 根开展的白色刺。花辐状，直径 7 ~ 8cm，深黄色、橙黄色或橙红色。花期 5 ~ 6 月。

耐寒区 8 ~ 10，适用屋顶绿化。

10. 黄毛掌 *Opuntia microdasys* 仙人掌科 / 仙

人掌属

多年生仙人掌类植物。肉质灌木，株高30 ~ 120cm，冠径90 ~ 150cm。分枝多数，卵圆形至圆形，长和宽可达15cm；小窠白色，具白色、黄色或红褐色倒刺刚毛。花辐状，直径5cm，纯黄色或略带红色。花期5 ~ 6月。

耐寒区9 ~ 11，适用屋顶绿化。

11. 赛尔西刺翁柱 *Oreocereus celsianus* 仙人掌科 / 山翁柱属

多年生仙人掌类植物。茎圆柱状，多从基部分枝，高可达3m，直径8 ~ 12cm，具10 ~ 25条棱。中刺1 ~ 4根，周刺约7 ~ 9根，刺黄色或红褐色，上有白色长绵毛。花暗粉色，长7 ~ 9cm。

耐寒区8 ~ 10，适用屋顶绿化。

12. 大叶落地生根 *Bryophyllum daigremontianum* 景天科 / 落地生根属

多年生多浆植物。茎通常单生，高50 ~ 250cm，直径0.5 ~ 2cm。单叶，对生，三角形至披针形，长5 ~ 25cm，宽3 ~ 12cm，下面有紫斑，边缘有锯齿，锯齿底部容易生珠芽。圆锥花序顶生，花下垂，裂片4枚，粉红色或淡紫色。

耐寒区9 ~ 11，适用东墙、南墙、西墙、屋顶绿化。

13. 小宫灯 *Bryophyllum manginii* 景天科 / 落地生根属

多年生多浆植物。茎直立，株高30 ~ 45cm，冠径可达30cm。叶对生，肉质，长卵形，边缘具波状浅齿。二岐聚伞花序；花下垂，筒状或筒状钟形，花冠筒红色，花冠裂片4枚。花期冬末至春季。

耐寒区10 ~ 11，适用移动式绿化。

14. 落地生根 *Bryophyllum pinnatum* 景天科 / 落地生根属

多年生多浆植物，高40 ~ 150cm；茎有分枝。羽状复叶，长10 ~ 30cm，小叶长圆形至椭圆形，边缘有圆齿，圆齿底部容易生株芽，珠芽长大后落地即成一新植物。圆锥花序顶生，长10 ~ 40cm；花下垂；花冠高脚碟形，裂片4枚，淡红色或紫红色。花期1 ~ 3月。

耐寒区10 ~ 11，适用东墙、南墙、西墙、屋顶绿化。

15. '纽伦堡珍珠' 石莲花 *Echeveria* 'Perle Von Nürnberg' 景天科 / 石莲花属

多年生多浆植物。株高20 ~ 25cm，冠径15 ~ 20cm。茎单生。叶集生成莲座状。匙形，被白粉，顶端有小尖头，淡灰色，在光照充足条件下变为紫色和粉色。花冠粉紫色，内面黄色。花期夏季。

耐寒区10 ~ 11，适用屋顶绿化。

16. 胧月 *Graptopetalum paraguayense* 景天科 / 风车莲属

多年生多浆植物。丛生，株高10 ~ 20cm，冠径1m。叶集生成莲座状，直径7 ~ 15cm，灰色，具粉红色晕。花瓣5枚，白色，略带淡粉色或淡红色，春季开放。

耐寒区8 ~ 11，适用移动式绿化。

17. 八宝 *Hylotelephium erythrostictum* 景天科 / 八宝属

多年生多浆植物。块根胡萝卜状。茎直立，高30 ~ 70cm。叶对生，少有互生或3叶轮生，长圆形至卵状长圆形，长4.5 ~ 7cm，宽2 ~ 3.5cm。伞房状花序顶生；花密生，直径约1cm；花瓣5枚，白色或粉红色；雄蕊与花瓣等长或稍短。花期8 ~ 10月。

耐寒区3 ~ 9，适用东墙、南墙、西墙、移动式绿化。

18. 白八宝 *Hylotelephium pallescens* 景天科 / 八宝属

多年生多浆植物。根状茎短，直立。茎直立，高20 ~ 60cm。叶互生，有时对生，长圆状卵形或椭圆状披针形，长3 ~ 7cm，宽7 ~ 25mm，全缘或上部有疏齿，叶面有多数红褐色斑点。复伞房花序，顶生；花瓣5枚，白色至浅红色。花期7～9月。

耐寒区3～7，适用屋顶绿化。

19. 圆扇八宝 *Hylotelephium sieboldii* 景天科 / 八宝属

落叶性多年生多浆植物。铺地状。株高达10cm，冠径20cm。叶片近圆形，3枚轮生，具白粉。花序顶生，花瓣5枚，粉红色，秋季开放。

耐寒区2～10，适用屋顶绿化。

20. 长药八宝 *Hylotelephium spectabile* 景天科 / 八宝属

多年生多浆植物。茎直立，高30～70cm。叶对生，或3叶轮生，卵形至宽卵形，长4～10cm，宽2～5cm。花序大形，伞房状，花密生，直径约1cm；花瓣5枚，淡紫红色至紫红色；雄蕊超出花冠之上。花期8～9月。

耐寒区3～10，适用屋顶绿化。

21. 欧紫八宝 *Hylotelephium telephium* 景天科 / 八宝属

多年生多浆植物。茎直立，高20～90cm。叶互生，在侧枝上有时对生，椭圆状长圆形，暗绿色，无柄，长4～10cm，宽1～4cm。聚伞花序，紧密，花密生，直径0.5～1.1cm；花瓣5枚，紫色或淡紫红色；雄蕊与花瓣近等长。花期夏季。

耐寒区3～9，适用西墙、屋顶绿化。

22. 轮叶八宝 *Hylotelephium verticillatum* 景天科 / 八宝属

多年生多浆植物。茎高40～500cm，直立，不分枝。4叶，少有5叶轮生，下部常为3叶轮生或对生，长圆状披针形至卵状披针形，长4～8cm，宽2.5～3.5cm。聚伞状伞房花序顶生；花小，密生，半圆球形；花瓣5，淡绿色至黄白色。花期7～8月。

耐寒区5～9，适用移动式绿化。

23. 长寿花 *Kalanchoe blossfeldiana* 景天科 / 伽蓝菜属

多年生多浆植物。茎直立，高10～50cm。叶对生，椭圆形、卵形或长圆状匙形，长3～10cm，宽2～6cm，边缘具波状钝齿或近全缘。圆锥状聚伞花序；花常直立，直径1.2～1.6cm，花瓣4枚，花色有绯红、桃红、橙红、黄、橙黄和白等。全年可开花。

耐寒区10～11，适用东墙、南墙、移动式绿化。

24. 费菜 *Phedimus aizoon* 景天科 / 费菜属

多年生多浆植物。根状茎短，茎高20～50cm，无毛，不分枝。叶互生，狭披针形至卵状倒披针形，长3.5～8cm，宽1.2～2cm，边缘有不整齐的锯齿。聚伞花序有多花，水平分枝，平展；花瓣5枚，黄色。花期6～7月。

耐寒区5～8，适用屋顶、移动式绿化。

25. 多花费菜 *Phedimus floriferus* 景天科 / 费菜属

多年生多浆植物。根状茎短，分枝，木质。茎斜上，高15～30cm，在上部茎发生很多短花枝。叶互生，匙状倒披针形，长2.5～4.5cm，宽8～13mm，边缘上部有疏锯齿。聚伞花序顶生及腋生；花瓣5枚，黄色。花期6～7月。

耐寒区6～9，适用屋顶绿化。

26. '小常绿'杂交费菜 *Phedimus hybridus* 'Immergrünchen' 景天科 / 费菜属

多年生多浆植物。茎横走的，分枝，有不育茎。叶互生，匙状椭圆形至倒卵形，长2.5～4cm，边缘有钝锯齿，浅绿色，秋冬季变为橘红色。花序聚伞状，顶生；花瓣5枚，黄色。花期6～7月。

耐寒区3～9，适用屋顶绿化。

27. 堪察加费菜 *Phedimus kamtschaticus* 景天科 / 费菜属

多年生多浆植物。根状茎木质，粗，分枝。茎斜上，高15～40cm，常不分枝。叶互生或对生，少有3叶轮生，倒披针形、匙形至倒卵形，长2.5～7cm，宽0.5～3cm，先端圆钝，无柄。聚伞花序顶生；花瓣5枚。花期6～7月。

耐寒区4～9，适用西墙、移动式绿化。

28. 齿叶费菜 *Phedimus odontophyllus* **景天科 / 费菜属**

多年生多浆植物，无毛。叶互生或对生，卵形或椭圆形，长 2 ~ 5cm，宽 12 ~ 28mm，先端稍急尖或钝，边缘有疏而不规则的牙齿，有假叶柄。聚伞状花序，分枝蝎尾状；花瓣 5 ~ 6 枚，黄色。花期 4 ~ 6 月。

耐寒区 9，适用屋顶绿化。

29. '红叶' 高加索费菜 *Phedimus spurius* **'Coccineum' 景天科 / 费菜属**

常绿多年生多浆植物，无毛。花枝葡匐，高 5 ~ 15cm。叶对生，倒卵形或近圆形，长 1 ~ 3cm，先端边缘有粗齿，绿色，在寒冷的秋天变为锈红色。聚伞状花序；花瓣 5 枚，粉红色，长 8 ~ 11mm。花期夏季。

耐寒区 4 ~ 9，适用西墙、屋顶、移动式绿化。

30. 白景天 *Sedum album* **景天科 / 景天属**

多年生多浆植物。丛生，具微毛。茎葡匐或上升，多分枝。叶互生，线形至卵形，长 4 ~ 20mm，宽 1 ~ 20mm，先端钝或圆。圆锥状聚伞花序，3 ~ 5 分枝，具 15 ~ 50 朵花；花瓣 5 枚，白色，稀粉红色。花期夏秋季。

耐寒区 3 ~ 8，适用西墙绿化。

31. 东南景天 *Sedum alfredii* **景天科 / 景天属**

多年生多浆植物。茎斜上，高 10 ~ 20cm。叶互生，线状楔形、匙形至匙状倒卵形，长 1.2 ~ 3cm，宽 2 ~ 6mm，先端钝，有时有微缺。聚伞花序宽 5 ~ 8cm，有多花；苞片似叶而小；花瓣 5 枚，黄色。花期 4 ~ 5 月。

耐寒区 8 ~ 10，适用东墙、南墙、西墙、屋顶绿化。

32. 珠芽景天 *Sedum bulbiferum* **景天科 / 景天属**

多年生多浆植物。茎高 7 ~ 22cm。叶腋常有圆球形、肉质、小形珠芽着生。基部叶常对生，上部的互生，下部叶卵状匙形，上部叶匙状倒披针形，长 10 ~ 15mm，宽 2 ~ 4mm，先端钝。

花序聚伞状，分枝 3；花瓣 5 枚，黄色，披针形。花期 4 ~ 5 月。

耐寒区 8 ~ 10，适用屋顶绿化。

33. 轮叶景天 *Sedum chauveaudii* **景天科 / 景天属**

多年生多浆植物。不育茎长 3 ~ 6cm；花茎上升，长 8 ~ 18cm。叶 3 枚轮生，近柄状匙形，长 0.8 ~ 2.2cm，宽 3 ~ 5mm，先端近钝形。花序伞房状，疏松，有多数花；花瓣黄色。花期 9 ~ 11 月。

耐寒区 6 ~ 8，适用屋顶绿化。

34. 大姬星美人 *Sedum dasyphyllum* **景天科 / 景天属**

多年生多浆植物。丛生，具微毛。茎葡匐。叶对生，灰绿色或蓝绿色。花序伞房状，疏松；花瓣 5 枚，白色，花瓣和绿色的心皮上有小黑点。花期初夏。

耐寒区 3 ~ 9，适用屋顶绿化。

35. 凹叶景天 *Sedum emarginatum* **景天科 / 景天属**

多年生多浆植物。茎细弱，高 10 ~ 15cm。叶对生，匙状倒卵形至宽卵形，长 1 ~ 2cm，宽 5 ~ 10mm，先端圆，有微缺。花序聚伞状，顶生；花瓣 5 枚，黄色。花期 5 ~ 6 月。

耐寒区 6 ~ 9，适用东墙、南墙、西墙、屋顶绿化。

36. 薄雪万年草 *Sedum hispanicum* **景天科 / 景天属**

一年生多浆植物。丛生，株高 5 ~ 15cm。茎直立或上升，单一或多分枝。叶互生，线形至长圆形，绿色，有时具白粉，长 4 ~ 20mm，宽 1 ~ 2mm，先端钝。花序聚伞状，2 ~ 4 分枝；花瓣多为 6 枚，有时 5 ~ 9 枚，白色，中脉淡粉色。花期春夏季。

耐寒区 2 ~ 9，适用东墙、南墙、西墙、移动式绿化。

37. 薄叶景天 *Sedum leptophyllum* 景天科 / 景天属

多年生多浆植物。高 10 ~ 20cm。不育枝细弱，高 8.5cm，顶端有 6 ~ 7 枚叶簇生。花茎下部不具叶。3 叶轮生，叶狭线状披针形至狭线状倒披针形，长 2 ~ 3.5cm，宽 1 ~ 2mm，先端钝。花序伞房蝎尾状；花瓣 5 枚，黄色。花期 7 ~ 8 月。

耐寒区 8 ~ 9，适用屋顶绿化。

38. 佛甲草 *Sedum lineare* 景天科 / 景天属

多年生多浆植物。茎高 10 ~ 20cm。3 叶轮生，少有 4 叶轮生或对生的，叶线形，长 20 ~ 25mm，宽约 2mm，先端钝尖。花序聚伞状，顶生；花瓣 5 枚，黄色。花期 4 ~ 5 月。

耐寒区 6 ~ 9，适用东墙、南墙、西墙、屋顶、移动式绿化。

39. '银边' 佛甲草 *Sedum lineare* 'Variegatum' 景天科 / 景天属

多年生多浆植物。株高 7 ~ 15cm，冠径 15 ~ 30cm。3 叶轮生，少有 4 叶轮或对生的，叶线形，长 20 ~ 25mm，淡绿色，边缘乳白色。花序聚伞状，顶生；花瓣 5 枚，黄色。花期 4 ~ 5 月。

耐寒区 6 ~ 9，适用屋顶绿化。

40. 圆叶景天 *Sedum makinoi* 景天科 / 景天属

多年生多浆植物。高 15 ~ 25cm。叶对生，倒卵形至倒卵状匙形，长 17 ~ 20mm，宽 6 ~ 8mm，绿色，先端钝圆，有假叶柄。聚伞状花序，花枝二歧分枝；苞片与叶同形而小；花瓣 5 枚，黄色。花期 6 ~ 7 月。

耐寒区 7 ~ 11，适用东墙、南墙、屋顶、移动式绿化。

41. '金叶' 圆叶景天 *Sedum makinoi* 'Ogon' 景天科 / 景天属

多年生多浆植物。株高仅 5cm，冠径 30cm。叶对生，倒卵形至倒卵状匙形，宽 6mm，金黄色，先端钝圆，有假叶柄。聚伞状花序，花枝二歧分枝；苞片与叶同形而小；花瓣

5 枚，黄色。花期夏季。

耐寒区 7 ~ 11，适用屋顶绿化。

42. '金丘' 松叶佛甲草 *Sedum mexicanum* 'Gold Mound' 景天科 / 景天属

多年生多浆植物。丛生，光滑。茎横卧，高可达 15cm，有分枝。4 叶轮生，有时 5 叶轮生，金黄色，线状椭圆形或线状披针形，长 8 ~ 20mm，宽 1.9 ~ 3mm，先端钝。聚伞花序，3 分枝；花瓣 5 枚，金黄色。花期夏季。

耐寒区 8 ~ 10，适用屋顶绿化。

43. 翡翠景天 *Sedum morganianum* 景天科 / 景天属

多年生多浆植物。茎横卧或悬垂，可长达 60cm。叶互生，抱茎生长，长圆形至披针形，近圆筒状，蓝绿色，具蜡质层。花序顶生，花瓣粉红色或红色。花期夏季。

耐寒区 10 ~ 11，适用东墙、南墙、西墙绿化。

44. 藓状景天 *Sedum polytrichoides* 景天科 / 景天属

多年生多浆植物。茎带木质，细，丛生，斜上，高 5 ~ 10cm；有多数不育枝。叶互生，线形至线状披针形，长 5 ~ 15mm，宽 1 ~ 2mm，先端急尖。花序聚伞状，有 2 ~ 4 分枝；花瓣 5 枚，黄色。花期 7 ~ 8 月。

耐寒区 4 ~ 9，适用东墙、南墙、西墙、屋顶绿化。

45. 虹之玉 *Sedum rubrotinctum* 景天科 / 景天属

多年生多浆植物。株高 10 ~ 20cm，冠径 25 ~ 30cm。叶互生，长圆形，近圆筒状，长 2.5cm，绿色，有光泽，在阳光充足的条件下转为红色。花序顶生，花小，花瓣鲜黄色，仲夏开放。

耐寒区 9 ~ 11，适用屋顶绿化。

46. 岩景天 *Sedum rupestre* 景天科 / 景天属

多年生多浆植物。丛生，光滑。茎平卧，不分枝。叶互生，线形至长圆形，绿色，有时具白粉，长 10 ~ 15mm，宽 1 ~ 3mm，先端具短尖。伞房状聚伞花序，3 ~ 7 分枝，具花 15 ~ 25 朵以上；花瓣多为 7 枚，有时 5 ~ 9 枚，黄色。花期春夏季。

耐寒区 5 ~ 8，适用东墙、南墙、西墙、屋顶、移动式绿化。

47. 垂盆草 *Sedum sarmentosum* 景天科 / 景天属

多年生多浆植物。不育枝及花枝细，匍匐而节上生根，直到花序之下，长 10 ~ 25cm。3 叶轮生，叶倒披针形至长圆形，长 15 ~ 28mm，宽 3 ~ 7mm，先端近急尖。聚伞花序，有 3 ~ 5 分枝；花瓣 5 枚，黄色。花期 5 ~ 7 月。

耐寒区 3 ~ 8，适用东墙、南墙、西墙、屋顶、移动式绿化。

48. 六棱景天 *Sedum sexangulare* 景天科 / 景天属

多年生多浆植物。丛生，光滑。茎上升，有分枝。叶互生，排列成六棱状，线形，亮绿色，无白粉，长 3 ~ 6mm，宽 0.8 ~ 2mm，先端钝。聚伞花序，2 ~ 3 分枝，具花 5 ~ 25 朵以上；花瓣 5 ~ 6 枚，鲜黄色。花期春末至夏季。

耐寒区 3 ~ 9，适用西墙、屋顶绿化。

49. 繁缕景天 *Sedum stellariifolium* 景天科 / 景天属

一年生或二年生多浆植物。植株被腺毛。茎直立，有多数斜上的分枝，高 10 ~ 15cm。叶互生，正三角形或三角状宽卵形，长 7 ~ 15mm，宽 5 ~ 10mm，先端急尖，叶柄长 4 ~ 8mm。总状聚伞花序；花瓣 5 枚，黄色。花期 6 ~ 8 月。

耐寒区 6 ~ 9，适用屋顶绿化。

50. 木樨景天 *Sedum suaveolens* 景天科 / 景天属

多年生多浆植物。株高和冠径可达 46cm。叶丛莲座状，直径 15 ~ 20cm。叶片具白粉，蓝绿色至白色，具粉红色晕。叶丛内可长出匍匐茎，匍匐茎上长出新的莲座状叶丛。花小，白色，具甜香气。

耐寒区 11，适用屋顶绿化。

51. 松塔景天 *Sedum sediforme* 景天科 / 景天属

常绿多年生多浆植物。株高可达 50cm，粗壮，光滑。不育枝较短，具多叶。花茎较长，直立，基部木质。叶互生，披针形，蓝绿色，具白粉，先端尖，花期叶片常脱落。花序顶生，花瓣 5 枚，淡绿黄色。花期 7 ~ 8 月。

耐寒区 3 ~ 8，适用屋顶绿化。

52. 长生草 *Sempervivum tectorum* 景天科 / 长生草属

常绿多年生多浆植物。株高 10 ~ 15cm，冠径 20cm。叶丛莲座状，直径 4 ~ 10cm。叶片宽 1 ~ 1.5cm，先端具短尖，绿色，叶尖紫红色，有时深红色。花茎高 30cm，聚伞花序顶生，直立；花瓣 8 ~ 16 枚，红紫色。花期夏季。

耐寒区 3 ~ 8，适用北墙绿化。

53. 木立芦荟 *Aloe arborescens* 百合科 / 芦荟属

多年生多浆植物。株高 1 ~ 3m，全株被白粉。茎显著。叶狭长，肥厚多汁，绿色，略呈蓝色，顶端长渐尖，边缘具刺状硬齿。总状花序，具长总梗；花冠圆筒形，红色，长约 3.5cm，花被离生。

耐寒区 9 ~ 11，适用西墙绿化。

54. 芦荟 *Aloe vera* 百合科 / 芦荟属

多年生多浆植物。茎较短。叶近基生，稍 2 列，肥厚多汁，条状披针形，粉绿色，长 15 ~ 35cm，基部宽 4 ~ 5cm，顶端有数个小齿，边缘疏生刺状小齿。花葶高 60 ~ 90cm；总状花序具数十朵花；花淡黄色而有红斑。花期春季。

耐寒区 10 ~ 11，适用西墙绿化。

55. 条纹十二卷 *Haworthia fasciata* 百合科 / 十二卷属

多年生多浆植物。生长缓慢。株高 15cm。茎短。叶 30 ~ 40 枚簇生，开展，三角状披针形，长约 5cm，宽约 1cm，正面光亮，背面有连成横条纹的白色瘤状突起。总状花序，花小，白色。花期冬季。

耐寒区 9 ～ 11，适用西墙、移动式绿化。

56. 虎尾兰 *Sansevieria trifasciata* 百合科 / 虎尾兰属

多年生多浆植物。有横走根状茎。叶基生，常 1 ～ 2 枚，直立，硬革质，扁平，长条状披针形，长 30 ～ 70cm，宽 3 ～ 5cm，有白绿色和深绿色相间的横带斑纹。总状花序；花淡绿色或白色。花期 11 ～ 12 月。

耐寒区 10 ～ 11，适用东墙、南墙、北墙、移动式绿化。

57. 金边虎尾兰 *Sansevieria trifasciata* 'Laurentii'

百合科 / 虎尾兰属

多年生多浆植物。有横走根状茎。叶基生，常 1 ～ 2 枚，直立，硬革质，扁平，长条状披针形，长 30 ～ 70cm，宽 3 ～ 6cm，有白绿色和深绿色相间的横带斑纹，边缘金黄色。总状花序；花淡绿色或白色。花期 11 ～ 12 月。

耐寒区 10 ～ 11，适用移动式绿化。

58. 龙舌兰 *Agave americana* 石蒜科 / 龙舌兰属

常绿多年生植物。株高 0.9 ～ 1.8m，冠径 1.8 ～ 3m。叶呈莲座式排列，通常 30 ～ 40 枚，大型，肉质，倒披针状线形，长 1 ～ 2m，中部宽 15 ～ 20cm，叶缘具有疏刺，顶端有 1 硬尖刺。圆锥花序大型；花黄绿色。

耐寒区 8 ～ 10，适用屋顶、移动式绿化。

（十三）水生植物

1. 三白草 *Saururus chinensis* 三白草科 / 三白草属

多年生湿生草本，高约 1m 余。叶互生，纸质，密生腺点，阔卵形至卵状披针形，长 10 ~ 20cm，宽 5 ~ 10cm，茎顶端的 2 ~ 3 枚于花期常为白色，呈花瓣状。花小，聚集成与叶对生或兼有顶生的总状花序，花序白色，长 12 ~ 20cm；无花被。花期 4 ~ 6 月。

耐寒区 4 ~ 9，适用移动式绿化。

2. 黄莲 *Nelumbo lutea* 莲科 / 莲属

落叶多年生水生草本。叶互生，圆形，盾状，直径可达 60cm 或更大，全缘稍呈波状，下面叶脉从中央射出；叶柄粗壮，长可达 2m 或更长。花大，淡黄色，长可达 13cm，外层 1 ~ 5 枚，通常宿存。花期春末至夏季。

耐寒区 4 ~ 10，适用移动式绿化。

3. 莲 *Nelumbo nucifera* 莲科 / 莲属

落叶多年生水生草本；根状茎横生，肥厚。叶互生，圆形，盾状，直径 25 ~ 90cm，全缘稍呈波状，下面叶脉从中央射出；叶柄粗壮，中空，外面散生小刺。花直径 10 ~ 20cm，美丽，芳香；花瓣红色、粉红色或白色；花托（莲房）直径 5 ~ 10cm。花期 6 ~ 8 月。

耐寒区 4 ~ 10，适用移动式绿化。

4. 芡实 *Euryale ferox* 睡莲科 / 芡属

一年生大型水生草本。沉水叶箭形或椭圆状肾形，无刺；浮水叶椭圆状肾形至圆形，直径 10 ~ 130cm，盾状，两面在叶脉分枝处有锐刺。花长约 5cm；花瓣矩圆披针形或披针形，长 1.5 ~ 2cm，紫红色，成数轮排列，向内渐变成雄蕊。花期 7 ~ 8 月。

耐寒区 2 ~ 11，适用移动式绿化。

5. 萍蓬草 *Nuphar pumila* 睡莲科 / 萍蓬草属

多年生水生草本。叶互生，纸质，宽卵形或卵形，长 6 ~ 17cm，宽 6 ~ 12cm，先端圆钝，基部具弯缺，心形，裂片远离，下面密生柔毛。花直径 3 ~ 4cm；萼片黄色，花瓣状，矩圆形或椭圆形，长 1 ~ 2cm；花瓣多数，窄楔形，长 5 ~ 7mm。花期 5 ~ 7 月。

耐寒区 3 ~ 11，适用移动式绿化。

6. 白睡莲 *Nymphaea alba* 睡莲科 / 睡莲属

多年水生草本；根状茎匍匐。叶纸质，近圆形，直径 10 ~ 25cm，基部具深弯缺，裂片尖锐，近平行或开展，全缘或波状，两面无毛，有小点；叶柄长达 50cm。花直径 10 ~ 20cm，芳香；花瓣 20 ~ 25 枚，白色，卵状矩圆形，长 3 ~ 5.5cm。花期 6 ~ 8 月。

耐寒区 4 ~ 11，适用移动式绿化。

7. 红睡莲 *Nymphaea alba* var. *rubra* 睡莲科 / 睡莲属

多年水生草本；根状茎匍匐。叶纸质，近圆形，基部具深弯缺，裂片尖锐，近平行或开展，全缘，两面无毛，无小点。花芳香；花瓣 23 ~ 28 枚，玫瑰红色或粉红色，卵状矩圆形。花期 6 ~ 8 月。

耐寒区 4 ~ 11，适用移动式绿化。

8. 齿叶睡莲 *Nymphaea lotus* 睡莲科 / 睡莲属

多年水生草本。叶纸质，卵状圆形，直径 30cm，基部具深弯缺，裂片圆钝，近平行，边缘有弯缺三角状锐齿，上面绿色，无毛，下面带红色，有柔毛。花伸出水面，夜间开放，持续到上午 11 点，直径 12 ~ 25cm，芳香；花瓣 16 ~ 20 枚，白色。花期春夏。

耐寒区 10 ~ 11，适用移动式绿化。

9. 黄睡莲 *Nymphaea mexicana* 睡莲科 / 睡莲属

多年水生草本。叶卵形、椭圆形或近圆形，长 7 ~ 18cm，宽 7 ~ 14cm，光滑，边缘全缘或波状，上面绿色，常有褐色斑纹，下面淡紫色，有深色斑纹。花直径6～11cm；花瓣12～30枚，黄色。花期春季至秋季。

耐寒区5～11，适用移动式绿化。

10. 红花睡莲 *Nymphaea rubra* 睡莲科 / 睡莲属

多年水生草本。叶纸质，近圆形、箭头形至心形，长14～28cm，宽8～26cm，边缘有三角状锐齿，下面密被毛。花直径15～25cm，花瓣12～20枚，深紫红色至粉红色。花期几乎全年。

耐寒区10～11，适用移动式绿化。

11. 亚马逊王莲 *Victoria amazonica* 睡莲科 / 王莲属

多年生水生草本，也常作一年生栽培。叶浮于水面，大而圆，直径2～3m，边缘向上折转、直立，高1～2cm，上面微红，下面红色，有突起的网状脉，脉上有锐刺。花单生，直径可达40cm，浮于水面，初为白色，第二天变为粉红色，第三天变为红色。花萼背面布满尖刺。花期夏季。

耐寒区10～11，适用移动式绿化。

12. 克鲁兹王莲 *Victoria cruziana* 睡莲科 / 王莲属

多年生水生草本，也常作一年生栽培。叶浮于水面，大而圆，直径约1.5～2m，边缘向上折转、直立，高可达10cm，上面翠绿色，下面的网状脉黄绿色，脉上有锐刺。花直径25cm，初为白色，第二天变为深粉色。花萼背面光滑无刺或只具有少量刺。花期夏季。

耐寒区10～11，适用移动式绿化。

13. '长木'王莲 *Victoria* 'Longwood Hybrid' 睡莲科 / 王莲属

多年生水生草本，也常作一年生栽培。叶浮于水面，大而圆，常可达2m以上，边缘向上折转、直立，高4～5cm，上面绿色，下面红褐色。花初为乳白色，第二天变为粉色。花萼疏被硬刺。花期夏季。

耐寒区10～11，适用移动式绿化。

14. 莼菜 *Brasenia schreberi* 莼菜科 / 莼菜属

多年生水生草本；根状茎小，匍匐；茎细，多分枝，包在胶质鞘内。叶二型：漂浮叶互生，盾状，圆状矩圆形，长3.5～6cm，宽5～10cm，全缘；沉水叶至少在芽时存在。叶柄及花梗有胶质物。花单生，直径1～2cm，暗紫色。花期6月。

耐寒区3～10，适用移动式绿化。

15. 金鱼藻 *Ceratophyllum demersum* 金鱼藻科 / 金鱼藻属

多年生沉水草本；茎长40～150cm，分枝。叶4～12枚轮生，1～2次二叉状分歧，裂片丝状，或丝状条形，长1.5～2cm，宽0.1～0.5mm，边缘仅1侧有数个细齿。雌雄同株，花单生叶腋，直径约2mm。坚果宽椭圆形，有3刺。花期6～7月。

耐寒区2～11，适用移动式绿化。

16. 粉绿狐尾藻 *Myriophyllum aquaticum* 小二仙草科 / 狐尾藻属

多年生落叶沉水植物，上部为挺水叶，匍匐在水面上，下半部沉入水中，水中茎多分枝。叶4～6枚轮生，叶开展，羽状细裂，蓝绿色，秋季变为淡红色。栽培植株常为雌株；花序团伞状，白色，簇生于叶腋。花期春季。

耐寒区7～11，适用移动式绿化。

17. 千屈菜 *Lythrum salicaria* 千屈菜科 / 千屈菜属

落叶多年生水缘植物或中生草本。茎直立，多分枝，高30～100cm，枝具4棱。叶对生或3叶轮生，披针形或阔披针形，长4～6cm，宽8～15mm，全缘，无柄。花组成小聚伞花序，簇生；花瓣6枚，红紫色或淡紫色，长7～8mm。花期7～10月。

耐寒区4～9，适用移动式绿化。

18. 圆叶节节菜 *Rotala rotundifolia* 千屈菜科 / 节节菜属

一年生水生或湿生草本，各部无毛。茎直立，丛生，高5～30cm，带紫红色。叶对生，无柄或具短柄，近圆形，长5～10mm，宽3.5～5mm。

花单生于苞片内，组成顶生稠密的穗状花序，花序长 1 ~ 4 cm；花小，花瓣 4 枚，淡紫红色。花果期 5 ~ 12 月。

耐寒区 8 ~ 11，适用移动式绿化。

19. 菱 *Trapa natans* 菱科 / 菱属

一年生浮水水生草本。叶二型：浮水叶互生，聚生枝端形成莲座状菱盘，叶片三角形状菱圆形，边缘具齿，长 2 ~ 3cm，宽 2.5 ~ 4cm，叶柄中上部常膨大成海绵质气囊；沉水叶小，早落。花小，单生于叶腋；花瓣 4 枚，白色。果三角状菱形。花期 5 ~ 10 月。

耐寒区 6 ~ 11，适用移动式绿化。

20. 南美天胡荽 *Hydrocotyle verticillata* 伞形科 / 天胡荽属

多年生挺水或湿生草本。株高 5 ~ 15cm。茎细长而匍匐，节上生根。叶互生，具长柄，圆盾形，直径 2 ~ 4cm，12 ~ 15 浅裂，草绿色，具 15 ~ 20 条放射状脉。2 ~ 12 轮小花集生成穗状或总状，每轮具花 2 ~ 20 朵；花小，白色至淡黄色。花期 3 ~ 8 月。

耐寒区 5 ~ 9，适用移动式绿化。

21. 水芹 *Oenanthe javanica* 伞形科 / 水芹属

多年生湿生草本，高 15 ~ 80cm。茎直立或基部匍匐。叶互生，三角形，1 ~ 2 回羽状分裂，末回裂片卵形至菱状披针形。复伞形花序顶生；伞辐 6 ~ 16，不等长；花瓣白色，倒卵形，长 1mm。花期 6 ~ 7 月。

耐寒区 3 ~ 9，适用移动式绿化。

22. '火烈鸟' 水芹 *Oenanthe javanica* 'Flamingo' 伞形科 / 水芹属

多年生湿生草本，高 15 ~ 80cm。茎直立或基部匍匐。叶互生，三角形，1 ~ 2 回羽状分裂，末回裂片卵形至菱状披针形，绿色，具粉红色和乳白色边缘。复伞形花序顶生；伞辐 6 ~ 16，不等长；花瓣白色，倒卵形，长 1mm。花期 6 ~ 7 月。

耐寒区 3 ~ 9，适用移动式绿化。

23. 金银莲花 *Nymphoides indica* 睡菜科 / 荇菜属

多年生水生草本。茎圆柱形，不分枝，形似叶柄，顶生单叶。叶漂浮，宽卵圆形或近圆形，长 3 ~ 18cm，下面密生腺体，基部心形，全缘。花多数，簇生节上，5 基数；花冠白色，基部黄色，直径 6 ~ 8mm，裂片卵状椭圆形，腹面密生流苏状长柔毛。花果期 8 ~ 10 月。

耐寒区 8 ~ 11，适用移动式绿化。

24. 荇菜 *Nymphoides peltata* 睡菜科 / 荇菜属

多年生水生草本。上部叶对生，下部叶互生，叶片漂浮，近革质，圆形或卵圆形，直径 1.5 ~ 8cm，基部心形，全缘。花簇生于节上，5 基数；花冠金黄色，直径 2.5 ~ 3cm，分裂至近基部，裂片宽倒卵形，边缘宽膜质，近透明，具不整齐的细条裂齿。花果期 4 ~ 10 月。

耐寒区 5 ~ 10，适用移动式绿化。

25. '紫叶' 大车前 *Plantago major* 'Atropurpurea' 车前科 / 车前属

多年生水缘植物或中生植物。须根多数。根状茎粗短。叶基生，呈莲座状，叶片紫红色，薄纸质，卵形至广卵形，边缘波状，主脉 5 条，叶基向下延伸到叶柄。花序 1 至数个；花序梗直立；穗状花序细圆柱状；花小，不显著。

耐寒区 4 ~ 9，适用移动式绿化。

26. 花蔺 *Butomus umbellatus* 花蔺科 / 花蔺属

落叶多年生水生草本。根状茎横走或斜向生长。叶基生，长 30 ~ 120cm，宽 3 ~ 10mm，无柄。花葶直立，聚伞状伞形花序顶生，具苞片 3 枚；花多数，两性；花被片 6 枚，宿存，外轮 3 枚萼片状，较小，绿色，内轮较大，花瓣状，粉红色。花果期 7 ~ 9 月。

耐寒区 5 ~ 11，适用移动式绿化。

27. 水金英 *Hydrocleys nymphoides* 花蔺科 / 水金英属

落叶多年生浮叶草本，具根状茎。叶簇生于茎上，叶片宽卵形至近圆形，具长柄，长

1.4 ~ 11.9cm，宽 0.9 ~ 10.6cm，顶端圆钝，基部心形，全缘。叶柄圆柱形，长度随水深而异。花冠直径约6.5cm，花瓣3枚，淡黄色至白色，基部黄色。花期夏季。

耐寒区 9 ~ 10，适用移动式绿化。

28. 黄花蔺 *Limnocharis flava* 泽泻科、黄花蔺科 / 黄花蔺属

落叶多年生水生草本。叶丛生，挺出水面；叶片卵形至近圆形，长6 ~ 28cm，宽4.5 ~ 20cm；叶脉9 ~ 13条，横脉极多数；叶柄粗壮，三棱形。伞形花序有花2 ~ 15朵；花两性；外轮萼片状花被片3枚；内轮花瓣状花被片3枚，淡黄色，基部黑色。花期3 ~ 4月。

耐寒区 10 ~ 11，适用移动式绿化。

29. 泽泻 *Alisma plantago-aquatica* 泽泻科 / 泽泻属

落叶多年生水生或沼生草本。块茎直径1 ~ 3.5cm。挺水叶宽披针形、椭圆形至卵形，长2 ~ 11cm，宽1.3 ~ 7cm，叶脉通常5条。花序长15 ~ 50cm，具3 ~ 8轮分枝；花两性；内轮花被片较大，近圆形，白色、粉红色或浅紫色。花果期5 ~ 10月。

耐寒区 4 ~ 9，适用移动式绿化。

30. 心叶皇冠草 *Echinodorus cordifolius* 泽泻科 / 肋果慈姑属

多年生水生草本，具根状茎。株高可达1m。叶基生，卵形至椭圆形，长6.5 ~ 32cm，宽2.5 ~ 19.1cm，基部截形至心形；叶柄长17.5 ~ 45cm。花序总状，分枝轮生，3 ~ 9轮，每轮具花3 ~ 15朵；花两性；直径达2.5cm；花被片白色。花期夏末至秋初。

耐寒区 7 ~ 11，适用移动式绿化。

31. 大叶皇冠草 *Echinodorus macrophyllus* 泽泻科 / 肋果慈姑属

多年生水生草本，具根状茎。株高可达1m。叶基生，卵形至椭圆形，基部心形或截形；具长叶柄。花序圆锥状，分枝轮生，6 ~ 13轮；花两性；

花冠直径3 ~ 4cm；花被片白色。花期夏秋季。

耐寒区 9 ~ 11，适用移动式绿化。

32. 蒙特登慈姑 *Sagittaria montevidensis* 泽泻科 / 慈姑属

落叶多年生水生草本，具根状茎和球茎。株高可达1m。挺水叶基生，戟形至箭状，长2.5 ~ 17.5cm，宽0.6 ~ 22cm。花序总状或圆锥状；花冠直径2 ~ 5cm；花瓣3枚，白色，基部有紫色斑点。花期7 ~ 10月。

耐寒区 8 ~ 11，适用移动式绿化。

33. 类禾慈姑 *Sagittaria graminea* 泽泻科 / 慈姑属

多年生水生或沼生草本。株高45 ~ 60cm，冠径30 ~ 45cm。挺水叶线形至线状倒披针形，长2.5 ~ 17.4cm，宽0.2 ~ 4cm。花序总状；花单性，直径达2.3cm；萼片反折或开展；花瓣3枚，白色。花果期5 ~ 9月。

耐寒区 4 ~ 10，适用移动式绿化。

34. 野慈姑 *Sagittaria trifolia* 泽泻科 / 慈姑属

落叶多年生水生或沼生草本。根状茎横走，末端膨大或否。挺水叶箭形，通常顶裂片短于侧裂片。花葶直立，挺水。花序总状或圆锥状，长5 ~ 20cm，具花多轮；花单性；内轮花被片白色或淡黄色，长6 ~ 10mm，宽5 ~ 7mm。花果期5 ~ 10月。

耐寒区 6 ~ 11，适用移动式绿化。

35. 华夏慈姑 *Sagittaria trifolia* subsp. *leucopetala* 泽泻科 / 慈姑属

落叶多年生水生或沼生草本。匍匐茎末端膨大呈球茎。挺水叶宽大，肥厚，顶裂片先端钝圆，卵形至宽卵形。圆锥花序高大，长20 ~ 80cm；花单性；内轮花被片白色或淡黄色。花果期5 ~ 10月。

耐寒区 8 ~ 11，适用移动式绿化。

36. 黑藻 *Hydrilla verticillata* 水鳖科 / 黑藻属

多年生沉水草本。叶3 ~ 8枚轮生，线形或长条形，长7 ~ 17mm，先端锐尖，边缘锯齿明显，

无柄；主脉1条，明显。花单性；雄花成熟后自佛焰苞内放出，漂浮于水面开花；雄花萼片3枚；花瓣3枚，白色或粉红色。花果期5~10月。

耐寒区5~11，适用移动式绿化。

37. 苦草 *Vallisneria natans* 水鳖科 / 苦草属

常绿多年生沉水草本。具葡萄茎。叶基生，线形或带形，长20~200cm，宽0.5~2cm，绿色或略带紫红色，常具棕色条纹和斑点，先端圆钝，边缘全缘或具不明显的细锯齿；无叶柄；叶脉5~9条。花单性；雌雄异株；花小，浅绿色或白色。花期全年。

耐寒区4~11，适用移动式绿化。

38. 水鳖 *Hydrocharis dubia* 水鳖科 / 水鳖属

浮水草本。葡萄茎发达，顶端生芽，并可产生越冬芽。叶簇生，多漂浮；叶片心形或圆形，长4.5~5cm，宽5~5.5cm，先端圆，基部心形，全缘，远轴面有蜂窝状贮气组织。花单性，雌雄同株；雄花花瓣3枚，黄色；雌花花瓣3枚，白色，基部黄色。花果期8~10月。

耐寒区4~11，适用移动式绿化。

39. 菹草 *Potamogeton crispus* 眼子菜科 / 眼子菜属

多年生沉水草本，具近圆柱形的根状茎。叶互生，条形，无柄，长3~8cm，宽3~10mm，先端钝圆，基部约1mm与托叶合生，但不形成叶鞘，叶缘多少呈浅波状，具细锯齿；叶脉3~5条，平行。穗状花序顶生；花小，花被片4枚，淡绿色。花果期4~7月。

耐寒区2~11，适用移动式绿化。

40. 眼子菜 *Potamogeton distinctus* 眼子菜科 / 眼子菜属

多年生沉水草本。根状茎发达。叶互生，浮水叶革质，披针形、宽披针形至卵状披针形，长2~10cm，宽1~4cm，具5~20cm长的叶柄；叶脉多条；沉水叶披针形至狭披针形。穗状花序顶生；花小，花被片4枚，绿色。花果期5~10月。

耐寒区2~11，适用移动式绿化。

41. 菖蒲 *Acorus calamus* 菖蒲科 / 菖蒲属

多年生落叶草本。根状茎横走，分枝，芳香。叶基生，叶片剑状线形，长90~150cm，中部宽1~3cm，草质，绿色，光亮；中肋在两面均明显隆起。叶状佛焰苞剑状线形，肉穗花序斜向上或近直立，花黄绿色。浆果红色。花期6~9月。

耐寒区4~10，适用移动式绿化。

42. 金钱蒲 *Acorus gramineus* 菖蒲科 / 菖蒲属

常绿多年生草本。根状茎较短，芳香，根茎上部多分枝，呈丛生状。叶片质地较厚，剑形，两列，绿色，长15~55cm，宽3~14mm，无中肋。叶状佛焰苞短，肉穗花序黄绿色，圆柱形。果黄绿色。花期2~7月。

耐寒区5~9，适用移动式绿化。

43. '金叶'金钱蒲 *Acorus gramineus* 'Ogon' 菖蒲科 / 菖蒲属

常绿多年生水缘植物或中生植物。株高20~30cm，冠径15cm。全株具香气。根状茎较短，茎上部多分枝，呈丛生状。叶剑状条形，两列，长15~30cm，宽6mm，具金黄色条纹而呈现金黄色。肉穗花序，花小而密生，黄绿色。花期4~5月。

耐寒区5~9，适用北墙、移动式绿化。

44. 芋 *Colocasia esculenta* 天南星科 / 芋属

多年生湿生草本。块茎通常卵形，常生多数小球茎。叶2~3枚或更多。叶柄长于叶片，长20~90cm，绿色，叶片卵状，长20~50cm，先端短尖或短渐尖。佛焰苞淡黄色至绿白色；肉穗花序长约10cm，短于佛焰苞。

耐寒区8~10，适用移动式绿化。

45. 紫芋 *Colocasia esculenta* 'Tonoimo' 天南星科 / 芋属

多年生湿生草本。具块茎。叶1~5枚，由块茎顶部抽出，高1~1.2m；叶柄紫褐色；叶片盾状，卵状箭形，深绿色，基部具弯缺，边缘波状，长40~50cm，宽25~30cm。佛焰苞管部绿色或紫色，檐部厚，席卷成角状，长19～20cm，金黄色。花期7～9月。

耐寒区8～10，适用移动式绿化。

46. 大薸 *Pistia stratiotes* 天南星科 / 大薸属

水生漂浮草本。有长而悬垂的根多数。叶簇生成莲座状，倒三角形、倒卵形、扇形，以至倒卵状长楔形，长1.3～10cm，宽1.5～6cm，先端截头状或浑圆，两面被毛；叶脉扇状伸展，背面明显隆起成折皱状。佛焰苞白色，长0.5～1.2cm。花期5～11月。

耐寒区8～10，适用移动式绿化。

47. 水烛 *Typha angustifolia* 香蒲科 / 香蒲属

多年生水生或沼生草本，具根状茎。叶2列，互生；叶片长54～120cm，宽0.4～0.9cm，上部扁平，下部横切面呈半圆形；叶鞘抱茎。花单性，雌雄同株，花序穗状；雄花序生于上部至顶端，雌性花序位于下部，雌雄花序相距2.5～6.9cm。花果期6～9月。

耐寒区2～11，适用移动式绿化。

48. 小香蒲 *Typha minima* 香蒲科 / 香蒲属

多年生沼生或水生草本，具根状茎。叶通常基生，鞘状，无叶片，如叶片存在，长15～40cm，宽1～2mm，短于花葶。花单性，雌雄同株，花序穗状；雌雄花序远离，雄花序长3～8cm，雌花序长1.6～4.5cm。花果期5～8月。

耐寒区3～10，适用移动式绿化。

49. 水竹芋 *Thalia dealbata* 水竹芋科 / 水竹芋属

落叶多年生水生草本。株高0.7～2.5m。全株附有白粉。叶基生，2～5枚，叶片卵形或狭椭圆形，长17～55cm，宽7～22cm，坚纸质；叶柄较长。花序直立，紧凑；小花紫红色，2～3朵小花由两个小苞片包被，紧密着生于花轴上。花期5～9月。

耐寒区6～10，适用移动式绿化。

50. 垂花水竹芋 *Thalia geniculata* 水竹芋科 /

水竹芋属

落叶多年生水生草本。株高1～3.5m。基生叶2～6枚，茎生叶1枚或无，叶鞘和叶柄绿色或红紫色；叶片卵形至狭卵形，长19～60cm，宽4～26cm，坚纸质。花序松散，开展至下垂，圆锥状排列；小花紫色。花期6～12月。

耐寒区7～10，适用移动式绿化。

51. 凤眼蓝 *Eichhornia crassipes* 雨久花科 / 凤眼蓝属

浮水草本，高30～60cm。叶在基部丛生，莲座状排列；叶片圆形或宽菱形，长4.5～14.5cm，全缘，深绿色；叶柄中部膨大成囊状或纺锤形。穗状花序；花被裂片6枚，花瓣状，卵形，紫蓝色，花冠直径4～6cm，上方1枚裂片较大，3色。花期7～10月。

耐寒区9～11，适用移动式绿化。

52. 雨久花 *Monochoria korsakowii* 雨久花科 / 雨久花属

直立水生草本。茎直立，高30～70cm，全株光滑无毛。叶基生和茎生；基生叶宽卵状心形，长4～10cm，宽3～8cm，顶端急尖或渐尖，基部心形，全缘，具多数弧状脉。总状花序顶生；花被片6枚，椭圆形，长10～14mm，顶端圆钝，蓝色。花期7～8月。

耐寒区2～11，适用移动式绿化。

53. 梭鱼草 *Pontederia cordata* 雨久花科 / 梭鱼草属

落叶多年生水生草本。株高60～120cm，冠径45～60cm。叶披针形至心形，长6～22cm，宽0.7～12cm，暗绿色；叶柄长7～29cm。穗状花序，花多数，密集。花冠蓝色，裂片倒披针形，长5～8mm。花期3～11月。

耐寒区3～10，适用移动式绿化。

54. 玉蝉花 *Iris ensata* 鸢尾科 / 鸢尾属

落叶多年生湿生或水生草本。根状茎粗壮，斜伸。叶条形，长30～80cm，宽0.5～1.2cm，基部鞘状，两面中脉明显。花茎圆柱形，高40～100cm；花深紫色，直径9～10cm；花被管漏斗形，花被裂片6枚；花柱上部3分枝，呈花瓣状。花期6～7月。

耐寒区4～9，适用移动式绿化。

55. '斑叶'玉蝉花 *Iris ensata* 'Variegata' 鸢尾科 / 鸢尾属

落叶多年生湿生或水生草本。根状茎粗壮，斜伸。叶条形，绿色，具银白色纵向条纹，基部鞘状，两面中脉明显。花茎圆柱形；花深紫色；花被管漏斗形，花被裂片6枚；花柱上部3分枝，呈花瓣状。花期6～7月。

耐寒区4～9，适用移动式绿化。

56. 花菖蒲 *Iris ensata* var. *hortensis* 鸢尾科 / 鸢尾属

落叶多年生湿生或水生草本。根状茎粗壮，斜伸。叶宽条形，长50～80cm，宽1～1.8cm，中脉明显而突出。花茎高约1m；品种甚多，花型及颜色因品种而异，花的颜色由白色至暗紫色，斑点及花纹变化甚大，单瓣以至重瓣。花期6～7月。

耐寒区4～9，适用移动式绿化。

57. 路易斯安娜鸢尾 *Iris Louisiana hybrids* 鸢尾科 / 鸢尾属

常绿或半常绿多年生湿生或沼生草本。株高80～100cm。根状茎粗壮。叶基生，绿色，剑形，长40～90cm。花大，直径可达15cm，蓝色、白色、红色或黄色等；花被片6枚，外花被裂片常有黄斑；花柱上部3分枝，呈花瓣状。花期5～6月。

耐寒区5～9，适用移动式绿化。

58. 黄菖蒲 *Iris pseudacorus* 鸢尾科 / 鸢尾属

落叶多年生湿生或沼生草本。根状茎粗壮。基生叶灰绿色，宽剑形，长40～60cm，宽1.5～3cm，基部鞘状，色淡，中脉较明显。花茎粗壮，高60～70cm；花黄色，直径10～11cm；花被片6枚；外花被裂片有黑褐色的条纹。花期5月。

耐寒区5～9，适用移动式绿化。

59. 溪荪 *Iris sanguinea* 鸢尾科 / 鸢尾属

落叶多年生湿生或沼生草本。根状茎粗壮。叶条形，长20～60cm，宽0.5～1.3cm，中脉不明显。花茎高40～60cm；花天蓝色，直径6～7cm；花被片6枚；外花被裂片基部有黑褐色的网纹及黄色的斑纹。蒴果长卵状圆柱形，长为宽的3～4倍。花期5～6月。

耐寒区4～9，适用屋顶、移动式绿化。

60. 西伯利亚鸢尾 *Iris sibirica* 鸢尾科 / 鸢尾属

落叶多年生湿生或沼生草本。根状茎粗壮。叶灰绿色，条形，长20～40cm，宽0.5～1cm，无明显的中脉。花茎高40～60cm；花蓝紫色，直径7.5～9cm；花被片6枚；外花被裂片有褐色网纹及黄色斑纹。蒴果卵状圆柱形，长为宽的2～3倍。花期4～5月。

耐寒区3～9，适用屋顶、移动式绿化。

三、建筑环境绿化植物图谱

■（一）针叶树

■（二）乔木

■（三）灌木

■（四）藤本植物

■（五）棕榈和苏铁类

■（六）竹类

■（七）一、二年生花卉

■（八）宿根花卉

■（九）球根花卉

■（十）蕨类植物

■（十一）观赏草

■（十二）多浆植物

■（十三）水生植物

（一）针叶树

1. 南洋杉（植株）　　　　1. 南洋杉（植株）　　　　2. 异叶南洋杉（植株）

2. 异叶南洋杉（枝叶）　　3. '垂枝蓝'北非雪松（植株）　3. '垂枝蓝'北非雪松（枝叶）　3. '垂枝蓝'北非雪松（植株）

4. '垂枝'雪松（植株）　　5. 黎巴嫩雪松（植株）　　5. 黎巴嫩雪松（枝叶）　　6. 铁坚油杉（枝叶）

4. '垂枝'雪松（枝叶）　　6. 铁坚油杉（植株）　　6. 铁坚油杉（枝叶）

7. 蓝粉云杉（植株）　　8.'球形'蓝粉云杉（植株）　　10.'沃特尔'欧洲赤松（植株）　　10.'沃特尔'欧洲赤松（枝叶）

11. 千头赤松（植株）

11. 千头赤松（果）

9.'霍普氏'蓝粉云杉（植株）　　11. 千头赤松（果）　　12.'卫星'波斯尼亚松（植株）

12.'卫星'波斯尼亚松（花）　　13.'矮'欧洲山松（植株）　　14. 日本五针松（植株）

14. 日本五针松（球果）

14. 日本五针松（植株—造型）　　14. 日本五针松（枝叶）　　15.'千种御殿'日本五针松（枝叶）

15.'千种御殿'日本五针松（植株）　　　16.'天蓝'北美乔松（枝叶）　　　17.金松（植株）

18.'有泷'日本柳杉（果）　　　18.'有泷'日本柳杉（植株）　　　19.'扁平'日本柳杉（枝叶）

16.'天蓝'北美乔松（植株）

20.'鸡冠'日本柳杉（植株）　　　20.'鸡冠'日本柳杉（枝叶）　　　21.'小球'日本柳杉（植株）

22.'孝志'日本柳杉（枝叶）　　　22.'孝志'日本柳杉（植株）

23.'万吉'日本柳杉（植株）　　　23.'万吉'日本柳杉（花）　　　24.'螺旋'日本柳杉（枝叶）

24.'螺旋'日本柳杉（植株）

25.'维尔莫兰'日本柳杉（枝叶）

25.'维尔莫兰'日本柳杉（植株）

25.'维尔莫兰'日本柳杉（球花）

25.'维尔莫兰'日本柳杉（球花）

25.'维尔莫兰'日本柳杉（雌球果）

26.'飞瀑'落羽杉（枝叶）

27.'金叶'水杉（植株）

26.'飞瀑'落羽杉（枝叶）

28.'平展'北美红杉（果枝）

26.'飞瀑'落羽杉（植株）

28.'平展'北美红杉（植株）

29.'黄斑'北美翠柏（树冠）

29.'黄斑'北美翠柏（枝叶）

29.'黄斑'北美翠柏（植株）　　30.'绿球'美国扁柏（部分树冠）　　30.'绿球'美国扁柏（植株）

31.'球状'美国扁柏（植株）　　31.'球状'美国扁柏（枝叶）　　32.'石松'美国扁柏（植株）

32.'石松'美国扁柏（枝叶）　　33.'克里普斯'日本扁柏（枝叶）

33.'克里普斯'日本扁柏（植株）

34.［鸡冠］日本扁柏（部分树冠）　　34.［鸡冠］日本扁柏（部分树冠）　　35.'石松'日本扁柏（植株）

36.'矮'日本扁柏（植株）

37.日本花柏（球果）

37.日本花柏（树干）

37.日本花柏（植株）

38.'林荫大道'日本花柏（植株）

39.［金线］日本花柏（植株）

39.［金线］日本花柏（枝叶）

38.'林荫大道'日本花柏（枝叶）

40.'羽毛'日本花柏（枝叶）

41.绒柏（植株）

42.'金阳'日本花柏（植株）

42.'金阳'日本花柏（枝叶）

42.'金阳'日本花柏（枝叶）

43.‘婴儿蓝’日本花柏（植株）

44.‘姬’日本花柏（植株）

43.‘婴儿蓝’日本花柏（枝叶）

43.‘婴儿蓝’日本花柏（枝叶）

44.‘姬’日本花柏（枝叶）

45.‘蓝冰’光滑绿干柏（植株）

45.‘蓝冰’光滑绿干柏（枝叶）

46.‘金冠’大果柏木（植株）

47.‘加尔达’地中海柏木（植株）

47.‘加尔达’地中海柏木（枝叶）

48.‘布洛乌’圆柏（枝叶）

48.‘布洛乌’圆柏（植株）

49.‘蓝阿尔卑斯’圆柏（植株）

49.'蓝阿尔卑斯'圆柏（枝叶）　　　　51.龙柏（球果）　　　　51.龙柏（植株）

52.铺地龙柏（植株）

53.真柏（植株）　　　54.欧洲刺柏（植株）　　　55.'绿毯'欧洲刺柏（植株）

56.'爱尔兰'欧洲刺柏（枝叶）

56.'爱尔兰'欧洲刺柏（植株）　　57.'波浪'欧洲刺柏（植株）　　57.'波浪'欧洲刺柏（枝条）

58.'曼波'平枝圆柏（植株）　　　　58.'曼波'平枝圆柏（部分树冠）　　　59.'巴尔港'平枝圆柏（植株）

60.'蓝筹'平枝圆柏（植株）　　　　60.'蓝筹'平枝圆柏（枝叶）　　　　61.'橙辉'平枝圆柏（植株）

61.'橙辉'平枝圆柏（枝叶）　　62.'威尔士亲王'平铺圆柏（植株）　62.'威尔士亲王'平铺圆柏（枝叶）

63.鹿角桧（植株）　　　　　　63.鹿角桧（枝叶）　　　　　　64.'金海岸'鹿角桧（植株）

64.'金海岸'鹿角桧（枝叶）　　　　　　　　　　　　　　　　　66.'薄荷酒'鹿角桧（植株）

65.'栗叶金'鹿角桧（枝叶）　　　65.'栗叶金'鹿角桧（植株）　　　66.'薄荷酒'鹿角桧（枝叶）

67.'金叶'鹿角桧（枝叶）

68.铺地柏（植株）

67.'金叶'鹿角桧（植株）

68.铺地柏（植株）

69.'矮生'铺地柏（植株）

70.'柽柳叶'叉子圆柏（植株）

70.'柽柳叶'叉子圆柏（枝叶）

71.'岩石园珍宝'叉子圆柏（植株）

71.'岩石园珍宝'叉子圆柏（枝叶）

73.高山柏（植株）

72.'冲天火箭'岩生圆柏（枝叶）

72.'冲天火箭'岩生圆柏（植株）

74.'蓝地毯'高山柏（植株）

74.'蓝地毯'高山柏（枝叶）

75.'蓝星'高山柏（植株）

76.'霍尔格'高山柏（植株）

76. '霍尔格'高山柏（植株）　　　76. '霍尔格'高山柏（枝叶）　　　77. 粉柏（植株）

77. 粉柏（枝叶）　　　78. '灰猫头鹰'北美圆柏（植株）　　　78. '灰猫头鹰'北美圆柏（枝叶）

78. '灰猫头鹰'北美圆柏（果枝）

79. '哈茨'北美圆柏（植株）　　　79. '哈茨'北美圆柏（枝叶）

80. 侧柏（植株）　　　80. 侧柏（雌球花）

80. 侧柏（果枝）　　　80. 侧柏（枝条）　　　80. 侧柏（球果）

81.'金叶'侧柏（植株）　　81.'金叶'侧柏（枝叶）　　82.'洒金千头'侧柏（果枝）

82.'洒金千头'侧柏（植株）

83. 千头柏（果枝）　　83. 千头柏（植株）　　84.'韦斯特蒙特'侧柏（植株）

84.'韦斯特蒙特'侧柏（花枝）　　85. 北美香柏（植株）　　86.'德格鲁之塔'北美香柏（植株）

86.'德格鲁之塔'北美香柏（枝叶）　　87.'欧洲之金'北美香柏（枝叶）　　88.'金球'北美香柏（植株）

87.'欧洲之金'北美香柏（植株）　　87.'欧洲之金'北美香柏（果枝）

88.'金球'北美香柏（枝叶）　　89.'祖母绿'北美香柏（植株）　　89.'祖母绿'北美香柏（枝叶）

91.'小蒂姆'北美香柏（植株）　　91.'小蒂姆'北美香柏（枝叶）

90.'光芒'北美香柏（植株）

90.'光芒'北美香柏（枝叶）　　92.'斯马利'北美香柏（植株）　　93.竹柏（植株）

93. 竹柏（果枝）

94. 罗汉松（植株）

94. 罗汉松（花枝）

94. 罗汉松（果）

95. '狭叶'罗汉松（枝叶）

96. '短叶'罗汉松（枝叶）

97. 粗榧（植株）

98. '柱状'日本粗榧（枝叶）

97. 粗榧（枝叶）

98. '柱状'日本粗榧（植株）

98. '柱状'日本粗榧（枝叶，叶背）

99. 欧洲红豆杉（植株）

100. '阿默斯福特'欧洲红豆杉（植株）

100. '阿默斯福特'欧洲红豆杉（枝、叶）

100. '阿默斯福特'欧洲红豆杉（枝叶）

100. '阿默斯福特'欧洲红豆杉（嫩枝）

101.'柱状'欧洲红豆杉（植株）　　101.'柱状'欧洲红豆杉（果枝）

102.'波浪'欧洲红豆杉（植株）

102.'波浪'欧洲红豆杉（枝叶）

103.'拉什莫尔'欧洲红豆杉（植株）　　104.'墨绿'欧洲红豆杉（植株）

103.'拉什莫尔'欧洲红豆杉（枝叶）　　104.'墨绿'欧洲红豆杉（果枝）

105.'斯坦迪什'欧洲红豆杉（植株）

106.'夏日金'欧洲红豆杉（植株）

108.红豆杉（植株）

108.红豆杉（枝叶）　108.红豆杉（果枝）

107.矮紫杉（枝叶）　　107.矮紫杉（植株）

（二）乔木

1. 银杏（雄球花）

1. 银杏（植株）　　　　　1. 银杏（果）　　　　　2. 玉兰（植株）

2. 玉兰（花）　　　　　　　　　　　　　　3. 二乔玉兰（花）

2. 玉兰（聚合蓇葖果）　　3. 二乔玉兰（植株）　　4. 白兰花（植株）

4. 白兰花（枝条）

5. 金叶含笑（花枝）　　　5. 金叶含笑（植株）　　5. 金叶含笑（聚合蓇葖果）

6. 深山含笑（植株）

6. 深山含笑（花枝）

7. '新'含笑（植株）

7. '新'含笑（花枝）

7. '新'含笑（果枝）

8. 樟（植株）

8. 樟（枝叶）

8. 樟（果枝）

9. 兰屿肉桂（植株）

10. 月桂（植株）

11. 榔榆（植株）

10. 月桂（花）

10. 月桂（果枝）

11. 榔榆（树干树皮斑驳）

11. 榔榆（花枝）

11. 榔榆（果枝）

12. '垂枝金叶'榆（植株）

13. '垂枝'榆（植株）

14. 垂叶榕（植株）

15. '花叶'高山榕（枝叶）

15. '花叶'高山榕（植株）

16. 印度榕（植株）

13. '垂枝'榆（果枝）

17. 榕树（植株）

18. 桑（植株）

18. 桑（发育中的果实）

18. 桑（成熟果实）

19. '云龙'桑（2年生枝、幼叶）

19. '云龙'桑（植株）

19. '云龙'桑（当年生枝、叶）

20. '垂枝'桑（植株）

21. 杨梅（花枝）

21. 杨梅（植株）

21. 杨梅（果枝）

22. 杜英（植株）

22. 杜英（果）

23. 秃瓣杜英（果枝）

23. 秃瓣杜英（植株）

23. 秃瓣杜英（花）

24. 瓜栗（植株）

25. 光瓜栗（花）

25. 光瓜栗（果枝）

25. 光瓜栗（植株）

26. 垂柳（花序）

26. 垂柳（果序）

27. 旱柳（植株）

26. 垂柳（植株）

26. 垂柳（果枝）

27. 旱柳（果枝）

28. 老鸦柿（花枝）

28. 老鸦柿（果枝）

29. 桃（植株）

29. 桃（花枝）

30. 碧桃（植株）

30. 碧桃（花枝）

30. 碧桃（花枝）

30. 碧桃（果枝）

31. 寿星桃（植株）

31. 寿星桃（植株）

31. 寿星桃（花枝）

32. 绛桃（植株）

33. 垂枝桃（植株）

33. 垂枝桃（枝叶）

34. 美人梅（花枝）

34. 美人梅（植株）

35. 梅（植株）

35. 梅（花）

35. 梅（果枝）

36. '龙游'梅（植株）

36. '龙游'梅（花）

37. 垂枝梅（枝叶）

37. 垂枝梅（植株）

37. 垂枝梅（植株）

38. 杏梅（植株）

38. 杏梅（花朵）

39. 杏（果及种子）

39. 杏（植株）

40. 日本晚樱（植株）

40. 日本晚樱（花枝）

40. 日本晚樱（花枝）

41. 山楂（花枝）

41. 山楂（果实）

41. 山楂（植株）

42. 枇杷（植株）

42. 枇杷（花序）

42. 枇杷（花序）

42. 枇杷（花序）

42. 枇杷（果枝）

43. 大叶桂樱（植株）

43. 大叶桂樱（花序）

44.垂丝海棠（植株）　　　　44.垂丝海棠（花枝）　　　　45.湖北海棠（植株）

45.湖北海棠（花枝）　　　　45.湖北海棠（果枝）　　　　46.'凯尔斯'海棠（植株）

46.'凯尔斯'海棠（花枝）　　　　　　　　　　　　　47.西府海棠（花枝）

46.'凯尔斯'海棠（果枝）　　　47.西府海棠（植株）

49.'里弗斯'海棠（植株）

48.海棠花（植株）　　　　48.海棠花（果枝）　　　　50.紫叶李（植株）

50. 紫叶李（花枝）　　　　　　50. 紫叶李（果枝）　　　　　　51. 紫叶矮樱（植株）

52. 椤木石楠（植株）　　　　　　52. 椤木石楠（花序）

51. 紫叶矮樱（花枝）　　　　　52. 椤木石楠（果序）　　　53.'红罗宾'红叶石楠（植株）

53.'红罗宾'红叶石楠（花序）　　　　54. 石楠（植株）　　　　　　54. 石楠（花枝）

55. 豆梨（花枝）　　　　　　56. 加拿大紫荆（植株）

55. 豆梨（植株）　　　　　　55. 豆梨（果枝）　　　　　56. 加拿大紫荆（植株）

56. 加拿大紫荆（花枝）　　　　56. 加拿大紫荆（果枝）　　　　57. 龙爪槐（植株）

57. 龙爪槐（花枝）　　　　58. 红花银桦（果枝及花枝）　　　　59. 大花紫薇（植株）

59. 大花紫薇（树干）　　　　59. 大花紫薇（花枝）　　　　60. 大花四照花（植株）

60. 大花四照花（花枝）

61. 香港四照花（花枝）　　　　61. 香港四照花（植株）　　　　63. 四照花（植株）

61. 香港四照花（果枝）　　　　62. 日本四照花（植株）　　　　63. 四照花（花枝）

63. 四照花（果枝）

64. 山茱萸（植株）

64. 山茱萸（枝叶）

64. 山茱萸（花枝）

65. '阿拉斯加' 枸骨叶冬青（枝叶）

66. 冬青（植株）

67. 紫锦木（植株）

66. 冬青（花枝）

66. 冬青（花序）

67. 紫锦木（枝叶）

67. 紫锦木（开花植株）

68. '凯利黄' 复叶枫（植株）

69. 红花枫（植株）

69. 红花枫（花枝）

69. 红花枫（花枝）

69. 红花枫（果枝）

70. 金柑（植株）

70. 金柑（花枝）

70. 金柑（果枝）

71. 柠檬（植株）

71. 柠檬（花）

71. 柠檬（果枝）

72. 柑橘（植株）

72. 柑橘（花）

73. 枳（枝叶）

72. 柑橘（果枝）

73. 枳（植株）

73. 枳（花枝）

73. 枳（果枝）　　　75. 辐叶鹅掌柴（枝叶）　　　76. 灰莉（植株）

76. 灰莉（枝叶）　　　76. 灰莉（花枝）

74. 幌伞枫（植株）　　　77. 红鸡蛋花（植株）　　　77. 红鸡蛋花（花序）

77. 红鸡蛋花（果枝）　　　78. 鸡蛋花（花枝）

78. 鸡蛋花（植株）　　　78. 鸡蛋花（果枝）　　　79. 女贞（植株）

79. 女贞（花序）　　　80. 木犀榄（植株）　　　80. 木犀榄（果枝）

80. 木犀榄（花枝）

81. 木犀（植株）

81. 木犀（花枝）

81. 木犀（果枝）

82. 菜豆树（花枝）

82. 菜豆树（植株）

82. 菜豆树（幼苗）

83. 旅人蕉（植株）

83. 旅人蕉（叶及未开花的花序）

84. 澳洲朱蕉（植株）

85. '红星'澳洲朱蕉（植株）

86. 也门铁（植株）

87. 海南龙血树（植株）

87. 海南龙血树（果序）

87. 海南龙血树（花序）

88. 龙血树（植株）

88. 龙血树（花枝）

88. 龙血树（植株）

88. 龙血树（果序）

89. 酒瓶兰（植株）

89. 酒瓶兰（花序）

（三）灌木

1. 紫玉兰（植株）　　　　　1. 紫玉兰（花）　　　　　2. 星花玉兰（植株）

2. 星花玉兰（花）

2. 星花玉兰（果枝）　　　　3. 含笑花（植株）　　　　3. 含笑花（花枝）

3. 含笑花（聚合蓇葖果）

4. 美国蜡梅（植株）　　　　5. 山蜡梅（植株）　　　　5. 山蜡梅（花枝）

4. 美国蜡梅（花）　　　　　　　　　　　　　　5. 山蜡梅（果实及种子）

5. 山蜡梅（果实）　　　　　6. 蜡梅（植株）　　　　　6. 蜡梅（果枝）

7. 金粟兰（植株）

7. 金粟兰（花枝）

7. 金粟兰（果枝）

8. 日本小檗（植株）

8. 日本小檗（花枝）

9.‘金叶’日本小檗（植株）

10.‘紫叶’日本小檗（花枝）

9.‘金叶’日本小檗（花枝）

10.‘紫叶’日本小檗（枝叶）

10.‘紫叶’日本小檗（果枝）

11.‘矮紫叶’日本小檗（枝叶）

11.‘矮紫叶’日本小檗（植株）

12.‘金环’日本小檗（枝叶）

13. 阔叶十大功劳（植株）

13. 阔叶十大功劳（花枝）　　13. 阔叶十大功劳（花序）　　13. 阔叶十大功劳（果枝）

14. 十大功劳（植株）　　15. 宽苞十大功劳（植株）　　15. 宽苞十大功劳（果枝）

16.'安坪'十大功劳（花序）　　16.'安坪'十大功劳（果枝）

16.'安坪'十大功劳（植株）　　17. 南天竹（植株）　　17. 南天竹（植株）

17. 南天竹（果枝）　　18.'火焰'南天竹（植株）　　18.'火焰'南天竹（植株）

19. 小叶蚊母树（植株）　　19. 小叶蚊母树（花枝）　　19. 小叶蚊母树（果枝）

20. 中华蚊母树（花枝）　　　　20. 中华蚊母树（花枝、果枝）　　　　21. 鳞毛蚊母树（植株）

21. 鳞毛蚊母树（叶）　　　　21. 鳞毛蚊母树（花枝）　　　　21. 鳞毛蚊母树（果枝）

22. 杨梅叶蚊母树（花枝）　　　　22. 杨梅叶蚊母树（果枝）

22. 杨梅叶蚊母树（植株）　　　　23. 蚊母树（植株）　　　　23. 蚊母树（花枝）

23. 蚊母树（果枝）　　　　24. 金缕梅（植株）　　　　24. 金缕梅（枝叶）

24. 金缕梅（果）　　　　25.'红宝石之光'间型金缕梅（植株）　　　　25.'红宝石之光'间型金缕梅（花枝）

26. 檵木（植株）　　　　　26. 檵木（花枝）　　　　　26. 檵木（果枝）

27. 红花檵木（花枝）　　　　　28. 无花果（植株）

27. 红花檵木（植株）　　　28. 无花果（发育中的果实）　　　29. 千叶兰（植株）

29. 千叶兰（枝叶）　　　　　29. 千叶兰（花枝）　　　　　29. 千叶兰（果枝）

30. 蓝花丹（花枝）　　　30. 蓝花丹（宿存花萼及果实、种子）

30. 蓝花丹（植株）　　　　　31. 牡丹（整体景观）　　　　　31. 牡丹（植株）

31.牡丹（开花植株）　　　31.牡丹（叶片）　　　31.牡丹（花枝）

32.山茶（植株）　　　32.山茶（植株）　　　32.山茶（花枝）

　　　　　　　　　　　　　　　　　　　　　32.山茶（花）

33.微花连蕊茶（植株）　　　33.微花连蕊茶（花枝）　　　34.油茶（树干）

34.油茶（花枝）　　　34.油茶（果枝）　　　35.茶梅（植株）

35.茶梅（花枝）　　　35.茶梅（花枝）　　　35.茶梅（果枝）

36. 单体红山茶（植株）　　　37. 滨枸（枝叶）　　　37. 滨枸（植株）

37. 滨枸（花枝）　　　38. 厚皮香（枝叶）　　　38. 厚皮香（果枝）

39. ‘格莫’金丝桃（植株）　　　39. ‘格莫’金丝桃（枝叶）　　　40. 冬绿金丝桃（植株）

40. 冬绿金丝桃（花枝）　　　41. 金丝桃（花枝）

41. 金丝桃（植株）　　　42. 金丝梅（花枝）　　　42. 金丝梅（植株）

36. 单体红山茶（花枝）

43. 红萼苘麻（植株）

44. 金铃花（花枝）

43. 红萼苘麻（花枝）

44. 金铃花（植株）

45. 小木槿（植株）

45. 小木槿（花枝）

47. 海滨木槿（植株）

46. 红叶槿（花枝）

46. 红叶槿（植株）

47. 海滨木槿（花枝）

47. 海滨木槿（果枝）

48. 木芙蓉（植株）

48. 木芙蓉（果实）

49. 朱槿（植株）

49. 朱槿（花枝）　　　　50. 吊灯扶桑（花枝）　　　　51. 木槿（植株）

51. 木槿（植株）　　　　51. 木槿（花）　　　　51. 木槿（果枝）

51. 木槿（花）　　　　51. 木槿（花）

52. 垂花悬铃花（植株）

51. 木槿（花）　　　　53. 粉葵（花枝）　　　　53. 粉葵（植株）

53. 粉葵（果枝）

54. 柽柳（花枝）

54. 柽柳（花枝）

54. 柽柳（植株）

55.'白露锦'杞柳（植株）

55.'白露锦'杞柳（枝条）

56. 马醉木（植株）

56. 马醉木（花枝）

57. 云锦杜鹃（植株）

57. 云锦杜鹃（花枝）

57. 云锦杜鹃（果枝）

58. 皋月杜鹃（植株）

58. 皋月杜鹃（花）

59. 满山红（花）

59. 满山红（枝叶）

60. 锦绣杜鹃（植株）

60. 锦绣杜鹃（花枝）

61. 杜鹃（花枝）

62. 朱砂根（花枝）

62. 朱砂根（枝叶）

62. 朱砂根（植株）

63. 百两金（花枝）

63. 百两金（果枝）

64. 紫金牛（植株）

63. 百两金（花枝）

64. 紫金牛（花枝）

64. 紫金牛（果枝）

64. 紫金牛（果枝）

65. 虎舌红（果枝）

65. 虎舌红（枝叶）

66. 多枝紫金牛（花枝）（陈彬）

66. 多枝紫金牛（果枝）

66. 多枝紫金牛（果枝）　　　　67. 海桐（植株）　　　　67. 海桐（花枝）

67. 海桐（果枝）　　　　68. '斑叶'海桐（植株）　　　　68. '斑叶'海桐（花枝）

69. 绣球（整体景观）　　　　69. 绣球（植株）　　　　69. 绣球（花序）

70. ［无尽夏］绣球（花枝）　　　　70. ［无尽夏］绣球（花序）

70. ［无尽夏］绣球（植株）　　　　71. '银边'绣球（枝叶）　　　　72. '金叶'欧洲山梅花（植株）

72. '金叶'欧洲山梅花（枝叶）　　　　72. '金叶'欧洲山梅花（花枝）　　　　72. '金叶'欧洲山梅花（幼果枝）

73. 欧洲山梅花（植株）

74. 太平花（植株）

74. 太平花（枝叶）

74. 太平花（花枝）

75. 绢毛山梅花（植株）

75. 绢毛山梅花（花枝）

75. 绢毛山梅花（幼果枝）

76. 齿叶溲疏（植株）

76. 齿叶溲疏（枝叶）

76. 齿叶溲疏（花序）

77. '日光'细梗溲疏（植株）

78. 大花溲疏（花枝）

78. 大花溲疏（植株）

79. '草莓田'杂交溲疏（花枝）

79. '草莓田'杂交溲疏（植株）

80. 榆叶梅（植株）　　80. 榆叶梅（花枝）　　80. 榆叶梅（果枝）

81. 麦李（植株）

81. 麦李（果枝）　　81. 麦李（花枝）　　82. 郁李（植株）

82. 郁李（植株）　　82. 郁李（花枝）　　82. 郁李（果枝）

83. 毛樱桃（植株）　　83. 毛樱桃（花枝）

82. 郁李（果枝）　　83. 毛樱桃（枝叶）　　83. 毛樱桃（果枝）

84. 毛叶木瓜（枝叶）　　　　84. 毛叶木瓜（果枝）

84. 毛叶木瓜（植株）　　　85. 日本木瓜（枝叶）　　　86. 皱皮木瓜（植株）

86. 皱皮木瓜（果枝）　　　86. 皱皮木瓜（花枝）　　　87. 匍匐栒子（植株）

87. 匍匐栒子（植株）　　　87. 匍匐栒子（果枝）　　　88. 平枝栒子（植株）

88. 平枝栒子（果枝）　　　89. 小叶栒子（枝叶）　　　90. 水栒子（植株）

90. 水栒子（花枝）　　　90. 水栒子（果枝）　　　91. 白鹃梅（花枝）

91. 白鹃梅（果枝）

92. 棣棠花（植株）

91. 白鹃梅（植株）

92. 棣棠花（花枝）

92. 棣棠花（果枝）

93. 无毛风箱果（果枝）

94.'达特之金'无毛风箱果（花枝）

95.'空竹'无毛风箱果（植株）

95.'空竹'无毛风箱果（花枝）

96.'苏厄德'无毛风箱果（枝叶）

97.'小丑'火棘（植株）

97.'小丑'火棘（花枝）

98. 火棘（植株）

98. 火棘（花枝）

98. 火棘（果枝）

99. 全缘火棘（枝叶）

100. 石斑木（植株）

100. 石斑木（花枝）　　　　100. 石斑木（果枝）　　　　101. 厚叶石斑木（植株）

101. 厚叶石斑木（花枝）　　101. 厚叶石斑木（果枝）　　102. 鸡麻（植株）

102. 鸡麻（花枝）　　　　　103. 月季花（植株）　　　　104. 现代月季（植株）

103. 月季花（花枝）　　　　　　　　　　　　　　　　　104. 现代月季（花枝）

104. 现代月季（花）　　　　105. 缫丝花（植株）　　　　105. 缫丝花（花枝）

105. 缫丝花（重瓣品种）（花）　105. 缫丝花（果枝）　　　106. 玫瑰（果枝）

106. 玫瑰（树状造型植株）　　106. 玫瑰（花枝）　　107. 黄刺玫（植株）

107. 黄刺玫（花枝）

107. 黄刺玫（果枝）　　108. 珍珠梅（植株）　　108. 珍珠梅（花枝）

109. 中华绣线菊（植株）　　109. 中华绣线菊（枝叶）　　110. 华北绣线菊（幼果枝）

111. 粉花绣线菊（植株）　　111. 粉花绣线菊（花枝）　　112.‘金焰’粉花绣线菊（植株）

112.‘金焰’粉花绣线菊（植株）　　112.‘金焰’粉花绣线菊（花枝）　　113.‘金山’粉花绣线菊（植株）

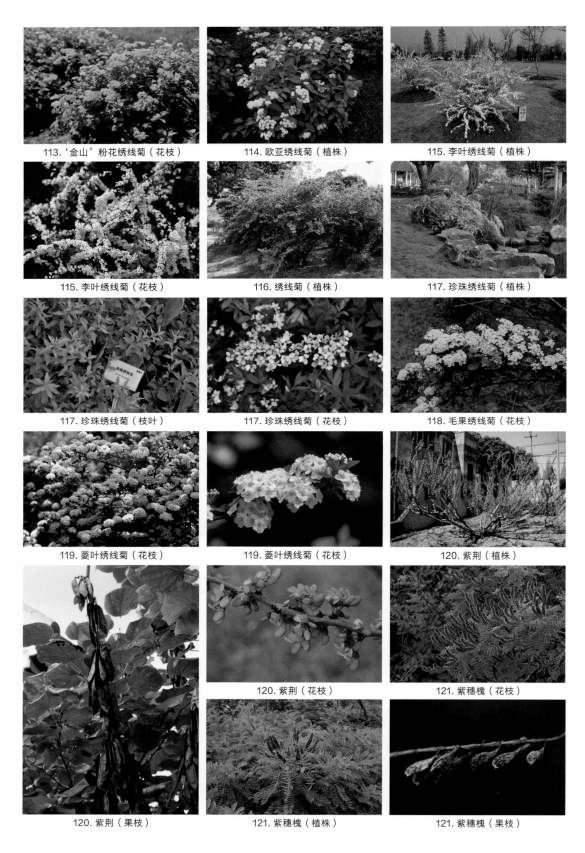

113.'金山'粉花绣线菊（花枝）　　114.欧亚绣线菊（植株）　　115.李叶绣线菊（植株）

115.李叶绣线菊（花枝）　　116.绣线菊（植株）　　117.珍珠绣线菊（植株）

117.珍珠绣线菊（枝叶）　　117.珍珠绣线菊（花枝）　　118.毛果绣线菊（花枝）

119.菱叶绣线菊（花枝）　　119.菱叶绣线菊（花枝）　　120.紫荆（植株）

120.紫荆（果枝）　　120.紫荆（花枝）　　121.紫穗槐（花枝）

121.紫穗槐（植株）　　121.紫穗槐（果枝）

122. 洋金凤（植株）　　　　122. 洋金凤（花枝）　　　　123. 朱缨花（植株）

123. 朱缨花（花枝）　　　　124. 锦鸡儿（植株）　　　　124. 锦鸡儿（花枝）

125. 双荚决明（花枝）　　　125. 双荚决明（果枝）　　　126. 伞房决明（植株）

126. 伞房决明（花枝）　　　126. 伞房决明（果枝）　　　127. 金雀儿（植株）

128. 龙牙花（植株）

127. 金雀儿（花枝）　　　　128. 龙牙花（花枝）　　　　129. 鸡冠刺桐（花枝）

129. 鸡冠刺桐（花序）　　　130. 多花木蓝（植株）　　　130. 多花木蓝（花枝）

131. 河北木蓝（花枝）　　　131. 河北木蓝（果枝）　　　132. 花木蓝（植株）

132. 花木蓝（花枝）　　　133. 马棘（植株）　　　133. 马棘（花枝）

　　　　　　　　　　　　134. 胡枝子（植株）　　　134. 胡枝子（花）

133. 马棘（果枝）　　　134. 胡枝子（果枝）　　　135.'屋久岛'胡枝子（花枝）

136. 截叶铁扫帚（植株）　　　136. 截叶铁扫帚（植株）　　　136. 截叶铁扫帚（花枝）

136. 截叶铁扫帚（果枝）　　137. 多花胡枝子（植株）　　137. 多花胡枝子（枝叶）

137. 多花胡枝子（花枝）　　138. 美丽胡枝子（植株）　　138. 美丽胡枝子（花枝）

138. 美丽胡枝子（果枝）　　139. 鹰爪豆（植株）　　139. 鹰爪豆（花枝）

140. 胡颓子（植株）　　140. 胡颓子（枝叶）　　140. 胡颓子（果枝）

141. '花叶'胡颓子（植株）　　141. '花叶'胡颓子（枝叶）　　141. '花叶'胡颓子（花枝）

142. '聚光灯'中叶胡颓子（植株）　　142. '聚光灯'中叶胡颓子（叶）

143.'金边'中叶胡颓子（植株）

144. 牛奶子（植株）

144. 牛奶子（花枝）

144. 牛奶子（果枝）

145. 桧叶银桦（植株）

145. 桧叶银桦（花枝）

145. 桧叶银桦（花序）

146. 细叶萼距花（植株）

146. 细叶萼距花（花枝）

148. 紫薇（植株）

147. 火红萼距花（植株）

147. 火红萼距花（花枝）

148. 紫薇（果枝）

148. 紫薇（花枝）

149.[姬粉]紫薇（植株）

150. 瑞香（枝叶）

150. 瑞香（花枝）

151. 芫花（植株）

151. 芫花（花枝）

151. 芫花（果枝）

152. 结香（植株）

152. 结香（枝叶）

152. 结香（花序）

153. 凤榴（植株）

153. 凤榴（花枝）

153. 凤榴（果枝）

154. 美花红千层（植株）

156. 垂枝红千层（植株）

155. 红千层（植株）

155. 红千层（花枝）

156. 垂枝红千层（花枝）

157. 松红梅（花枝）

158. '革命金'溪畔白千层（枝叶）

157. 松红梅（植株）

158. '革命金'溪畔白千层（植株）

159. 香桃木（植株）

159. 香桃木（花枝）

159. 香桃木（果枝）

160. '斑叶'香桃木（植株）

160. '斑叶'香桃木（果枝）

161. 桃金娘（植株）

161. 桃金娘（花枝）

161. 桃金娘（果枝）

162. 赤楠（植株）

162. 赤楠（果枝）

163. 石榴（植株）

163. 石榴（花枝）

163. 石榴（果枝）

164. 倒挂金钟（植株）

164. 倒挂金钟（花枝）

165. 银毛野牡丹（枝叶）

166. '朱尔斯'蒂牡花（植株）

166. '朱尔斯'蒂牡花（花）

167. 桃叶珊瑚（果枝）

168. 青木（植株）

168. 青木（花序）

169. '花叶'青木（植株）

170. 红瑞木（植株）

169. '花叶'青木（果枝）

169. '花叶'青木（花枝）

170. 红瑞木（枝叶）

170. 红瑞木（果枝）

171. '金叶'红瑞木（植株）

172. '巴德黄'柔枝红瑞木（植株）

172.'巴德黄'柔枝红瑞木（花枝）　　172.'巴德黄'柔枝红瑞木（果枝）　　173.卫矛（植株）

173.卫矛（枝叶）　　　　　　　　173.卫矛（果枝）　　　　　　　174.肉花卫矛（植株）

174.肉花卫矛（花枝）　　　　　174.肉花卫矛（果枝）　　　　　175.冬青卫矛（花枝）

175.冬青卫矛（果枝）　　　176.'小叶'冬青卫矛（植株）　　177.'银边'冬青卫矛（植株）

178.'金边'冬青卫矛（枝叶）　　179.'金心'冬青卫矛（枝叶）

179.'金心'冬青卫矛（植株）　　　180.枸骨（花枝）　　　　　　180.枸骨（植株）

180. 枸骨（果枝）

181. 无刺枸骨（植株）

181. 无刺枸骨（花枝）

182. 齿叶冬青（枝叶）

182. 齿叶冬青（花枝）

183. ‘龟甲’齿叶冬青（植株）

183. ‘龟甲’齿叶冬青（花枝）

184. ‘金宝石’齿叶冬青（整体景观）

184. ‘金宝石’齿叶冬青（植株）

184. ‘金宝石’齿叶冬青（枝叶）

185. 匙叶黄杨（枝叶）

186. 大叶黄杨（果枝）

187. 锦熟黄杨（枝叶）

188. 黄杨（植株）

188. 黄杨（果枝）

189. 小叶黄杨（植株）

189. 小叶黄杨（果枝）

190. 顶花板凳果（植株）

190. 顶花板凳果（开花植株） 191. 羽脉野扇花（植株） 191. 羽脉野扇花（果枝）

192. 东方野扇花（花枝） 193. 野扇花（雄花枝） 193. 野扇花（雌花）

193. 野扇花（果枝） 194. 铁海棠（植株） 194. 铁海棠（花枝）

195. 一品红（植株） 195. 一品红（植株） 195. 一品红（花枝）

196. 红背桂花（植株） 196. 红背桂花（花枝） 197. 琴叶珊瑚（植株）

197. 琴叶珊瑚（花序） 197. 琴叶珊瑚（果） 198. 红穗铁苋菜（植株）

198. 红穗铁苋菜（花枝）　　199. 红桑（植株）　　199. 红桑（花序）

200. '金边'红桑（枝）　　201. 山麻杆（植株）　　201. 山麻杆（花枝）

201. 山麻杆（果枝）

202. 雪花木（植株）　　202. 雪花木（枝叶）　　203. 变叶木（植株）

203. 变叶木（花枝）　　204. 鼠李（枝叶）　　205. 石海椒（植株）

205. 石海椒（花朵）　　206. 鸡爪枫（植株）　　206. 鸡爪枫（花枝）

206.鸡爪枫（果枝）　　　　207.红枫（植株）　　　　207.红枫（果枝）

208.羽毛枫（植株）　　　　208.羽毛枫（果枝）　　　　208.羽毛枫（果枝）

209.黄栌（植株）　　　　209.黄栌（花枝）　　　　209.黄栌（果枝）

210.米仔兰（植株）　　　　210.米仔兰（花枝）　　　　211.香橼（果枝）

212.佛手（果枝）　　　　213.九里香（花枝）

213.九里香（植株）　　　　213.九里香（果枝）　　　　213.九里香（果枝）

214. 琉球花椒（植株）　　214. 琉球花椒（枝叶）　　214. 琉球花椒（枝叶，叶背油点）

215. 熊掌木（枝叶）　　215. 熊掌木（花枝）　　216. 八角金盘（植株）

216. 八角金盘（花枝）　　217. 银边南洋森（枝叶）

216. 八角金盘（花序）　　217. 银边南洋参（植株）　　218. 圆叶南洋参（植株）

219. 孔雀木（枝叶）　　220. 鹅掌藤（植株）

219. 孔雀木（植株）　　220. 鹅掌藤（茎叶）　　221. '花叶'鹅掌藤（果枝）

221. '花叶'鹅掌藤（植株） 222. 鹅掌柴（枝叶） 223. 夹竹桃（植株）

223. 夹竹桃（花枝）

223. 夹竹桃（果枝） 224. 狗牙花（花） 225. '重瓣'狗牙花（花枝）

225. '重瓣'狗牙花（花枝） 226. 蔓长春花（枝叶） 226. 蔓长春花（花）

227. '花叶'蔓长春花（植株） 228. 小蔓长春花（花枝）

227. '花叶'蔓长春花（花枝） 229. 钝钉头果（花序） 229. 钝钉头果（花枝）

229. 钝钉头果（果枝）　　　　230. 木曼陀罗（植株）　　　　230. 木曼陀罗（花枝）

231. 黄花木曼陀罗（植株）　　　232. 大花鸳鸯茉莉（花枝）

231. 黄花木曼陀罗（花枝）　　　233. 黄花夜香树（植株）　　　233. 黄花夜香树（枝叶）

233. 黄花夜香树（花枝）　　　233. 黄花夜香树（果枝）　　　234. 夜香树（花枝）

235. 枸杞（植株）　　　　235. 枸杞（花枝）　　　　235. 枸杞（果枝）

236. 珊瑚樱（植株）　　　236. 珊瑚樱（枝叶）　　　236. 珊瑚樱（果枝）

237. 珊瑚豆（植株）　　　　237. 珊瑚豆（花枝）　　　　237. 珊瑚豆（果枝）

238. 基及树（植株）　　　　238. 基及树（花枝）　　　　239. 华紫珠（植株）

240. 白棠子树（植株）　　　　　　　　　　　　　　　　241. 日本紫珠（叶）

240. 白棠子树（花枝）　　　240. 白棠子树（果枝）　　　241. 日本紫珠（果枝）

241. 日本紫珠（果枝）　　　　242. 蓝莸（植株）

242. 蓝莸（花序）　　　　242. 蓝莸（花枝）　　　243. '天蓝'蓝莸（花枝）

244.‘邱园蓝’蓝莸（花枝）

245.‘伍斯特金叶’蓝莸（植株）

245.‘伍斯特金叶’蓝莸（花枝）

246.赪桐（植株）

246.赪桐（花）

247.烟火树（植株）

247.烟火树（花枝）

248.海州常山（花枝、果枝）

249.假连翘（植株）

248.海州常山（植株）

249.假连翘（花枝）

249.假连翘（果枝）

250.‘金丘’假连翘（植株）

251.‘花叶’假连翘（植株）

252.马缨丹（植株）

252. 马樱丹（花枝）　　　　252. 马樱丹（花枝）　　　　252. 马樱丹（果枝）

253. 蔓马缨丹（花枝）　　　253. 蔓马缨丹（花序）　　　253. 蔓马缨丹（果枝）

254. 蓝蝴蝶（花序）　　　　255. 穗花牡荆（植株）

254. 蓝蝴蝶（花枝）　　　　255. 穗花牡荆（花枝）　　　255. 穗花牡荆（果枝）

256. 黄荆（植株）　　　　　256. 黄荆（花枝）　　　　　257. 牡荆（植株）

257. 牡荆（花枝）　　　　　257. 牡荆（果序）　　　　　258. 单叶蔓荆（植株）

258. 单叶蔓荆（果枝）　258. 单叶蔓荆（花枝）　259. 银香科科（花枝）

259. 银香科科（植株）　260. 橙花糙苏（植株）　260. 橙花糙苏（花枝）

260. 橙花糙苏（果枝）　261. 迷迭香（植株）　261. 迷迭香（果枝）

262. 法国薰衣草（植株）　263. 薰衣草（植株）

262. 法国薰衣草（花枝）　264. 齿叶薰衣草（植株）　264. 齿叶薰衣草（花枝）

265. 普通百里香（植株）

266. 大叶醉鱼草（植株）

265. 普通百里香（轮伞花序）

265. 普通百里香（花枝）

266. 大叶醉鱼草（花枝）

267. 醉鱼草（植株）

268. 金钟连翘（植株）

267. 醉鱼草（果枝）

267. 醉鱼草（花序）

268. 金钟连翘（花枝）

269.［金脉］朝鲜连翘（枝叶）

270.［金叶］朝鲜连翘（植株）

270.［金叶］朝鲜连翘（植株）

270.［金叶］朝鲜连翘（枝叶）

271. 连翘（植株）

271. 连翘（枝叶）

271. 连翘（花枝）　　　　　271. 连翘（果枝）　　　　　272. 金钟花（植株）

272. 金钟花（枝叶）　　　　273. 探春花（花枝）　　　　274. 野迎春（植株）

275. 迎春花（植株）　　　　275. 迎春花（花）　　　　　275. 迎春花（果枝）

276. 浓香探春（植株）　　　276. 浓香探春（花枝）　　　277. 茉莉花（植株）

277. 茉莉花（花枝）　　278.‘维卡里’卵叶女贞（花枝）

278.‘维卡里’卵叶女贞（植株）　279. 日本女贞（花枝）　　　279. 日本女贞（植株）

279. 日本女贞（果枝）　　　　280.'霍华德'日本女贞（植株）　　　　280.'霍华德'日本女贞（枝叶）

280.'霍华德'日本女贞（花枝）　　　　281. 小叶女贞（植株）　　　　281. 小叶女贞（枝叶）

281. 小叶女贞（果枝）　　　　282. 小蜡（花枝）　　　　282. 小蜡（果枝）

283.[银姬]小蜡（植株）　　　　　　　　　　284. 锈鳞木犀榄（枝叶）

283.[银姬]小蜡（花枝）　　　　284. 锈鳞木犀榄（植株）　　　　284. 锈鳞木犀榄（花序）

285. 柊树（植株）　　　　285. 柊树（花枝）　　　　285. 柊树（果枝）

286.'五色'柊树（植株）　　　　286.'五色'柊树（枝叶）　　　　287.紫丁香（植株）

287.紫丁香（枝叶）　　　　287.紫丁香（花枝）　　　　287.紫丁香（花枝）

287.紫丁香（果序）　　　　288.白丁香（花枝）　　　　289.吊石苣苔（植株）

289.吊石苣苔（花枝）　　　　289.吊石苣苔（花枝）　　　　290.单药爵床（花枝）

292.彩叶木（植株）

291.十字爵床（花枝）　　　　291.十字爵床（花果枝）　　　　293.鸭嘴花（植株）

293. 鸭嘴花（花枝）　　294. 虾衣花（花序）　　294. 虾衣花（植株）

295. 红楼花（花枝）　　295. 红楼花（花）

295. 红楼花（植株）　　296. 金苞花（花枝）　　297. 金脉爵床（植株）

298. 直立山牵牛（植株）　　298. 直立山牵牛（花枝）

297. 金脉爵床（花枝）　　299. 黄钟树（枝叶）　　299. 黄钟树（花枝）

300. 草海桐（植株）　　300. 草海桐（花枝）　　300. 草海桐（果枝）

301. 水团花（花枝）

301. 水团花（花序）

302. 细叶水团花（植株）

302. 细叶水团花（花枝）

303. 风箱树（植株）

303. 风箱树（花枝）

304. 虎刺（植株）

304. 虎刺（花枝）

304. 虎刺（果枝）

305. 栀子花（植株）

305. 栀子（花枝）

305. 栀子（果枝）

306. 白蟾（花枝）

307. 雀舌栀子（花枝）

306. 白蟾（花）

307. 雀舌栀子（植株）

307. 雀舌栀子（花）

308. 长隔木（植株）　　　　308. 长隔木（花枝）　　　　309. 龙船花（植株）

309. 龙船花（花枝）　　　　310. 薄皮木（植株）　　　　310. 薄皮木（花果枝）

311. 红玉叶金花（植株）　　311. 红玉叶金花（花枝）　　312.'奥罗拉'菲岛玉叶金花（植株）

312.'奥罗拉'菲岛玉叶金花（花枝）　　313. 六月雪（植株）　　　　313. 六月雪（花枝）

314. 六道木（花枝）　　315.'弗朗西斯·梅森'大花糯米条（植株）　　315.'弗朗西斯·梅森'大花糯米条（枝叶）

315.'弗朗西斯·梅森'大花糯米条（花枝）　　316. 猬实（植株）　　　　316. 猬实（花枝）

316. 猬实（果枝）　317. 郁香忍冬（开花植株）　317. 郁香忍冬（植株）

317. 郁香忍冬（花枝）　318. 新疆忍冬（花枝）

317. 郁香忍冬（果枝）　318. 新疆忍冬（植株）　319. 亮叶忍冬（枝叶）

320.［匍枝］亮叶忍冬（植株）　320.［匍枝］亮叶忍冬（花枝）　320.［匍枝］亮叶忍冬（果枝）

321. 金银忍冬（植株）　321. 金银忍冬（花）

321. 金银忍冬（花枝）　321. 金银忍冬（果枝）　322.‘金羽’总序接骨木（植株）

322.'金羽'总序接骨木（枝叶）

323.接骨木（果枝）

323.接骨木（花序）

323.接骨木（植株）

324.小花毛核木（植株）

324.小花毛核木（植株）

324.小花毛核木（花枝）

325.白毛核木（枝叶）

326.川西荚蒾（枝叶）

327.绣球荚蒾（花枝）

325.白毛核木（果枝）

327.绣球荚蒾（植株）

328.琼花（花序）

328.琼花（果枝）

328.琼花（花枝）

329. 珊瑚树（植株）　　329. 珊瑚树（花枝）　　329. 珊瑚树（果枝）

330. 欧洲荚蒾（植株）　　331. 鸡树条（植株）　　331. 鸡树条（花枝）

331. 鸡树条（果枝）　　332. 蝴蝶戏珠花（植株）　　332. 蝴蝶戏珠花（花枝）

332. 蝴蝶戏珠花（果枝）　　333. 皱叶荚蒾（植株）　　334. 地中海荚蒾（植株）

333. 皱叶荚蒾（花枝：花后）　　334. 地中海荚蒾（植株）

334. 地中海荚蒾（果）　　335. 锦带花（植株）　　335. 锦带花（花枝）

336. 半边月（植株）　　　　　336. 半边月（花枝）　　　　　336. 半边月（花枝）

336. 半边月（果枝）　　　337.'淘金'锦带花（植株）　　　337.'淘金'锦带花（花枝）

337.'淘金'锦带花（花枝）　338.'红王子'锦带花（植株）　338.'红王子'锦带花（花枝）

339. 芙蓉菊（植株）　　　　　　　　　　　　　　　　　340. 梳黄菊（花序）

339. 芙蓉菊（花枝）　　　　　340. 梳黄菊（植株）　　　　　341. 黄金菊（植株）

341. 黄金菊（枝叶）　　　　　341. 黄金菊（花序）　　　　342. 意大利蜡菊（花枝）

343. 银香菊（植株）

344. 羽叶喜林芋（植株）

344. 羽叶喜林芋（花枝）

345. 非洲天门冬（植株）

345. 非洲天门冬（花枝）

345. 非洲天门冬（果枝）

346. 狐尾天门冬（植株）

346. 狐尾天门冬（果枝）

347. 假叶树（枝叶）

347. 假叶树（花枝）

346. 狐尾天门冬（花枝）

348. 朱蕉（花序）

348. 朱蕉（植株）

349. 长花龙血树（植株）

349. 长花龙血树（花枝）

350. 香龙血树（茎叶）

349. 长花龙血树（果序）

350. 香龙血树（植株）

351. ‘沃内基’香龙血树（枝叶）

351. ‘沃内基’香龙血树（植株）

352. 吸枝龙血树（植株）

352. 吸枝龙血树（花枝）

352. 吸枝龙血树（果枝）

353. 红边龙血树（花枝）

354. ‘三色’红边龙血树（植株）

355. ‘牙买加之歌’百合竹（植株）

355. ‘牙买加之歌’百合竹（花枝）

356. 富贵竹（植株）　　　357. 千手丝兰（植株）　　　358. 丝兰（花朵）

358. 丝兰（植株）　　　359.'亮边'丝兰（植株）　　　359.'亮边'丝兰（植株）

360.'嘉兰之金'丝兰（植株）　　　362. 象腿丝兰（植株）　　　363. 凤尾丝兰（植株）

361. 软叶丝兰（植株）

362. 象腿丝兰（花）　　　363. 凤尾丝兰（花）　　　364.'斑叶'凤尾丝兰（植株）

（四）藤本植物

1. 南五味子（植株）

1. 南五味子（花）

1. 南五味子（花枝）

2. 冷饭藤（植株）

3. 五味子（植株）

3. 五味子（果枝）

4. 铁箍散（植株）

5. 大花铁线莲（植株）

6. 大花威灵仙（花枝）

6. 大花威灵仙（花）

7. 铁线莲（植株）

5. 大花铁线莲（花）

8. 半钟铁线莲（花枝）

9. 木通（植株）

9. 木通（花枝）　　　　　　9. 木通（花序）　　　　　　10. 三叶木通（植株）

10. 三叶木通（植株）　　　　10. 三叶木通（果枝）　　　　11. 鹰爪枫（植株）

11. 鹰爪枫（茎叶）　　　　　12. 大血藤（果枝）　　　　　12. 大血藤（植株）

13. 薜荔（植株）　　　　　　13. 薜荔（果枝）

13. 薜荔（植株）　　　　　　14. 叶子花（花序）　　　　　14. 叶子花（植株）

15. 光叶子花（植株）

15. 光叶子花（花枝）

15. 光叶子花（植株）

15. 光叶子花（枝叶）

15. 光叶子花（花序）

15. 光叶子花（花序）

16. 落葵（植株）

16. 落葵（花枝）

17. 落葵薯（整体景观）

17. 落葵薯（花枝）

17. 落葵薯（植株）

18. 珊瑚藤（果序）

18. 珊瑚藤（植株）

18. 珊瑚藤（茎叶）

19. 何首乌（花枝）

19. 何首乌（花、果序）

20. 京梨猕猴桃（植株）

19. 何首乌（植株）

20. 京梨猕猴桃（果枝）

21. 中华猕猴桃（枝叶）

21. 中华猕猴桃（果实）

22. 狗枣猕猴桃（植株）

21. 中华猕猴桃（植株）

22. 狗枣猕猴桃（花枝）

22. 狗枣猕猴桃（果枝）

23. 紫花西番莲（植株）

23. 紫花西番莲（花枝）

24. 西番莲（花枝）

24. 西番莲（果枝）

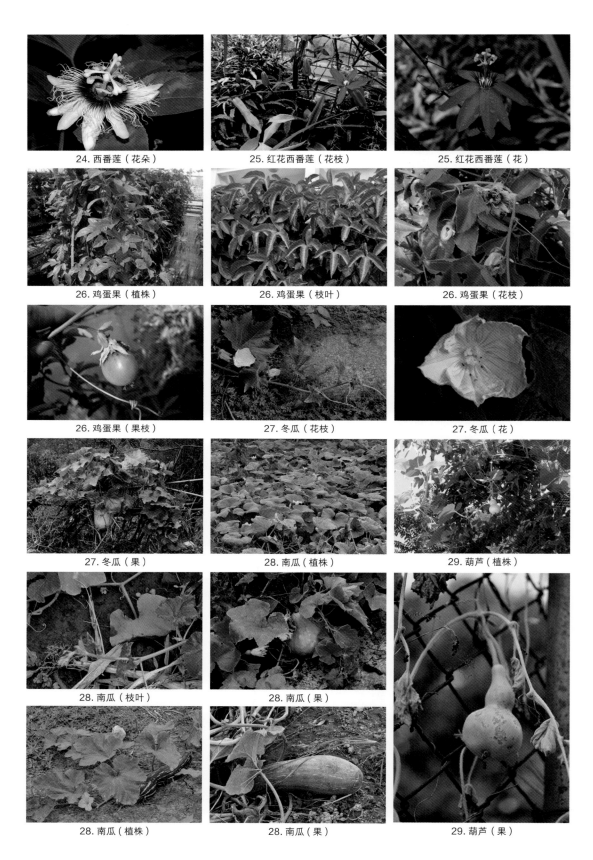

24. 西番莲（花朵）　　　　25. 红花西番莲（花枝）　　　　25. 红花西番莲（花）

26. 鸡蛋果（植株）　　　　26. 鸡蛋果（枝叶）　　　　26. 鸡蛋果（花枝）

26. 鸡蛋果（果枝）　　　　27. 冬瓜（花枝）　　　　27. 冬瓜（花）

27. 冬瓜（果）　　　　28. 南瓜（植株）　　　　29. 葫芦（植株）

28. 南瓜（枝叶）　　　　28. 南瓜（果）　　　　29. 葫芦（果）

28. 南瓜（植株）　　　　28. 南瓜（果）

29. 葫芦（花枝）　　30. 丝瓜（植株）　　30. 丝瓜（示卷须）

30. 丝瓜（雄花）　　30. 丝瓜（成熟果实及雄花）　　30. 丝瓜（开败的雌花及发育中的果实）

31. 栝楼（开花植株）　　31. 栝楼（花枝）

31. 栝楼（果期植株）　　31. 栝楼（枝叶）　　31. 栝楼（果枝）

32. 木香花（植株）

32. 木香花（花序）　　33. 黄木香花（花枝）　　33. 黄木香花（花序）

33. 黄木香花（植株）　　34. 单瓣木香花（植株）　　34. 单瓣木香花（花）

35. 藤本月季（植株）　　35. 藤本月季（部分植株）　　36. 金樱子（茎叶）

36. 金樱子（花）　　37. 野蔷薇（植株）

36. 金樱子（植株）　　37. 野蔷薇（花序）　　37. 野蔷薇（果枝）

38. 粉团蔷薇（植株）　　39. 七姊妹（植株）

38. 粉团蔷薇（花枝）　　39. 七姊妹（花枝）　　40. 云实（植株）

40. 云实（花枝）

42. 香花鸡血藤（植株）

42. 香花鸡血藤（花枝）

41. 春云实（植株）

43. 网络鸡血藤（植株）

43. 网络鸡血藤（花枝）

43. 网络鸡血藤（果枝）

44. 扁豆（花枝）

45. 宽叶山鳖豆（植株）

44. 扁豆（植株）

45. 宽叶山鳖豆（花枝）

46. 香豌豆（花果枝）

46. 香豌豆（花）

47. 大果油麻藤（花序）

47.大果油麻藤（老茎生花）

48.常春油麻藤（老茎生花）

48.常春油麻藤（果）

48.常春油麻藤（植株）

49.荷包豆（花枝）

50.葛（茎叶）

50.葛（植株）

51.多花紫藤（植株）

51.多花紫藤（植株）

51.多花紫藤（花枝）

50.葛（果实）

52.紫藤（植株）

52.紫藤（果枝）

52. 紫藤（花枝）　　　　　　　53. 豇豆（植株）　　　　　　　53. 豇豆（花枝）

54. 使君子（植株）　　　　　　54. 使君子（花枝）　　　　　　54. 使君子（果实）

55. 苦皮藤（植株）　　　　　　55. 苦皮藤（花枝）　　　　　　55. 苦皮藤（花枝）

55. 苦皮藤（果枝）　　　　　　56. 南蛇藤（植株）　　　　　　56. 南蛇藤（花枝）

56. 南蛇藤（果枝）　　　　　57. 东南南蛇藤（枝叶）　　　　57. 东南南蛇藤（果枝）

58. 扶芳藤（植株）　　　　　　58. 扶芳藤（花序）　　　　　　58. 扶芳藤（果枝）

59. 小叶扶芳藤（枝叶）　　　　59. 小叶扶芳藤（植株）

60. 蛇葡萄（植株）　　　　60. 蛇葡萄（枝叶）

60. 蛇葡萄（果枝）　　　　61. 牯岭蛇葡萄（植株）　　　　61. 牯岭蛇葡萄（茎、叶、卷须）

61. 牯岭蛇葡萄（花枝）　　　　62. 菱叶白粉藤（植株）　　　　63. 锦屏藤（植株）

64. 异叶地锦（枝叶）　　　　64. 异叶地锦（茎叶、卷须、花序）

64. 异叶地锦（花枝）　　　　65. 花叶地锦（枝叶）　　　　66. 绿叶地锦（植株）

66. 绿叶地锦（枝叶）　　　　66. 绿叶地锦（果序）　　　　67. 五叶地锦（植株）

67. 五叶地锦（枝叶）　　　　　　　　　　　　　68.‘恩格曼’五叶地锦（枝叶）

67. 五叶地锦（果枝）　　　　68.‘恩格曼’五叶地锦（植株）　　　　69. 三叶地锦（植株）

69. 三叶地锦（枝叶）

70. 地锦（果枝）　　　　　　70. 地锦（植株）　　　　　　72. 葡萄（植株）

71. 山葡萄（果枝）　　　　　71. 山葡萄（植株）　　　　　72. 葡萄（枝叶）

72. 葡萄（果枝）

73. 三星果（幼果序）

73. 三星果（花枝）

73. 三星果（植株）

74. 洋常春藤（植株）

74. 洋常春藤（植株）

74. 洋常春藤（植株）

75. '花叶'洋常春藤（植株）

76. 常春藤（花枝）

76. 常春藤（果枝）

76. 常春藤（植株）

77. 常绿钩吻（花枝）

78. 软枝黄蝉（植株）

78. 软枝黄蝉（花枝）

80. '黄金锦'亚洲络石（植株）

79. '爱丽丝之桥'愉悦飘香藤（花枝）

79. '爱丽丝之桥'愉悦飘香藤（植株）

81. 紫花络石（枝叶）

82. 络石（花枝）

82. 络石（果枝）

82. 络石（植株）

83. '三色'络石（植株）

84. '花叶'络石（植株）

85. '卷叶'球兰（枝叶）

85. '卷叶'球兰（花序）

85. '卷叶'球兰（花）

86. '三色'球兰（花）

86. '三色'球兰（植株）

87. 裂瓣球兰（植株）　　　88. 秋水仙球兰（植株）　　　88. 秋水仙球兰（花序）

87. 裂瓣球兰（花序）　　　89. 多花牛奶菜（植株）　　　90. 杠柳（植株）

90. 杠柳（花枝）　　　91. 夜来香（植株）

90. 杠柳（果枝）　　　91. 夜来香（花枝）　　　92. 金杯藤（植株）

92. 金杯藤（花枝）　　　93. 素馨叶白英（植株）　　　94. 牵牛（花枝）

94. 牵牛（果枝）

95. 圆叶牵牛（植株）

94. 牵牛（植株）

95. 圆叶牵牛（花枝）

96. 茑萝（植株）

96. 茑萝（花枝）

96. 茑萝（花枝）

97. 红萼龙吐珠（花枝）

97. 红萼龙吐珠（植株）

98. 龙吐珠（花序）

99. 红素馨（植株）

100. 清香藤（花枝）

100. 清香藤（花）

101. 毛茉莉（植株）

101. 毛茉莉（花枝）

102.[金叶] 素方花（植株）　　103. 翼叶山牵牛（植株）　　103. 翼叶山牵牛（植株）

103. 翼叶山牵牛（花枝）　　104. 红花山牵牛（花枝）　　105. 山牵牛（植株）

105. 山牵牛（花枝）

106. 桂叶山牵牛（花枝）　　107. 凌霄（植株）　　107. 凌霄（花枝）

108. 厚萼凌霄（植株）　　　　　108. 厚萼凌霄（花枝）　　　　　108. 厚萼凌霄（果枝）

109. 蒜香藤（植株）　　　　　109. 蒜香藤（花枝）　　　　　110. 粉花凌霄（植株）

111. 非洲凌霄（植株）　　　　　112. 炮仗花（植株）　　　　　112. 炮仗花（花枝）

111. 非洲凌霄（花序）　　　　　　　　　　　　　　　　　113. 鸡矢藤（开花植株）

113. 鸡矢藤（茎叶、托叶）　　　　113. 鸡矢藤（整体景观）　　　　113. 鸡矢藤（花枝）

114.'德罗绯红'布朗忍冬（植株）

114.'德罗绯红'布朗忍冬（植株）

115.'金焰'京红久忍冬（花枝）

115.'金焰'京红久忍冬（植株）

116.忍冬（花枝）

116.忍冬（果）

116.忍冬（植株）

117.'金脉'忍冬（植株）

118.红白忍冬（枝叶）

118.红白忍冬（花枝）

119.贯月忍冬（花枝）

120.绿萝（植株）

120.绿萝（茎叶）

121. 麒麟叶（植株）

123. 斜叶龟背竹（植株）

122. 龟背竹（植株）

122. 龟背竹（果）

124.'红宝石'红苞喜林芋（花序）

124.'红宝石'红苞喜林芋（植株）

125. 心叶蔓绿绒（植株）

125. 心叶蔓绿绒（茎叶）

126. 合果芋（整体景观）

126. 合果芋（植株）

127. 天门冬（植株）

127. 天门冬（花枝）

127. 天门冬（果枝）

128. 短梗菝葜（茎叶）

128.短梗菝葜（根）　　　　128.短梗菝葜（花枝）　　　　128.短梗菝葜（果枝）

（五）棕榈和苏铁类

1. 篦齿苏铁（植株）

1. 篦齿苏铁（雄球花）

1. 篦齿苏铁（雌球花）

2. 苏铁（植株）

2. 苏铁（雌株）

3. 三药槟榔（花序）

2. 苏铁（雌球果）

2. 苏铁（种子）

3. 三药槟榔（植株）

3. 三药槟榔（果序）

4. 布迪椰子（植株）

5. 袖珍椰子（植株）

4. 布迪椰子（部分果序）

4. 布迪椰子（果序）

5. 袖珍椰子（叶）

6. 散尾葵（植株）　　　　　　6. 散尾葵（植株）　　　　　　6. 散尾葵（果序）

6. 散尾葵（花序）

7. 酒瓶椰子（植株）　　　　　7. 酒瓶椰子（花序及果序）　　7. 酒瓶椰子（部分花序，示小花）

7. 酒瓶椰子（花序及果序）

7. 酒瓶椰子（果实）　　　　　7. 酒瓶椰子（果序）　　　　　8. 穗花轴榈（植株）

9. 蒲葵（树冠）

9. 蒲葵（果序）

9. 蒲葵（植株）

9. 蒲葵（果序）

10. 加那利海枣（植株）

10. 加那利海枣（茎叶）

10. 加那利海枣（果序）

11. 江边刺葵（叶）

11. 江边刺葵（花序）

11. 江边刺葵（植株）

11. 江边刺葵（茎）

12. 林刺葵（花序）

12. 林刺葵（果序）

13. 棕竹（花序）

13. 棕竹（植株）

14. 细棕竹（叶）

14. 细棕竹（植株）

16. 棕榈（花序）

15. 多裂棕竹（植株）

16. 棕榈（植株）

16. 棕榈（果序）

17. 丝葵（植株）

（六）竹类

1.孝顺竹（秆基部）

2.凤尾竹（植株）

1.孝顺竹（植株）

1.孝顺竹（枝叶）

2.凤尾竹（枝叶）

3.观音竹（植株）

3.观音竹（枝叶）

4.佛肚竹（植株）

4.佛肚竹（秆、膨大的节间及分枝）

5.阔叶箬竹（秆、分枝）

5.阔叶箬竹（枝叶）

6.箬叶竹（植株）

6. 箬叶竹（秆）

7. 箬竹（秆、分枝）

7. 箬竹（枝叶）

8. 金镶玉竹（秆、分枝）

8. 金镶玉竹（秆、节间及分枝）

9. 淡竹（植株上部）

9. 淡竹（秆、分枝）

9. 淡竹（秆、分枝）

9. 淡竹（分枝）

9. 淡竹（分枝）

9. 淡竹（花枝）

9. 淡竹（竹鞭）

9. 淡竹（笋衣）　　　　10. 紫竹（植株）　　　　10. 紫竹（秆、分枝）

10. 紫竹（植株）

11. 早园竹（秆、分枝）

11. 早园竹（植株）　　　　　　　　　　　　　　12. 金竹（秆、节）

12. 金竹（植株）　　　　15. 菲黄竹（植株）

13. 无毛翠竹（植株）　　　14. 菲白竹（植株）　　　16. 矢竹（植株）

17. 鹅毛竹（植株）

18. 芦花竹（植株）

17. 鹅毛竹（枝叶）

18. 芦花竹（枝叶）

（七）一、二年生花卉

1. 杂种耧斗菜（植株）

1. 杂种耧斗菜（花）

1. 杂种耧斗菜（植株）

1. 杂种耧斗菜（花枝）

2. 翠雀（植株）

2. 翠雀（果枝）

3. 花菱草（花枝）

3. 花菱草（植株）

3. 花菱草（果枝）

4. 野罂粟（植株）

4. 野罂粟（花）

5. 虞美人（植株）

5. 虞美人（花）

5. 虞美人（花）　　　　5. 虞美人（果实）　　　　6. 紫茉莉（花枝）

6. 紫茉莉（植株）　　　　6. 紫茉莉（花枝）

6. 紫茉莉（花枝）　　　　6. 紫茉莉（果枝）　　　　7. 厚皮菜（植株）

7. 厚皮菜（植株）　　　　7. 厚皮菜（花枝）　　　　8. 地肤（整体景观）

8. 地肤（植株）　　　　8. 地肤（花枝）　　　　9. 菠菜（植株）

9. 菠菜（雄花枝）

9. 菠菜（雌花）

10. 锦绣苋（整体景观）

10. 锦绣苋（植株）

10. 锦绣苋（枝叶）

11. 巴西莲子草（花枝）

11. 巴西莲子草（植株）

12. 莲子草（植株）

13. 苋（植株）

14. 雁来红（植株）

14. 雁来红（植株）

15. 鸡冠花（植株）

15. 鸡冠花（花序）

16. 凤尾鸡冠（植株）

16. 凤尾鸡冠（植株）

17. 千日红（植株）

17. 千日红（花枝）

18. 血苋（植株）

18. 血苋（植株）

19. 大花马齿苋（植株）

20. 环翅马齿苋（植株）

20. 环翅马齿苋（果及种子）

21. 蜀葵（植株）

21. 蜀葵（果枝）

21. 蜀葵（花）

23. 角堇（植株）

23. 角堇（花枝）

23. 角堇（花）

24. 大花三色堇（植株）

22. 锦葵（植株）

25. 四季秋海棠（整体景观）

25. 四季秋海棠（植株）

25. 四季秋海棠（花）

26. 丽格秋海棠（植株）

26. 丽格秋海棠（植株）

28. 白菜（植株）

27. 醉蝶花（花枝）

27. 醉蝶花（植株）

29. 青菜（植株）

29. 青菜（植株）　31. 雪里蕻（植株）　31. 雪里蕻（花序）

30. 紫叶青菜（植株）　32. 羽衣甘蓝（植株）　32. 羽衣甘蓝（植株）

32. 羽衣甘蓝（花序）　33. 花椰菜（植株）　34. 结球甘蓝（植株）

34. 结球甘蓝（植株）　35. 擘蓝（植株）　36. 绿花菜（植株）

37. 香雪球（植株）　37. 香雪球（花枝）　38. 紫罗兰（花序）

39. 欧洲报春（植株）

40. 多叶羽扇豆（花序）

40. 多叶羽扇豆（花序）

40. 多叶羽扇豆（植株）

41. 蓖麻（花序）

41. 蓖麻（植株）

40. 多叶羽扇豆（果序）

41. 蓖麻（果序）

43. 银边翠（花序）

42. 猩猩草（植株）

43. 银边翠（植株）

43. 银边翠（果枝）

44. 旱金莲（植株）　　　　44. 旱金莲（花）　　　　44. 旱金莲（果枝）

45. 凤仙花（植株）　　　　45. 凤仙花（花枝）　　　　45. 凤仙花（果）

46. 新几内亚凤仙花（整体景观）　46. 新几内亚凤仙花（植株）　47. 苏丹凤仙花（整体景观）

47. 苏丹凤仙花（植株）　　　48. 旱芹（植株）　　　　48. 旱芹（花序）

49. 胡萝卜（果序）　　　　50. 洋桔梗（花朵）

49. 胡萝卜（植株）　　　　51. 长春花（植株）　　　　51. 长春花（植株）

52.辣椒（植株）

52.辣椒（花）

52.辣椒（植株）

53.樱桃椒（植株）

54.蕹菜（植株）

54.蕹菜（花）

55.番薯（植株）

55.番薯（花）

56.'玛格丽特'番薯（植株）

57.花烟草（植株）

57.花烟草（花枝）

57.花烟草（花）

57.花烟草（植株）

58.舞春花（植株）

58.舞春花（花）

58. 舞春花（花枝）　　59. 碧冬茄（植株）　　59. 碧冬茄（花）

60. 茄（植株）　　60. 茄（花枝）

60. 茄（果枝）　　60. 茄（果枝）　　61. 羽叶薰衣草（植株）

61. 羽叶薰衣草（花序）

62. 美国薄荷（花枝）　　62. 美国薄荷（花枝）　　63. 罗勒（植株）

63. 罗勒（花枝）　　64. 紫苏（植株）　　64. 紫苏（植株）

64. 紫苏（果枝）　　　　65. 五彩苏（整体景观）　　　　65. 五彩苏（整体景观）

65. 五彩苏（植株）　　　　　　　　　　　　67. 一串红（整体景观）

66. 朱唇（植株）　　　　66. 朱唇（植株）　　　　67. 一串红（花枝）

67. 一串红（花序）　　　　68. 金鱼草（植株）　　　　68. 金鱼草（花枝）

69. 毛地黄（植株）　　　　69. 毛地黄（植株）

68. 金鱼草（花序）　　　　69. 毛地黄（花序）　　　　70. 蓝猪耳（植株）

70. 蓝猪耳（花枝）

71. 风铃草（花）　　　71. 风铃草（植株）　　　72. 腋花同瓣草（植株）

72. 腋花同瓣草（花枝）　　　　　　　　　　　　74. 五星花（植株）

73. 南非半边莲（花枝）　　　73. 南非半边莲（植株）　　　74. 五星花（植株）

74. 五星花（花序）　　　75. 熊耳草（花枝）

75. 熊耳草（植株）　　　76. 木茼蒿（植株）　　　76. 木茼蒿（植株）

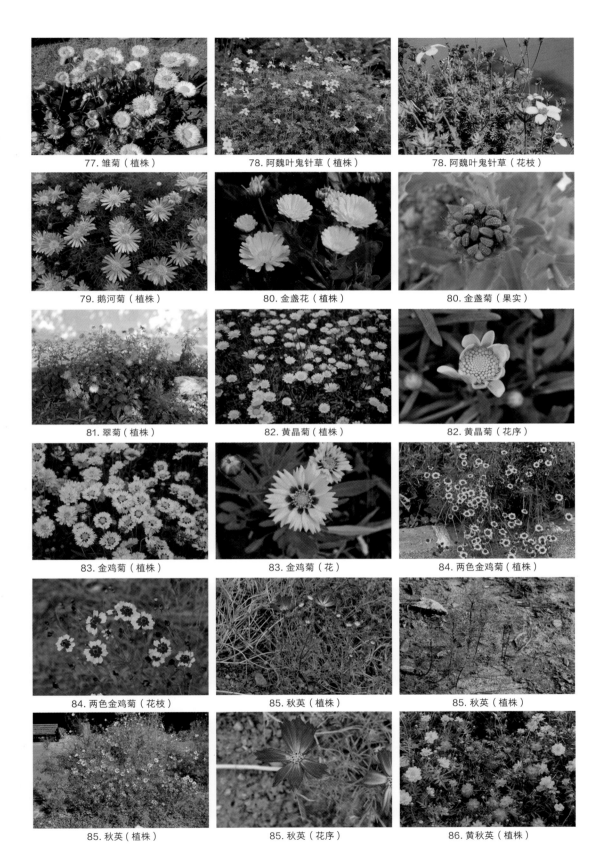

77. 雏菊（植株）　　　　78. 阿魏叶鬼针草（植株）　　　　78. 阿魏叶鬼针草（花枝）

79. 鹅河菊（植株）　　　　80. 金盏花（植株）　　　　80. 金盏菊（果实）

81. 翠菊（植株）　　　　82. 黄晶菊（植株）　　　　82. 黄晶菊（花序）

83. 金鸡菊（植株）　　　　83. 金鸡菊（花）　　　　84. 两色金鸡菊（植株）

84. 两色金鸡菊（花枝）　　　　85. 秋英（植株）　　　　85. 秋英（植株）

85. 秋英（植株）　　　　85. 秋英（花序）　　　　86. 黄秋英（植株）

86. 黄秋英（花序）　　　　　　86. 黄秋英（果）　　　　　　87. 蓝花矢车菊（植株）

87. 蓝花矢车菊（花枝）　　　　88. 勋章菊（植株）　　　　　88. 勋章菊（花序）

89. 蒿子杆（植株）　　　　　　89. 蒿子杆（花枝）　　　　　90. 南茼蒿（植株）

90. 南茼蒿（花枝）　　　　　91. 苦味堆心菊（植株）　　　91. 苦味堆心菊（花序）

92. 向日葵（植株）

92. 向日葵（花枝）　　　　　　92. 向日葵（果枝）　　　　　93. 蜡菊（植株）

93. 蜡菊（花枝）

94. 莴笋（花枝）

93. 蜡菊（花枝）

94. 莴笋（植株）

95. 油麦菜（植株）

96. 生菜（植株）

97. 白晶菊（植株）

97. 白晶菊（花序）

98. 黄帝菊（植株）

99. 蓝目菊（植株）

99. 蓝目菊（植株）

100. 瓜叶菊（植株）

101. 黑心金光菊（植株）

101. 黑心金光菊（花序）

102. 银叶菊（植株）

102. 银叶菊（植株）

103. 万寿菊（植株）

103. 万寿菊（花序）

104. 孔雀草（整体景观）

104. 孔雀草（花叶）

104. 孔雀草（植株）

104. 孔雀草（花）

105. 百日菊（植株）

105. 百日菊（植株）

105. 百日菊（花）

（八）宿根花卉

1. 蕺菜（植株）　　　1. 蕺菜（根状茎）　　　1. 蕺菜（花）

2. 钝叶椒草（植株）　　　2. 钝叶椒草（花序）

1. 蕺菜（果）　　　3. 杂交铁筷子（植株）　　　3. 杂交铁筷子（花枝）

3. 杂交铁筷子（果实）　　　4. 荷包牡丹（果序）

4. 荷包牡丹（花枝）　　　4. 荷包牡丹（植株）

5. 博落回（果序）　　　5. 博落回（枝叶）　　　5. 博落回（植株）

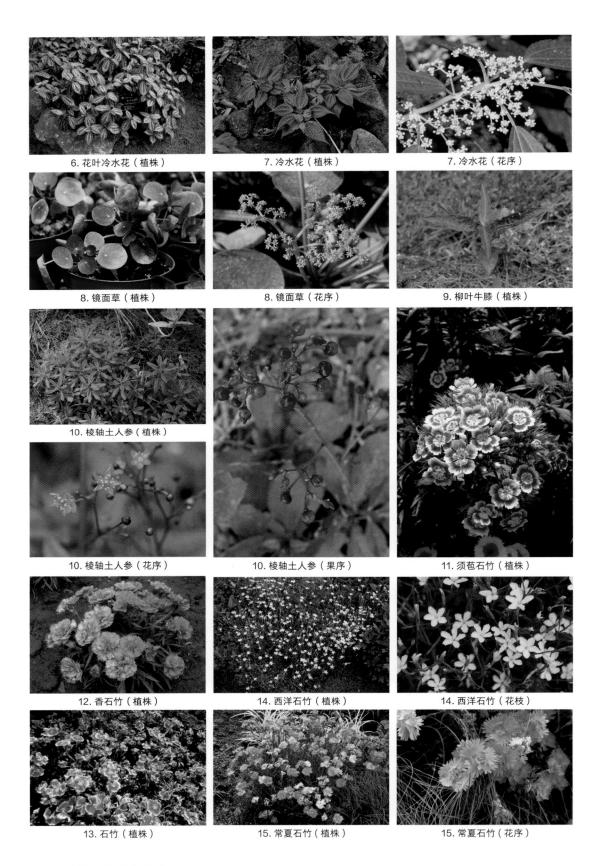

6. 花叶冷水花（植株）　　　　7. 冷水花（植株）　　　　7. 冷水花（花序）

8. 镜面草（植株）　　　　8. 镜面草（花序）　　　　9. 柳叶牛膝（植株）

10. 棱轴土人参（植株）

10. 棱轴土人参（花序）　　　　10. 棱轴土人参（果序）　　　　11. 须苞石竹（植株）

12. 香石竹（植株）　　　　14. 西洋石竹（植株）　　　　14. 西洋石竹（花枝）

13. 石竹（植株）　　　　15. 常夏石竹（植株）　　　　15. 常夏石竹（花序）

16. 瞿麦（植株）　　　　　　16. 瞿麦（花序）　　　　　　17. 剪春罗（植株）

17. 剪春罗（花）　　　　　　18. 肥皂草（植株）　　　　　18. 肥皂草（花序）

19.‘红龙’小头蓼（植株）　　19.‘红龙’小头蓼（枝叶）　　19.‘红龙’小头蓼（花序）

20. 赤胫散（植株）

21. 海石竹（植株）　　　　　22. 芍药（植株）　　　　　　22. 芍药（植株）

22. 芍药（花枝）　　　　　　22. 芍药（花）　　　　　　　22. 芍药（果枝）

23. 红秋葵（花枝）

24. 芙蓉葵（植株）

23. 红秋葵（植株）

23. 红秋葵（果枝）

24. 芙蓉葵（花枝）

24. 芙蓉葵（花）

24. 芙蓉葵（果）

25. 海滨沼葵（花枝）

25. 海滨沼葵（植株）

26. 砖红蔓赛葵（植株）

26. 砖红蔓赛葵（花枝）

27. 紫花地丁（植株）

28. 银星秋海棠（植株）

28. 银星秋海棠（植株）

29. 竹节秋海棠（植株）　　　　30. 铁甲秋海棠（植株）　　　　31. 大王秋海棠（植株）

31. 大王秋海棠（花序）　　　32.'金叶'圆叶过路黄（植株）　　32.'金叶'圆叶过路黄（花枝）

33. 落新妇（植株）

33. 落新妇（花序）　　　　　　33. 落新妇（叶片）　　　　　　34. 矾根（植株）

34. 矾根（植株）　　　　　　　34. 矾根（花序）　　　　　　　35. 虎耳草（花序）

35. 虎耳草（植株）

36. 蛇莓（植株）

36. 蛇莓（果枝）

36. 蛇莓（花）

37. 蔓花生（花枝）

38. 绣球小冠花（植株）

38. 绣球小冠花（花枝）

39. 百脉根（花序）

39. 百脉根（植株）

40. 霍州油菜（植株）

40. 霍州油菜（花序）

41. 红车轴草（植株）

41. 红车轴草（花枝）

42. 白车轴草（植株）　　　　42. 白车轴草（花序）　　　　43. 山桃草（植株）

43. 山桃草（花）　　　　44. 美丽月见草（植株）

43. 山桃草（花枝）　　　　43. 山桃草（果枝）　　　　44. 美丽月见草（花枝）

45. 红尾铁苋（花枝）　　　　46. 宿根亚麻（植株）　　　　46. 宿根亚麻（花果枝）

47. 家天竺葵（植株）

45. 红尾铁苋（植株）　　　　46. 宿根亚麻（花枝）　　　　48. 天竺葵（植株）

49. 盾叶天竺葵（植株）

51. 明日叶（茎叶）

50. 菊叶天竺葵（植株）

51. 明日叶（植株）

51. 明日叶（花枝）

51. 明日叶（花枝）

52. 鸭儿芹

53. 马利筋（植株）

53. 马利筋（花枝）

54. 马蹄金（植株）

53. 马利筋（果枝）

54. 马蹄金（花枝）

54. 马蹄金（果枝）

55. 厚藤（植株）

55. 厚藤（花果枝）

56. 天蓝绣球（花枝）

57. 针叶天蓝绣球（植株）

56. 天蓝绣球（植株）

57. 针叶天蓝绣球（植株）

58. 聚合草（植株）

58. 聚合草（花枝）

60. 美女樱（植株）

60. 美女樱（花枝）

60. 美女樱（花序）

59. 单花荻（植株）

61. 细叶美女樱（花枝）

61. 细叶美女樱（植株）

61. 细叶美女樱（花序）

62. 柳叶马鞭草（整体景观）

62. 柳叶马鞭草（花序）

62. 柳叶马鞭草（花序）

62. 柳叶马鞭草（植株）　　　63. '暗紫'匍匐筋骨草（植株）　　　64. 肾茶（植株）

65. '花叶'欧活血丹（植株）　　　65. '花叶'欧活血丹（花枝）　　　66. 活血丹（植株）

66. 活血丹（花）　　　66. 活血丹（植株）　　　67. 水薄荷（植株）

68. 薄荷（植株）　　　68. 薄荷（匍匐茎）　　　69. 皱叶留兰香（植株）

69. 皱叶留兰香（茎叶）

69. 皱叶留兰香（花枝）

70. 荆芥（花枝）

71. '六巨山'荆芥（植株）

72. [莫娜紫] 马刺花（植株）

70. 荆芥（植株）

71. '六巨山'荆芥（花枝）

72. [莫娜紫] 马刺花（花枝）

72. [莫娜紫] 马刺花（花枝）

73. 大花夏枯草（植株）

73. 大花夏枯草（花枝）

73. 大花夏枯草（植株）

74. 药用鼠尾草（植株）

74. 药用鼠尾草（花序）

75. 凤梨鼠尾草（花枝）

75. 凤梨鼠尾草（植株）

77. 深蓝鼠尾草（植株）

76. 蓝花鼠尾草（花序）

76. 蓝花鼠尾草（植株）

77. 深蓝鼠尾草（花序）

78. 紫绒鼠尾草（植株）

78. 紫绒鼠尾草（植株）

79. 天蓝鼠尾草（植株）

79. 天蓝鼠尾草（花序）

80. 四棱草（整体景观）

80. 四棱草（枝叶）

78. 紫绒鼠尾草（花枝）

80. 四棱草（植株）

80. 四棱草（花果枝）

80. 四棱草（果枝）

80. 四棱草（裂开后的小坚果）

81. 半枝莲（植株）

81. 半枝莲（花枝）

81. 半枝莲（花序）

83. 香彩雀（植株）

82. 绵毛水苏（花枝）

83. 香彩雀（花枝）

84. 毛地黄钓钟柳（植株）

85. 穗花婆婆纳（植株）

84. 毛地黄钓钟柳（花序）

85. 穗花婆婆纳（花枝）

85. 穗花婆婆纳（花枝）

86. 浙皖粗筒苣苔（植株）　　　87. 牛耳朵（植株）　　　88. 蚂蟥七（植株）

88. 蚂蟥七（花序）　　　89. 闽赣长蒴苣苔（植株）　　　89. 闽赣长蒴苣苔（花序）

90. 紫花马铃苣苔（植株）　　　91. 蓝花草（植株）

91. 蓝花草（花枝）

92. 桔梗（植株）　　　92. 桔梗（果枝）　　　93. 日本蓝盆花（植株）

93. 日本蓝盆花（花枝）　　　94. 蓍（植株）　　　94. 蓍（叶）

94. 蓍（花序）

95. 金球亚菊（整体景观）

95. 金球亚菊（枝叶）

95. 金球亚菊（花枝）

96. '斑叶'北艾（植株）

97. 马兰（花枝）

97. 马兰（花序）

97. 马兰（植株）

98. 荷兰菊（植株）

98. 荷兰菊（花枝）

99. 菊花（植株）

101. 菊花脑（植株）

101. 菊花脑（花枝）

99. 菊花（花枝）

100. 野菊（花序）

102. 大花金鸡菊（植株）

102. 大花金鸡菊（花枝）　　　103. 剑叶金鸡菊（植株）　　　103. 剑叶金鸡菊（茎叶）

103. 剑叶金鸡菊（花枝）　　　104. 松果菊（整体景观）　　　104. 松果菊（植株）

104. 松果菊（植株）　　　105. 大吴风草（植株）　　　105. 大吴风草（花枝）

106.'黄斑'大吴风草（植株）　　　107. 宿根天人菊（花序）

107. 宿根天人菊（植株）　　　108. 非洲菊（花枝）　　　108. 非洲菊（植株）

109. 橙花菊三七（植株）　　　109. 橙花菊三七（果枝）

110. 大滨菊（植株）　　110. 大滨菊（植株）　　111. 金光菊（植株）

113. 兔儿伞（整体景观）

111. 金光菊（植株）　　112. 一枝黄花（植株）　　113. 兔儿伞（植株）

113. 兔儿伞（叶片）　　115. '银皇后'粗肋草（植株）　　116. 黑叶观音莲（植株）

117. 尖尾芋（植株）

114. 广东万年青（植株）　　117. 尖尾芋（植株）　　117. 尖尾芋（花序）

118. 海芋（植株）　　　　118. 海芋（植株）　　　　119. 花烛（植株）

118. 海芋（花序）　　　　118. 海芋（果序）　　　　119. 花烛（花）

119. 花烛（果序）　　　　120. 火鹤花（植株）　　　　121. 五彩芋（植株）

122. 黛粉叶（植株）

123. 黛粉芋（植株）　　　124. '愉悦'黛粉芋（植株）　　　124. '愉悦'黛粉芋（叶）

125. 白鹤芋（植株）

125. 白鹤芋（花序）

126. 马蹄莲（植株）

126. 马蹄莲（花序）

127. '蓝与金'紫露草（植株）

127. '蓝与金'紫露草（花序枝）

127. '蓝与金'紫露草（花序）

128. 白花紫露草（植株）

128. 白花紫露草（花枝）

129. 紫露草（植株）

129. 紫露草（花序）

130. 紫竹梅（花枝）

131. 蚌花（植株）

131. 蚌花（花枝）

132. 吊竹梅（植株）

132. 吊竹梅（花枝）

133. 观赏凤梨（植株）

133. 观赏凤梨（植株）

133. 观赏凤梨（植株）

133. 观赏凤梨（植株）

134. 鹤望兰（花序）

134. 鹤望兰（植株）

135. 芭蕉（植株）

133. 观赏凤梨（植株）

135. 芭蕉（果枝）

136. 地涌金莲（植株）

136. 地涌金莲（花序）

138. 花叶艳山姜（植株）

137. 艳山姜（植株）

137. 艳山姜（花序）

138. 花叶艳山姜（植株）

138. 花叶艳山姜（花序）

139. 砂仁（植株）

140. 郁金（花序）

140. 郁金（植株）

141. 姜黄（花）

141. 姜黄（花序）

141. 姜黄（植株）

142. 红姜花（植株）

142. 红姜花（花枝）

143. 姜花（花枝）

143. 姜花（植株）

145. 大花美人蕉（植株）

144. 黄姜花（花序）

144. 黄姜花（植株）

146. '金脉'大花美人蕉（植株）

147. 粉美人蕉（植株）

145. 大花美人蕉（果序）

145. 大花美人蕉（花序）

147. 粉美人蕉（花序）

147. 粉美人蕉（花、果序）　　148. 箭羽肖竹芋（植株）　　148. 箭羽肖竹芋（植株）

148. 箭羽肖竹芋（花序）

149. 孔雀肖竹芋（植株）

150. 圆叶肖竹芋（植株）　　151. 紫背栉花芋（植株）　　151. 紫背栉花芋（花序）

152.'三色'紫背栉花芋（植株）

153. 旱花百子莲（植株）

152.'三色'紫背栉花芋（花序）　　153. 旱花百子莲（花序）　　153. 旱花百子莲（果序）

154. 蜘蛛抱蛋（植株）　　　154. 蜘蛛抱蛋（果实）　　　154. 蜘蛛抱蛋（花）

155.'洒金'蜘蛛抱蛋（植株）　155.'洒金'蜘蛛抱蛋（叶）　156. 卵叶蜘蛛抱蛋（植株）

157. 开口箭（植株）　　　　　　　　　　　　　　　　158. 吊兰（植株）

157. 开口箭（植株）　　　157. 开口箭（花序）　　　　158. 吊兰（花）

160.'银边'吊兰（植株）　　160.'银边'吊兰（花）

159.'金心'吊兰（植株）　161. 铃兰（整体景观）　　　161. 铃兰（植株）

161. 铃兰（果序）

162. 山菅（植株）

162. 山菅（花，果序）

162. 山菅（果序）

163. '斑叶'长果山菅（整体景观）

163. '斑叶'长果山菅（植株）

164. 黄花菜（花序）

164. 黄花菜（植株）

164. 黄花菜（花枝）

165. 萱草（植株）

166. 大花萱草（植株）

165. 萱草（花序）

166. 大花萱草（花）

167. '金星'萱草（植株）

167. '金星'萱草（植株）　　168. 观叶玉簪（植株）　　168. 观叶玉簪（植株）

168. 观叶玉簪（植株）　　168. 观叶玉簪（植株）　　168. 观叶玉簪（植株）

169. 狭叶玉簪（植株）　　170. 玉簪（植株）　　170. 玉簪（花序）

171. 紫萼（植株）　　171. 紫萼（果序）　　171. 紫萼（花序）

172. 火把莲（植株）　　172. 火把莲（花序）　　172. 火把莲（果序）

173. 阔叶山麦冬（植株）　　　173. 阔叶山麦冬（植株）　　　173. 阔叶山麦冬（果序）

174. '大蓝'阔叶山麦冬（植株）　175. '金纹'阔叶山麦冬（植株）　176. '英沃森'阔叶山麦冬（植株）

177. '金边'阔叶山麦冬（植株）　177. '金边'阔叶山麦冬（植株）

176. '英沃森'阔叶山麦冬（花序）　178. 山麦冬（植株）　　　178. 山麦冬（花序）

179. 浙江山麦冬（植株）　　　180. 短药沿阶草（植株）　　　180. 短药沿阶草（花序）

181. 沿阶草（植株）

182. 异药沿阶草（枝叶）

183. 剑叶沿阶草（植株）

181. 沿阶草（果序）

182. 异药沿阶草（果枝）

183. 剑叶沿阶草（花序）

184. 麦冬（植株）

184. 麦冬（果序）

185. ‘京都’麦冬（植株）

186. ‘银雾’麦冬（植株）

188. 吉祥草（花序）

187. ‘黑色’扁葶沿阶草（植株）

188. 吉祥草（植株）

188. 吉祥草（果序）

189. 万年青（植株）

189. 万年青（花序）

189. 万年青（果）

191. 君子兰（植株）

190. 白穗花（植株）

190. 白穗花（花序）

192. 射干（植株）

192. 射干（花序）

192. 射干（果序）

193. 德国鸢尾（植株）

194. 蝴蝶花（植株）

194. 蝴蝶花（花序）

194. 蝴蝶花（果）

195. 马蔺（植株）

195. 马蔺（果序）

195. 马蔺（花）

196. 鸢尾（植株）

196. 鸢尾（果）

197. 簇花庭菖蒲（植株）

197. 簇花庭菖蒲（花序：蕾期）

197. 簇花庭菖蒲（花序）

198. 白及（植株）

198. 白及（花序）

199. 蝴蝶兰（植株）

199. 蝴蝶兰（花序）

200. 独蒜兰（植株）

（九）球根花卉

1. 花毛茛（植株）　　　1. 花毛茛（花枝）　　　1. 花毛茛（花）

2. 仙客来（植株）　　　2. 仙客来（果实）　　　3. 关节酢浆草（植株）

3. 关节酢浆草（花）　　　4. 黄花酢浆草（植株）　　　4. 黄花酢浆草（花序）

5. 紫叶酢浆草（植株）　　　5. 紫叶酢浆草（植株）

6. 大丽花（植株）

6. 大丽花（花枝）　　　7. 蛇鞭菊（植株）

7. 蛇鞭菊（花序）　　　8. 薤头（植株）　　　9. 葱（植株）

8. 薤头（花序）

9. 葱（植株）　　　10. 蒜（植株）　　　11. 北葱（植株）

11. 北葱（花序）

9. 葱（花序）　　　11. 北葱（植株）　　　12. 韭（植株）

12. 韭（花果序）　　　13. 麻点百合（植株）　　　13. 麻点百合（植株）

14. 阔叶油点百合（植株）

15. 浙贝母（果序）

15. 浙贝母（植株）

15. 浙贝母（花序）

16. 风信子（植株）

17. 野百合（植株）

17. 野百合（果枝）

18. 百合（植株）

17. 野百合（花枝）

19. 条叶百合（茎叶）

19. 条叶百合（开裂的蒴果）

19. 条叶百合（花序）

20. 有斑百合（花序及花）

20. 有斑百合（植株上部）

20. 有斑百合（果枝）

20. 有斑百合（花序）

21. 湖北百合（植株）

21. 湖北百合（花枝）

21. 湖北百合（鳞茎）

21. 湖北百合（茎叶）

22. 百合品种（植株）

22. 百合品种（花枝）

23. 卷丹（植株）

23. 卷丹（植株：腋生珠芽）

23. 卷丹（花枝）

25. 山丹（植株）

26. 岷江百合（植株）

24. 欧洲百合（花枝）

25. 山丹（花序）

26. 岷江百合（花枝）

27. 药百合（花枝）

27. 药百合（根及鳞茎）

27. 药百合（花）

28. 蓝壶花（植株）

28. 蓝壶花（花序）

29. 紫娇花（整体景观）

28. 蓝壶花（果序）

29. 紫娇花（花序）

29. 紫娇花（植株）

29. 紫娇花（果序）　　　　30. 郁金香（整体景观）　　　　30. 郁金香（植株）

30. 郁金香（果）　　　30. 郁金香（成熟的蒴果）　　　31. 红花文殊兰（植株）

31. 红花文殊兰（花序）　　31. 红花文殊兰（花序）　　　32. 文殊兰（花序）

33. 朱顶红（植株）　　　　33. 朱顶红（花序）

32. 文殊兰（植株）　　　　33. 朱顶红（花序）　　　　33. 朱顶红（果序）

34. 水鬼蕉（植株）　　　34. 水鬼蕉（花序）　　　34. 水鬼蕉（花）

35. 中国石蒜（花序）　　36. 长筒石蒜（植株）　　36. 长筒石蒜（花）

36. 长筒石蒜（花序）　　37. 石蒜（植株）　　　37. 石蒜（花序）

36. 长筒石蒜（花序）　　37. 石蒜（果序）　　　38. 换锦花（植株：花序）

38. 换锦花（花序）　　　38. 换锦花（果序）　　　39. 稻草石蒜（花）

39. 稻草石蒜（植株）　　40. 黄水仙（整体景观）　　40. 黄水仙（花）

41. 水仙（植株）　　　41. 水仙（花序）　　　42. 葱莲（整体景观）

42. 葱莲（植株：果期）　　　42. 葱莲（花）　　　43. 黄花葱莲（植株）

43. 黄花葱莲（花）　　　43. 黄花葱莲（花、果）

43. 黄花葱莲（花葶）　　　44. 韭莲（植株）　　　44. 韭莲（花）

45. 雄黄兰（植株）　　　45. 雄黄兰（花序）　　　46. 香雪兰（花序）

46. 香雪兰（花序）

47. 唐菖蒲（花序）

（十）蕨类植物

1. 马尾杉（植株）

1. 马尾杉（营养枝）

1. 马尾杉（孢子囊穗）

2. 卷柏（植株）

3. 翠云草（植株）

4. 问荆（枝）

4. 问荆（植株）

3. 翠云草（枝叶）

5. 木贼（植株）

5. 木贼（枝）

6. 乌蕨（植株）

6. 乌蕨（叶及孢子囊群）

6. 乌蕨（叶及孢子囊群）

7. 杯盖阴石蕨（植株）

7. 杯盖阴石蕨（羽片及孢子囊群）

7. 杯盖阴石蕨（叶）

8. 肾蕨（根）

8. 肾蕨（羽片及孢子囊群）

8. 肾蕨（植株）

9.‘波斯顿’高大肾蕨（植株）

9.‘波斯顿’高大肾蕨（羽片及孢子囊群）

10. 刺齿半边旗（植株）

10. 刺齿半边旗（羽片及孢子囊群）

10. 刺齿半边旗（叶）

11. 剑叶凤尾蕨（植株）

11. 剑叶凤尾蕨（羽片及孢子囊群）　　12. 白羽凤尾蕨（植株）　　12. 白羽凤尾蕨（羽片及孢子囊群）

13. 井栏边草（植株）　　13. 井栏边草（羽片及孢子囊群）　　14. 蜈蚣草（植株）

14. 蜈蚣草（羽片及孢子囊群）　　　　　　　　15. 扇叶铁线蕨（羽片及孢子囊群）

15. 扇叶铁线蕨（植株）　　15. 扇叶铁线蕨（植株）　　15. 扇叶铁线蕨（叶柄及鳞片）

16. 楔叶铁线蕨（植株）　　16. 楔叶铁线蕨（叶及孢子囊群）　　17. 巢蕨（植株）

17. 巢蕨（叶及孢子囊群）　　18. 矮树蕨（植株）　　18. 矮树蕨（羽片及孢子囊群）

18. 矮树蕨（叶柄及基部鳞毛）

18. 矮树蕨（假茎）

19. 乌毛蕨（植株）

19. 乌毛蕨（叶）

19. 乌毛蕨（羽片及孢子囊群）

19. 乌毛蕨（叶背孢子囊群）

19. 乌毛蕨（嫩叶）

20. 苏铁蕨（羽片及孢子囊群）

21. 东方荚果蕨（植株）

21. 东方荚果蕨（可育叶）

22. 戟叶耳蕨（植株）

22. 戟叶耳蕨（羽片及孢子囊群）

22. 戟叶耳蕨（植株）

23.'鱼尾'星蕨（植株）

24.崖姜（植株）

24.崖姜（羽片及孢子囊群）

24.崖姜（叶）

24.崖姜（根状茎及叶柄）

25.二歧鹿角蕨（植株）

25.二歧鹿角蕨（羽片及孢子囊群）

26.鹿角蕨（植株）

28.槐叶蘋（植株）

27.蘋（植株）

27.蘋（叶）

（十一）观赏草

1. 灯心草（植株）

1. 灯心草（花序）

1. 灯心草（果序）

2. 青绿薹草（植株）

2. 青绿薹草（花果序）

3. 棕红薹草（植株）

3. 棕红薹草（植株）

3. 棕红薹草（果序）

4. '白卷发'发状薹草（叶）

5. 皱果薹草（花序）

4. '白卷发'发状薹草（植株）

6. '金叶'绿瓣薹草（植株）

7. 涝峪薹草（植株）

8. 筛草（植株）

9. 大披针薹草（植株）

10. 棕榈叶薹草（植株）

10. 棕榈叶薹草（枝叶）

10. 棕榈叶薹草（果序）

11. ‘金叶’大岛薹草（植株）

11. ‘金叶’大岛薹草（叶）

12. ‘银边’大岛薹草（植株）

12. ‘银边’大岛薹草（叶）

13. 矮生薹草（植株）

12. ‘银边’大岛薹草（花序）

13. 矮生薹草（根茎）

13. 矮生薹草（果穗）

14. 花菖薹草（整体景观）

14. 花菖薹草（植株）

15. 条穗薹草（植株）

15. 条穗薹草（花序）

15. 条穗薹草（花枝）

16. 相仿薹草（植株）

16. 相仿薹草（果序）

16. 相仿薹草（花序）

17. 褐果薹草（植株）

17. 褐果薹草（果序）

17. 褐果薹草（花序）

18. 风车草（整体景观）

18. 风车草（花序）

18. 风车草（植株）

19. 纸莎草（花序）

19. 纸莎草（植株）

20. 矮纸莎草（植株）

20. 矮纸莎草（花序）

20. 矮纸莎草（植株）

21. 荸荠（植株）

21. 荸荠（花序）

22. 绢毛飘拂草（花序）

22. 绢毛飘拂草（植株）

24. 白鹭莞（植株）

23. 黑莎草（植株）

23. 黑莎草（花序）

25. 水葱（整体景观）

25. 水葱（花序）

25. 水葱（花序）

26. '银线'水葱（整体景观）

27. '斑叶'水葱（植株）

28. 三棱水葱（果序）

28. 三棱水葱（果）

29. 大须芒草（植株）

29. 大须芒草（植株）

29. 大须芒草（花序）

30. 西藏须芒草（果序）

31. 须芒草（植株）

33. '银边'球茎燕麦草（植株）

31. 须芒草（花序）

32. 燕麦草（植株）

34. 芦竹（植株）

34. 芦竹（秆、叶鞘、叶耳）　　　34. 芦竹（花序）　　　35.‘花叶’芦竹（植株）

35.‘花叶’芦竹（植株）　　　36. 银鳞茅（植株）　　　36. 银鳞茅（植株）

36. 银鳞茅（花枝）　　　36. 银鳞茅（果序）

37.‘花叶’尖拂子茅（植株）　　　38.‘雪崩’尖拂子茅（植株）

39.‘卡尔·弗斯特’尖拂子茅（植株）

39.‘卡尔·弗斯特’尖拂子茅（植株）　　　40. 拂子茅（植株）　　　39.‘卡尔·弗斯特’尖拂子茅（花序）

40. 拂子茅（果序）

41. 宽叶林燕麦（植株）

41. 宽叶林燕麦（果枝）

42. 薏苡（果枝）

42. 薏苡（植株）

42. 薏苡（果序）

43. 蒲苇（植株）

44. '矮'蒲苇（果序）

43. 蒲苇（果序）

44. '矮'蒲苇（植株）

45. '玫红'蒲苇（植株）

46. '银色彗星'蒲苇（植株）

46. '银色彗星'蒲苇（植株）

47. '蓝穗'灰棒芒草（植株）

48. 柠檬草（植株）

48. 柠檬草（植株）

48. 柠檬草（叶）

49. 蓝披碱草（植株）

49. 蓝披碱草（花序）

50. 画眉草（植株）

50. 画眉草（植株）

50. 画眉草（花序）

50. 画眉草（花序）

51. 丽色画眉草（植株）　　　　51. 丽色画眉草（花序）　　　　52. 蓝羊茅（植株）

52. 蓝羊茅（花枝）　　　　52. 蓝羊茅（花序）　　　　52. 蓝羊茅（花序）

53. '全金'箱根草（植株）　　　53. '全金'箱根草（开花植株）　　　54. '金线'箱根草（植株）

54. '金线'箱根草（叶）　　　　55. 白茅（叶）　　　　55. 白茅（花序）

55. 白茅（花序）

56. '红叶'白茅（植株）　　　　57. 洽草（植株）　　　　58. 兔尾草（花枝）

58. 兔尾草（植株）

59. 黑麦草（花序）

60. 荻（植株）

60. 荻（果序）

59. 黑麦草（植株）

61. 芒（植株）

61. 芒（果序）

61. 芒（果序）

62. '远东'芒（植株）

62. '远东'芒（植株）

62. '远东'芒（叶）

62. '远东'芒（果序）

63. '细叶'芒（植株）

63. '细叶'芒（果序）

64. '小斑马'芒（植株）　　64. '小斑马'芒（植株）　　65. '晨光'芒（植株）

66. '银边'芒（植株）　　67. '屋久岛'芒（果序）　　68. '斑马'芒（植株）

68. '斑马'芒（植株）

68. '斑马'芒（叶）　　68. '斑马'芒（果序）　　69. '花叶'天蓝麦氏草（植株）

70. 毛芒乱子草（植株）

70. 毛芒乱子草（植株）　　70. 毛芒乱子草（果序）　　71. 针叶乱子草（植株基部）

71. 针叶乱子草（植株）　71. 针叶乱子草（茎叶）　71. 针叶乱子草（花序）

72. 硬叶乱子草（株丛）

71. 针叶乱子草（果序）　72. 硬叶乱子草（植株）　72. 硬叶乱子草（植株）

72. 硬叶乱子草（茎叶）　72. 硬叶乱子草（花序）　72. 硬叶乱子草（花序）

72. 硬叶乱子草（花序）　　　　73. 帚状裂稃草（植株）　　　　74. 针茅（植株）

75. 细茎针茅（整体景观）　　　75. 细茎针茅（植株）　　　　75. 细茎针茅（果序）

76. 类芦（植株）　　　　　76. 类芦（果序）　　　　　77. 柳枝稷（植株）

78.'重金属'柳枝稷（植株）

78.'重金属'柳枝稷（植株）　　　78.'重金属'柳枝稷（果序）

79.'罗斯特'柳枝稷（植株）　　79.'罗斯特'柳枝稷（果序）　　80.'谢南多厄'柳枝稷（植株）

80.‘谢南多厄’柳枝稷（植株）　　　　81. 狼尾草（植株）　　　　81. 狼尾草（花序）

81. 狼尾草（果序）

82.‘小兔子’狼尾草（植株）　　82.‘小兔子’狼尾草（花序）　　83. 御谷（花序）

83. 御谷（植株）　　　　84. 紫御谷（植株）　　　　85. 东方狼尾草（植株）

85. 东方狼尾草（花序）　　　　87. 绒毛狼尾草（植株）

86.‘高尾’东方狼尾草（植株）　　　　87. 绒毛狼尾草（花序）

88.羽绒狼尾草（植株）　　88.羽绒狼尾草（果序）　　89.'烟火'狼尾草（植株）

89.'烟火'狼尾草（植株）　　89.'烟火'狼尾草（果序）　　90.'紫叶'狼尾草（植株）

90.'紫叶'狼尾草（果序）　　91.'花叶'藕草（植株）　　91.'花叶'藕草（茎叶）

92.芦苇（植株）

91.'花叶'藕草（花序）　　92.芦苇（植株）　　92.芦苇（茎叶）

92. 芦苇（花序）　　　　　92. 芦苇（花）　　　　　92. 芦苇（果序）

92. 芦苇（果序）　　　　93. 华山新麦草（植株）　　　94. 秋蓝禾（植株）

94. 秋蓝禾（叶）　　　95. 棕叶狗尾草（植株）　　　95. 棕叶狗尾草（植株）

95. 棕叶狗尾草（枝叶）　　95. 棕叶狗尾草（果序）　　　96. 皱叶狗尾草（植株）

96. 皱叶狗尾草（果序）　97. '金边'草原网茅（茎叶）　　98. 大油芒（植株）

98. 大油芒（茎叶）　　　98. 大油芒（花序）　　　99. 异鳞鼠尾粟（植株）

100. 巨针茅（果序）

101. 鼠茅（植株）

101. 鼠茅（花序）

102. 菰（花序）

102. 菰（植株）

（十二）多浆植物

1. 心叶日中花（植株）

1. 心叶日中花（果枝）

2. 岩牡丹（植株）

2. 岩牡丹（植株）

3. 山影拳（植株）

3. 山影拳（茎）

4. 米斯提仙人掌（植株）

5. 金琥（植株）

5. 金琥（花）

6. 利刺仙人掌（植株）

7. 绯牡丹（植株）

8. 仙人掌（植株）

8. 仙人掌（花枝）

8. 仙人掌（花）　　　　8. 仙人掌（果枝）　　　　8. 仙人掌（果实）

8. 仙人掌（变态枝及刺座）　　　　9. 梨果仙人掌（植株）

8. 仙人掌（变态枝及刺）　　　　10. 黄毛掌（植株）

12. 大叶落地生根（植株）　　　　11. 赛尔西刺翁柱（植株）

12. 大叶落地生根（植株）　　　14. 落地生根（幼株，单叶）　　15. '纽伦堡珍珠'石莲花（植株）

13. 小宫灯（花枝）　　　14. 落地生根（枝叶，复叶）　　　16. 胧月（植株）

16. 胧月（植株）

17. 八宝（花）

16. 胧月（花）

17. 八宝（植株）

17. 八宝（花）

17. 八宝（植株）

18. 白八宝（植株）

18. 白八宝（植株）

19. 圆扇八宝（植株）

19. 圆扇八宝（植株）

20. 长药八宝（花）

21. 欧紫八宝（植株）

22. 轮叶八宝（植株）

23. 长寿花（植株）

23. 长寿花（花）

24. 费菜（植株）

24. 费菜（花枝）

24. 费菜（花枝）

25. 多花费菜（植株）

24. 费菜（植株）

26. '小常绿'杂交费菜（植株）

27. 堪察加费菜（植株）

27. 堪察加费菜（植株）

29. '红叶'高加索费菜（植株）

28. 齿叶费菜（植株）

29. '红叶'高加索费菜（植株）

29. '红叶'高加索费菜（植株）

30. 白景天（植株）

31. 东南景天（植株）

32. 珠芽景天（植株）

33. 轮叶景天（植株）

34. 大姬星美人（植株）

35. 凹叶景天（植株）

36. 薄雪万年草（植株）

38. 佛甲草（植株）

37. 薄叶景天（植株）

38. 佛甲草（花枝）

38. 佛甲草（花茎）

39. '银边'佛甲草（植株）

39. '银边'佛甲草（花枝）

40. 圆叶景天（植株）

41. '金叶'圆叶景天（植株）

42. '金丘'松叶佛甲草（植株）

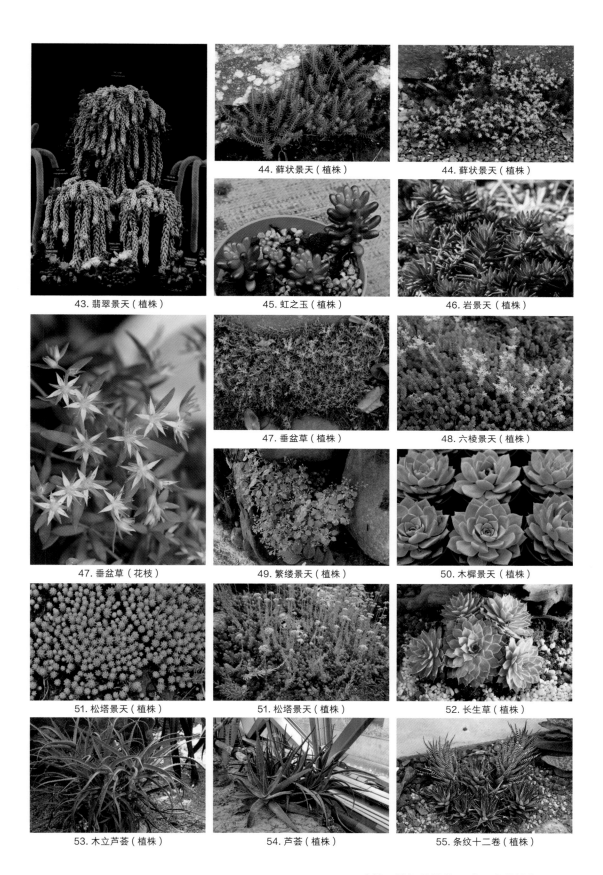

43. 翡翠景天（植株）

44. 藓状景天（植株）

44. 藓状景天（植株）

45. 虹之玉（植株）

46. 岩景天（植株）

47. 垂盆草（植株）

48. 六棱景天（植株）

47. 垂盆草（花枝）

49. 繁缕景天（植株）

50. 木樨景天（植株）

51. 松塔景天（植株）

51. 松塔景天（植株）

52. 长生草（植株）

53. 木立芦荟（植株）

54. 芦荟（植株）

55. 条纹十二卷（植株）

56.虎尾兰 （植株）

57.金边虎尾兰（花序）

56.虎尾兰（花序）

57.金边虎尾兰（植株）

58.龙舌兰（植株）

（十三）水生植物

1. 三白草（植株）

2. 黄莲（花）

1. 三白草（果枝）

3. 莲（植株）

3. 莲（花）

3. 莲（果实）

4. 芡实（植株）

4. 芡实（果实）

4. 芡实（花蕾）

5. 萍蓬草（植株）

5. 萍蓬草（花）

5. 萍蓬草（果实）

7. 红睡莲（植株）

6. 白睡莲（植株）

6. 白睡莲（花）

8. 齿叶睡莲（植株）

9. 黄睡莲（植株）　　　10. 红花睡莲（植株）　　　10. 红花睡莲（花）

11. 亚马逊王莲（植株）　　11. 亚马逊王莲（叶）　　　12. 克鲁兹王莲（植株）

12. 克鲁兹王莲（叶及花蕾）　12. 克鲁兹王莲（叶片背面）　12. 克鲁兹王莲（果实）

13.'长木'王莲（植株）　　14. 莼菜（花朵）　　　　　15. 金鱼藻（枝叶）

14. 莼菜（植株）　　　　　15. 金鱼藻（植株）

16. 粉绿狐尾藻（植株）　　16. 粉绿狐尾藻（花枝）　　17. 千屈菜（植株）

17. 千屈菜（花枝）

17. 千屈菜（花枝）

18. 圆叶节节菜（植株）

18. 圆叶节节菜（枝叶）

19. 菱（植株）

19. 菱（花）

19. 菱（幼果）

19. 菱（果）

20. 南美天胡荽（植株）

20. 南美天胡荽（茎叶）

20. 南美天胡荽（叶）

21. 水芹（植株）

21. 水芹（枝叶）

21. 水芹（花枝）

21. 水芹（果序）

22. '火烈鸟'水芹（植株）

22. '火烈鸟'水芹（植株）

22.'火烈鸟'水芹（枝叶）　　23.金银莲花（植株）　　23.金银莲花（花）

24.荇菜（植株）　　24.荇菜（花）　　24.荇菜（果枝）

24.荇菜（果）　　25.'紫叶'大车前（植株）　　25.'紫叶'大车前（植株）

26.花蔺（植株）　　26.花蔺（花序）　　27.水金英（植株）

26.花蔺（植株）　　28.黄花蔺（植株）　　28.黄花蔺（植株）

28.黄花蔺（花）　　28.黄花蔺（花）　　29.泽泻（花序）

29. 泽泻（植株）

30. 心叶皇冠草（整体景观）

29. 泽泻（叶片）

30. 心叶皇冠草（植株）

30. 心叶皇冠草（花序）

30. 心叶皇冠草（果）

31. 大叶皇冠草（植株）

31. 大叶皇冠草（植株）

31. 大叶皇冠草（花序）

32. 蒙特登慈姑（植株）

32. 蒙特登慈姑（花序）

33. 类禾慈姑（植株）

33. 类禾慈姑（雄花）

33. 类禾慈姑（花序）

33. 类禾慈姑（雌花）　　34. 野慈姑（植株）　　34. 野慈姑（花）

34. 野慈姑（幼果）　　35. 华夏慈姑（植株）　　35. 华夏慈姑（花序）

35. 华夏慈姑（果序）　　36. 黑藻（植株）　　36. 黑藻（花）

37. 苦草（植株）　　37. 苦草（植株）　　37. 苦草（果）

38. 水鳖（整体景观）　　38. 水鳖（植株）

39. 菹草（整体景观）　　39. 菹草（植株）　　39. 菹草（枝叶）

40. 眼子菜（植株）

42. 金钱蒲（植株）

42. 金钱蒲（植株及根状茎）

41. 菖蒲（植株）

42. 金钱蒲（花序）

43. '金叶'金钱蒲（植株）

43. '金叶'金钱蒲（果序）

44. 芋（植株）

46. 大藻（植株）

45. 紫芋（植株）

45. 紫芋（花序）

46. 大藻（花序）

47. 水烛（植株）

47. 水烛（果序）

48. 小香蒲（植株）

49. 水竹芋（植株）

49. 水竹芋（花枝）

49. 水竹芋（花）

50. 垂花水竹芋（花）

50. 垂花水竹芋（果序）

50. 垂花水竹芋（植株）

51. 凤眼蓝（整体景观）

51. 凤眼蓝（植株）

52. 雨久花（植株）

53. 梭鱼草（花序）

52. 雨久花（花）

53. 梭鱼草（整体景观）

53.梭鱼草（植株）　　53.梭鱼草（果序）　　54.玉蝉花（植株）

54.玉蝉花（植株）　　54.玉蝉花（果序）　　54.玉蝉花（花序）

55.'斑叶'玉蝉花（整体景观）

55.'斑叶'玉蝉花（叶）　　56.花菖蒲（花）

55.'斑叶'玉蝉花（植株）　　56.花菖蒲（花）　　57.路易斯安娜鸢尾（植株）

57.路易斯安娜鸢尾（花枝）　　57.路易斯安娜鸢尾（花）　　58.黄菖蒲（整体景观）

58.黄菖蒲（花序）　　　　　58.黄菖蒲（果序）　　　　　59.溪荪（花序）

59.溪荪（植株）　　　　　　60.西伯利亚鸢尾（植株）

四、建筑环境绿化植物名录

科	科拉丁名	属	属拉丁名	种	种拉丁名	中文异名	生活型	适用建筑立面
石松科	Lycopodiaceae	马尾杉属	Phlegmariurus	马尾杉	Phlegmariurus phlegmaria	垂枝石松、细裙石松、树胡须	常绿附生蕨类	NW
卷柏科	Selaginellaceae	卷柏属	Selaginella	卷柏	Selaginella tamariscina	还魂草、长生草、佛手草	常绿蕨类	WW
卷柏科	Selaginellaceae	卷柏属	Selaginella	翠云草	Selaginella uncinata	百叶草、翠云卷柏、地柏叶	常绿蕨类	NW/MC
木贼科	Equisetaceae	木贼属	Equisetum	问荆	Equisetum arvense	笔管草、寸沾草、笔头菜	落叶蕨类	MC
木贼科	Equisetaceae	木贼属	Equisetum	木贼	Equisetum hyemale	笔筜草、笔筒草、笔头草	落叶蕨类	MC
鳞始蕨科	Lindsaeaceae	乌蕨属	Odontosoria	乌蕨	Odontosoria chinensis	乌韭、石发、牙齿芒	半常绿蕨类	NW
骨碎补科	Davalliaceae	阴石蕨属	Humata	杯盖阴石蕨	Humata griffithiana	圆盖阴石蕨	常绿蕨类	NW
肾蕨科	Nephrolepidaceae	肾蕨属	Nephrolepis	肾蕨	Nephrolepis cordifolia	圆羊齿、蓖子草、凤凰蛋	常绿蕨类	EW/NW/MC
肾蕨科	Nephrolepidaceae	肾蕨属	Nephrolepis	'波斯顿'高大肾蕨	Nephrolepis exaltata 'Bostoniensis'	波斯顿蕨	常绿蕨类	NW
凤尾蕨科	Pteridaceae	凤尾蕨属	Pteris	刺齿半边旗	Pteris dispar	半边旗、剌齿凤尾蕨、刺齿凤尾蕨	常绿蕨类	NW
凤尾蕨科	Pteridaceae	凤尾蕨属	Pteris	剑叶凤尾蕨	Pteris ensiformis	凤尾草、凤尾草、箭叶凤尾蕨	常绿蕨类	NW
凤尾蕨科	Pteridaceae	凤尾蕨属	Pteris	白羽凤尾蕨	Pteris ensiformis 'Victoriae'	银脉凤尾蕨、银斑凤尾蕨	常绿蕨类	NW/MC
凤尾蕨科	Pteridaceae	凤尾蕨属	Pteris	井栏边草	Pteris multifida	八字草、百脚鸡、背阴草	常绿蕨类	NW
凤尾蕨科	Pteridaceae	凤尾蕨属	Pteris	蜈蚣草	Pteris vittata	蜈蚣草	常绿蕨类	NW
凤尾蕨科	Pteridaceae	铁线蕨属	Adiantum	扇叶铁线蕨	Adiantum flabellulatum	大猪毛七、过坛龙、过坛龙	常绿蕨类	NW
凤尾蕨科	Pteridaceae	铁线蕨属	Adiantum	楔叶铁线蕨	Adiantum raddianum	美人枫、密叶铁线蕨	常绿蕨类	NW/MC
铁角蕨科	Aspleniaceae	铁角蕨属	Asplenium	巢蕨	Asplenium nidus	鸟巢蕨	常绿附生蕨类	NW/MC
乌毛蕨科	Blechnaceae	矮树蕨属	Oceaniopteris	矮树蕨	Blechnum gibbum	疣茎乌毛蕨	常绿小型树状蕨类	MC
乌毛蕨科	Blechnaceae	乌毛蕨属	Blechnum	乌毛蕨	Blechnum orientale	赤蕨头、东方乌毛蕨、管仲	常绿大型树状蕨类	NW
乌毛蕨科	Blechnaceae	苏铁蕨属	Brainea	苏铁蕨	Brainea insignis	贯众、赤蕨头、龙船蕨	常绿树状蕨类	NW
球子蕨科	Onocleaceae	东方荚果蕨属	Pentarhizidium	东方荚果蕨	Pentarhizidium orientale	大叶蕨、马米巴	常绿蕨类	MC
鳞毛蕨科	Dryopteridaceae	耳蕨属	Polystichum	戟叶耳蕨	Polystichum tripteron	三叶耳蕨、三叉耳蕨、蛇足草	多年生草本	NW
水龙骨科	Polypodiaceae	星蕨属	Microsorum	'鱼尾'星蕨	Microsorum punctatum 'Grandiceps'	鱼尾蕨	常绿大型附生蕨类	NW
水龙骨科	Drynariaceae	崖姜蕨属	Pseudodrynaria	崖姜	Pseudodrynaria coronans	崖姜蕨、崖薑、崖美蕨	常绿大型附生蕨类	NW
鹿角蕨科	Platyceriaceae	鹿角蕨属	Platycerium	二歧鹿角蕨	Platycerium bifurcatum	鹿角蕨、蝙蝠蕨、蝙蝠兰	常绿附生蕨类	NW/MC
鹿角蕨科	Platyceriaceae	鹿角蕨属	Platycerium	鹿角蕨	Platycerium wallichii	绿孢鹿角蕨	常绿附生蕨类	NW/MC
蘋科	Marsileaceae	蘋属	Marsilea	蘋	Marsilea quadrifolia	田字萍、田字蘋	落叶蕨类	MC
槐叶蘋科	Salviniaceae	槐叶蘋属	Salvinia	槐叶蘋	Salvinia natans	包田麻、边箕萍、草鞋萍	水生蕨类	MC
苏铁科	Cycadaceae	苏铁属	Cycas	篦齿苏铁	Cycas pectinata	篦齿苏铁、凤凰蛋、凤尾蕉	常绿棕榈状植物	Roof/MC
苏铁科	Cycadaceae	苏铁属	Cycas	苏铁	Cycas revoluta	铁树、避火蕉、碎火蕉	常绿棕榈状植物	EW/SW/Roof/MC
银杏科	Ginkgoaceae	银杏属	Ginkgo	银杏	Ginkgo biloba	白果、公孙树、白果树	落叶乔木	EW/SW/MC

科	科拉丁名	属	属拉丁名	种	种拉丁名	中文异名	生活型	适用建筑立面
南洋杉科	Araucariaceae	南洋杉属	Araucaria	南洋杉	Araucaria cunninghamii	鳞叶南洋杉、尖叶南洋杉、花旗杉	直立针叶树	MC
南洋杉科	Araucariaceae	南洋杉属	Araucaria	异叶南洋杉	Araucaria heterophylla	南美杉、南洋、诺和克南洋杉	直立针叶树	MC
松科	Pinaceae	雪松属	Cedrus	'垂枝蓝'北非雪松	Cedrus atlantica 'Glauca Pendula'		针叶树	Roof
松科	Pinaceae	雪松属	Cedrus	'垂枝'雪松	Cedrus deodara 'Pendula'		针叶树	Roof
松科	Pinaceae	雪松属	Cedrus	黎巴嫩雪松	Cedrus libani	西洋杉	针叶树	Roof
松科	Pinaceae	油杉属	Keteleeria	铁坚油杉	Keteleeria davidiana	麂子松、牛尾松、池杉	针叶树	Roof
松科	Pinaceae	云杉属	Picea	蓝粉云杉	Picea pungens	蓝叶云杉、刺叶云杉、北美云杉	针叶树	Roof
松科	Pinaceae	云杉属	Picea	'球形'蓝粉云杉	Picea pungens 'Globosa'		针叶树	Roof
松科	Pinaceae	云杉属	Picea	'霍普氏'蓝粉云杉	Picea pungens 'Hoopsii'		针叶树	Roof
松科	Pinaceae	松属	Pinus	'沃特尔'欧洲赤松	Pinus sylvestris 'Watereri'		针叶树	Roof
松科	Pinaceae	松属	Pinus	千头赤松	Pinus densiflora 'Umbraculifera'	伞形赤松、'伞冠'赤松	针叶树	Roof
松科	Pinaceae	松属	Pinus	'卫星'波斯尼亚松	Pinus heldreichii 'Satellit'		针叶树	Roof
松科	Pinaceae	松属	Pinus	'矮'欧洲山松	Pinus mugo 'Mughus'		针叶树	Roof
松科	Pinaceae	松属	Pinus	日本五针松	Pinus parviflora	大阪松、日本黑松	针叶树	Roof/MC
松科	Pinaceae	松属	Pinus	'千种御殿'日本五针松	Pinus parviflora 'Chikusa Goten'		针叶树	Roof
松科	Pinaceae	松属	Pinus	'天蓝'北美乔松	Pinus strobus 'Himmelblau'	'希梅'北美乔松	针叶树	Roof
金松科	Sciadopityaceae	金松属	Sciadopitys	金松	Sciadopitys verticillata	日本金松	针叶树	Roof/MC
杉科	Taxodiaceae	柳杉属	Cryptomeria	'有姿'日本柳杉	Cryptomeria japonica 'Aritaki'		针叶树	Roof
杉科	Taxodiaceae	柳杉属	Cryptomeria	'扁平'日本柳杉	Cryptomeria japonica 'Compressa'		针叶树	Roof
杉科	Taxodiaceae	柳杉属	Cryptomeria	'鸡冠'日本柳杉	Cryptomeria japonica 'Cristata'		针叶树	Roof
杉科	Taxodiaceae	柳杉属	Cryptomeria	'小球'日本柳杉	Cryptomeria japonica 'Globosa Nana'		针叶树	Roof
杉科	Taxodiaceae	柳杉属	Cryptomeria	'孝志'日本柳杉	Cryptomeria japonica 'Koshyi'		针叶树	Roof
杉科	Taxodiaceae	柳杉属	Cryptomeria	'万吉'日本柳杉	Cryptomeria japonica 'Mankichi-sugi'		针叶树	Roof
杉科	Taxodiaceae	柳杉属	Cryptomeria	'螺旋'日本柳杉	Cryptomeria japonica 'Rasen'		针叶树	Roof
杉科	Taxodiaceae	柳杉属	Cryptomeria	'维尔莫兰'日本柳杉	Cryptomeria japonica 'Vilmoriniana'	千头柳杉	针叶树	Roof
杉科	Taxodiaceae	落羽杉属	Taxodium	'飞瀑'落羽杉	Taxodium distichum 'Cascade Falls'		针叶树	Roof
杉科	Taxodiaceae	水杉属	Metasequoia	'金叶'水杉	Metasequoia glyptostroboides 'Ogon'	黄金水杉、金叶杉	针叶树	Roof
杉科	Taxodiaceae	北美红杉属	Sequoia	'平展'北美红杉	Sequoia sempervirens 'Adpressa'		针叶树	Roof
柏科	Cupressaceae	翠柏属	Calocedrus	'黄斑'北美翠柏	Calocedrus decurrens 'Aureovariegata'	加州翠柏	针叶树	Roof
柏科	Cupressaceae	扁柏属	Chamaecyparis	'球状'美国扁柏	Chamaecyparis lawsoniana 'Globosa'		针叶树	Roof
柏科	Cupressaceae	扁柏属	Chamaecyparis	'绿球'美国扁柏	Chamaecyparis lawsoniana 'Green Globe'		针叶树	Roof

科	科拉丁名	属	属拉丁名	种	种拉丁名	中文异名	生活型	适用建筑立面
柏科	Cupressaceae	扁柏属	Chamaecyparis	'石松' 美国扁柏	Chamaecyparis lawsoniana 'Lycopodioides'		针叶树	Roof
柏科	Cupressaceae	扁柏属	Chamaecyparis	'克里普斯' 日本扁柏	Chamaecyparis obtusa 'Crippsii'		针叶树	Roof
柏科	Cupressaceae	扁柏属	Chamaecyparis	'石松' 日本扁柏	Chamaecyparis obtusa 'Lycopodioides'		针叶树	Roof
柏科	Cupressaceae	扁柏属	Chamaecyparis	'矮' 日本扁柏	Chamaecyparis obtusa 'Nana'		针叶树	Roof
柏科	Cupressaceae	扁柏属	Chamaecyparis	[鸡冠] 日本扁柏	Chamaecyparis obtusa 'Rashamiba'	'罗莎' 日本扁柏	针叶树	Roof
柏科	Cupressaceae	扁柏属	Chamaecyparis	日本花柏	Chamaecyparis pisifera	五彩柏	针叶树	Roof/MC
柏科	Cupressaceae	扁柏属	Chamaecyparis	'婴儿蓝' 日本花柏	Chamaecyparis pisifera 'Baby Blue'	'宝蓝' 日本花柏	针叶树	Roof
柏科	Cupressaceae	扁柏属	Chamaecyparis	'林荫大道' 日本花柏	Chamaecyparis pisifera 'Boulevard'		针叶树	Roof
柏科	Cupressaceae	扁柏属	Chamaecyparis	[金线] 日本花柏	Chamaecyparis pisifera 'Filifera Aurea'	[金线]柏、金线柏	针叶树	EW/SW/WW/Roof/MC
柏科	Cupressaceae	扁柏属	Chamaecyparis	'姬' 日本花柏	Chamaecyparis pisifera 'Hime-sawara'	'伊梅佐原' 日本花柏	针叶树	Roof
柏科	Cupressaceae	扁柏属	Chamaecyparis	'羽毛' 日本花柏	Chamaecyparis pisifera 'Plumosa'	羽叶花柏	针叶树	Roof
柏科	Cupressaceae	扁柏属	Chamaecyparis	绒柏	Chamaecyparis pisifera 'Squarrosa'	云松、棉柏	针叶树	Roof
柏科	Cupressaceae	扁柏属	Chamaecyparis	'金阳' 日本花柏	Chamaecyparis pisifera 'Sungold'		针叶树	Roof
柏科	Cupressaceae	柏木属	Cupressus	'蓝冰' 光滑翠干柏	Cupressus arizonica var. glabra 'Blue Ice'	蓝冰柏	针叶树	EW/SW/WW/Roof/MC
柏科	Cupressaceae	柏木属	Cupressus	'金冠' 大果柏木	Cupressus macrocarpa 'Goldcrest'	金冠柏	针叶树	Roof
柏科	Cupressaceae	柏木属	Cupressus	'加尔达' 地中海柏木	Cupressus sempervirens 'Garda'	'加各达' 地中海柏木	针叶树	Roof/MC
柏科	Cupressaceae	刺柏属	Juniperus	鹿角桧	Juniperus × pfitzeriana	杂交桧、杂种桧	针叶树	Roof
柏科	Cupressaceae	刺柏属	Juniperus	'金海岸' 鹿角桧	Juniperus × pfitzeriana 'Gold Coast'		针叶树	Roof
柏科	Cupressaceae	刺柏属	Juniperus	'栗田金' 鹿角桧	Juniperus × pfitzeriana 'Kuriwao Gold'		针叶树	Roof
柏科	Cupressaceae	刺柏属	Juniperus	'薄荷酒' 鹿角桧	Juniperus × pfitzeriana 'Mint Julep'		针叶树	Roof
柏科	Cupressaceae	刺柏属	Juniperus	'金叶' 鹿角桧	Juniperus × pfitzeriana 'Pfitzeriana Aurea'	金黄地柏	针叶树	Roof
柏科	Cupressaceae	刺柏属	Juniperus	'布洛乌' 圆柏	Juniperus chinensis 'Blaauw'		针叶树	Roof
柏科	Cupressaceae	刺柏属	Juniperus	'蓝阿尔卑斯' 圆柏	Juniperus chinensis 'Blue Alps'	铺地蓝刺柏	针叶树	Roof
柏科	Cupressaceae	刺柏属	Juniperus	球柏	Juniperus chinensis 'Globosa'	球桧、圆头柏	针叶树	Roof
柏科	Cupressaceae	刺柏属	Juniperus	铺地龙柏	Juniperus chinensis 'Kaizuca Procumbens'	匍地龙柏	针叶树	Roof
柏科	Cupressaceae	刺柏属	Juniperus	龙柏	Juniperus chinensis 'Kaizuka'	龙爪柏、爬地龙柏、匍地龙柏	针叶树	Roof/MC
柏科	Cupressaceae	刺柏属	Juniperus	真柏	Juniperus chinensis 'Shimpaku'	偃柏	针叶树	Roof
柏科	Cupressaceae	刺柏属	Juniperus	欧洲刺柏	Juniperus communis	(王／矮) 洛桧、欧桧、欧洲桧	针叶树	Roof
柏科	Cupressaceae	刺柏属	Juniperus	'绿毯' 欧洲刺柏	Juniperus communis 'Green Carpet'		针叶树	Roof

续表

科	科拉丁名	属	属拉丁名	种	种拉丁名	中文异名	生活型	适用建筑立面
柏科	Cupressaceae	刺柏属	Juniperus	'波浪' 欧洲刺柏	Juniperus communis 'Repanda'		针叶树	Roof
柏科	Cupressaceae	刺柏属	Juniperus	'爱尔兰' 欧洲刺柏	Juniperus communis 'Hibernica'	冬红欧洲刺柏	针叶树	Roof
柏科	Cupressaceae	刺柏属	Juniperus	'巴尔港' 平枝刺柏	Juniperus horizontalis 'Bar Harbor'		针叶树	Roof
柏科	Cupressaceae	刺柏属	Juniperus	'蓝筹' 平枝圆柏	Juniperus horizontalis 'Blue Chip'	兰片地柏	针叶树	Roof
柏科	Cupressaceae	刺柏属	Juniperus	'橙辉' 平枝圆柏	Juniperus horizontalis 'Limeglow'		针叶树	Roof
柏科	Cupressaceae	刺柏属	Juniperus	'曼波' 平枝圆柏	Juniperus horizontalis 'Monber'	[艾斯蓝]平枝圆柏	针叶树	Roof
柏科	Cupressaceae	刺柏属	Juniperus	'威尔士亲王' 平铺圆柏	Juniperus horizontalis 'Prince of Wales'		针叶树	EW/SW/WW/Roof/MC
柏科	Cupressaceae	刺柏属	Juniperus	铺地柏	Juniperus procumbens	矮桧、地柏、爬藤柏	针叶树	WW/Roof
柏科	Cupressaceae	刺柏属	Juniperus	'矮生' 铺地柏	Juniperus procumbens 'Nana'		针叶树	Roof
柏科	Cupressaceae	刺柏属	Juniperus	'岩石园珍宝' 叉子圆柏	Juniperus sabina 'Rockery Gem'	'假宝石' 叉子圆柏	针叶树	Roof
柏科	Cupressaceae	刺柏属	Juniperus	'柽柳叶' 叉子圆柏	Juniperus sabina 'Tamariscifolia'		针叶树	Roof
柏科	Cupressaceae	刺柏属	Juniperus	'冲天火箭' 岩生圆柏	Juniperus scopulorum 'Skyrocket'	'冲天'、落基山圆柏	针叶树	Roof
柏科	Cupressaceae	刺柏属	Juniperus	高山柏	Juniperus squamata	鳞桧、香青、香杉	针叶树	Roof
柏科	Cupressaceae	刺柏属	Juniperus	'蓝地毯' 高山柏	Juniperus squamata 'Blue Carpet'		针叶树	Roof
柏科	Cupressaceae	刺柏属	Juniperus	'蓝星' 高山柏	Juniperus squamata 'Blue Star'		针叶树	Roof
柏科	Cupressaceae	刺柏属	Juniperus	'霍尔格' 高山柏	Juniperus squamata 'Holger'		针叶树	Roof
柏科	Cupressaceae	刺柏属	Juniperus	粉柏	Juniperus squamata 'Meyeri'	翠柏、翠蓝柏	针叶树	Roof
柏科	Cupressaceae	刺柏属	Juniperus	'灰猫头鹰' 北美圆柏	Juniperus virginiana 'Grey Owl'		针叶树	Roof
柏科	Cupressaceae	刺柏属	Juniperus	'哈茨' 北美圆柏	Juniperus virginiana 'Hetzii'		针叶树	Roof
柏科	Cupressaceae	侧柏属	Platycladus	侧柏	Platycladus orientalis	扁柏、柏、柏树	针叶树	WW
柏科	Cupressaceae	侧柏属	Platycladus	'金叶' 侧柏	Platycladus orientalis 'Aurea'	黄金柏	针叶树	Roof
柏科	Cupressaceae	侧柏属	Platycladus	'酒金千头' 侧柏	Platycladus orientalis 'Aurea Nana'	'酒金'、千头柏	针叶树	EW/MC
柏科	Cupressaceae	侧柏属	Platycladus	千头柏	Platycladus orientalis 'Sieboldii'	凤尾柏、扫帚柏、子孙柏	针叶树	Roof/MC
柏科	Cupressaceae	侧柏属	Platycladus	'韦斯特蒙特' 侧柏	Platycladus orientalis 'Westmont'		针叶树	Roof
柏科	Cupressaceae	崖柏属	Thuja	北美香柏	Thuja occidentalis	金钟柏、美国侧柏、黄心柏木	针叶树	Roof
柏科	Cupressaceae	崖柏属	Thuja	'德格鲁之塔' 北美香柏	Thuja occidentalis 'Degroot's Spire'		针叶树	Roof
柏科	Cupressaceae	崖柏属	Thuja	'欧洲之金' 北美香柏	Thuja occidentalis 'Europe Gold'		针叶树	Roof
柏科	Cupressaceae	崖柏属	Thuja	'金球' 北美香柏	Thuja occidentalis 'Gloden Globe'		针叶树	Roof
柏科	Cupressaceae	崖柏属	Thuja	'祖母绿' 北美香柏	Thuja occidentalis 'Smaragd'		针叶树	Roof
柏科	Cupressaceae	崖柏属	Thuja	'光芒' 北美香柏	Thuja occidentalis 'Sunkist'		针叶树	Roof

科	科拉丁名	属	属拉丁名	种	种拉丁名	中文异名	生活型	适用建筑立面
柏科	Cupressaceae	崖柏属	Thuja	'小蒂姆' 北美香柏	Thuja occidentalis 'Tiny Tim'		针叶树	Roof
柏科	Cupressaceae	崖柏属	Thuja	'斯马利' 北美香柏	Thuja occidentalis 'Zmatlik'		针叶树	Roof
罗汉松科	Podocarpaceae	罗汉松属	Podocarpus	竹柏	Nageia nagi	船家树、铁甲树、椰树	针叶树	MC
罗汉松科	Podocarpaceae	罗汉松属	Podocarpus	罗汉松	Podocarpus macrophyllus	土杉、短叶罗汉松、罗汉杉	针叶树	MC
罗汉松科	Podocarpaceae	罗汉松属	Podocarpus	'狭叶' 罗汉松	Podocarpus macrophyllus 'Angustifolius'		针叶树	Roof
罗汉松科	Podocarpaceae	罗汉松属	Podocarpus	'短叶' 罗汉松	Podocarpus macrophyllus 'Maki'		针叶树	Roof
三尖杉科	Cephalotaxaceae	三尖杉属	Cephalotaxus	'柱状' 日本粗榧	Cephalotaxus harringtonia 'Fastigiata'	柱冠粗榧、柱冠粗榧	针叶树	Roof
三尖杉科	Cephalotaxaceae	三尖杉属	Cephalotaxus	粗榧	Cephalotaxus sinensis	中国粗榧、鄂西粗榧、粗榧杉	针叶树	Roof
红豆杉科	Taxaceae	红豆杉属	Taxus	欧洲红豆杉	Taxus baccata	西洋红豆、欧洲紫杉、浆果红豆杉	常绿针叶树	Roof
红豆杉科	Taxaceae	红豆杉属	Taxus	'阿默斯福特' 欧洲红豆杉	Taxus baccata 'Amersfoort'	'阿默斯' 欧洲红豆杉	针叶树	Roof
红豆杉科	Taxaceae	红豆杉属	Taxus	'柱状' 欧洲红豆杉	Taxus baccata 'Fastigiata'		针叶树	Roof
红豆杉科	Taxaceae	红豆杉属	Taxus	'波浪' 欧洲红豆杉	Taxus baccata 'Repandens'		常绿灌木状针叶树	Roof
红豆杉科	Taxaceae	红豆杉属	Taxus	'拉什莫尔' 欧洲红豆杉	Taxus baccata 'Rushmore'	'拉什莫尔' 欧洲红豆杉	针叶树	Roof
红豆杉科	Taxaceae	红豆杉属	Taxus	'墨绿' 欧洲红豆杉	Taxus baccata 'Schwarzgr ü n'		针叶树	Roof
红豆杉科	Taxaceae	红豆杉属	Taxus	'斯坦迪什' 欧洲红豆杉	Taxus baccata 'Standishii'		常绿灌木状针叶树	Roof
红豆杉科	Taxaceae	红豆杉属	Taxus	'夏日金' 欧洲红豆杉	Taxus baccata 'Summergold'		常绿灌木状针叶树	Roof
红豆杉科	Taxaceae	红豆杉属	Taxus	矮紫杉	Taxus cuspidata var. nana	枷罗木	常绿灌木状针叶树	Roof/MC
红豆杉科	Taxaceae	红豆杉属	Taxus	红豆杉	Taxus wallichiana var. chinensis	扁柏、观音杉、红豆树	针叶树	Roof/MC
木兰科	Magnoliaceae	含笑属	Michelia	白兰花	Michelia × alba	芭兰、白缅桂	常绿乔木	MC
木兰科	Magnoliaceae	含笑属	Michelia	含笑花	Michelia figo	含笑、含笑梅、香蕉花	常绿灌木	EW/NW/MC
木兰科	Magnoliaceae	含笑属	Michelia	金叶含笑	Michelia foveolata	长柱含笑、大叶楠、广东含兰花	常绿乔木	MC
木兰科	Magnoliaceae	含笑属	Michelia	深山含笑	Michelia maudiae	大花含笑、大叶楠、光叶白兰	常绿乔木	MC
木兰科	Magnoliaceae	含笑属	Michelia	'新' 含笑	Michelia 'Xin'	四季含笑	常绿乔木	MC
木兰科	Magnoliaceae	玉兰属	Yulania	二乔玉兰	Yulania × soulangeana	二乔木兰、朱砂玉兰	落叶小乔木	MC
木兰科	Magnoliaceae	玉兰属	Yulania	玉兰	Yulania denudata	木兰、玉兰花、白玉兰	落叶乔木	MC
木兰科	Magnoliaceae	玉兰属	Yulania	紫玉兰	Yulania liliiflora	辛夷、木兰、木笔	落叶乔木	MC
木兰科	Magnoliaceae	玉兰属	Yulania	星花玉兰	Yulania stellata	日本毛玉兰	落叶灌木	MC
蜡梅科	Calycanthaceae	夏蜡梅属	Calycanthus	美国蜡梅	Calycanthus floridus	美国夏蜡梅	落叶灌木	MC
蜡梅科	Calycanthaceae	蜡梅属	Chimonanthus	山蜡梅	Chimonanthus nitens	亮叶蜡梅、秋蜡梅、野蜡梅	常绿灌木	MC
蜡梅科	Calycanthaceae	蜡梅属	Chimonanthus	蜡梅	Chimonanthus praecox	臭蜡梅、大叶蜡梅、狗矢蜡梅	落叶灌木	Roof/MC

科	科拉丁名	属	属拉丁名	种	种拉丁名	中文异名	生活型	适用建筑立面
樟科	Lauraceae	樟属	*Cinnamomum*	樟	*Cinnamomum camphora*	香樟、芳樟、樟木	常绿大乔木	MC
樟科	Lauraceae	樟属	*Cinnamomum*	兰屿肉桂	*Cinnamomum kotoense*	平安树、大叶肉桂、台湾肉桂	常绿乔木	MC
樟科	Lauraceae	月桂属	*Laurus*	月桂	*Laurus nobilis*	老利儿、香叶树、月桂树	常绿小乔木或灌木状	MC
金粟兰科	Chloranthaceae	金粟兰属	*Chloranthus*	金粟兰	*Chloranthus spicatus*	珠兰、鱼子兰、珍珠兰	常绿半灌木	NW
三白草科	Saururaceae	蕺菜属	*Houttuynia*	蕺菜	*Houttuynia cordata*	鱼腥草、折耳根、狗贴耳	多年生腥臭草本	MC
三白草科	Saururaceae	三白草属	*Saururus*	三白草	*Saururus chinensis*	过山龙、白舌骨、白面姑	多年生湿生草本	MC
胡椒科	Piperaceae	草胡椒属	*Peperomia*	钝叶椒草	*Peperomia obtusifolia*	豆瓣绿、圆叶椒草	多年生常绿草本	MC
五味子科	Schisandraceae	南五味子属	*Kadsura*	南五味子	*Kadsura longipedunculata*	红木香、紫金藤、白山环藤	常绿木质藤本	EW/NW
五味子科	Schisandraceae	南五味子属	*Kadsura*	冷饭藤	*Kadsura oblongifolia*	冷饭藤、吹风散	常绿木质藤本	EW/NW
五味子科	Schisandraceae	五味子属	*Schisandra*	五味子	*Schisandra chinensis*	北五味子、嗽嘧扎、花椒藤	落叶木质藤本	EW/NW
五味子科	Schisandraceae	五味子属	*Schisandra*	铁箍散	*Schisandra propinqua subsp. sinensis*	小血藤、香巴戟、狭叶五味子	落叶木质藤本	EW/NW
莲科	Nelumbonaceae	莲属	*Nelumbo*	黄莲	*Nelumbo lutea*	美洲黄莲、黄莲花、美国莲	落叶多年生水生草本	MC
莲科	Nelumbonaceae	莲属	*Nelumbo*	莲	*Nelumbo nucifera*	荷花、中国莲、水芙蓉	落叶多年生水生草本	MC
睡莲科	Nymphaeaceae	芡属	*Euryale*	芡实	*Euryale ferox*	鸡头米	一年生大型水生草本	MC
睡莲科	Nymphaeaceae	萍蓬草属	*Nuphar*	萍蓬草	*Nuphar pumila*	黄金莲、萍蓬莲	多年生水生草本	MC
睡莲科	Nymphaeaceae	睡莲属	*Nymphaea*	白睡莲	*Nymphaea alba*	洋睡莲、白花睡莲、欧洲白睡莲	多年生水生草本	MC
睡莲科	Nymphaeaceae	睡莲属	*Nymphaea*	红睡莲	*Nymphaea alba var. rubra*	红花睡莲、红花洋睡莲、睡莲	多年生水生草本	MC
睡莲科	Nymphaeaceae	睡莲属	*Nymphaea*	齿叶睡莲	*Nymphaea lotus*	埃及白睡莲	多年生水生草本	MC
睡莲科	Nymphaeaceae	睡莲属	*Nymphaea*	黄睡莲	*Nymphaea mexicana*	墨西哥睡莲	多年生水生草本	MC
睡莲科	Nymphaeaceae	睡莲属	*Nymphaea*	红花睡莲	*Nymphaea rubra*	印度红睡莲	多年生水生草本	MC
睡莲科	Nymphaeaceae	王莲属	*Victoria*	亚马逊王莲	*Victoria amazonica*		多年生水生草本	MC
睡莲科	Nymphaeaceae	王莲属	*Victoria*	克鲁兹王莲	*Victoria cruziana*	圣克鲁兹王莲、王莲	多年生水生草本	MC
睡莲科	Nymphaeaceae	王莲属	*Victoria*	'长木'王莲	*Victoria* 'Longwood Hybrid'		多年生水生草本	MC
莼菜科	Cabombaceae	莼菜属	*Brasenia*	莼菜	*Brasenia schreberi*	蓴菜、浮菜、菁菜	多年生水生草本	MC
金鱼藻科	Ceratophyllaceae	金鱼藻属	*Ceratophyllum*	金鱼藻	*Ceratophyllum demersum*	松藻、阿拉坦-扎木鸥、灯笼丝	多年生沉水草本	MC
毛茛科	Ranunculaceae	楼斗菜属	*Aquilegia*	杂种楼斗菜	*Aquilegia hybrida*	大花楼斗菜	短命多年生草本	MC
毛茛科	Ranunculaceae	铁线莲属	*Clematis*	大花威灵仙	*Clematis courtoisii*	大花铁线莲、华东铁线莲、柱果铁线莲	落叶木质藤本	MC
毛茛科	Ranunculaceae	铁线莲属	*Clematis*	大花铁线莲	*Clematis* Early / Late Large-flowered Group	大花绣球藤、大花四喜牡丹	落叶藤本	MC

续表

科	科拉丁名	属	属拉丁名	种	种拉丁名	中文异名	生活型	适用建筑立面
毛茛科	Ranunculaceae	铁线莲属	*Clematis*	铁线莲	*Clematis florida*	光板银样力刚、山木通、铁脚威灵仙	落叶草质藤本	EW
毛茛科	Ranunculaceae	铁线莲属	*Clematis*	半钟铁线莲	*Clematis sibirica* var. *ochotensis*	高山铁线莲、好昂混－奥日牙木格	落叶木质藤本	EW
毛茛科	Ranunculaceae	翠雀属	*Delphinium*	翠雀	*Delphinium grandiflorum*	大花飞燕草	短命多年生草本	MC
毛茛科	Ranunculaceae	铁筷子属	*Helleborus*	杂交铁筷子	*Helleborus* × *hybridus*	杂交嚏根草、圣诞玫瑰	常绿多年生草本	MC
毛茛科	Ranunculaceae	毛茛属	*Ranunculus*	花毛茛	*Ranunculus asiaticus*	波斯毛茛、芹菜花	多年宿根草本	MC
小檗科	Berberidaceae	小檗属	*Berberis*	日本小檗	*Berberis thunbergii*	小檗	落叶灌木	EW/SW/WW/MC
小檗科	Berberidaceae	小檗属	*Berberis*	‘金叶’日本小檗	*Berberis thunbergii* 'Aurea'	金叶小檗	落叶灌木	Roof
小檗科	Berberidaceae	小檗属	*Berberis*	‘紫叶’日本小檗	*Berberis thunbergii* 'Atropurpurea'	紫叶小檗	落叶灌木	Roof/MC
小檗科	Berberidaceae	小檗属	*Berberis*	‘矮紫叶’日本小檗	*Berberis thunbergii* 'Atropurpurea Nana'		落叶灌木	Roof
小檗科	Berberidaceae	小檗属	*Berberis*	‘金环’日本小檗	*Berberis thunbergii* 'Golden Ring'		落叶灌木	Roof
小檗科	Berberidaceae	十大功劳属	*Mahonia*	阔叶十大功劳	*Mahonia bealei*	土黄柏、八角刺、八角羊	常绿灌木或小乔木	NW/EW/SW/WW/MC
小檗科	Berberidaceae	十大功劳属	*Mahonia*	宽苞十大功劳	*Mahonia eurybracteata*	显苞十大功劳、小叶十大功劳	常绿灌木	MC
小檗科	Berberidaceae	十大功劳属	*Mahonia*	‘安坪’十大功劳	*Mahonia eurybracteata* subsp. *ganpinensis*	锦屏十大功劳、安平十大功劳、刺黄柏	常绿灌木	MC
小檗科	Berberidaceae	十大功劳属	*Mahonia*	十大功劳	*Mahonia fortunei*	刺黄柏、刺黄连、刺黄莲	常绿灌木	EW/SW/WW/MC
小檗科	Berberidaceae	南天竹属	*Nandina*	南天竹	*Nandina domestica*	白天竹、斑鸠窝、关秧	常绿灌木	EW/SW/NW/Roof/MC
小檗科	Berberidaceae	南天竹属	*Nandina*	‘火焰’南天竹	*Nandina domestica* 'Fire Power'		常绿灌木	EW
木通科	Lardizabalaceae	木通属	*Akebia*	木通	*Akebia quinata*	五叶木通	落叶木质灌木	EW/NW/MC
木通科	Lardizabalaceae	木通属	*Akebia*	三叶木通	*Akebia trifoliata*	八月炸、八月瓜、八月瓜藤	落叶木质灌木	EW/SW/WW/MC
木通科	Lardizabalaceae	八月瓜属	*Holboellia*	鹰爪枫	*Holboellia coriacea*	八月栌、八月楂、八月札	落叶木质藤本	MC
木通科	Lardizabalaceae	大血藤属	*Sargentodoxa*	大血藤	*Sargentodoxa cuneata*	大活血、红藤、血藤	落叶木质藤本	NW
罂粟科	Papaveraceae	花菱草属	*Eschscholtzia*	花菱草	*Eschscholtzia californica*	加州罂粟、金英花、洋丽春	短命多年生草本	MC
紫堇科	Papaveraceae	荷包牡丹属	*Lamprocapnos*	荷包牡丹	*Lamprocapnos spectabilis*	蒲包花、铃儿草、鱼儿牡丹	落叶多年生草本	MC
罂粟科	Papaveraceae	博落回属	*Macleaya*	博落回	*Macleaya cordata*	号筒杆、黄薄荷、叭拉筒	落叶多年生草本	MC
罂粟科	Papaveraceae	罂粟属	*Papaver*	野罂粟	*Papaver nudicaule*	冰岛虞美人、山米壳、野大烟	多年生草本	MC
罂粟科	Papaveraceae	罂粟属	*Papaver*	虞美人	*Papaver rhoeas*	百般娇、百般妖、蝴蝶满园春	二年生或一年生草本	MC
金缕梅科	Hamamelidaceae	蚊母树属	*Distylium*	小叶蚊母树	*Distylium buxifolium*	黄杨叶蚊母树、小叶蚊母、窄叶蚊母树	常绿灌木	EW/SW/MC
金缕梅科	Hamamelidaceae	蚊母树属	*Distylium*	中华蚊母树	*Distylium chinense*	川鄂蚊母树、河边蚊母树、石头棵子	常绿灌木	MC

科	科拉丁名	属	属拉丁名	种	种拉丁名	中文异名	生活型	适用建筑立面
金缕梅科	Hamamelidaceae	蚊母树属	Distylium	鳞毛蚊母树	Distylium elaeagnoides	鳞枇蚊母树、鳞毛蚊母、两广蚊母树	常绿灌木或小乔木	EW/SW
金缕梅科	Hamamelidaceae	蚊母树属	Distylium	杨梅叶蚊母树	Distylium myricoides	夹心、萍柴、野柴	常绿灌木或小乔木	EW/SW
金缕梅科	Hamamelidaceae	蚊母树属	Distylium	蚊母树	Distylium racemosum	米心树、蚊母、蚊子树	常绿灌木或中乔木	MC
金缕梅科	Hamamelidaceae	金缕梅属	Hamamelis	'红宝石之光'同型金缕梅	Hamamelis × intermedia 'Ruby Glow'		落叶灌木	MC
金缕梅科	Hamamelidaceae	金缕梅属	Hamamelis	金缕梅	Hamamelis mollis	黑皮紫、木里仙、牛踏果	落叶灌木或小乔木	MC
金缕梅科	Hamamelidaceae	檵木属	Loropetalum	檵木	Loropetalum chinense	檵柴、坚炭、山漆柴	常绿灌木	MC
金缕梅科	Hamamelidaceae	檵木属	Loropetalum	红花檵木	Loropetalum chinense var. rubrum	红檵木	常绿灌木	EW/SW/Roof/MC
榆科	Ulmaceae	榆属	Ulmus	榔榆	Ulmus parvifolia	小叶榆	落叶乔木	MC
榆科	Ulmaceae	榆属	Ulmus	'垂枝'榆	Ulmus pumila 'Tenue'		落叶小乔木	Roof
榆科	Ulmaceae	榆属	Ulmus	'垂枝金叶'榆	Ulmus pumila 'Chuizhi Jinye'		落叶小乔木	Roof
桑科	Moraceae	榕属	Ficus	垂叶榕	Ficus benjamina	小叶榕、细叶榕、垂榕	常绿大乔木	EW/SW
桑科	Moraceae	榕属	Ficus	'花叶'高山榕	Ficus altissima 'Variegata'	花叶榕	常绿灌木	EW/SW
桑科	Moraceae	榕属	Ficus	无花果	Ficus carica	阿[马旦]、阿驿、阿胆	落叶灌木	Roof/MC
桑科	Moraceae	榕属	Ficus	印度榕	Ficus elastica	橡胶榕、印度橡皮树	常绿乔木	EW/SW/MC
桑科	Moraceae	榕属	Ficus	榕树	Ficus microcarpa	小叶榕	常绿大乔木	MC
桑科	Moraceae	榕属	Ficus	薜荔	Ficus pumila	凉粉树、木莲、水馒头	常绿攀缘或葡匐灌木	EW/SW/NW/Roof/MC
桑科	Moraceae	桑属	Morus	桑	Morus alba	桑树、白桑、伏桑	落叶乔木	MC
桑科	Moraceae	桑属	Morus	'垂枝'桑	Morus alba 'Pendula'	宝巾、九重葛、久重葛	落叶乔木	MC
桑科	Moraceae	桑属	Morus	'云龙'桑	Morus alba 'Unryu'	龙爪桑、'螺旋'鲁桑、龙拐桑	落叶乔木	MC
荨麻科	Urticaceae	冷水花属	Pilea	花叶冷水花	Pilea cadierei	白斑叶冷水花、金边山乌龟、白雪草	常绿多年生草本	NW
荨麻科	Urticaceae	冷水花属	Pilea	冷水花	Pilea notata	长柄冷水麻、甜草、红叶九节茶	多年生草本	NW
荨麻科	Urticaceae	冷水花属	Pilea	镜面草	Pilea peperomioides	翠屏草、象耳朵草、镜面叶	常绿多年生草本	NW
杨梅科	Myricaceae	杨梅属	Myrica	杨梅	Myrica rubra	圣生梅、白蒂梅、树梅	常绿乔木	Roof/MC
紫茉莉科	Nyctaginaceae	叶子花属	Bougainvillea	光叶子花	Bougainvillea glabra	宝巾、九重葛、久重葛	常绿藤状灌木	EW/SW/WW
紫茉莉科	Nyctaginaceae	叶子花属	Bougainvillea	叶子花	Bougainvillea spectabilis		常绿藤状灌木	MC
紫茉莉科	Nyctaginaceae	紫茉莉属	Mirabilis	紫茉莉	Mirabilis jalapa	烟脂花、白丁香花、白粉果	一年生或多年生草本	MC
番杏科	Aizoaceae	日中花属	Mesembryanthemum	心叶日中花	Mesembryanthemum cordifolium	露花、花蔓草	多年生多浆植物	EW/SW
仙人掌科	Cactaceae	岩牡丹属	Ariocarpus	岩牡丹	Ariocarpus retusus	牡丹仙人掌	多年生仙人掌类植物	Roof
仙人掌科	Cactaceae	仙人柱属	Cereus	山影拳	Cereus peruvianus 'Monstrosus'	仙人山、山影、仙人柱	多年生仙人掌类植物	Roof

科	科拉丁名	属	属拉丁名	种	种拉丁名	中文异名	生活型	适用建筑立面
仙人掌科	Cactaceae	敦丘掌属	Cumulopuntia	米斯堤仙人掌	Cumulopuntia mistiensis		多年生仙人掌类植物	Roof
仙人掌科	Cactaceae	金琥属	Echinocactus	金琥	Echinocactus grusonii	金（鱼/虎）、象牙球、金[鱼]虎]	多年生仙人掌类植物	Roof
仙人掌科	Cactaceae	强刺球属	Ferocactus	利刺仙人掌	Ferocactus acanthodes	琥头	多年生仙人掌类植物	Roof
仙人掌科	Cactaceae	裸萼球属	Gymnocalycium	绯牡丹	Gymnocalycium mihanovichii 'Hibotan'	牡丹玉、红灯、红牡丹	多年生仙人掌类植物	Roof
仙人掌科	Cactaceae	仙人掌属	Opuntia	仙人掌	Opuntia dillenii	霸王树、观音掌、火焰	多年生仙人掌类植物	EW/SW
仙人掌科	Cactaceae	仙人掌属	Opuntia	梨果仙人掌	Opuntia ficus-indica	霸王树、大型宝剑、火焰	多年生仙人掌类植物	Roof
仙人掌科	Cactaceae	仙人掌属	Opuntia	黄毛掌	Opuntia microdasys	白毛掌、细刺仙人掌、兔耳掌	多年生仙人掌类植物	Roof
仙人掌科	Cactaceae	山翁柱属	Oreocereus	赛尔西刺翁柱	Oreocereus celsianus		多年生仙人掌类植物	Roof
藜科	Chenopodiaceae	甜菜属	Beta	厚皮菜	Beta vulgaris var. cicla	红叶甜菜	两年生草本	MC
藜科	Chenopodiaceae	地肤属	Kochia	地肤	Kochia scoparia	扫帚菜、白筷子、地肤子	一年生草本	Roof/MC
藜科	Chenopodiaceae	菠菜属	Spinacia	菠菜	Spinacia oleracea	波斯草、波（廾/陵）	一年生草本	Roof
苋科	Amaranthaceae	牛膝属	Achyranthes	柳叶牛膝	Achyranthes longifolia	白牛膝、长叶牛膝、杜牛膝	多年生草本	MC
苋科	Amaranthaceae	莲子草属	Alternanthera	锦绣苋	Alternanthera bettzickiana	五色苋、红绿草	多年生草本	EW/SW/WW/MC
苋科	Amaranthaceae	莲子草属	Alternanthera	巴西莲子草	Alternanthera brasiliana	大叶红草	大叶红草	MC
苋科	Amaranthaceae	莲子草属	Alternanthera	莲子草	Alternanthera sessilis	虾钳菜、白花仔、白花苋	一年生/多年生草本	EW/SW
苋科	Amaranthaceae	苋属	Amaranthus	雁来红	Amaranthus tricolor 'Splendens'	三色苋、老来少	一年生草本	MC
苋科	Amaranthaceae	苋属	Amaranthus	苋	Amaranthus tricolor	雁来红、老少年、旱菜	一年生草本	Roof/MC
苋科	Amaranthaceae	青葙属	Celosia	鸡冠花	Celosia cristata Cristata Group	白鸡冠花、大鸡公苋、海冠花	一年生直立草本	MC
苋科	Amaranthaceae	青葙属	Celosia	凤尾鸡冠	Celosia cristata Plumosa Group	凤尾鸡冠花	一年生直立草本	MC
苋科	Amaranthaceae	千日红属	Gomphrena	千日红	Gomphrena globosa	白日白、白日红、百日红	一年生直立草本	EW/SW/MC
苋科	Amaranthaceae	血苋属	Iresine	血苋	Iresine herbstii	红叶苋、红洋苋、德国苋	多年生草本	MC
马齿苋科	Portulacaceae	马齿苋属	Portulaca	大花马齿苋	Portulaca grandiflora	半支莲、松叶牡丹、太阳花	一年生草本	WW/MC
马齿苋科	Portulacaceae	马齿苋属	Portulaca	环翅马齿苋	Portulaca umbraticola	马齿苋	一年生草本	Roof
马齿苋科	Portulacaceae	土人参属	Talinum	棱轴土人参	Talinum fruticosum	土人参	多年生或一年生草本	EW/SW
落葵科	Basellaceae	落葵薯属	Anredera	落葵薯	Anredera cordifolia	藤三七、心叶落葵薯、洋落葵	多年生草质缠绕藤本	EW/SW
落葵科	Basellaceae	落葵属	Basella	落葵	Basella alba	藤菜、木耳菜、汤菜	一年生缠绕草本	EW/SW/NW
石竹科	Caryophyllaceae	石竹属	Dianthus	须苞石竹	Dianthus barbatus	美国石竹、十样锦、调子花	多年生草本	Roof
石竹科	Caryophyllaceae	石竹属	Dianthus	香石竹	Dianthus caryophyllus	康乃馨、麝香石竹、大花石竹	多年生草本	Roof/MC
石竹科	Caryophyllaceae	石竹属	Dianthus	石竹	Dianthus chinensis	洛阳花、巴希卡-其其格、东北石生	多年生草本	EW/SW/Roof/MC
石竹科	Caryophyllaceae	石竹属	Dianthus	西洋石竹	Dianthus deltoides	少女石竹、美女石竹	多年生草本	Roof
石竹科	Caryophyllaceae	石竹属	Dianthus	常夏石竹	Dianthus plumarius	地被石竹	多年生草本	Roof/MC

科	科拉丁名	属	属拉丁名	种	种拉丁名	中文异名	生活型	适用建筑立面
石竹科	Caryophyllaceae	石竹属	Dianthus	瞿麦	Dianthus superbus	大石竹、高雪-巴希卡、鬼麦	多年生草本	Roof
石竹科	Caryophyllaceae	剪秋罗属	Lychnis	剪春罗	Lychnis coronata	剪夏罗	多年生草本	MC
石竹科	Caryophyllaceae	肥皂草属	Saponaria	肥皂草	Saponaria officinalis	石碱花	多年生草本	MC
蓼科	Polygonaceae	珊瑚藤属	Antigonon	珊瑚藤	Antigonon leptopus	秋海棠、假菩提	常绿草质藤本	MC
蓼科	Polygonaceae	何首乌属	Fallopia	何首乌	Fallopia multiflora	狗卵子、红首乌、三峡何首乌	落叶多年生草本	EW/SW/NW
蓼科	Polygonaceae	千叶兰属	Muehlenbeckia	千叶兰	Muehlenbeckia complexa	纽扣藤、铁丝草、电线草	落叶灌木或藤本	MC
蓼科	Polygonaceae	蓼属	Polygonum	'红龙'小头蓼	Polygonum microcephalum 'Red Dragon'		落叶多年生草本	MC
蓼科	Polygonaceae	蓼属	Polygonum	赤胫散	Polygonum runcinatum var. sinense	大茶花草、红皂药、红沸兰	落叶多年生草本	EW/SW/WW/Roof
白花丹科	Plumbaginaceae	海石竹属	Armeria	海石竹	Armeria maritima		多年生常绿草本	MC
白花丹科	Plumbaginaceae	白花丹属	Plumbago	蓝花丹	Plumbago auriculata	蓝雪花	常绿柔弱半灌木	MC
芍药科	Paeoniaceae	芍药属	Paeonia	芍药	Paeonia lactiflora	白芍、白药、白苕	落叶多年生草本	MC
芍药科	Paeoniaceae	芍药属	Paeonia	牡丹	Paeonia suffruticosa	百两金、宝黄花、丹根	落叶灌木	EW/SW
山茶科	Theaceae	山茶属	Camellia	山茶	Camellia japonica	茶花、白棘茶、白洋茶	常绿灌木或小乔木	EW/MC
山茶科	Theaceae	山茶属	Camellia	微花连蕊茶	Camellia lutchuensis var. minutiflora		常绿灌木	MC
山茶科	Theaceae	山茶属	Camellia	油茶	Camellia oleifera	白花茶、白茶油、茶油	常绿灌木或中乔木	MC
山茶科	Theaceae	山茶属	Camellia	茶梅	Camellia sasanqua	茶梅花、冬红山茶、粉红短柱茶	常绿灌木或中乔木	EW/SW/MC
山茶科	Theaceae	山茶属	Camellia	狗牙瓣茶梅	Camellia uraku	美人茶	常绿灌木或小乔木	MC
山茶科	Theaceae	柃属	Eurya	滨柃	Eurya emarginata	凹叶柃子、海瓜子、凹头柃木	常绿灌木	Roof/MC
山茶科	Theaceae	厚皮香属	Ternstroemia	厚皮香	Ternstroemia gymnanthera	红粨、称杆木、秤杆木	常绿灌木或小乔木	MC
猕猴桃科	Actinidiaceae	猕猴桃属	Actinidia	京梨猕猴桃	Actinidia callosa var. henryi	秤花藤、马奶秤砣藤、毛桃子	大型落叶木质藤本	MC
猕猴桃科	Actinidiaceae	猕猴桃属	Actinidia	中华猕猴桃	Actinidia chinensis	猕猴桃、羊桃、阳桃	大型落叶中乔木	EW/SW/MC
猕猴桃科	Actinidiaceae	猕猴桃属	Actinidia	狗枣猕猴桃	Actinidia kolomikta	狗枣子、伦敦果、猫人参	大型落叶木质藤本	MC
藤黄科	Clusiaceae	金丝桃属	Hypericum	'格莫'金丝桃	Hypericum 'Gemo'		半常绿灌木	Roof/MC
藤黄科	Clusiaceae	金丝桃属	Hypericum	冬绿金丝桃	Hypericum calycinum	大萼金丝桃	常绿或半常绿亚灌木	MC
藤黄科	Clusiaceae	金丝桃属	Hypericum	金丝桃	Hypericum monogynum	金丝海棠、土连翘、大过路黄	半常绿灌木	EW/SW/Roof/MC
藤黄科	Clusiaceae	金丝桃属	Hypericum	金丝梅	Hypericum patulum	芒种花、云南连翘、大过路黄	半常绿灌木	EW/SW/MC
杜英科	Elaeocarpaceae	杜英属	Elaeocarpus	杜英	Elaeocarpus decipiens	假杨梅、梅擦饭、青果	常绿乔木	MC
杜英科	Elaeocarpaceae	杜英属	Elaeocarpus	秃瓣杜英	Elaeocarpus glabripetalus	光瓣杜英、棱枝杜英、颓瓣杜英	常绿乔木	MC
木棉科	Bombacaceae	瓜栗属	Pachira	瓜栗	Pachira aquatica	水瓜栗	常绿小乔木	MC
木棉科	Bombacaceae	瓜栗属	Pachira	光瓜栗	Pachira glabra	马拉巴栗、发财树	常绿乔木	MC
锦葵科	Malvaceae	苘麻属	Abutilon	红萼苘麻	Abutilon megapotamicum	蔓生风铃花、蔓性风铃花	常绿藤蔓状灌木	EW/SW

科	科拉丁名	属	属拉丁名	种	种拉丁名	中文异名	生活型	适用建筑立面
锦葵科	Malvaceae	苘麻属	Abutilon	金铃花	Abutilon pictum	纹瓣悬铃花、纹瓣苘麻	常绿灌木	MC
锦葵科	Malvaceae	蜀葵属	Althaea	蜀葵	Alcea rosea	一丈红、端午锦、秫秸花	两年生草本	Roof
锦葵科	Malvaceae	南非葵属	Anisodontea	小木槿	Anisodontea capensis	南非葵	常年生亚灌木	EW/MC
锦葵科	Malvaceae	木槿属	Hibiscus	红叶槿	Hibiscus acetosella	红木槿、紫叶槿	常绿亚灌木	MC
锦葵科	Malvaceae	木槿属	Hibiscus	红秋葵	Hibiscus coccineus	槭葵、沼生木槿	多年生直立草本	MC
锦葵科	Malvaceae	木槿属	Hibiscus	海滨木槿	Hibiscus hamabo	海槿、日本黄槿、黄芙蓉	落叶灌木	Roof/MC
锦葵科	Malvaceae	木槿属	Hibiscus	芙蓉葵	Hibiscus moscheutos	大花秋葵	多年生直立草本	Roof/MC
锦葵科	Malvaceae	木槿属	Hibiscus	木芙蓉	Hibiscus mutabilis	山芙蓉、白芙蓉、地芙蓉	落叶灌木或小乔木	MC
锦葵科	Malvaceae	木槿属	Hibiscus	朱槿	Hibiscus rosa-sinensis	扶桑、桑槿、状元红	常绿灌木	Roof/MC
锦葵科	Malvaceae	木槿属	Hibiscus	吊灯扶桑	Hibiscus schizopetalus	裂瓣朱槿	常绿直立灌木	MC
锦葵科	Malvaceae	木槿属	Hibiscus	木槿	Hibiscus syriacus	木锦、荆条、芭壁花	落叶灌木	Roof/MC
锦葵科	Malvaceae	沼葵属	Kosteletzkya	海滨沼葵	Kosteletzkya pentacarpos	海滨锦葵	多年生草本	MC
锦葵科	Malvaceae	锦葵属	Malva	锦葵	Malva cathayensis	钱葵、金钱紫花葵、棋盘花	一年生或多年生直立草本	MC
锦葵科	Malvaceae	赛葵属	Malvastrum	砖红赛葵葵	Malvastrum lateritium	蔓锦葵	多年生蔓生草本	MC
锦葵科	Malvaceae	悬铃花属	Malvaviscus	垂花悬铃花	Malvaviscus penduliflorus	悬铃花	常绿灌木	MC
锦葵科	Malvaceae	粉葵属	Pavonia	粉葵	Pavonia hastata	戟叶孔雀葵、高砂芙蓉	常绿亚灌木	EW/MC
堇菜科	Violaceae	堇菜属	Viola	角堇	Viola cornuta	小三色堇	多年生草本	EW/SW/MC
堇菜科	Violaceae	堇菜属	Viola	紫花地丁	Viola philippica	光瓣堇菜、白毛堇菜、宝剑草	多年生草本	Roof
堇菜科	Violaceae	堇菜属	Viola	大花三色堇	Viola × wittrockiana	小蝴蝶花、猫脸、杂种堇菜	多年生草本	EW/SW/MC
柽柳科	Tamaricaceae	柽柳属	Tamarix	柽柳	Tamarix chinensis	三春柳、红荆条、西湖柳	落叶灌木或小乔木	MC
西番莲科	Passifloraceae	西番莲属	Passiflora	紫花西番莲	Passiflora amethystina		常绿或半常绿草质藤本	MC
西番莲科	Passifloraceae	西番莲属	Passiflora	西番莲	Passiflora caerulea	蓝冠鸡蛋果	常绿或半常绿草质藤本	EW/SW/MC
西番莲科	Passifloraceae	西番莲属	Passiflora	红花西番莲	Passiflora coccinea	洋红西番莲	常绿草质藤本	MC
西番莲科	Passifloraceae	西番莲属	Passiflora	鸡蛋果	Passiflora edulis	百香果、紫果西番莲	常绿或半常绿草质藤本	MC
葫芦科	Cucurbitaceae	冬瓜属	Benincasa	冬瓜	Benincasa hispida	白瓜、白东瓜皮、白冬瓜	一年生蔓生或架生草本	Roof
葫芦科	Cucurbitaceae	南瓜属	Cucurbita	南瓜	Cucurbita moschata	番瓜、北瓜、北瓜子	一年生蔓生草本	Roof
葫芦科	Cucurbitaceae	葫芦属	Lagenaria	葫芦	Lagenaria siceraria	壶卢(颅)、凹颈瓜、白瓜	一年生草本	EW/SW
葫芦科	Cucurbitaceae	丝瓜属	Luffa	丝瓜	Luffa aegyptiaca	胜瓜、菜瓜	一年生蔓生藤本	EW/SW
葫芦科	Cucurbitaceae	栝楼属	Trichosanthes	栝楼	Trichosanthes kirilowii	瓜蒌、野苦瓜、地楼	草质攀缘藤本	EW/SW

科	科拉丁名	属	属拉丁名	种	种拉丁名	中文异名	生活型	适用建筑立面
秋海棠科	Begoniaceae	秋海棠属	Begonia	银星秋海棠	Begonia albopicta	银星海棠、麻叶秋海棠	常绿多年生草本	WW
秋海棠科	Begoniaceae	秋海棠属	Begonia	四季秋海棠	Begonia cucullata	四季海棠、四季秋海棠	常绿多年生草本	WW/MC
秋海棠科	Begoniaceae	秋海棠属	Begonia	丽格秋海棠	Begonia Hiemalis Group	丽格海棠	多年生草本	MC
秋海棠科	Begoniaceae	秋海棠属	Begonia	竹节秋海棠	Begonia maculata	斑叶竹节海棠	常绿多年生草本	WW
秋海棠科	Begoniaceae	秋海棠属	Begonia	铁甲秋海棠	Begonia masoniana	铁十字秋海棠	常绿多年生草本	WW
秋海棠科	Begoniaceae	秋海棠属	Begonia	大王秋海棠	Begonia rex	紫叶秋海棠、长纤秋海棠、蛤蟆叶秋海棠	常绿多年生草本	WW
杨柳科	Salicaceae	柳属	Salix	垂柳	Salix babylonica	垂绿柳、垂丝柳、垂杨柳	落叶乔木	MC
杨柳科	Salicaceae	柳属	Salix	'白露锦'杞柳	Salix integra 'Hakuro-nishiki'	彩叶杞柳	落叶灌木	MC
杨柳科	Salicaceae	柳属	Salix	旱柳	Salix matsudana	白柳、白皮柳、材柳	落叶乔木	MC
白花菜科	Cleomaceae	醉蝶花属	Tarenaya	醉蝶花	Tarenaya hassleriana	西洋白花菜、凤蝶草、蜘蛛花	一年生强壮草本	MC
十字花科	Brassicaceae	芸薹属	Brassica	白菜	Brassica rapa var. glabra	大白菜、黄芽菜、菘	两年或一年生草本	Roof
十字花科	Brassicaceae	芸薹属	Brassica	雪里蕻	Brassica juncea var. multiceps	雪里红	两年或一年生草本	Roof
十字花科	Brassicaceae	芸薹属	Brassica	羽衣甘蓝	Brassica oleracea var. acephala	皱叶甘蓝、花菜、卷叶菜	两年生草本	MC
十字花科	Brassicaceae	芸薹属	Brassica	花椰菜	Brassica oleracea var. botrytis	菜花、花菜、花叶菜	两年生草本	Roof
十字花科	Brassicaceae	芸薹属	Brassica	结球甘蓝	Brassica oleracea var. capitata	卷心菜、圆白菜、莲花白	两年生草本	Roof
十字花科	Brassicaceae	芸薹属	Brassica	擘蓝	Brassica oleracea var. gongylodes	苤蓝	两年生草本	Roof
十字花科	Brassicaceae	芸薹属	Brassica	绿花菜	Brassica oleracea var. italica	木立花椰菜、花茎甘蓝、花椰菜薹	两年生草本	Roof
十字花科	Brassicaceae	芸薹属	Brassica	青菜	Brassica rapa var. chinensis	菜苔、小白菜、小青菜	两年或一年生草本	Roof
十字花科	Brassicaceae	芸薹属	Brassica	紫叶青菜	Brassica rapa var. chinensis 'Rubi F1'		多年生草本	MC
十字花科	Brassicaceae	香雪球属	Lobularia	香雪球	Lobularia maritima	小白花、庭荠	两年或一年生草本	MC
十字花科	Brassicaceae	紫罗兰属	Matthiola	紫罗兰	Matthiola incana	草桂花、日本草紫兰、富贵花	两年或一年生草本	MC
杜鹃花科	Ericaceae	马醉木属	Pieris	马醉木	Pieris japonica	梫木、日本马醉木、台湾马醉木	常绿灌木或小乔木	EW/SW
杜鹃花科	Ericaceae	杜鹃花属	Rhododendron	云锦杜鹃	Rhododendron fortunei	白杜鹃花、大映山红、天目杜鹃	常绿灌木或小乔木	MC
杜鹃花科	Ericaceae	杜鹃花属	Rhododendron	皐月杜鹃	Rhododendron indicum	比利时杜鹃、东洋杜鹃、日本杜鹃	半常绿灌木	MC
杜鹃花科	Ericaceae	杜鹃花属	Rhododendron	满山红	Rhododendron mariesii	白花满山红、杜鹃、卵叶杜鹃	落叶灌木	MC
杜鹃花科	Ericaceae	杜鹃花属	Rhododendron	锦绣杜鹃	Rhododendron × pulchrum	毛杜鹃、杜鹃、毛鹃	落叶灌木	EW/NW/MC
杜鹃花科	Ericaceae	杜鹃花属	Rhododendron	杜鹃	Rhododendron simsii	杜鹃花、映山红	落叶灌木	EW/SW/MC
柿树科	Ebenaceae	柿属	Diospyros	老鸦柿	Diospyros rhombifolia	山柿子、野山柿、野柿子	落叶小乔木	MC
紫金牛科	Myrsinaceae	紫金牛属	Ardisia	朱砂根	Ardisia crenata	红铜盘、大罗伞、珍砂根	常绿灌木	NW/MC
紫金牛科	Myrsinaceae	紫金牛属	Ardisia	百两金	Ardisia crispa	开喉箭、八山金龙、矮茶	常绿灌木	NW/MC

科	科拉丁名	属	属拉丁名	种	种拉丁名	中文异名	生活型	适用建筑立面
紫金牛科	Myrsinaceae	紫金牛属	Ardisia	紫金牛	Ardisia japonica	野枇杷叶、平地木、（矮）地茶	常绿小灌木或亚灌木	NW/MC
紫金牛科	Myrsinaceae	紫金牛属	Ardisia	虎舌红	Ardisia mamillata	红地毡、红毛毡、矮朵朵	常绿矮小灌木	NW
紫金牛科	Myrsinaceae	紫金牛属	Ardisia	多枝紫金牛	Ardisia sieboldii	东南紫金牛、树（木/巳）、树杞	常绿灌木	NW/MC
报春花科	Primulaceae	仙客来属	Cyclamen	仙客来	Cyclamen persicum	一品冠、兔子花、萝卜海棠	多年生草本	NW/MC
报春花科	Primulaceae	珍珠菜属	Lysimachia	'金叶'圆叶过路黄	Lysimachia nummularia 'Aurea'	金叶过路黄	多年生常绿草本	MC
报春花科	Primulaceae	报春花属	Primula	欧洲报春	Primula vulgaris	西洋报春	多年生草本	MC
海桐花科	Pittosporaceae	海桐花属	Pittosporum	海桐	Pittosporum tobira	臭榕仔、垂青树、海桐花	常绿灌木或小乔木	NW/EW/SW/MC
海桐花科	Pittosporaceaea	海桐花属	Pittosporum	'斑叶'海桐	Pittosporum tobira 'Variegatum'	花叶海桐	常绿灌木或小乔木	EW/SW/NW/MC
景天科	Crassulaceae	落地生根属	Bryophyllum	大叶落地生根	Bryophyllum daigremontianum	并庆舞、宽叶落地生根、落地生根	多年生多浆植物	EW/SW/WW
景天科	Crassulaceae	落地生根属	Bryophyllum	小宫灯	Bryophyllum manginii	宫灯长寿花	多年生多浆植物	MC
景天科	Crassulaceae	落地生根属	Bryophyllum	落地生根	Bryophyllum pinnatum	打不死、倒挂金钟、复叶落地生根	多年生多浆植物	EW/SW/WW/Roof
景天科	Crassulaceae	石莲花属	Echeveria	'纽伦堡珍珠'石莲花	Echeveria 'Perle Von Nürnberg'	紫珍珠	多年生多浆植物	Roof
景天科	Crassulaceae	风车莲属	Graptopetalum	胧月	Graptopetalum paraguayense	石莲花、宝石花	多年生多浆植物	MC
景天科	Crassulaceae	八宝属	Hylotelephium	八宝	Hylotelephium erythrostictum	八宝景天	多年生多浆植物	EW/SW/WW/MC
景天科	Crassulaceae	八宝属	Hylotelephium	白八宝	Hylotelephium pallescens	白花景天、白花景天-黑鲁特日根纳	多年生多浆植物	Roof
景天科	Crassulaceae	八宝属	Hylotelephium	圆扇八宝	Hylotelephium sieboldii	圆扇景天、金钱掌	多年生落叶性多浆植物	Roof
景天科	Crassulaceae	八宝属	Hylotelephium	长药八宝	Hylotelephium spectabile	长药景天、乌日图-黑鲁特日根纳、景天	多年生多浆植物	Roof
景天科	Crassulaceae	八宝属	Hylotelephium	欧紫八宝	Hylotelephium telephium	紫景天	多年生多浆植物	WW/Roof
景天科	Crassulaceae	八宝属	Hylotelephium	轮叶八宝	Hylotelephium verticillatum	轮叶景天、胡豆七、塞口花	多年生多浆植物	MC
景天科	Crassulaceae	伽蓝菜属	Kalanchoe	长寿花	Kalanchoe blossfeldiana	矮伽蓝菜、燕子海棠、火炬花	多年生多浆植物	EW/SW/MC
景天科	Crassulaceae	费菜属	Phedimus	费菜	Phedimus aizoon	三七景天	多年生多浆植物	Roof/MC
景天科	Crassulaceae	费菜属	Phedimus	多花费菜	Phedimus floriferus	土三七、四季还阳、景天三七	多年生多浆植物	Roof
景天科	Crassulaceae	费菜属	Phedimus	'小常绿'杂交费菜	Phedimus hybridus 'Immergrünchen'	德国景天	多年生多浆植物	Roof
景天科	Crassulaceae	费菜属	Phedimus	堪察加费菜	Phedimus kamtschaticus		多年生多浆植物	WW/MC
景天科	Crassulaceae	费菜属	Phedimus	齿叶费菜	Phedimus odontophyllus		多年生多浆植物	Roof
景天科	Crassulaceae	费菜属	Phedimus	'红叶'高加索费菜	Phedimus spurius 'Coccineum'	'胭脂红'假景天	多年生常绿多浆植物	WW/Roof/MC
景天科	Crassulaceae	景天属	Sedum	白景天	Sedum album	玉米石	多年生多浆植物	WW

科	科拉丁名	属	属拉丁名	种	种拉丁名	中文异名	生活型	适用建筑立面
景天科	Crassulaceae	景天属	Sedum	东南景天	Sedum alfredii	台湾景天、白花狗牙半、变叶景天	多年生多浆植物	EW/SW/WW/Roof
景天科	Crassulaceae	景天属	Sedum	珠芽景天	Sedum bulbiferum	马尿花、珠芽佛甲草、零余子景天	多年生多浆植物	Roof
景天科	Crassulaceae	景天属	Sedum	轮叶景天	Sedum chauveaudii		多年生多浆植物	Roof
景天科	Crassulaceae	景天属	Sedum	大姬星美人	Sedum dasyphyllum	大型姬星美人、鳞珠草、玉蛋白	多年生多浆植物	Roof
景天科	Crassulaceae	景天属	Sedum	凹叶景天	Sedum emarginatum	石马苋、马牙半支莲、打不死	多年生多浆植物	EW/SW/WW/Roof
景天科	Crassulaceae	景天属	Sedum	薄雪万年草	Sedum hispanicum	中华景天	一年生多浆植物	EW/SW/NW/MC
景天科	Crassulaceae	景天属	Sedum	薄叶景天	Sedum leptophyllum		多年生多浆植物	Roof
景天科	Crassulaceae	景天属	Sedum	佛甲草	Sedum lineare	鼠牙半支莲、禾雀䘔、半支莲	多年生多浆植物	EW/SW/WW/Roof/MC
景天科	Crassulaceae	景天属	Sedum	'银边'佛甲草	Sedum lineare 'Variegatum'		多年生多浆植物	Roof
景天科	Crassulaceae	景天属	Sedum	圆叶景天	Sedum makinoi	丸叶万年草、圆叶景天、圆叶佛甲草	多年生多浆植物	EW/SW/Roof/MC
景天科	Crassulaceae	景天属	Sedum	'金叶'圆叶景天	Sedum makinoi 'Ogon'		多年生多浆植物	Roof
景天科	Crassulaceae	景天属	Sedum	'金丘'松叶佛甲草	Sedum mexicanum 'Gold Mound'	金叶佛甲草	多年生多浆植物	Roof
景天科	Crassulaceae	景天属	Sedum	湛翠景天	Sedum morganianum	玉珠帘、松鼠尾	多年生多浆植物	EW/SW/WW
景天科	Crassulaceae	景天属	Sedum	攀状景天	Sedum polytrichoides	中华景天	多年生多浆植物	EW/SW/WW/Roof
景天科	Crassulaceae	景天属	Sedum	虹之玉	Sedum rubrotinctum	红彩提、葡萄掌、玉葡萄	多年生多浆植物	Roof
景天科	Crassulaceae	景天属	Sedum	岩景天	Sedum rupestre	卷叶景天、反曲景天	多年生多浆植物	EW/SW/WW/Roof/MC
景天科	Crassulaceae	景天属	Sedum	垂盆草	Sedum sarmentosum	狗牙齿、鼠牙半枝莲、白蜈蚣	多年生多浆植物	EW/SW/WW/Roof/MC
景天科	Crassulaceae	景天属	Sedum	松塔景天	Sedum sediforme	松叶景天	多年生常绿多浆植物	Roof
景天科	Crassulaceae	景天属	Sedum	六棱景天	Sedum sexangulare		多年生多浆植物	WW/Roof
景天科	Crassulaceae	景天属	Sedum	繁缕景天	Sedum stellariifolium	火焰草、繁缕叶景天、佛甲草	一年生或二年生多浆植物	Roof
景天科	Crassulaceae	景天属	Sedum	木樨景天	Sedum suaveolens	木樨甜心、甜心景天	多年生多浆植物	Roof
景天科	Crassulaceae	长生草属	Sempervivum	长生草	Sempervivum tectorum	观音莲	多年生常绿多浆植物	NW
虎耳草科	Saxifragaceae	落新妇属	Astilbe	落新妇	Astilbe chinensis	虎麻、升麻、金毛三七	多年生草本	MC
虎耳草科	Saxifragaceae	溲疏属	Deutzia	'草莓田'杂交溲疏	Deutzia × hybrida 'Strawberry Fields'		落叶灌木	EW/SW/Roof
虎耳草科	Saxifragaceae	溲疏属	Deutzia	齿叶溲疏	Deutzia crenata	哨棍、溲疏、圆齿溲疏	落叶灌木	MC
虎耳草科	Saxifragaceae	溲疏属	Deutzia	'日光'细梗溲疏	Deutzia gracilis 'Nikko'	冰生溲疏	落叶灌木	Roof
虎耳草科	Saxifragaceae	溲疏属	Deutzia	大花溲疏	Deutzia grandiflora	步步楂、脆枝、华北溲疏	落叶灌木	MC

科	科拉丁名	属	属拉丁名	种	种拉丁名	中文异名	生活型	适用建筑立面
虎耳草科	Saxifragaceae	矾根属	Heuchera	矾根	Heuchera micrantha	肾形草	多年生常绿草本	EW/NW
虎耳草科	Saxifragaceae	绣球属	Hydrangea	绣球	Hydrangea macrophylla	八仙花	落叶灌木	EW/NW/MC
虎耳草科	Saxifragaceae	绣球属	Hydrangea	[无尽夏]绣球	Hydrangea macrophylla 'Bailmer'	无尽夏	落叶灌木	MC
虎耳草科	Saxifragaceae	绣球属	Hydrangea	'银边'绣球	Hydrangea macrophylla 'Maculata'	银边八仙花	落叶灌木	MC
虎耳草科	Saxifragaceae	山梅花属	Philadelphus	欧洲山梅花	Philadelphus coronarius	西洋山梅花、洋梅花、洋山梅花	落叶灌木	MC
虎耳草科	Saxifragaceae	山梅花属	Philadelphus	'金叶'欧洲山梅花	Philadelphus coronarius 'Aureus'		落叶灌木	MC
虎耳草科	Saxifragaceae	山梅花属	Philadelphus	太平花	Philadelphus pekinensis	白花结、北京山梅花、常山	灌木	Roof/MC
虎耳草科	Saxifragaceae	山梅花属	Philadelphus	绢毛山梅花	Philadelphus sericanthus	建德山梅花、土常山、灯草树	落叶灌木	Roof
虎耳草科	Saxifragaceae	虎耳草属	Saxifraga	虎耳草	Saxifraga stolonifera	疼耳草、矮虎耳草、澄耳草	多年生常绿草本	EW/SW/NW/MC
蔷薇科	Rosaceae	桃属	Amygdalus	桃	Amygdalus persica		落叶乔木	MC
蔷薇科	Rosaceae	桃属	Amygdalus	寿星桃	Amygdalus persica Dwarf Group		落叶乔木	Roof
蔷薇科	Rosaceae	桃属	Amygdalus	垂枝桃	Amygdalus persica Weeping Group	垂枝白桃	落叶乔木	Roof
蔷薇科	Rosaceae	桃属	Amygdalus	碧桃	Amygdalus persica 'Bitao'	千叶桃花	落叶乔木	Roof/MC
蔷薇科	Rosaceae	桃属	Amygdalus	绛桃	Amygdalus persica 'Jiangtao'	红桃、气桃	落叶乔木	Roof
蔷薇科	Rosaceae	桃属	Amygdalus	榆叶梅	Amygdalus triloba	额勒伯特－其格、小红桃	落叶灌木	MC
蔷薇科	Rosaceae	杏属	Armeniaca	美人梅	Armeniaca × blireana 'Meiren'		落叶小乔木	Roof/MC
蔷薇科	Rosaceae	杏属	Armeniaca	梅	Armeniaca mume	干枝梅、酸梅、红梅花	落叶小乔木	Roof/MC
蔷薇科	Rosaceae	杏属	Armeniaca	'龙游'梅	Armeniaca mume 'Long You'		落叶小乔木	Roof
蔷薇科	Rosaceae	杏属	Armeniaca	垂枝梅	Armeniaca mume Pendulous Group	野梅、重枝梅	落叶小乔木	Roof
蔷薇科	Rosaceae	杏属	Armeniaca	杏梅	Armeniaca mume var. bungo	洋梅、鹤顶梅、丰后梅	落叶小乔木	MC
蔷薇科	Rosaceae	杏属	Armeniaca	杏	Armeniaca vulgaris	杏树、杏子、杏花	落叶乔木	MC
蔷薇科	Rosaceae	樱属	Cerasus	麦李	Cerasus glandulosa	苦李、小桃团、秧李子	落叶灌木	EW/SW/Roof/MC
蔷薇科	Rosaceae	樱属	Cerasus	郁李	Cerasus japonica	齿齿、赤李子、爵梅	落叶灌木	Roof/MC
蔷薇科	Rosaceae	樱属	Cerasus	日本晚樱	Cerasus serrulata var. lannesiana	重瓣樱花	落叶乔木	MC
蔷薇科	Rosaceae	樱属	Cerasus	毛樱桃	Cerasus tomentosa	大李仁、梅桃、绒毛樱	落叶灌木	MC
蔷薇科	Rosaceae	木瓜属	Chaenomeles	毛叶木瓜	Chaenomeles cathayensis	木瓜海棠	落叶灌木或小乔木	Roof
蔷薇科	Rosaceae	木瓜属	Chaenomeles	日本木瓜	Chaenomeles japonica	倭海棠	落叶矮灌木	Roof
蔷薇科	Rosaceae	木瓜属	Chaenomeles	皱皮木瓜	Chaenomeles speciosa	贴梗海棠	落叶矮灌木	Roof/MC
蔷薇科	Rosaceae	栒子属	Cotoneaster	匍匐栒子	Cotoneaster adpressus	匍匐灰栒子、千年矮	落叶匍匐灌木	Roof
蔷薇科	Rosaceae	栒子属	Cotoneaster	平枝栒子	Cotoneaster horizontalis	栒刺木、岩栒子、山头姑娘	落叶或半常绿匍匐灌木	EW/Roof/MC

科	科拉丁名	属	属拉丁名	种	种拉丁名	中文异名	生活型	适用建筑立面
蔷薇科	Rosaceae	枸子属	Cotoneaster	小叶枸子	Cotoneaster microphyllus	铺地蜈蚣、刀口药、地锅巴	常绿矮生灌木	EW/SW/WW/Roof/MC
蔷薇科	Rosaceae	枸子属	Cotoneaster	水枸子	Cotoneaster multiflorus	多花枸子	落叶灌木	Roof
蔷薇科	Rosaceae	山楂属	Crataegus	山楂	Crataegus pinnatifida	北楂、大山楂、道老纳	落叶乔木	Roof/MC
蔷薇科	Rosaceae	蛇莓属	Duchesnea	蛇莓	Duchesnea indica	宝珠草、蚕莓、长蛇泡	多年生草本	EW/SW
蔷薇科	Rosaceae	枇杷属	Eriobotrya	枇杷	Eriobotrya japonica	金桔、卢橘、卢橘	常绿乔木	MC
蔷薇科	Rosaceae	白鹃梅属	Exochorda	白鹃梅	Exochorda racemosa	金瓜果、白花菜、白花果	落叶灌木	MC
蔷薇科	Rosaceae	棣棠花属	Kerria	棣棠花	Kerria japonica	棣棠、大水莓、地藏王花	落叶灌木	MC
蔷薇科	Rosaceae	桂樱属	Laurocerasus	大叶桂樱	Laurocerasus zippeliana	驳骨木、大驳骨、大叶稠李	常绿乔木	MC
蔷薇科	Rosaceae	苹果属	Malus	西府海棠	Malus × micromalus	小果海棠	落叶乔木	Roof/MC
蔷薇科	Rosaceae	苹果属	Malus	垂丝海棠	Malus halliana	海棠花	落叶乔木	Roof
蔷薇科	Rosaceae	苹果属	Malus	湖北海棠	Malus hupehensis	野海棠、花红茶、茶红茶	落叶乔木	EW
蔷薇科	Rosaceae	苹果属	Malus	海棠花	Malus spectabilis	海红、海棠、海棠梨	落叶乔木	Roof
蔷薇科	Rosaceae	苹果属	Malus	'里弗斯'海棠花	Malus spectabilis 'Riversii'		落叶乔木	Roof
蔷薇科	Rosaceae	苹果属	Malus	'凯尔斯'海棠	Malus 'Kelsey'		落叶乔木	MC
蔷薇科	Rosaceae	石楠属	Photinia	'红罗宾'红叶石楠	Photinia × fraseri 'Red Robin'	红叶宾石楠、红罗宾	常绿小乔木或灌木	MC
蔷薇科	Rosaceae	石楠属	Photinia	椤木石楠	Photinia davidsoniae	椤木、刺楠、红檬子	常绿乔木	Roof/MC
蔷薇科	Rosaceae	石楠属	Photinia	石楠	Photinia serrulata	红树叶、石岩树叶、水红树	常绿小乔木或灌木	MC
蔷薇科	Rosaceae	风箱果属	Physocarpus	无毛风箱果	Physocarpus opulifolius		落叶灌木	MC
蔷薇科	Rosaceae	风箱果属	Physocarpus	'达特之金'无毛风箱果	Physocarpus opulifolius 'Darts Gold'	金叶风箱果	落叶灌木	MC
蔷薇科	Rosaceae	风箱果属	Physocarpus	'空竹'无毛风箱果	Physocarpus opulifolius 'Diabolo'	紫叶风箱果	落叶灌木	Roof
蔷薇科	Rosaceae	风箱果属	Physocarpus	'苏厄德'无毛风箱果	Physocarpus opulifolius 'Seward'		落叶灌木	Roof
蔷薇科	Rosaceae	李属	Prunus	紫叶矮樱	Prunus × cistena		落叶灌木或小乔木	Roof
蔷薇科	Rosaceae	李属	Prunus	紫叶李	Prunus cerasifera 'Pissardii'	红叶李、红叶樱桃李、欧洲红叶李	落叶小乔木或灌木	Roof/MC
蔷薇科	Rosaceae	火棘属	Pyracantha	全缘火棘	Pyracantha atalantioides	救兵粮、救军粮、木瓜刺	常绿灌木或小乔木	MC
蔷薇科	Rosaceae	火棘属	Pyracantha	'小丑'火棘	Pyracantha 'Harlequin'		常绿灌木	MC
蔷薇科	Rosaceae	火棘属	Pyracantha	火棘	Pyracantha fortuneana	火把果、车轮梨、救兵粮、救军粮	常绿灌木	EW/SW/Roof/MC
蔷薇科	Rosaceae	梨属	Pyrus	豆梨	Pyrus calleryana	鹿梨、车头梨、钉瓷枪子	落叶乔木	Roof
蔷薇科	Rosaceae	石斑木属	Rhaphiolepis	石斑木	Rhaphiolepis indica	白杏花、车轮梅、春花	常绿灌木	MC
蔷薇科	Rosaceae	石斑木属	Rhaphiolepis	厚叶石斑木	Rhaphiolepis umbellata	铁枣	常绿灌木或小乔木	MC

科	科拉丁名	属	属拉丁名	种	种拉丁名	中文异名	生活型	适用建筑立面
蔷薇科	Rosaceae	蔷薇属	Rosa	木香花	Rosa banksiae	重瓣白木香	落叶或半常绿攀缘小灌木	EW/SW/MC
蔷薇科	Rosaceae	蔷薇属	Rosa	黄木香花	Rosa banksiae f. lutea	重瓣黄木香	落叶或半常绿攀缘小灌木	EW/SW
蔷薇科	Rosaceae	蔷薇属	Rosa	单瓣木香花	Rosa banksiae var. normalis	单瓣白木香	落叶或半常绿攀缘小灌木	EW/SW
蔷薇科	Rosaceae	蔷薇属	Rosa	月季花	Rosa chinensis	长春花、刺玫花、刺壮丹	半常绿直立灌木	EW/SW/WW/MC
蔷薇科	Rosaceae	蔷薇属	Rosa	现代月季	Rosa hybrida hort.	当代月季、近代月季、玫瑰	半常绿直立灌木/攀缘或蔓生	Roof/MC
蔷薇科	Rosaceae	蔷薇属	Rosa	藤本月季	Rosa hybrida hort. (Climbing Roses)	爬藤月季、藤蔓月季	半常绿攀缘或蔓生灌木	MC
蔷薇科	Rosaceae	蔷薇属	Rosa	金樱子	Rosa laevigata	白刺花、草鞋钣、刺糖果	常绿攀缘灌木	EW/SW
蔷薇科	Rosaceae	蔷薇属	Rosa	野蔷薇	Rosa multiflora	多花蔷薇、白残花、白玉棠	落叶攀缘灌木	EW/SW/MC
蔷薇科	Rosaceae	蔷薇属	Rosa	七姊妹	Rosa multiflora 'Grevillei'	野蔷薇、七姐妹	落叶攀缘灌木	MC
蔷薇科	Rosaceae	蔷薇属	Rosa	粉团蔷薇	Rosa multiflora var. cathayensis	白残花、刺玫花、刺玫花	落叶攀缘灌木	MC
蔷薇科	Rosaceae	蔷薇属	Rosa	缫丝花	Rosa roxburghii	刺梨	落叶开展灌木	Roof/MC
蔷薇科	Rosaceae	蔷薇属	Rosa	玫瑰	Rosa rugosa	笔头菜、赤蔷薇、刺玫	直立灌木	Roof/MC
蔷薇科	Rosaceae	蔷薇属	Rosa	黄刺玫	Rosa xanthina	刺玫花、刺玫花、大马茹子	落叶直立灌木	Roof/MC
蔷薇科	Rosaceae	鸡麻属	Rhodotypos	鸡麻	Rhodotypos scandens	三角草、双珠母、白棣棠	落叶灌木	MC
蔷薇科	Rosaceae	珍珠梅属	Sorbaria	珍珠梅	Sorbaria sorbifolia	东北珍珠梅、八本条、八木条	落叶灌木	MC
蔷薇科	Rosaceae	绣线菊属	Spiraea	中华绣线菊	Spiraea chinensis	铁黑汉条、大叶米筛花、华绣线	落叶灌木	Roof
蔷薇科	Rosaceae	绣线菊属	Spiraea	华北绣线菊	Spiraea fritschiana	大叶石棒子、弗氏绣线菊、黑老婆花	落叶灌木	Roof
蔷薇科	Rosaceae	绣线菊属	Spiraea	粉花绣线菊	Spiraea japonica	日本绣线菊	落叶直立灌木	EW/SW/Roof/MC
蔷薇科	Rosaceae	绣线菊属	Spiraea	'金山'粉花绣线菊	Spiraea japonica 'Gold Mound'		落叶直立灌木	Roof
蔷薇科	Rosaceae	绣线菊属	Spiraea	'金焰'粉花绣线菊	Spiraea japonica 'Goldflame'		落叶直立灌木	Roof/MC
蔷薇科	Rosaceae	绣线菊属	Spiraea	欧亚绣线菊	Spiraea media	石棒子、石棒绣线菊、雅干-塔比勒干纳	落叶直立灌木	Roof
蔷薇科	Rosaceae	绣线菊属	Spiraea	李叶绣线菊	Spiraea prunifolia	笑靥花	落叶灌木	Roof/MC
蔷薇科	Rosaceae	绣线菊属	Spiraea	绣线菊	Spiraea salicifolia	空心柳、马尿溲、空心抑	落叶直立灌木	Roof
蔷薇科	Rosaceae	绣线菊属	Spiraea	珍珠绣线菊	Spiraea thunbergii	喷雪花	落叶灌木	Roof/MC
蔷薇科	Rosaceae	绣线菊属	Spiraea	毛果绣线菊	Spiraea trichocarpa	石蚌树、乌斯如平-吉木斯图-塔比勒干纳	落叶灌木	Roof
蔷薇科	Rosaceae	绣线菊属	Spiraea	菱叶绣线菊	Spiraea × vanhouttei	杂种绣线菊	落叶灌木	Roof

科	科拉丁名	属	属拉丁名	种	种拉丁名	中文异名	生活型	适用建筑立面
豆科	Fabaceae	紫穗槐属	Amorpha	紫穗槐	Amorpha fruticosa	棉条、穗花槐、紫翠槐	落叶灌木	WW/Roof/MC
豆科	Fabaceae	落花生属	Arachis	蔓花生	Arachis duranensis	遍地黄金	多年生宿根草本	MC
豆科	Fabaceae	云实属	Caesalpinia	云实	Caesalpinia decapetala	药王子、牛王刺、倒钩刺	落叶藤本	MC
豆科	Fabaceae	云实属	Caesalpinia	洋金凤	Caesalpinia pulcherrima	蛱蝶花、黄蝴蝶、金凤花	半常绿大灌木或小乔木	MC
豆科	Fabaceae	云实属	Caesalpinia	春云实	Caesalpinia vernalis	鸟爪簕藤、乌爪簕藤、南蛇	常绿有刺藤本	MC
豆科	Fabaceae	鸡血藤属	Callerya	香花鸡血藤	Callerya dielsiana	香花崖豆藤	常绿攀缘灌木	EW/SW/NW/WW/MC
豆科	Fabaceae	鸡血藤属	Callerya	网络鸡血藤	Callerya reticulata	网脉崖豆藤、网络崖豆藤、老荆藤	常绿攀缘灌木	SW/MC
豆科	Fabaceae	朱缨花属	Calliandra	朱缨花	Calliandra haematocephala	红绒球、红扑扑、美蕊花	落叶灌木或小乔木	EW/SW/WW/Roof/MC
豆科	Fabaceae	锦鸡儿属	Caragana	锦鸡儿	Caragana sinica	娘娘袜、坝齿花、白茶花根	落叶灌木	MC
豆科	Fabaceae	决明属	Cassia	双荚决明	Cassia bicapsularis	双荚槐、腊肠仔树	半常绿灌木	MC
豆科	Fabaceae	决明属	Cassia	伞房决明	Cassia corymbosa		常绿灌木	Roof/MC
豆科	Fabaceae	紫荆属	Cercis	加拿大紫荆	Cercis canadensis		落叶小乔木	MC
豆科	Fabaceae	紫荆属	Cercis	紫荆	Cercis chinensis	紫珠、裸枝树、箩筐树	落叶丛生或单生灌木	MC
豆科	Fabaceae	小冠花属	Coronilla	绣球小冠花	Coronilla varia	多变小冠花	多年生草本	MC
豆科	Fabaceae	金雀儿属	Cytisus	金雀儿	Cytisus scoparius	金雀花	落叶或常绿灌木	MC
豆科	Fabaceae	刺桐属	Erythrina	龙牙花	Erythrina corallodendron	象牙红	落叶灌木或小乔木	MC
豆科	Fabaceae	刺桐属	Erythrina	鸡冠刺桐	Erythrina crista-galli	冠刺桐、海红豆、鸡冠豆	落叶灌木或小乔木	MC
豆科	Fabaceae	木蓝属	Indigofera	多花木蓝	Indigofera amblyantha	野蓝枝、马黄消、旱马齿苋	落叶灌木	MC
豆科	Fabaceae	木蓝属	Indigofera	河北木蓝	Indigofera bungeana	本氏木蓝、野蓝枝子、本氏槐蓝	落叶灌木	EW/SW/WW
豆科	Fabaceae	木蓝属	Indigofera	花木蓝	Indigofera kirilowii	吉氏木蓝、山绿豆、山扫帚	落叶小灌木	MC
豆科	Fabaceae	木蓝属	Indigofera	马棘	Indigofera pseudotinctoria	马棘木蓝	落叶小灌木	MC
豆科	Fabaceae	扁豆属	Lablab	扁豆	Lablab purpureus	藕豆、沿篱豆、膨皮豆	多年生缠绕藤本	MC
豆科	Fabaceae	山黧豆属	Lathyrus	宽叶山黧豆	Lathyrus latifolius	宽叶香豌豆、宿根香豌豆	多年生草质藤本	MC
豆科	Fabaceae	山黧豆属	Lathyrus	香豌豆	Lathyrus odoratus	花豌豆、麝香豌豆、麝香野豌豆	一年生草质藤本	EW/MC
豆科	Fabaceae	胡枝子属	Lespedeza	胡枝子	Lespedeza bicolor	荻、胡枝条、扫皮	落叶灌木	WW/MC
豆科	Fabaceae	胡枝子属	Lespedeza	'屋久岛'胡枝子	Lespedeza bicolor 'Yakushima'		落叶灌木	WW
豆科	Fabaceae	胡枝子属	Lespedeza	截叶铁扫帚	Lespedeza cuneata	老牛筋、苍蝇翼、关门草	落叶小灌木	WW
豆科	Fabaceae	胡枝子属	Lespedeza	多花胡枝子	Lespedeza floribunda	白毛蒿花、斑鸠花、硬米条	落叶小灌木	WW
豆科	Fabaceae	胡枝子属	Lespedeza	美丽胡枝子	Lespedeza thunbergii subsp. formosa	毛胡枝子	落叶灌木	WW/Roof/MC

科	科拉丁名	属	属拉丁名	种	种拉丁名	中文异名	生活型	适用建筑立面
豆科	Fabaceae	百脉根属	Lotus	百脉根	Lotus corniculatus	牛角花、五叶草、斑鸠窝	多年生草本	MC
豆科	Fabaceae	羽扇豆属	Lupinus	多叶羽扇豆	Lupinus polyphyllus	羽扇豆、鲁冰花	多年生草本	MC
豆科	Fabaceae	黧豆属	Mucuna	大果油麻藤	Mucuna macrocarpa	褐毛黧豆、牛豆、长荚油麻藤	常绿大型木质藤本	NW
豆科	Fabaceae	黧豆属	Mucuna	常春油麻藤	Mucuna sempervirens	牛马藤、过山龙、常绿黧豆	常绿木质藤本	EW/MC
豆科	Fabaceae	菜豆属	Phaseolus	荷包豆	Phaseolus coccineus	红花菜豆	多年生缠绕草本	MC
豆科	Fabaceae	葛属	Pueraria	葛	Pueraria montana	葛藤	落叶粗壮藤本	EW/SW/WW/MC
豆科	Fabaceae	槐属	Sophora	龙爪槐	Sophora japonica 'Pendula'	倒栽槐、蟠槐、倒槐	落叶乔木	Roof/MC
豆科	Fabaceae	鹰爪豆属	Spartium	鹰爪豆	Spartium junceum	无叶豆、莺织柳、鹰爪花	常绿灌木	MC
豆科	Fabaceae	野决明属	Thermopsis	霍州油菜	Thermopsis chinensis	小叶野决明、高脚蟆猪豆、小叶黄华	多年生草本	Roof/MC
豆科	Fabaceae	车轴草属	Trifolium	红车轴草	Trifolium pratense	红三叶、红荷兰翘摇、红菽草	短期多年生草本	Roof/MC
豆科	Fabaceae	车轴草属	Trifolium	白车轴草	Trifolium repens	白三叶、三叶草	短期多年生草本	Roof/MC
豆科	Fabaceae	豇豆属	Vigna	豇豆	Vigna unguiculata	豆角、角豆、饭豆	一年生缠绕草质藤本	Roof
豆科	Fabaceae	紫藤属	Wisteria	多花紫藤	Wisteria floribunda	藤萝、藤罗、朱藤	落叶木质藤本	MC
豆科	Fabaceae	紫藤属	Wisteria	紫藤	Wisteria sinensis	藤萝、葛藤、葛花	落叶木质藤本	EW/SW/NW/MC
胡颓子科	Elaeagnaceae	胡颓子属	Elaeagnus	'金边'中叶胡颓子	Elaeagnus × submacrophylla 'Gilt Edge'		常绿直立灌木	MC
胡颓子科	Elaeagnaceae	胡颓子属	Elaeagnus	'聚光灯'中叶胡颓子	Elaeagnus × submacrophylla 'Limelight'		常绿直立灌木	MC
胡颓子科	Elaeagnaceae	胡颓子属	Elaeagnus	胡颓子	Elaeagnus pungens	卢都子、羊奶子、白叶丹	常绿灌木	EW/SW/Roof/MC
胡颓子科	Elaeagnaceae	胡颓子属	Elaeagnus	'花叶'胡颓子	Elaeagnus pungens 'Variegata'		常绿直立灌木	MC
胡颓子科	Elaeagnaceae	胡颓子属	Elaeagnus	牛奶子	Elaeagnus umbellata	甜枣、麦粒子、白颓子	落叶直立灌木	EW/SW/MC
山龙眼科	Proteaceae	银桦属	Grevillea	红花银桦	Grevillea banksii	昆士兰银桦	常绿小乔木或灌木	MC
山龙眼科	Proteaceae	银桦属	Grevillea	桧叶银桦	Grevillea juniperina	小白云	常绿灌木	MC
小二仙草科	Haloragidaceae	狐尾藻属	Myriophyllum	粉绿狐尾藻	Myriophyllum aquaticum	水聚藻、大聚藻	多年生浮叶沉水植物	MC
千屈菜科	Lythraceae	萼距花属	Cuphea	细叶萼距花	Cuphea hyssopifolia	满天星、神香草叶萼距花、神香萼距花	常绿小灌木	EW/SW/MC
千屈菜科	Lythraceae	萼距花属	Cuphea	火红萼距花	Cuphea ignea	火焰花、雪茄花、紫雪茄花	常绿亚灌木	MC
千屈菜科	Lythraceae	紫薇属	Lagerstroemia	紫薇	Lagerstroemia indica	痒痒树、痒痒花、海棠树	常绿灌木或小乔木	EW/SW/Roof/MC
千屈菜科	Lythraceae	紫薇属	Lagerstroemia	[姬绯]紫薇	Lagerstroemia indica 'Monkie'	矮紫薇	落叶灌木或小乔木	Roof
千屈菜科	Lythraceae	紫薇属	Lagerstroemia	大花紫薇	Lagerstroemia speciosa	百日红、百日香、大叶紫薇	落叶大乔木	MC
千屈菜科	Lythraceae	千屈菜属	Lythrum	千屈菜	Lythrum salicaria	水柳	落叶多年生草本	MC
千屈菜科	Lythraceae	节节菜属	Rotala	圆叶节节菜	Rotala rotundifolia	肉续陀、冰水花、豆瓣菜	一年生水生或湿生草本	MC
瑞香科	Thymelaeaceae	结香属	Daphne	芫花	Daphne genkwa	药鱼草、闹鱼花、闷头花	落叶灌木	WW

科	科拉丁名	属	属拉丁名	种	种拉丁名	中文异名	生活型	适用建筑立面
瑞香科	Thymelaeaceae	结香属	Daphne	瑞香	Daphne odora	对雪开、红瑞香、红总管	常绿直立灌木	MC
瑞香科	Thymelaeaceae	结香属	Edgeworthia	结香	Edgeworthia chrysantha	黄瑞香、打结花、梦花	落叶灌木	MC
菱科	Trapaceae	菱属	Trapa	菱	Trapa natans	欧菱、乌菱、四角菱、菱角	一年生浮水水生草本植物	MC
桃金娘科	Myrtaceae	野凤榴属	Acca	凤榴	Acca sellowiana	南美稔、菲油果	常绿灌木或小乔木	MC
桃金娘科	Myrtaceae	红千层属	Callistemon	美花红千层	Callistemon citrinus	红瓶刷树	常绿灌木	MC
桃金娘科	Myrtaceae	红千层属	Callistemon	红千层	Callistemon rigidus	细叶红千层、红瓶刷、红瓶刷子树	常绿灌木	MC
桃金娘科	Myrtaceae	红千层属	Callistemon	垂枝红千层	Callistemon viminalis	串钱柳	常绿灌木或小乔木	MC
桃金娘科	Myrtaceae	鱼柳梅属	Leptospermum	松红梅	Leptospermum scoparium	澳洲茶、帚叶细子木	常绿灌木或小乔木	MC
桃金娘科	Myrtaceae	白千层属	Melaleuca	'革命金' 溪畔白千层	Melaleuca bracteata 'Revolution Gold'	千层金、黄金香柳	半常绿大灌木或小乔木	EW/NW/MC
桃金娘科	Myrtaceae	香桃木属	Myrtus	香桃木	Myrtus communis	银香梅、茂树、爱神木	常绿灌木或小乔木	MC
桃金娘科	Myrtaceae	香桃木属	Myrtus	'斑叶' 香桃木	Myrtus communis 'Variegata'		常绿灌木或小乔木	MC
桃金娘科	Myrtaceae	桃金娘属	Rhodomyrtus	桃金娘	Rhodomyrtus tomentosa	稔子、山稔、岗稔	常绿灌木	MC
桃金娘科	Myrtaceae	蒲桃属	Syzygium	赤楠	Syzygium buxifolium	鱼鳞木、赤兰、山乌珠	常绿灌木或小乔木	Roof/MC
石榴科	Punicaceae	石榴属	Punica	石榴	Punica granatum	安石榴、安息、丹若	落叶灌木或小乔木	MC
柳叶菜科	Onagraceae	倒挂金钟属	Fuchsia	倒挂金钟	Fuchsia hybrida	倒挂金钟、灯笼花、吊钟海棠	落叶半灌木	Roof/MC
柳叶菜科	Onagraceae	山桃草属	Gaura	山桃花	Gaura lindheimeri	白桃花、折蝶花、千鸟花	多年生粗状草本	Roof/MC
柳叶菜科	Onagraceae	月见草属	Oenothera	美丽月见草	Oenothera speciosa	待霄草、粉晚樱草、粉花月见草	多年生草本	EW/NW/MC
野牡丹科	Melastomataceae	蒂牡花属	Tibouchina	银毛野牡丹	Tibouchina aspera var. asperrima	银毛蒂牡花	常绿灌木	MC
野牡丹科	Melastomataceae	蒂牡花属	Tibouchina	'朱尔斯' 蒂牡花	Tibouchina 'Jules'	巴西蒂牡花、巴西野牡丹	常绿灌木	MC
使君子科	Combretaceae	使君子属	Quisqualis	使君子	Quisqualis indica	留求子、病柏子、杜疾藜子	落叶或半常绿蔓绿状灌木	EW/SW/WW/MC
山茱萸科	Cornaceae	桃叶珊瑚属	Aucuba	桃叶珊瑚	Aucuba chinensis	酒金洛、野蓝靛、珍珠草	常绿小乔木或灌木	EW/NW
山茱萸科	Cornaceae	桃叶珊瑚属	Aucuba	青木	Aucuba japonica	东瀛珊瑚、桃叶珊瑚	常绿灌木	MC
山茱萸科	Cornaceae	桃叶珊瑚属	Aucuba	'花叶' 青木	Aucuba japonica 'Variegata'	洒金东瀛珊瑚	常绿灌木	EW/NW/MC
山茱萸科	Cornaceae	山茱萸属	Cornus	红瑞木	Cornus alba	大姑娘裤腰带、红茎木、红柳条	落叶灌木	Roof/MC
山茱萸科	Cornaceae	山茱萸属	Cornus	'金叶' 红瑞木	Cornus alba 'Aurea'	多花梾木、红叶山茱萸	落叶灌木	Roof
山茱萸科	Cornaceae	山茱萸属	Cornus	大花四照花	Cornus florida	山荔枝、糖黄子树	落叶乔木	MC
山茱萸科	Cornaceae	山茱萸属	Cornus	香港四照花	Cornus hongkongensis	东瀛四照花、凉子、青皮树	常绿乔木或灌木	MC
山茱萸科	Cornaceae	山茱萸属	Cornus	日本四照花	Cornus kousa		落叶小乔木	MC
山茱萸科	Cornaceae	山茱萸属	Cornus	四照花	Cornus kousa subsp. chinensis	山荔枝、鸡素果	落叶小乔木	MC

科	科拉丁名	属	属拉丁名	种	种拉丁名	中文异名	生活型	适用建筑立面
山茱萸科	Cornaceae	山茱萸属	Cornus	山茱萸	*Cornus officinalis*	红枣皮、山萸、山萸肉	落叶乔木或灌木	MC
山茱萸科	Cornaceae	山茱萸属	Cornus	'巴德黄'柔枝红瑞木	*Cornus sericea 'Bud's Yellow'*		落叶灌木	Roof
卫矛科	Celastraceae	南蛇藤属	Celastrus	苦皮藤	*Celastrus angulatus*	马断肠、苦树皮、老虎麻	落叶藤状灌木	MC
卫矛科	Celastraceae	南蛇藤属	Celastrus	南蛇藤	*Celastrus orbiculatus*	南蛇风、过山风、菜药	落叶藤状灌木	EW/SW/NW
卫矛科	Celastraceae	南蛇藤属	Celastrus	东南南蛇藤	*Celastrus punctatus*	点纹南蛇藤、光果南蛇藤、黑点南蛇藤	落叶藤状灌木	EW/SW/NW
卫矛科	Celastraceae	卫矛属	Euonymus	卫矛	*Euonymus alatus*	鬼箭羽、四棱树、千瓣子	落叶灌木	EW/SW/MC
卫矛科	Celastraceae	卫矛属	Euonymus	肉花卫矛	*Euonymus carnosus*	野杜仲、四楞子、狗骨头	落叶灌木或小乔木	EW
卫矛科	Celastraceae	卫矛属	Euonymus	扶芳藤	*Euonymus fortunei*	过青筋、换骨筋、金线风	常绿木质藤本	NW/Roof/MC
卫矛科	Celastraceae	卫矛属	Euonymus	小叶扶芳藤	*Euonymus fortunei var. radicans*	蔓卫矛、爬行卫矛	常绿木质藤本	EW/NW
卫矛科	Celastraceae	卫矛属	Euonymus	冬青卫矛	*Euonymus japonicus*	大叶黄杨	常绿灌木	EW/SW/Roof/MC
卫矛科	Celastraceae	卫矛属	Euonymus	'小叶'冬青卫矛	*Euonymus japonicus 'Microphyllus'*		常绿灌木	EW/SW
卫矛科	Celastraceae	卫矛属	Euonymus	'银边'冬青卫矛	*Euonymus japonicus 'Albomarginatus'*	银边黄杨	常绿灌木	Roof/MC
卫矛科	Celastraceae	卫矛属	Euonymus	'金边'冬青卫矛	*Euonymus japonicus 'Aureomarginatus'*	金边黄杨	常绿灌木	Roof
卫矛科	Celastraceae	卫矛属	Euonymus	'金心'冬青卫矛	*Euonymus japonicus 'Aureus'*	金心黄杨	常绿灌木	Roof
冬青科	Aquifoliaceae	冬青属	Ilex	'阿拉斯加'枸骨叶冬青	*Ilex aquifolium 'Alaska'*		常绿乔木	MC
冬青科	Aquifoliaceae	冬青属	Ilex	冬青	*Ilex chinensis*	不冻柴、大叶冬、顶树子	常绿乔木	EW/SW/WW
冬青科	Aquifoliaceae	冬青属	Ilex	枸骨	*Ilex cornuta*	猫儿刺、老虎刺、八角刺	常绿灌木或小乔木	EW/SW/Roof/MC
冬青科	Aquifoliaceae	冬青属	Ilex	无刺枸骨	*Ilex cornuta 'Fortunei'*	全缘叶枸骨	常绿灌木或小乔木	EW/SW/Roof/MC
冬青科	Aquifoliaceae	冬青属	Ilex	齿叶冬青	*Ilex crenata*	钝齿冬青	常绿灌木	EW/SW/MC
冬青科	Aquifoliaceae	冬青属	Ilex	'龟甲'齿叶冬青	*Ilex crenata 'Convexa'*	龟甲冬青	常绿灌木	NW/Roof/MC
冬青科	Aquifoliaceae	冬青属	Ilex	'金宝石'齿叶冬青	*Ilex crenata 'Golden Gem'*	金甲龟甲冬青、'金叶龟甲'齿叶冬青	常绿灌木	EW/SW/Roof
黄杨科	Buxaceae	黄杨属	Buxus	匙叶黄杨	*Buxus harlandii*	雀舌黄杨、锦熟黄杨、华南黄杨	常绿小灌木	EW/SW/Roof/MC
黄杨科	Buxaceae	黄杨属	Buxus	大叶黄杨	*Buxus megistophylla*	长叶黄杨	常绿灌木	Roof/MC
黄杨科	Buxaceae	黄杨属	Buxus	锦熟黄杨	*Buxus sempervirens*	常绿黄杨、瓜子黄杨、宽叶黄杨	常绿小灌木	EW/SW/MC
黄杨科	Buxaceae	黄杨属	Buxus	黄杨	*Buxus sinica*	瓜子黄杨	常绿灌木或小乔木	EW/SW/Roof/MC
黄杨科	Buxaceae	黄杨属	Buxus	小叶黄杨	*Buxus sinica var. parvifolia*	珍珠黄杨	常绿灌木	EW/SW/MC
黄杨科	Buxaceae	板凳果属	Pachysandra	顶花板凳果	*Pachysandra terminalis*	富贵草、粉蕊黄杨、顶蕊三角咪	常绿亚灌木	MC
黄杨科	Buxaceae	野扇花属	Sarcococca	羽脉野扇花	*Sarcococca hookeriana*	双蕊野扇花、百年青、黑果清香桂	常绿灌木	NW
黄杨科	Buxaceae	野扇花属	Sarcococca	东方野扇花	*Sarcococca orientalis*	象天雷、东方清香桂	常绿灌木	NW

科	科拉丁名	属	属拉丁名	种	种拉丁名	中文异名	生活型	适用建筑立面
黄杨科	Buxaceae	野扇花属	Sarcococca	野扇花	Sarcococca ruscifolia	清香桂	常绿灌木	MC
大戟科	Euphorbiaceae	铁苋菜属	Acalypha	红尾铁苋	Acalypha chamaedrifolia	猫尾红	多年生常绿草本	MC
大戟科	Euphorbiaceae	铁苋菜属	Acalypha	红穗铁苋菜	Acalypha hispida	狗尾红	常绿灌木	MC
大戟科	Euphorbiaceae	铁苋菜属	Acalypha	红桑	Acalypha wilkesiana	红叶铁苋	常绿灌木	MC
大戟科	Euphorbiaceae	铁苋菜属	Acalypha	'金边'红桑	Acalypha wilkesiana 'Marginata'		常绿灌木	MC
大戟科	Euphorbiaceae	山麻杆属	Alchornea	山麻杆	Alchornea davidii	桂圆树、山妈秆、巴巴叶树	落叶灌木	MC
大戟科	Euphorbiaceae	黑面神属	Breynia	雪花木	Breynia disticha	山漆茎、白雪树	常绿小灌木	MC
大戟科	Euphorbiaceae	变叶木属	Codiaeum	变叶木	Codiaeum variegatum	洒金榕、变叶木、花叶变叶木	常绿灌木	EW/SW/NW/MC
大戟科	Euphorbiaceae	大戟属	Euphorbia	紫锦木	Euphorbia cotinifolia	俏黄栌	常绿乔木	MC
大戟科	Euphorbiaceae	大戟属	Euphorbia	猩猩草	Euphorbia cyathophora	草本一品红	一年生草本	MC
大戟科	Euphorbiaceae	大戟属	Euphorbia	银边翠	Euphorbia marginata	高山积雪	一年生草本	MC
大戟科	Euphorbiaceae	大戟属	Euphorbia	铁海棠	Euphorbia milii	虎刺梅	常绿近直立或蔓生灌木	MC
大戟科	Euphorbiaceae	大戟属	Euphorbia	一品红	Euphorbia pulcherrima	圣诞红	常绿灌木	EW/SW/MC
大戟科	Euphorbiaceae	海漆属	Excoecaria	红背桂花	Excoecaria cochinchinensis	红背桂、红木、鸡尾木	常绿灌木	NW/MC
大戟科	Euphorbiaceae	麻疯树属	Jatropha	琴叶珊瑚	Jatropha integerrima	变叶珊瑚花、日日樱	常绿灌木	MC
大戟科	Euphorbiaceae	蓖麻属	Ricinus	蓖麻	Ricinus communis	八麻子、巴麻子、草麻	一年生粗壮草本或草质灌木	MC
鼠李科	Rhamnaceae	鼠李属	Rhamnus	鼠李	Rhamnus davurica	老鹳眼、臭李子、大绿	落叶灌木或小乔木	MC
葡萄科	Vitaceae	蛇葡萄属	Ampelopsis	蛇葡萄	Ampelopsis glandulosa		落叶木质藤本	EW/SW
葡萄科	Vitaceae	蛇葡萄属	Ampelopsis	牯岭蛇葡萄	Ampelopsis glandulosa var. kulingensis		落叶木质藤本	EW/SW
葡萄科	Vitaceae	白粉藤属	Cissus	菱叶白粉藤	Cissus alata	具翼白粉藤	常绿木质藤本	MC
葡萄科	Vitaceae	白粉藤属	Cissus	锦屏粉藤	Cissus verticillata	锦屏粉藤、竹帘、面线藤	常绿木质藤本	WW/MC
葡萄科	Vitaceae	地锦属	Parthenocissus	异叶地锦	Parthenocissus dalzielii	异叶爬山虎、白花藤子、草叶藤	落叶木质藤本	Roof
葡萄科	Vitaceae	地锦属	Parthenocissus	花叶地锦	Parthenocissus henryana	川鄂爬山虎、大五爪龙、红叶地锦	落叶木质藤本	EW/NW/Roof
葡萄科	Vitaceae	地锦属	Parthenocissus	绿叶地锦	Parthenocissus laetevirens	亮绿爬山虎、绿爬山虎、绿叶爬山虎	落叶木质藤本	EW/SW/NW/WW/Roof
葡萄科	Vitaceae	地锦属	Parthenocissus	五叶地锦	Parthenocissus quinquefolia	美国地锦	落叶木质藤本	NW/Roof/MC
葡萄科	Vitaceae	地锦属	Parthenocissus	'恩格曼'五叶地锦	Parthenocissus quinquefolia 'Engelmanii'		落叶木质藤本	Roof
葡萄科	Vitaceae	地锦属	Parthenocissus	三叶地锦	Parthenocissus semicordata	三叶爬山虎、爬山虎、半心爬山虎	落叶木质藤本	NW/Roof
葡萄科	Vitaceae	地锦属	Parthenocissus	地锦	Parthenocissus tricuspidata	爬山虎	落叶木质藤本	EW/SW/WW/NW/MC

四、建筑环境绿化植物名录　453

科	科拉丁名	属	属拉丁名	种	种拉丁名	中文异名	生活型	适用建筑立面
葡萄科	Vitaceae	葡萄属	Vitis	山葡萄	Vitis amurensis	阿木尔葡萄、阿穆尔葡萄、黑水葡萄	落叶木质藤本	EW/SW/WW
葡萄科	Vitaceae	葡萄属	Vitis	葡萄	Vitis vinifera	蒲陶、草龙珠、白葡萄干	落叶木质藤本	EW/SW/MC
亚麻科	Linaceae	亚麻属	Linum	宿根亚麻	Linum perenne	豆麻、多年生亚麻、黑水亚麻	多年生草本	MC
亚麻科	Linaceae	石海椒属	Reinwardtia	石海椒	Reinwardtia indica	迎春柳	常绿小灌木	MC
金虎尾科	Malpighiaceae	三星果属	Tristellateia	三星果	Tristellateia australasiae	三星果藤	木质藤本	MC
槭树科	Aceraceae	枫属	Acer	'凯利黄'复叶枫	Acer negundo 'Kelly's Gold'	金叶复叶槭	落叶乔木	Roof
槭树科	Aceraceae	枫属	Acer	鸡爪枫	Acer palmatum	红枫、鸡爪槭、七角枫	落叶小乔木或灌木	MC
槭树科	Aceraceae	枫属	Acer	红枫	Acer palmatum 'Atropurpureum'	'紫红'鸡爪枫	落叶小乔木或灌木	MC
槭树科	Aceraceae	枫属	Acer	羽毛枫	Acer palmatum 'Dissectum'	'多裂'鸡爪枫	落叶小乔木或灌木	MC
槭树科	Aceraceae	枫属	Acer	红花枫	Acer rubrum	红枫、北美红枫、美国红枫	落叶乔木	MC
漆树科	Anacardiaceae	黄栌属	Cotinus	黄栌	Cotinus coggygria	红叶、红叶黄栌、黄道栌	落叶灌木	Roof/MC
楝科	Meliaceae	米仔兰属	Aglaia	米仔兰	Aglaia odorata	米兰	落叶灌木	EW/SW
芸香科	Rutaceae	柑橘属	Citrus	金柑	Citrus japonica	金桔、金橘	常绿乔木	EW/SW/MC
芸香科	Rutaceae	柑橘属	Citrus	柠檬	Citrus limon	黎檬子、黎檬、麻老果	常绿小乔木	MC
芸香科	Rutaceae	柑橘属	Citrus	香橼	Citrus medica	枸橼、陈香、圆佛手	常绿灌木或小乔木	MC
芸香科	Rutaceae	柑橘属	Citrus	佛手	Citrus medica var. 'Fingered'	佛手柑、闵佛手、川佛手	常绿灌木或小乔木	MC
芸香科	Rutaceae	柑橘属	Citrus	柑橘	Citrus reticulata	扁柑、潮州柑、陈皮	常绿小乔木	Roof
芸香科	Rutaceae	柑橘属	Citrus	枳	Citrus trifoliata	枸橘	落叶小乔木	MC
芸香科	Rutaceae	花椒属	Zanthoxylum	琉球花椒	Zanthoxylum beecheyanum	胡椒木、一摸香、岩山椒	半常绿灌木	MC
芸香科	Rutaceae	九里香属	Murraya	九里香	Murraya paniculata	千里香、过山香、红奶果	常绿灌木或小乔木	EW/SW/MC
酢浆草科	Oxalidaceae	酢浆草属	Oxalis	关节酢浆草	Oxalis articulata	红花酢浆草	多年生草本植物	EW/SW/NW/Roof/MC
酢浆草科	Oxalidaceae	酢浆草属	Oxalis	黄花酢浆草	Oxalis pes-caprae	黄花酢酱草、黄麻子酢浆草	多年生草本植物	Roof
酢浆草科	Oxalidaceae	酢浆草属	Oxalis	紫叶酢浆草	Oxalis triangularis subsp. papilionacea	红叶酢浆草	多年生草本	EW/Roof/MC
牻牛儿苗科	Geraniaceae	天竺葵属	Pelargonium	家天竺葵	Pelargonium domesticum	洋蝴蝶、大花天竺葵、蝴蝶天竺葵	多年生草本	EW/SW/NW
牻牛儿苗科	Geraniaceae	天竺葵属	Pelargonium	天竺葵	Pelargonium hortorum	木海棠、日蜡红、十蜡红	多年生草本	EW/SW/MC
牻牛儿苗科	Geraniaceae	天竺葵属	Pelargonium	盾叶天竺葵	Pelargonium peltatum	玻璃翠、盾叶石腊红、蔓生石腊红	多年生蔓生草本	EW/SW
牻牛儿苗科	Geraniaceae	天竺葵属	Pelargonium	菊叶天竺葵	Pelargonium radula	菊叶入腊红	多年生草本或灌木状	EW/SW

科	科拉丁名	属	属拉丁名	种	种拉丁名	中文异名	生活型	适用建筑立面
旱金莲科	Tropaeolaceae	旱金莲属	Tropaeolum	旱金莲	Tropaeolum majus	金莲花、旱莲花、荷叶七	一年生草本	MC
凤仙花科	Balsaminaceae	凤仙花属	Impatiens	凤仙花	Impatiens balsamina	指甲花、急性子、灯盏花	一年生草本	EW/MC
凤仙花科	Balsaminaceae	凤仙花属	Impatiens	新几内亚凤仙花	Impatiens hawkeri	新几内亚凤仙、霍克凤仙、五彩凤仙花	多年生常绿草本	MC
凤仙花科	Balsaminaceae	凤仙花属	Impatiens	苏丹凤仙花	Impatiens walleriana	何氏凤仙	多年生草本	EW/SW/MC
五加科	Araliaceae	熊掌木属	Fatshedera	熊掌木	× Fatshedera lizei		常绿灌木	EW/SW/MC
五加科	Araliaceae	八角金盘属	Fatsia	八角金盘	Fatsia japonica	五角金盘	常绿灌木	EW/SW/NW/MC
五加科	Araliaceae	常春藤属	Hedera	洋常春藤	Hedera helix	金刚纂、手树、日本八角金盘、常春藤	常绿攀缘灌木	NW/MC
五加科	Araliaceae	常春藤属	Hedera	'花叶'洋常春藤	Hedera helix 'Variegata'	彩叶常春藤、长春藤、常春藤	常绿攀缘灌木	MC
五加科	Araliaceae	常春藤属	Hedera	常春藤	Hedera nepalensis var. sinensis	中华常春藤、爬树藤、爬墙虎	常绿攀缘灌木	EW/SW/WW/NW/MC
五加科	Araliaceae	幌伞枫属	Heteropanax	幌伞枫	Heteropanax fragrans	阿婆伞、大蛇药、火通木	常绿乔木	MC
五加科	Araliaceae	南洋参属	Polyscias	银边南洋参	Polyscias guilfoylei	福绿桐、南洋森	常绿灌木或小乔木	MC
五加科	Araliaceae	南洋参属	Polyscias	圆叶南洋参	Polyscias scutellaria	大叶福绿桐、南洋参	常绿灌木或小乔木	MC
五加科	Araliaceae	南洋参属	Polyscias	辐叶鹅掌柴	Schefflera actinophylla	澳洲鸭脚木、伞树	常绿乔木	MC
五加科	Araliaceae	鹅掌柴属	Schefflera	鹅掌柴	Schefflera arboricola	鹅掌藤、狗脚路、汉桃叶	常绿藤状灌木	MC
五加科	Araliaceae	鹅掌柴属	Schefflera	'花叶'鹅掌藤	Schefflera arboricola 'Variegata'	花叶鹅掌柴	常绿灌木	MC
五加科	Araliaceae	鹅掌柴属	Schefflera	孔雀木	Schefflera elegantissima	手树	常绿灌木	MC
五加科	Araliaceae	鹅掌柴属	Schefflera	鹅掌柴	Schefflera heptaphylla	七叶鹅掌柴、鸭脚木、鸭脚木树	常绿乔木或灌木	NW
伞形科	Apiaceae	当归属	Angelica	明日叶	Angelica keiskei	明日草、八丈草、神仙草	多年生大草本	Roof
伞形科	Apiaceae	芹属	Apium	旱芹	Apium graveolens	芹菜	二年生或多年生草本	Roof
伞形科	Apiaceae	鸭儿芹属	Cryptotaenia	鸭儿芹	Cryptotaenia japonica	大鸭脚板、水芹菜根、土当归	多年生草本	MC
伞形科	Apiaceae	胡萝卜属	Daucus	胡萝卜	Daucus carota var. sativa	北鹤虱、郊阿萝卜珠仔、鹤虱	两年生草本	Roof
伞形科	Apiaceae	天胡荽属	Hydrocotyle	南美天胡荽	Hydrocotyle verticillata	香菇草	多年生挺水或湿生草本	MC
伞形科	Apiaceae	水芹属	Oenanthe	水芹	Oenanthe javanica	楚葵、河芹、辣野菜	多年生湿生草本	MC
伞形科	Apiaceae	水芹属	Oenanthe	'火烈鸟'水芹	Oenanthe javanica 'Flamingo'		多年生湿生草本	MC
马钱科	Loganiaceae	醉鱼草属	Buddleja	大叶醉鱼草	Buddleja davidii	白背枫醉鱼草、白背醉鱼草、白壶子	落叶灌木	MC
马钱科	Loganiaceae	醉鱼草属	Buddleja	醉鱼草	Buddleja lindleyana	百宝花、闭鱼花、毒鱼草	落叶灌木	Roof/MC
马钱科	Loganiaceae	灰莉属	Fagraea	灰莉	Fagraea ceilanica	华灰莉木、非洲茉莉	常绿乔木	MC

四、建筑环境绿化植物名录　　455

科	科拉丁名	属	属拉丁名	种	种拉丁名	中文异名	生活型	适用建筑立面
马钱科	Loganiaceae	钩吻属	Gelsemium	常绿钩吻	Gelsemium sempervirens	北美钩吻、法国香水	常绿木质藤本	MC
龙胆科	Gentianaceae	洋桔梗属	Eustoma	洋桔梗	Eustoma grandiflorum	草原龙胆	二年生或一年生草本	MC
夹竹桃科	Apocynaceae	黄蝉属	Allemanda	软枝黄蝉	Allemanda cathartica	软枝黄蝉、大花软枝黄蝉、黄莺花	落叶藤状灌木	MC
夹竹桃科	Apocynaceae	长春花属	Catharanthus	长春花	Catharanthus roseus	雁来红、日日草、日日新	半灌木/常作一年生栽培	WW/MC
夹竹桃科	Apocynaceae	飘香藤属	Mandevilla	'爱丽丝之娇' 愉悦飘香藤	Mandevilla × amabilis 'Alice du Pont'	红文藤	常绿木质藤本	MC
夹竹桃科	Apocynaceae	夹竹桃属	Nerium	夹竹桃	Nerium oleander	欧洲夹竹桃、柳桃、柳叶桃	常绿直立灌木	MC
夹竹桃科	Apocynaceae	鸡蛋花属	Plumeria	红鸡蛋花	Plumeria rubra	鸡蛋花、大季花、蛋黄花	落叶小乔木	MC
夹竹桃科	Apocynaceae	鸡蛋花属	Plumeria	鸡蛋花	Plumeria rubra 'Acutifolia'	缅栀子、蛋黄花、大季花	落叶小乔木	MC
夹竹桃科	Apocynaceae	狗牙花属	Tabernaemontana	狗牙花	Tabernaemontana divaricata	单瓣狗牙花、白狗牙、豆腐花	常绿灌木	MC
夹竹桃科	Apocynaceae	狗牙花属	Tabernaemontana	'重瓣' 狗牙花	Tabernaemontana divaricata 'Flore Pleno'		常绿灌木	EW/SW
夹竹桃科	Apocynaceae	络石属	Trachelospermum	'黄金锦' 亚洲络石	Trachelospermum asiaticum 'Ogon-nishiki'	细柄络石	常绿木质藤本	EW/SW/WW
夹竹桃科	Apocynaceae	络石属	Trachelospermum	紫花络石	Trachelospermum axillare	车藤、杜仲藤、番五加	常绿粗壮木质藤本	EW/NW
夹竹桃科	Apocynaceae	络石属	Trachelospermum	络石	Trachelospermum jasminoides	石血、爬墙虎、钻骨风	常绿木质藤本	EW/NW/Roof
夹竹桃科	Apocynaceae	络石属	Trachelospermum	'三色' 络石	Trachelospermum jasminoides 'Tricolor'	白斑络石	常绿木质藤本	EW/SW/WW/MC
夹竹桃科	Apocynaceae	络石属	Trachelospermum	'花叶' 络石	Trachelospermum jasminoides 'Variegata'		常绿木质藤本	EW/SW/WW
夹竹桃科	Apocynaceae	蔓长春花属	Vinca	蔓长春花	Vinca major	攀缠长春花、长春蔓、蔓长春	常绿蔓生半灌木	EW/SW/NW/MC
夹竹桃科	Apocynaceae	蔓长春花属	Vinca	'花叶' 蔓长春花	Vinca major 'Variegata'		常绿蔓生半灌木	EW/SW/Roof/MC
夹竹桃科	Apocynaceae	蔓长春花属	Vinca	小蔓长春花	Vinca minor	小花蔓长春	常绿蔓生半灌木	MC
萝藦科	Asclepiadaceae	马利筋属	Asclepias	马利筋	Asclepias curassavica	莲生桂子花、水羊角、尖尾凤	常绿多年生直立草本	MC
萝藦科	Asclepiadaceae	钉头果属	Gomphocarpus	钝钉头果	Gomphocarpus physocarpus	气球果、气球花、唐棉	常绿灌木	MC
萝藦科	Asclepiadaceae	球兰属	Hoya	'三色' 球兰	Hoya carnosa 'Tricolor'		常绿攀缘灌木	EW/SW
萝藦科	Asclepiadaceae	球兰属	Hoya	'卷叶' 球兰	Hoya carnosa 'Compacta'		常绿攀缘灌木	EW/SW
萝藦科	Asclepiadaceae	球兰属	Hoya	裂叶球兰	Hoya lacunosa	毛唇球兰、心叶白簌球兰、心叶白簌	常绿蔓缘半灌木	EW/SW
萝藦科	Asclepiadaceae	球兰属	Hoya	秋水仙球兰	Hoya nicholsoniae		常绿攀缘灌木	EW/SW
萝藦科	Asclepiadaceae	牛奶菜属	Marsdenia	多花牛奶菜	Marsdenia floribunda	多花黑鳗藤	常绿木质藤本	EW/SW
萝藦科	Asclepiadaceae	杠柳属	Periploca	杠柳	Periploca sepium	北五加皮、香加皮、羊奶条	落叶蔓生灌木	EW/SW/NW/WW
萝藦科	Apocynaceae	夜来香属	Telosma	夜来香	Telosma cordata	夜香花、夜兰香、夜香藤	柔弱藤状灌木	NW
茄科	Solanaceae	木曼陀罗属	Brugmansia	木曼陀罗	Brugmansia arborea	大花曼陀罗、罗曼陀罗木、曼陀罗木	常绿灌木或小乔木	MC
茄科	Solanaceae	木曼陀罗属	Brugmansia	黄花木曼陀罗	Brugmansia aurea	黄花木曼陀罗、木曼陀罗	常绿灌木或小乔木	MC

科	科拉丁名	属	属拉丁名	种	种拉丁名	中文异名	生活型	适用建筑立面
茄科	Solanaceae	鸳鸯茉莉属	Brunfelsia	大花鸳鸯茉莉	Brunfelsia pauciflora	大花番茉莉、大鸳鸯茉莉	常绿灌木	NW/MC
茄科	Solanaceae	辣椒属	Capsicum	辣椒	Capsicum annuum	辣子、牛角椒、红海椒	一年生或有限多年生植物	Roof/MC
茄科	Solanaceae	辣椒属	Capsicum	樱桃椒	Capsicum annuum Cerasiforme Group		一年生或有限多年生植物	Roof/MC
茄科	Solanaceae	夜香树属	Cestrum	黄花夜香树	Cestrum aurantiacum	黄花洋素馨、黄花瓶儿花、黄花夜来香	半常绿灌木	MC
茄科	Solanaceae	夜香树属	Cestrum	夜香树	Cestrum nocturnum	夜丁香	半常绿直立灌木/近攀缘状灌木	MC
茄科	Solanaceae	枸杞属	Lycium	枸杞	Lycium chinense	枸杞菜、狗牙子、枸杞子	常绿灌木	EW/SW/MC
茄科	Solanaceae	烟草属	Nicotiana	花烟草	Nicotiana alata	长花烟草、大花烟草	有限多年生草本	MC
茄科	Solanaceae	舞春花属	Petchoa	舞春花	× Petchoa hort.	小花矮牵牛、百万小铃	多年生草本	EW/SW/MC
茄科	Solanaceae	碧冬茄属	Petunia Juss	碧冬茄	Petunia × hybrida	矮牵牛	一年生或多年生草本	WW/MC
茄科	Solanaceae	金杯藤属	Solandra	金杯藤	Solandra maxima	金盏藤	常绿木质藤本	MC
茄科	Solanaceae	茄属	Solanum	素馨叶白英	Solanum jasminoides	星茄藤	常绿缠绕灌木	MC
茄科	Solanaceae	茄属	Solanum	茄	Solanum melongena	茄子、吊菜子、落苏	直立分枝草本至亚灌木	Roof
茄科	Solanaceae	茄属	Solanum	珊瑚樱	Solanum pseudocapsicum	冬珊瑚、红珊瑚、吉庆果	常绿小灌木	MC
茄科	Solanaceae	茄属	Solanum	珊瑚豆	Solanum pseudocapsicum var. diflorum	刺石榴、冬珊瑚、红珊瑚	常绿小灌木	EW/SW/NW
旋花科	Convolvulaceae	马蹄金属	Dichondra	马蹄金	Dichondra micrantha	半边莲、黄疸草	多年生匍匐小草本	EW/SW/NW/MC
旋花科	Convolvulaceae	番薯属	Ipomoea	蕹菜	Ipomoea aquatica	甘薯、地瓜、白薯	一年生草本	Roof/MC
旋花科	Convolvulaceae	番薯属	Ipomoea	番薯	Ipomoea batatas	金叶番薯	多年生草本	Roof
旋花科	Convolvulaceae	番薯属	Ipomoea	'玛格丽特'番薯	Ipomoea batatas 'Marguerite'		多年生草本	MC
旋花科	Convolvulaceae	番薯属	Ipomoea	牵牛	Ipomoea nil	大花牵牛	一年生缠绕草本	WW/MC
旋花科	Convolvulaceae	番薯属	Ipomoea	厚藤	Ipomoea pes-caprae	马鞍藤	多年生缠绕草本	MC
旋花科	Convolvulaceae	番薯属	Ipomoea	圆叶牵牛	Ipomoea purpurea	紫花牵牛、喇叭花、毛牵牛	一年生有缠绕草本	MC
旋花科	Convolvulaceae	番薯属	Ipomoea	茑萝	Ipomoea quamoclit	茑萝松、羽叶茑萝	一年生柔弱缠绕草本	EW/MC
睡菜科	Menyanthaceae	荇菜属	Nymphoides	金银莲花	Nymphoides indica	白花荇菜、白花莕菜、水荷叶	多年生水生草本	MC
睡菜科	Menyanthaceae	荇菜属	Nymphoides	荇菜	Nymphoides peltata	莕菜	多年生水生草本	MC
花荵科	Polemoniaceae	天蓝绣球属	Phlox	天蓝绣球	Phlox paniculata	宿根福禄考、锥花福禄考	多年生落叶草本	MC
花荵科	Polemoniaceae	天蓝绣球属	Phlox	针叶天蓝绣球	Phlox subulata	丛生福禄考、针叶福禄考、芝樱	多年生矮小灌木	MC
紫草科	Boraginaceae	基及树属	Carmona	基及树	Carmona microphylla	福建茶	常绿灌木	MC

科	科拉丁名	属	属拉丁名	种	种拉丁名	中文异名	生活型	适用建筑立面
紫草科	Boraginaceae	聚合草属	Symphytum	聚合草	Symphytum officinale	爱国草、肥羊草、友益草	丛生型多年生草本	MC
马鞭草科	Verbenaceae	紫珠属	Callicarpa	华紫珠	Callicarpa cathayana	紫红鞭、米饭子、爆竹子	落叶灌木	EW/NW/MC
马鞭草科	Verbenaceae	紫珠属	Callicarpa	白棠子树	Callicarpa dichotoma	小紫珠	落叶灌木	EW/NW/Roof/MC
马鞭草科	Verbenaceae	紫珠属	Callicarpa	日本紫珠	Callicarpa japonica	鸡丁棍、山紫珠、水晶桃	落叶灌木	EW/NW/MC
马鞭草科	Verbenaceae	莸属	Caryopteris	蓝莸	Caryopteris × clandonensis	杂种莸、蓝花莸、杂种莸	落叶亚灌木	Roof
马鞭草科	Verbenaceae	莸属	Caryopteris	'天蓝'蓝莸	Caryopteris × clandonensis 'Heavenly Blue'		落叶亚灌木	EW/SW/WW/MC
马鞭草科	Verbenaceae	莸属	Caryopteris	'邱园蓝'蓝莸	Caryopteris × clandonensis 'Kew Blue'		落叶亚灌木	EW/SW/WW/MC
马鞭草科	Verbenaceae	莸属	Caryopteris	'伍斯特金叶'蓝莸	Caryopteris × clandonensis 'Worcester Gold'	[金叶]莸	落叶亚灌木	EW/SW/WW/MC
马鞭草科	Verbenaceae	莸属	Caryopteris	单花莸	Caryopteris nepetifolia		多年生草本	Roof
马鞭草科	Verbenaceae	大青属	Clerodendrum	赪桐	Clerodendrum japonicum	贞桐花、状元红、荷苞花	落叶灌木	MC
马鞭草科	Verbenaceae	大青属	Clerodendrum	烟火树	Clerodendrum quadriloculare	星烁山茉莉	落叶灌木或小乔木	MC
马鞭草科	Verbenaceae	大青属	Clerodendrum	红萼龙吐珠	Clerodendrum × speciosum		常绿木质藤本	MC
马鞭草科	Verbenaceae	大青属	Clerodendrum	龙吐珠	Clerodendrum thomsoniae		常绿木质藤本	MC
马鞭草科	Verbenaceae	大青属	Clerodendrum	海州常山	Clerodendrum trichotomum	臭梧桐、泡花桐、矮桐子	落叶灌木或小乔木	EW/MC
马鞭草科	Verbenaceae	假连翘属	Duranta	假连翘	Duranta erecta	金露花	常绿灌木	EW/SW/MC
马鞭草科	Verbenaceae	假连翘属	Duranta	'金丘'假连翘	Duranta erecta 'Gold Mound'	金叶假连翘	常绿灌木	EW/SW
马鞭草科	Verbenaceae	假连翘属	Duranta	'花叶'假连翘	Duranta erecta 'Variegata'		常绿灌木	EW/SW/MC
马鞭草科	Verbenaceae	美女樱属	Glandularia	美女樱	Glandularia × hybrida	草五色梅、铺地马鞭草、四季绣球	多年生草本	EW/SW/MC
马鞭草科	Verbenaceae	美女樱属	Glandularia	细叶美女樱	Glandularia tenera	南美马鞭草	多年生草本	MC
马鞭草科	Verbenaceae	马缨丹属	Lantana	马缨丹	Lantana camara	五色梅、臭草、七变花	常绿直立/蔓生灌木	NW/MC
马鞭草科	Verbenaceae	马缨丹属	Lantana	蔓马缨丹	Lantana montevidensis	蔓马缨丹金凤、铺地臭金凤、小叶马缨丹	常绿开展/蔓生灌木	EW/MC
马鞭草科	Verbenaceae	三对节属	Rotheca	蓝蝴蝶	Rotheca myricoides	乌干达赪桐	常绿灌木	MC
马鞭草科	Verbenaceae	马鞭草属	Verbena	柳叶马鞭草	Verbena bonariensis	南美马鞭草	多年生草本	Roof/MC
马鞭草科	Verbenaceae	牡荆属	Vitex	穗花牡荆	Vitex agnus-castus	荆沥、西洋牡荆、紫花牡荆	落叶灌木	Roof/MC
马鞭草科	Verbenaceae	牡荆属	Vitex	黄荆	Vitex negundo	五指柑、玉指风、布荆	落叶灌木或小乔木	MC
马鞭草科	Verbenaceae	牡荆属	Vitex	牡荆	Vitex negundo var. cannabifolia	布荆、黄荆、黄荆条	落叶灌木或小乔木	MC
马鞭草科	Verbenaceae	牡荆属	Vitex	单叶蔓荆	Vitex rotundifolia	白背蔓荆、白背木耳、白背杨	落叶灌木	Roof
唇形科	Lamiaceae	筋骨草属	Ajuga	'暗紫'匍匐筋骨草	Ajuga reptans 'Atropurpurea'	猫须草、猫须公	多年生常绿草本	MC
唇形科	Lamiaceae	肾茶属	Clerodendranthus	肾茶	Clerodendranthus spicatus		多年生草本	MC

科	科拉丁名	属	属拉丁名	种	种拉丁名	中文异名	生活型	适用建筑立面
唇形科	Lamiaceae	活血丹属	Glechoma	'花叶' 欧活血丹	Glechoma hederacea 'Variegata'	花叶活血丹	多年生蔓生草本	MC
唇形科	Lamiaceae	活血丹属	Glechoma	活血丹	Glechoma longituba	连钱草	多年生草本	MC
唇形科	Lamiaceae	薰衣草属	Lavandula	薰衣草	Lavandula angustifolia	英国薰衣草、狭叶薰衣草	常绿半灌木 / 矮灌木	MC
唇形科	Lamiaceae	薰衣草属	Lavandula	齿叶薰衣草	Lavandula dentata	锯齿薰衣草	常绿灌木	MC
唇形科	Lamiaceae	薰衣草属	Lavandula	羽裂薰衣草	Lavandula pinnata	羽叶薰衣草	常绿灌木	MC
唇形科	Lamiaceae	薰衣草属	Lavandula	法国薰衣草	Lavandula stoechas	西班牙薰衣草	常绿灌木	MC
唇形科	Lamiaceae	薄荷属	Mentha	水薄荷	Mentha aquatica	大叶石龙尾、水八角	多年生草本	MC
唇形科	Lamiaceae	薄荷属	Mentha	薄荷	Mentha canadensis	田中青、野薄荷、卜薄	多年生草本	MC
唇形科	Lamiaceae	薄荷属	Mentha	皱叶留兰香	Mentha crispata	香茶菜、土薄荷、皱叶薄荷	多年生草本	Roof
唇形科	Lamiaceae	美国薄荷属	Monarda	美国薄荷	Monarda didyma	马薄荷、麝香薄荷、麝香佛手柑	直立一年生草本	Roof
唇形科	Lamiaceae	荆芥属	Nepeta	荆芥	Nepeta cataria	薄荷、香薷、小荆芥	多年生草本	Roof
唇形科	Lamiaceae	荆芥属	Nepeta	'六巨山' 荆芥	Nepeta 'Six Hills Giant'		多年生草本	MC
唇形科	Lamiaceae	罗勒属	Ocimum	罗勒	Ocimum basilicum	矮糠、矮糠、菜荆芥	一年生草本	MC
唇形科	Lamiaceae	紫苏属	Perilla	紫苏	Perilla frutescens	白苏、阿好儿、白苏子	一年生草本	MC
唇形科	Lamiaceae	糙苏属	Phlomis	橙花糙苏	Phlomis fruticosa		常绿灌木	MC
唇形科	Lamiaceae	马刺花属	Plectranthus	[莫嫩紫] 马刺花	Plectranthus 'Plepailia'	莫嫩紫茶菜、紫凤凰	多年生常绿草本	MC
唇形科	Lamiaceae	马刺花属	Plectranthus	五彩苏	Plectranthus scutellarioides	彩叶草	多年生草本	EW/SW/MC
唇形科	Lamiaceae	夏枯草属	Prunella	大花夏枯草	Prunella grandiflora		多年生草本	EW/WW/WW/Roof/ MC
唇形科	Lamiaceae	迷迭香属	Rosmarinus	迷迭香	Rosmarinus officinalis	海露、海洋之露、直立迷迭香	常绿灌木	MC
唇形科	Lamiaceae	鼠尾草属	Salvia	朱唇	Salvia coccinea	红花鼠尾草	一年生或多年生草本	MC
唇形科	Lamiaceae	鼠尾草属	Salvia	凤梨鼠尾草	Salvia elegans		多年生草本	MC
唇形科	Lamiaceae	鼠尾草属	Salvia	蓝花鼠尾草	Salvia farinacea	一串蓝	多年生草本	MC
唇形科	Lamiaceae	鼠尾草属	Salvia	深蓝鼠尾草	Salvia guaranitica	瓜拉尼鼠尾草	多年生草本	MC
唇形科	Lamiaceae	鼠尾草属	Salvia	紫绒鼠尾草	Salvia leucantha	墨西哥鼠尾草	多年生常绿草本	MC
唇形科	Lamiaceae	鼠尾草属	Salvia	药用鼠尾草	Salvia officinalis	撒尔维亚、菜用鼠尾草、香草	多年生草本	Roof
唇形科	Lamiaceae	鼠尾草属	Salvia	一串红	Salvia splendens	西洋红、象牙红、墙下红	亚灌木状草本	EW/SW/MC
唇形科	Lamiaceae	鼠尾草属	Salvia	天蓝鼠尾草	Salvia uliginosa	沼生鼠尾草	多年生草本	MC
唇形科	Lamiaceae	四棱草属	Schnabelia	四棱草	Schnabelia oligophylla	四棱筋骨草、假马鞭草、箭羽草	多年生草本	MC
唇形科	Lamiaceae	黄芩属	Scutellaria	半枝莲	Scutellaria barbata	并头草、牙刷草、四方马兰	多年生草本	Roof
唇形科	Lamiaceae	水苏属	Stachys	绵毛水苏	Stachys byzantina	毛叶水苏	多年生常绿草本	EW/SW/MC

续表

科	科拉丁名	属	属拉丁名	种	种拉丁名	中文异名	生活型	适用建筑立面
盾形科	Lamiaceae	香科科属	Teucrium	银石蚕科	Teucrium fruticans	银石蚕,水果蓝	常绿灌木	Roof/MC
盾形科	Lamiaceae	百里香属	Thymus	普通百里香	Thymus vulgaris	百里香	常绿矮小半灌木	Roof/MC
车前科	Plantaginaceae	车前属	Plantago	'紫叶'大车前	Plantago major 'Atropurpurea'		多年生水缘植物或中生植物	MC
木犀科	Oleaceae	连翘属	Forsythia	金钟连翘	Forsythia × intermedia	美国金钟连翘,杂种连翘,金连翘	落叶灌木	Roof
木犀科	Oleaceae	连翘属	Forsythia	[金脉]朝鲜连翘	Forsythia koreana 'Kumson'	'卡姆森'朝鲜连翘	落叶灌木	MC
木犀科	Oleaceae	连翘属	Forsythia	[金叶]朝鲜连翘	Forsythia koreana 'Suwan Gold'		落叶灌木	MC
木犀科	Oleaceae	连翘属	Forsythia	连翘	Forsythia suspensa	黄寿丹,黄绶丹,绶带	落叶灌木	Roof/MC
木犀科	Oleaceae	连翘属	Forsythia	金钟花	Forsythia viridissima	迎春条,细叶连翘,长叶连翘	落叶灌木	EW/SW/Roof/MC
木犀科	Oleaceae	素馨属	Jasminum	红素馨	Jasminum beesianum	红茉莉	缠绕木质藤本	EW/SW/Roof
木犀科	Oleaceae	素馨属	Jasminum	探春花	Jasminum floridum	迎夏	半常绿直立灌木/攀缘状灌木	EW/MC
木犀科	Oleaceae	素馨属	Jasminum	清香藤	Jasminum lanceolaria	光清香藤,破骨风,破藤风	木质藤本	EW/SW/NW
木犀科	Oleaceae	素馨属	Jasminum	野迎春	Jasminum mesnyi	黄素馨,云南黄馨	常绿直立亚灌木	EW/SW/WW/Roof/MC
木犀科	Oleaceae	素馨属	Jasminum	毛茉莉	Jasminum multiflorum	毛萼素馨,多花素馨	攀缘灌木	MC
木犀科	Oleaceae	素馨属	Jasminum	迎春花	Jasminum nudiflorum	金腰带,小黄花,金梅花	常绿直立亚灌木	EW/SW/Roof/MC
木犀科	Oleaceae	素馨属	Jasminum	浓香探春	Jasminum odoratissimum	浓香茉莉,金茉莉,浓香黄馨	常绿灌木	MC
木犀科	Oleaceae	素馨属	Jasminum	[金叶]素方花	Jasminum officinale 'Frojas'	金叶素馨	攀缘灌木	MC
木犀科	Oleaceae	素馨属	Jasminum	茉莉花	Jasminum sambac	山缅花,茉莉,木梨花	常绿直立/攀缘状灌木	EW/SW/MC
木犀科	Oleaceae	女贞属	Ligustrum	日本女贞	Ligustrum japonicum	东女贞,冬青树,苦茶叶	常绿灌木	EW/SW/MC
木犀科	Oleaceae	女贞属	Ligustrum	'霍华德'日本女贞	Ligustrum japonicum 'Howardii'	金森女贞	常绿乔木或灌木	EW/SW/WW/Roof/MC
木犀科	Oleaceae	女贞属	Ligustrum	女贞	Ligustrum lucidum	女桢,蜡树,桢木	常绿乔木或灌木	MC
木犀科	Oleaceae	女贞属	Ligustrum	'维卡里'卵叶女贞	Ligustrum ovalifolium 'Vicaryi'	金叶女贞	落叶/半常绿亚灌木	Roof/MC
木犀科	Oleaceae	女贞属	Ligustrum	小叶女贞	Ligustrum quihoui	小白蜡树,楝青,白蜡	常绿灌木	NW/EW/SW/Roof/MC
木犀科	Oleaceae	女贞属	Ligustrum	小蜡	Ligustrum sinense	山宗甲树,山指甲,水黄杨	落叶/半常绿灌木或乔木	EW/NW/MC
木犀科	Oleaceae	女贞属	Ligustrum	[银姬]小蜡	Ligustrum sinense 'Variegatum'	花叶小蜡,银叶小蜡	半常绿灌木或小乔木	MC
木犀科	Oleaceae	木犀榄属	Olea	木犀榄	Olea europaea	油橄榄	常绿小乔木	MC

科	科拉丁名	属	属拉丁名	种	种拉丁名	中文异名	生活型	适用建筑立面
木犀科	Oleaceae	木犀榄属	Olea	锈鳞木犀榄	Olea europaea subsp. cuspidata	尖叶木犀榄、锈鳞木樨榄、野生油橄榄	常绿灌木	MC
木犀科	Oleaceae	木犀属	Osmanthus	木犀	Osmanthus fragrans	桂花	常绿灌木或小乔木	Roof/MC
木犀科	Oleaceae	木犀属	Osmanthus	柊树	Osmanthus heterophyllus	刺桂、刺叶桂、异叶木犀	常绿灌木或小乔木	EW/MC
木犀科	Oleaceae	木犀属	Osmanthus	'五色'柊树	Osmanthus heterophyllus 'Goshiki'		常绿灌木	MC
木犀科	Oleaceae	丁香属	Syringa	紫丁香	Syringa oblata	华北紫丁香、龙梢子、扁球丁香、丁香	常绿灌木或小乔木	MC
木犀科	Oleaceae	丁香属	Syringa	白丁香	Syringa oblata 'Alba'		常绿灌木或小乔木	Roof/MC
玄参科	Scrophulariaceae	香彩雀属	Angelonia	香彩雀	Angelonia angustifolia	天使花	多年生草本花卉	MC
玄参科	Scrophulariaceae	金鱼草属	Antirrhinum	金鱼草	Antirrhinum majus	龙头花、凤头莲、龙口花	短命多年生草本	MC
玄参科	Scrophulariaceae	毛地黄属	Digitalis	毛地黄	Digitalis purpurea	洋地黄、德国金钟、地菱普里斯	二年生或多年生草本	MC
玄参科	Scrophulariaceae	钓钟柳属	Penstemon	毛地黄钓钟柳	Penstemon digitalis	指状钓钟柳	多年生草本	MC
玄参科	Scrophulariaceae	蝴蝶草属	Torenia	蓝猪耳	Torenia fournieri	夏堇	一年生直立草本	MC
玄参科	Scrophulariaceae	婆婆纳属	Veronica	穗花婆婆纳	Veronica spicata	草原婆婆纳、密穗水苦荬	多年生草本	Roof
苦苣苔科	Gesneriaceae	粗筒苣苔属	Briggsia	浙皖粗筒苣苔	Briggsia chienii	岩青菜、佛肚花、秦氏佛肚花	常绿多年生草本	EW/SW
苦苣苔科	Gesneriaceae	唇柱苣苔属	Chirita	牛耳朵	Chirita eburnea	岩青菜、石虎耳、光白菜	常绿多年生草本	EW/SW
苦苣苔科	Gesneriaceae	唇柱苣苔属	Chirita	蚂蝗七	Chirita fimbrisepala	石蜈蚣、石螃蟹、红蚂蝗七	常绿多年生草本	EW/SW
苦苣苔科	Gesneriaceae	长蒴苣苔属	Didymocarpus	闽赣长蒴苣苔	Didymocarpus heucherifolius		常绿多年生草本	EW/SW
苦苣苔科	Gesneriaceae	吊石苣苔属	Lysionotus	吊石苣苔	Lysionotus pauciflorus	石吊兰、石豇豆、接骨生	常绿小灌木	EW/SW
苦苣苔科	Gesneriaceae	马铃苣苔属	Oreocharis	紫花马铃苣苔	Oreocharis argyreia	马铃苣苔、紫花马铃苣苔	常绿多年生无茎草本	EW/SW
爵床科	Acanthaceae	单药爵床属	Aphelandra	单药爵床	Aphelandra squarrosa	银脉爵床	常绿亚灌木	MC
爵床科	Acanthaceae	十字爵床属	Crossandra	十字爵床	Crossandra infundibuliformis	鸟尾花	常绿亚灌木	MC
爵床科	Acanthaceae	彩叶木属	Graptophyllum	彩叶木	Graptophyllum pictum	金叶木、漫画花	常绿灌木	MC
爵床科	Acanthaceae	爵床属	Justicia	鸭嘴花	Justicia adhatoda	牛舌兰、野靛叶	常绿灌木	MC
爵床科	Acanthaceae	爵床属	Justicia	虾衣花	Justicia brandegeana	虾夷花、麒麟吐珠、狐尾木	亚灌木	MC
爵床科	Acanthaceae	红楼花属	Odontonema	红楼花	Odontonema strictum	鸡冠爵床	常绿灌木	MC
爵床科	Acanthaceae	金苞花属	Pachystachys	金苞花	Pachystachys lutea	黄虾衣花、黄虾衣花、金苞爵床	常绿灌木	MC
爵床科	Acanthaceae	芦莉草属	Ruellia	蓝花草	Ruellia brittoniana	翠芦莉	多年生草本	MC
爵床科	Acanthaceae	黄脉爵床属	Sanchezia	金脉爵床	Sanchezia oblonga	黄脉爵床、长叶黄脉爵床	常绿直立灌木	MC
爵床科	Acanthaceae	山牵牛属	Thunbergia	翼叶山牵牛	Thunbergia alata	黑眼苏珊	多年生缠绕灌木	EW/SW/MC
爵床科	Acanthaceae	山牵牛属	Thunbergia	红花山牵牛	Thunbergia coccinea	垂叶山牵牛、德鸣拉、垃烈嵩	常绿攀援灌木	EW/SW

续表

科	科拉丁名	属	属拉丁名	种	种拉丁名	中文异名	生活型	适用建筑立面
爵床科	Acanthaceae	山牵牛属	Thunbergia	直立山牵牛	Thunbergia erecta	硬枝老鸦嘴	直立灌木	MC
爵床科	Acanthaceae	山牵牛属	Thunbergia	山牵牛	Thunbergia grandiflora	大花老鸭嘴	常绿攀缘灌木	MC
爵床科	Acanthaceae	山牵牛属	Thunbergia	桂叶山牵牛	Thunbergia laurifolia	桂叶老鸦嘴	常绿高大藤本	EW/SW/WW
紫葳科	Bignoniaceae	凌霄花属	Campsis	凌霄	Campsis grandiflora	紫葳、女葳花、白狗肠	落叶攀缘藤本	EW/SW/WW/Roof/MC
紫葳科	Bignoniaceae	凌霄花属	Campsis	厚萼凌霄	Campsis radicans	美国凌霄	落叶攀缘藤本	EW/SW/MC
紫葳科	Bignoniaceae	蒜香藤属	Mansoa	蒜香藤	Mansoa alliacea	紫铃藤、张氏紫葳	常绿木质藤本	MC
紫葳科	Bignoniaceae	粉花凌霄属	Pandorea	粉花凌霄	Pandorea jasminoides	馨葳	常绿木质藤本	MC
紫葳科	Bignoniaceae	非洲凌霄属	Podranea	非洲凌霄	Podranea ricasoliana	紫芸藤	常绿木质藤本	MC
紫葳科	Bignoniaceae	炮仗藤属	Pyrostegia	炮仗花	Pyrostegia venusta	黄鳝藤、黄金珊瑚、炮掌花	常绿木质藤本	EW/SW/MC
紫葳科	Bignoniaceae	菜豆树属	Radermachera	菜豆树	Radermachera sinica	白鹤参、朝阳花、大朝阳	常绿小乔木	MC
紫葳科	Bignoniaceae	黄钟花属	Tecoma	黄钟树	Tecoma stans	黄钟花、金钟花	常绿灌木	MC
桔梗科	Campanulaceae	风铃草属	Campanula	风铃草	Campanula medium	挂钟草、騝简花	两年生直立草本	MC
桔梗科	Campanulaceae	长星花属	Isotoma	腋花同瓣草	Isotoma axillaris	长星花、流星花、彩星花	多年生直立草本	MC
桔梗科	Campanulaceae	半边莲属	Lobelia	南非半边莲	Lobelia erinus	六倍利、翠蝶花、山梗菜	多年生草本植物	MC
桔梗科	Campanulaceae	桔梗属	Platycodon	桔梗	Platycodon grandiflorus	铃当花、包袱花、道拉基	落叶多年生草本	Roof/MC
草海桐科	Goodeniaceae	草海桐属	Scaevola	草海桐	Scaevola taccada	羊角树、水草仔、细叶水草	常绿直立或铺散灌木	MC
茜草科	Rubiaceae	水团花属	Adina	水团花	Adina pilulifera	水杨梅、北越水杨梅、大叶水杨梅	常绿灌木或小乔木	EW/NW/MC
茜草科	Rubiaceae	水团花属	Adina	细叶水团花	Adina rubella	水杨梅	落叶小灌木	EW/NW/MC
茜草科	Rubiaceae	风箱树属	Cephalanthus	风箱树	Cephalanthus tetrandrus	假乌榄、马烟树、埋览妆	落叶灌木或小乔木	MC
茜草科	Rubiaceae	虎刺属	Damnacanthus	虎刺	Damnacanthus indicus	绣花针、黄脚鸡、伏牛花	常绿具刺灌木	MC
茜草科	Rubiaceae	栀子属	Gardenia	栀子	Gardenia jasminoides	黄栀子、白蟾、白蝉	常绿灌木	EW/SW/WW/NW/MC
茜草科	Rubiaceae	栀子属	Gardenia	白蟾	Gardenia jasminoides 'Fortuneana'	重瓣栀子	常绿灌木	Roof/MC
茜草科	Rubiaceae	栀子属	Gardenia	雀舌栀子	Gardenia jasminoides 'Radicans'	小叶栀子、水栀子	常绿葡匐小灌木	EW/NW/Roof/MC
茜草科	Rubiaceae	长隔木属	Hamelia	长隔木	Hamelia patens	希茉莉	常绿灌木	MC
茜草科	Rubiaceae	龙船花属	Ixora	龙船花	Ixora chinensis	山丹、百日红、红缨树	常绿灌木	MC
茜草科	Rubiaceae	野丁香属	Leptodermis	薄皮木	Leptodermis oblonga	薄皮野丁香、毛爪爪、野丁香	落叶灌木	Roof/MC
茜草科	Rubiaceae	玉叶金花属	Mussaenda	红玉叶金花	Mussaenda erythrophylla	红纸扇	常绿或半常绿藤本	MC
茜草科	Rubiaceae	玉叶金花属	Mussaenda	'奥罗拉' 菲岛玉叶金花	Mussaenda philippica 'Aurorae'	白纸扇	常绿或半常绿灌木	MC
茜草科	Rubiaceae	鸡矢藤属	Paederia	鸡矢藤	Paederia foetida	黄鸡矢藤、黄葜藤、鸡屎藤	木质缠绕藤本	EW/SW

科	科拉丁名	属	属拉丁名	种	种拉丁名	中文异名	生活型	适用建筑立面
茜草科	Rubiaceae	五星花属	Pentas	五星花	Pentas lanceolata	繁星花	常绿亚灌木	MC
茜草科	Rubiaceae	白马骨属	Serissa	六月雪	Serissa japonica	白马骨、满天星、白丁花	半常绿小灌木	EW/SW/Roof/MC
忍冬科	Caprifoliaceae	糯米条属	Abelia	'弗朗西斯·梅森'大花糯米条	Abelia × grandiflora 'Francis Mason'		半常绿灌木	EW/SW/MC
忍冬科	Caprifoliaceae	猬实属	Kolkwitzia	猬实	Kolkwitzia amabilis		落叶灌木	Roof
忍冬科	Caprifoliaceae	忍冬属	Lonicera	'德罗维红'布朗忍冬	Lonicera × brownii 'Dropmore Scarlet'	垂红忍冬	半常绿木质藤本	MC
忍冬科	Caprifoliaceae	忍冬属	Lonicera	'金焰'京红久忍冬	Lonicera × heckrottii 'Gold Flame'		落叶或半常绿木质藤本	MC
忍冬科	Caprifoliaceae	忍冬属	Lonicera	郁香忍冬	Lonicera fragrantissima	羊奶子、苦糖果	半常绿或落叶灌木	Roof/MC
忍冬科	Caprifoliaceae	忍冬属	Lonicera	忍冬	Lonicera japonica	金银花、四月红	半常绿木质藤本	EW/SW/MC
忍冬科	Caprifoliaceae	忍冬属	Lonicera	'金脉'忍冬	Lonicera japonica 'Aureoreticulata'	金银花	半常绿木质藤本	MC
忍冬科	Caprifoliaceae	忍冬属	Lonicera	红白忍冬	Lonicera japonica var. chinensis	红花忍冬、红金银花、金银花	半常绿木质藤本	Roof
忍冬科	Caprifoliaceae	忍冬属	Lonicera	亮叶忍冬	Lonicera ligustrina var. yunnanensis	对结子、云南蒸帽忍冬、小黑果	常绿或半常绿灌木	EW/SW/WW/NW
忍冬科	Caprifoliaceae	忍冬属	Lonicera	[匍枝]亮叶忍冬	Lonicera ligustrina var. yunnanensis 'Maigr ù n'	匍枝亮绿忍冬、匍匐亮叶忍冬	常绿或半常绿灌木	EW/SW/WW/Roof/MC
忍冬科	Caprifoliaceae	忍冬属	Lonicera	金银忍冬	Lonicera maackii	金银木	落叶灌木	EW/NW/MC
忍冬科	Caprifoliaceae	忍冬属	Lonicera	贯月忍冬	Lonicera sempervirens	穿叶忍冬、贯叶忍冬	常绿木质藤本	MC
忍冬科	Caprifoliaceae	忍冬属	Lonicera	新疆忍冬	Lonicera tatarica	鞑靼忍冬、桃色忍冬	落叶灌木	MC
忍冬科	Caprifoliaceae	接骨木属	Sambucus	'金羽'总序接骨木	Sambucus racemosa 'Plumosa Aurea'	金叶接骨木	落叶灌木或小乔木	Roof/MC
忍冬科	Caprifoliaceae	接骨木属	Sambucus	接骨木	Sambucus williamsii	公道老、蓝节杆、扦扦活	落叶灌木或小乔木	MC
忍冬科	Caprifoliaceae	毛核木属	Symphoricarpos	白毛核木	Symphoricarpos albus	雪果	落叶灌木	Roof
忍冬科	Caprifoliaceae	毛核木属	Symphoricarpos	小花毛核木	Symphoricarpos orbiculatus	红雪果、圆果毛核木	落叶灌木	MC
忍冬科	Caprifoliaceae	荚蒾属	Viburnum	川西荚蒾	Viburnum davidii	大卫荚蒾	常绿灌木	Roof
忍冬科	Caprifoliaceae	荚蒾属	Viburnum	绣球荚蒾	Viburnum macrocephalum	木绣球	落叶或半常绿灌木	MC
忍冬科	Caprifoliaceae	荚蒾属	Viburnum	琼花	Viburnum macrocephalum f. keteleeri	聚八仙	落叶或半常绿灌木	MC
忍冬科	Caprifoliaceae	荚蒾属	Viburnum	珊瑚树	Viburnum odoratissimum	法国冬青	常绿灌木或小乔木	EW/MC
忍冬科	Caprifoliaceae	荚蒾属	Viburnum	欧洲荚蒾	Viburnum opulus	欧洲琼花	落叶灌木	MC
忍冬科	Caprifoliaceae	荚蒾属	Viburnum	鸡树条	Viburnum opulus subsp. calvescens	天目琼花	落叶灌木	MC
忍冬科	Caprifoliaceae	荚蒾属	Viburnum	蝴蝶戏珠花	Viburnum plicatum f. tomentosum	蝴蝶荚蒾	落叶灌木	MC
忍冬科	Caprifoliaceae	荚蒾属	Viburnum	皱叶荚蒾	Viburnum rhytidophyllum	枇杷叶荚蒾、桂叶荚蒾	落叶灌木	MC
忍冬科	Caprifoliaceae	荚蒾属	Viburnum	地中海荚蒾	Viburnum tinus	姿森荚蒾、桂叶荚蒾	常绿灌木或小乔木	Roof/MC
忍冬科	Caprifoliaceae	锦带花属	Weigela	锦带花	Weigela florida	山脂麻、粉团花、海仙	落叶灌木	Roof

科	科拉丁名	属	属拉丁名	种	种拉丁名	中文异名	生活型	适用建筑立面
忍冬科	Caprifoliaceae	锦带花属	Weigela	'淘金'锦带花	Weigela 'Gold Rush'		落叶灌木	Roof
忍冬科	Caprifoliaceae	锦带花属	Weigela	半边月	Weigela japonica var. sinica	水马桑	落叶灌木	EW/NW/Roof
忍冬科	Caprifoliaceae	锦带花属	Weigela	'红王子'锦带花	Weigela 'Red Prince'		落叶灌木	Roof/MC
忍冬科	Caprifoliaceae	六道木属	Zabelia	六道木	Zabelia biflora	六条木、交翅	灌木类	Roof
川续断科	Dipsacaceae	蓝盆花属	Scabiosa	日本蓝盆花	Scabiosa japonica	山萝卜、兰盆花	多年生草本	MC
菊科	Asteraceae	蓍属	Achillea	蓍	Achillea millefolium	千叶蓍、西洋蓍草	多年生草本	MC
菊科	Asteraceae	藿香蓟属	Ageratum	熊耳草	Ageratum houstonianum	大花藿香蓟	一年生草本	MC
菊科	Asteraceae	亚菊属	Ajania	金球亚菊	Ajania pacifica	亚菊	多年生草本	MC
菊科	Asteraceae	木茼蒿属	Argyranthemum	木茼蒿	Argyranthemum frutescens	蓬蒿菊、玛格丽特	多年生草本	MC
菊科	Asteraceae	蒿属	Artemisia	'斑叶'北艾	Artemisia vulgaris 'Variegata'	黄金艾蒿	多年生草本	Roof
菊科	Asteraceae	紫菀属	Aster	马兰	Aster indicus	山菊、鸡儿肠、路边菊	多年生草本	Roof/MC
菊科	Asteraceae	紫菀属	Aster	荷兰菊	Aster novi-belgii	纽约紫菀、荷兰紫菀、紫菀	多年生草本	MC
菊科	Asteraceae	雏菊属	Bellis	雏菊	Bellis perennis	马兰头花、长寿菊、马兰头草	多年生草本	MC
菊科	Asteraceae	鬼针草属	Bidens	阿魏叶鬼针草	Bidens ferulifolia	茴香叶鬼针草	多年生草本	MC
菊科	Asteraceae	鹅河菊属	Brachyscome	鹅河菊	Brachyscome iberidifolia	丝河菊、雁河花、雁河菊	一年生草本	MC
菊科	Asteraceae	金盏菊属	Calendula	金盏菊	Calendula officinalis	金盏花、阿拉坦-其其格、白菊花	一年生草本,常作二年生栽培	EW/SW/MC
菊科	Asteraceae	翠菊属	Callistephus	翠菊	Callistephus chinensis	江西腊、五月菊、八月菊	一年生或二年生草本	MC
菊科	Asteraceae	菊属	Chrysanthemum	野菊	Chrysanthemum indicum	东篱菊、甘菊花、汉野菊	落叶多年生草本	MC
菊科	Asteraceae	菊属	Chrysanthemum	菊花脑	Chrysanthemum indicum 'Nankingense'	菊、白茶菊、白菊花	落叶多年生草本	Roof
菊科	Asteraceae	菊属	Chrysanthemum	菊花	Chrysanthemum morifolium	草子花、除虫菊、大金鸡菊	落叶多年生草本	MC
菊科	Asteraceae	鞘冠菊属	Coleostephus	黄晶菊	Coleostephus multicaulis	多花金鸡菊	一年生草本	MC
菊科	Asteraceae	金鸡菊属	Coreopsis	金鸡菊	Coreopsis basalis		一年生草本	Roof
菊科	Asteraceae	金鸡菊属	Coreopsis	大花金鸡菊	Coreopsis grandiflora	大花波斯菊、大波斯菊、剑叶波斯菊	多年生草本	Roof
菊科	Asteraceae	金鸡菊属	Coreopsis	剑叶金鸡菊	Coreopsis lanceolata	狭叶金鸡菊、大金鸡菊	多年生草本	MC
菊科	Asteraceae	金鸡菊属	Coreopsis	两色金鸡菊	Coreopsis tinctoria	蛇目菊	一年生草本	MC
菊科	Asteraceae	秋英属	Cosmos	秋英	Cosmos bipinnatus	波斯菊	一年生或多年生草本	MC
菊科	Asteraceae	秋英属	Cosmos	黄秋英	Cosmos sulphureus	硫华菊	一年生或多年生草本	Roof/MC
菊科	Asteraceae	芙蓉菊属	Crossostephium	芙蓉菊	Crossostephium chinensis	香菊、千年艾、蕲艾	半灌木	Roof/MC
菊科	Asteraceae	矢车菊属	Cyanus	蓝花矢车菊	Cyanus segetum	矢车菊	一年生或二年生草本	MC

科	科拉丁名	属	属拉丁名	种	种拉丁名	中文异名	生活型	适用建筑立面
菊科	Asteraceae	大丽花属	Dahlia	大丽花	*Dahlia pinnata*	大丽菊、地瓜花、达力牙-其格	落叶多年生草本	MC
菊科	Asteraceae	松果菊属	Echinacea	松果菊	*Echinacea purpurea*	紫松果菊、紫锥菊	多年生草本	Roof/MC
菊科	Asteraceae	黄蓉菊属	Euryops	梳黄菊	*Euryops chrysanthemoides × Euryops pectinatus*	浅齿常绿千里光	常绿灌木	Roof/MC
菊科	Asteraceae	黄蓉菊属	Euryops	黄金菊	*Euryops chrysanthemoides × Euryops speciosissimus*	情人菊	常绿灌木	Roof/MC
菊科	Asteraceae	大吴风草属	Farfugium	大吴风草	*Farfugium japonicum*	荷叶三七、八角乌、大马蹄	常绿多年生莲状草本	EW/SW/NW/MC
菊科	Asteraceae	大吴风草属	Farfugium	'黄斑' 大吴风草	*Farfugium japonicum* 'Aureomaculatum'		常绿多年生莲状草本	MC
菊科	Asteraceae	天人菊属	Gaillardia	宿根天人菊	*Gaillardia aristata*	车轮菊、大天人菊、荔枝菊	多年生草本	MC
菊科	Asteraceae	勋章菊属	Gazania	勋章菊	*Gazania rigens*		常绿多年生草本植物	MC
菊科	Asteraceae	火石花属	Gerbera	非洲菊	*Gerbera jamesonii*	扶郎花、大火草、灯盏花	多年生草本	MC
菊科	Asteraceae	茼蒿属	Glebionis	蒿子秆	*Glebionis carinata*	花环菊、三色菊	一年生草本、常作一年生栽培	MC
菊科	Asteraceae	茼蒿属	Glebionis	南茼蒿	*Glebionis segetum*	田地菊	一年生草本、常作二年生栽培	Roof
菊科	Asteraceae	菊三七属	Gynura	橙花菊三七	*Gynura aurantiaca*	紫鹅绒	常绿多年生草本	NW
菊科	Asteraceae	堆心菊属	Helenium	苦味堆心菊	*Helenium amarum*		一年生草本	MC
菊科	Asteraceae	向日葵属	Helianthus	向日葵	*Helianthus annuus*	朝阳花、倒葵、葵花	一年生高大草本	MC
菊科	Asteraceae	蜡菊属	Helichrysum	蜡菊	*Helichrysum bracteatum*	麦秆菊	一年生草本	MC
菊科	Asteraceae	蜡菊属	Helichrysum	意大利蜡菊	*Helichrysum italicum*	线叶蜡菊	常绿亚灌木	MC
菊科	Asteraceae	莴苣属	Lactuca	莴笋	*Lactuca sativa* var. *angustana*	柳叶莴苣、牛脷菜、笋子	二年生草本	Roof
菊科	Asteraceae	莴苣属	Lactuca	油麦菜	*Lactuca sativa* var. *asparagina*	莜麦菜、苦菜、香水生菜	二年生或一年生草本	Roof
菊科	Asteraceae	莴苣属	Lactuca	生菜	*Lactuca sativa* var. *ramosa*	叶用莴苣	二年生或一年生草本	Roof
菊科	Asteraceae	滨菊属	Leucanthemum	大滨菊	*Leucanthemum maximum*	西洋滨菊	多年生草本	MC
菊科	Asteraceae	蛇鞭菊属	Litrisa	蛇鞭菊	*Litrisa spicata*	马尾花、麒麟菊、龙头花	多年生草本	MC
菊科	Asteraceae	白晶菊属	Mauranthemum	白晶菊	*Mauranthemum paludosum*	小白菊、晶晶菊	多年生草本	MC
菊科	Asteraceae	黑足菊属	Melampodium	黄帝菊	*Melampodium divaricatum*	美兰菊	一年生草本	MC
菊科	Asteraceae	青子菊属	Osteospermum	蓝目菊	*Osteospermum ecklonis*	南非万寿菊	多年生草本、常作一年生或一年生栽培	MC
菊科	Asteraceae	瓜叶菊属	Pericallis	瓜叶菊	*Pericallis hybrida*	瓜叶莲、千里光、千日莲	多年生草本、常作二年生栽培	MC

科	科拉丁名	属	属拉丁名	种	种拉丁名	中文异名	生活型	适用建筑立面
菊科	Asteraceae	金光菊属	Rudbeckia	黑心金光菊	Rudbeckia hirta	黑心菊	一年生/二年生/多年生草本	MC
菊科	Asteraceae	金光菊属	Rudbeckia	金光菊	Rudbeckia laciniata	黑眼菊、黄菊、黄菊花	多年生草本	MC
菊科	Asteraceae	银香菊属	Santolina	银香菊	Santolina chamaecyparissus	棉杉菊	常绿亚灌木	MC
菊科	Asteraceae	千里光属	Senecio	银叶菊	Senecio cineraria	雪叶莲、雪艾	常绿亚灌木，常作二年生栽培	EW/SW/MC
菊科	Asteraceae	一枝黄花属	Solidago	一枝黄花	Solidago decurrens	百根草、百条根、朝天一柱香	多年生草本	Roof
菊科	Asteraceae	兔儿伞属	Syneilesis	兔儿伞	Syneilesis aconitifolia	雷骨散、艾叶屋纳、和尚帽子	多年生草本	Roof/MC
菊科	Asteraceae	万寿菊属	Tagetes	万寿菊	Tagetes erecta	臭芙蓉、臭菊花	一年生草本	Roof/MC
菊科	Asteraceae	万寿菊属	Tagetes	孔雀草	Tagetes patula	糖菊花、臭草、臭菊花	一年生草本	Roof/MC
菊科	Asteraceae	百日菊属	Zinnia	百日菊	Zinnia elegans	百日草、步步高、步步高	一年生草本	MC
花蔺科	Butomaceae	花蔺属	Butomus	花蔺	Butomus umbellatus	阿拉轻古、花蔺草、猫头草	落叶多年生水生草本	MC
花蔺科	Butomaceae	水金英属	Hydrocleys	水金英	Hydrocleys nymphoides	水罂粟	落叶多年生浮叶草本	MC
黄花蔺科	Limnocharitaceae	黄花蔺属	Limnocharis	黄花蔺	Limnocharis flava	湖美花、黄花绒叶草、黄天鹅绒叶	落叶多年生水生草本	MC
泽泻科	Alismataceae	泽泻属	Alisma	泽泻	Alisma plantago-aquatica	大花蔗泽泻、如意菜、水白菜	落叶多年生水生或沼生草本	MC
泽泻科	Alismataceae	皇冠草属	Echinodorus	心叶皇冠草	Echinodorus cordifolius	象耳泽泻	多年生水生草本	MC
泽泻科	Alismataceae	皇冠草属	Echinodorus	大叶皇冠草	Echinodorus macrophyllus	大叶肋果慈姑	多年生水生草本	MC
泽泻科	Alismataceae	慈姑属	Sagittaria	类禾慈姑	Sagittaria graminea	禾叶慈姑	落叶多年生水生草本	MC
泽泻科	Alismataceae	慈姑属	Sagittaria	蒙特登慈姑	Sagittaria montevidensis	欧洲大慈姑	落叶多年生水生草本	MC
泽泻科	Alismataceae	慈姑属	Sagittaria	野慈姑	Sagittaria trifolia	矮慈姑、白地栗、比地巴拉	落叶多年生水生草本	MC
泽泻科	Alismataceae	慈姑属	Sagittaria	华夏慈姑	Sagittaria trifolia subsp. leucopetala	慈姑	落叶多年生水生或沼生草本	MC
水鳖科	Hydrocharitaceae	黑藻属	Hydrilla	黑藻	Hydrilla verticillata	轮叶黑藻、轮叶水草、车轴草	多年生沉水草本	MC
水鳖科	Hydrocharitaceae	水鳖属	Hydrocharis	水鳖	Hydrocharis dubia	苤菜、白苹、白瓶	浮水草本	MC
水鳖科	Hydrocharitaceae	苦草属	Vallisneria	苦草	Vallisneria natans	鞭子草、扁草、扁担草	多年生常绿沉水草本	MC
眼子菜科	Potamogetonaceae	眼子菜属	Potamogeton	菹草	Potamogeton crispus	扎草、虾藻、鹅草	多年生沉水草本	MC
眼子菜科	Potamogetonaceae	眼子菜属	Potamogeton	眼子菜	Potamogeton distinctus	鸭子草、水案板、牙齿草	多年生沉水草本	MC
棕榈科	Arecaceae	槟榔属	Areca	三药槟榔	Areca triandra	山药槟榔、丛立槟榔、丛立孔雀椰	常绿棕榈科植物	MC
棕榈科	Arecaceae	果冻椰子属	Butia	布迪椰子	Butia capitata	布迪椰、弓葵、冻子椰子	常绿乔木状棕榈科植物	Roof
棕榈科	Arecaceae	袖珍椰属	Chamaedorea	袖珍椰子	Chamaedorea elegans	袖珍椰子树、矮生椰子	常绿棕榈科植物	EW/SW/MC

466 建筑环境绿化植物

科	科拉丁名	属	属拉丁名	种	种拉丁名	中文异名	生活型	适用建筑立面
棕榈科	Arecaceae	散尾葵属	Dypsis	散尾葵	Dypsis lutescens	黄椰子	常绿乔木状棕榈科植物	EW/SW/MC
棕榈科	Arecaceae	酒瓶椰属	Hyophorbe	酒瓶椰子	Hyophorbe lagenicaulis	酒瓶棕	常绿灌木棕榈科植物	MC
棕榈科	Arecaceae	轴榈属	Licuala	穗花轴榈	Licuala fordiana	福得棕梅、轴榈梅、轴棕	常绿灌木状棕榈科植物	EW/SW
棕榈科	Arecaceae	蒲葵属	Livistona	蒲葵	Livistona chinensis	扇叶葵、华南蒲葵、葵扇叶	常绿乔木状棕榈科植物	Roof/MC
棕榈科	Arecaceae	刺葵属	Phoenix	加那利海枣	Phoenix canariensis	加拿利海枣、长叶刺葵、槟榔竹	常绿乔木状棕榈科植物	Roof
棕榈科	Arecaceae	刺葵属	Phoenix	江边刺葵	Phoenix roebelenii	美丽针葵、软叶刺葵	常绿棕榈科植物	MC
棕榈科	Arecaceae	刺葵属	Phoenix	林刺葵	Phoenix sylvestris	银海枣	常绿乔木状棕榈科植物	Roof
棕榈科	Arecaceae	棕竹属	Rhapis	棕竹	Rhapis excelsa	观音竹	常绿灌木状棕榈科植物	EW/SW/MC
棕榈科	Arecaceae	棕竹属	Rhapis	细棕竹	Rhapis gracilis	龙州棕竹、小叶棕竹、细叶棕竹	常绿灌木状棕榈科植物	EW/SW
棕榈科	Arecaceae	棕竹属	Rhapis	多裂棕竹	Rhapis multifida	多裂小棕竹、多裂叶棕竹、金山棕	常绿灌木状棕榈科植物	MC
棕榈科	Arecaceae	棕榈属	Trachycarpus	棕榈	Trachycarpus fortunei	棕树、山棕、拼榈	常绿乔木状棕榈科植物	Roof
棕榈科	Arecaceae	丝葵属	Washingtonia	丝葵	Washingtonia filifera	华盛顿椰子、加州蒲葵、加州蒲葵	常绿乔木状棕榈科植物	Roof
菖蒲科	Acoraceae	菖蒲属	Acorus	菖蒲	Acorus calamus	臭蒲子、水菖蒲、白菖蒲	多年生落叶水生草本	MC
菖蒲科	Acoraceae	菖蒲属	Acorus	金钱蒲	Acorus gramineus	石菖蒲	多年生落叶水生草本	MC
菖蒲科	Acoraceae	菖蒲属	Acorus	'金叶'金钱蒲	Acorus gramineus 'Ogon'	'金叶'石菖蒲	多年生常绿水缘植物或中生植物	NW/MC
天南星科	Araceae	广东万年青属	Aglaonema	广东万年青	Aglaonema modestum	亮丝草、大叶万年青、井干草	常绿多年草本	NW/MC
天南星科	Araceae	广东万年青属	Aglaonema	'银皇后'粗肋草	Aglaonema 'Silver Queen'	银后万年青、银后粗肋草、银后亮丝草	常绿多年生草本	NW
天南星科	Araceae	海芋属	Alocasia	尖尾芋	Alocasia cucullata	姑婆芋	常绿多年生草本	NW/MC
天南星科	Araceae	海芋属	Alocasia	黑叶观音莲	Alocasia × mortfontanensis	矮生观音莲	多年生草本	MC
天南星科	Araceae	海芋属	Alocasia	海芋	Alocasia odora	臭柳子树、大虫芋、大海芋	大型常绿多年草本	MC
天南星科	Araceae	花烛属	Anthurium	花烛	Anthurium andraeanum	红掌、粉掌	常绿多年生草本	NW/MC
天南星科	Araceae	花烛属	Anthurium	火鹤花	Anthurium scherzerianum	安祖花、红鹤芋、火鹤	常绿多年生草本	MC
天南星科	Araceae	五彩芋属	Caladium	五彩芋	Caladium bicolor	花叶芋、彩叶芋	多年生草本	NW/MC
天南星科	Araceae	芋属	Colocasia	芋	Colocasia esculenta	芋头、槟榔芋、独皮叶	多年生湿生草本	MC
天南星科	Araceae	芋属	Colocasia	紫芋	Colocasia esculenta 'Tonoimo'	东南菜、东南芋、广菜	多年生湿生草本	MC
天南星科	Araceae	黛粉芋属	Dieffenbachia	黛粉叶	Dieffenbachia picta	花叶万年青	常绿多年生草本	MC
天南星科	Araceae	黛粉芋属	Dieffenbachia	'愉悦'黛粉芋	Dieffenbachia seguine	彩叶万年青	常绿多年生草本	NW
天南星科	Araceae	黛粉芋属	Dieffenbachia	大王黛粉芋	Dieffenbachia seguine 'Amoena'	大王黛粉芋	常绿多年生草本	NW
天南星科	Araceae	麒麟叶属	Epipremnum	绿萝	Epipremnum aureum	黄金葛	高大常绿藤本	NW/MC

科	科拉丁名	属	属拉丁名	种	种拉丁名	中文异名	生活型	适用建筑立面
天南星科	Araceae	麒麟叶属	Epipremnum	麒麟叶	Epipremnum pinnatum	上树龙	高大常绿藤本	MC
天南星科	Araceae	龟背竹属	Monstera	龟背竹	Monstera deliciosa	电线兰、龟背蕉、蓬莱蕉	常绿攀缘灌木	NW/MC
天南星科	Araceae	龟背竹属	Monstera	斜叶龟背竹	Monstera obliqua	仙洞龟背	常绿灌木	MC
天南星科	Araceae	喜林芋属	Philodendron	羽叶喜林芋	Philodendron bipinnatifidum	春羽	常绿灌木	NW/MC
天南星科	Araceae	喜林芋属	Philodendron	'红宝石' 红苞喜林芋	Philodendron erubescens 'Red Emerald'		常绿攀缘植物	MC
天南星科	Araceae	喜林芋属	Philodendron	心叶蔓绿绒	Philodendron hederaceum	心叶喜林芋	常绿攀缘植物	MC
天南星科	Araceae	大薸属	Pistia	大薸	Pistia stratiotes	大浮萍、水浮莲、水葫芦	水生飘浮草本	NW
天南星科	Araceae	白鹤芋属	Spathiphyllum	白鹤芋	Spathiphyllum kochii	白掌	常绿多年生草本	NW/MC
天南星科	Araceae	合果芋属	Syngonium	合果芋	Syngonium podophyllum	白蝴蝶、长柄合果芋、箭叶芋	常绿木质藤本	MC
天南星科	Araceae	马蹄莲属	Zantedeschia	马蹄莲	Zantedeschia aethiopica	慈姑花、观音莲、海芋	多年生草本	Roof/MC
鸭跖草科	Commelinaceae	紫露草属	Tradescantia	'蓝与金' 紫露草	Tradescantia 'Blue and Gold'	花叶水竹草、巴西水竹叶、吊竹梅	多年生草本	MC
鸭跖草科	Commelinaceae	紫露草属	Tradescantia	白花紫露草	Tradescantia fluminensis		常绿多年生草本	Roof/MC
鸭跖草科	Commelinaceae	紫露草属	Tradescantia	紫露草	Tradescantia ohiensis	紫鸭跖草、紫叶草	多年生草本	Roof/MC
鸭跖草科	Commelinaceae	紫露草属	Tradescantia	紫竹梅	Tradescantia pallida	紫锦草	多年生草本	EW/SW/MC
鸭跖草科	Commelinaceae	紫露草属	Tradescantia	蚌花	Tradescantia spathacea	小蚌花、紫背万年青	常绿多年生草本	MC
鸭跖草科	Commelinaceae	紫露草属	Tradescantia	吊竹梅	Tradescantia zebrina	水竹草	常绿多年生草本	MC
灯芯草科	Juncaceae	灯心草属	Juncus	灯心草	Juncus effusus	灯芯草、碧玉草、穿阳剑	多年生常绿观赏草	MC
莎草科	Cyperaceae	薹草属	Carex	青绿薹草	Carex breviculmis	青菅、等穗薹草、青苔草	多年生观赏草	Roof
莎草科	Cyperaceae	薹草属	Carex	褐果薹草	Carex brunnea	栗褐薹草、褐果苔草、褐苔草	多年生常绿草本	Roof
莎草科	Cyperaceae	薹草属	Carex	棕红薹草	Carex buchananii	棕叶薹草	多年生常绿观赏草	MC
莎草科	Cyperaceae	薹草属	Carex	'白卷发' 发状薹草	Carex comans 'Frosted Curls'		多年生常绿观赏草	Roof
莎草科	Cyperaceae	薹草属	Carex	镊果薹草	Carex dispalata	弯囊薹草、昌日埃－西日黑、菖草	多年生观赏草	Roof
莎草科	Cyperaceae	薹草属	Carex	'金叶' 绿穗薹草	Carex elata 'Aurea'	'鲍尔斯金' 泽生薹草	多年生绿草本	Roof/MC
莎草科	Cyperaceae	薹草属	Carex	涝峪薹草	Carex giraldiana	涝峪苔草、涝洽苔草	多年生观赏草	Roof
莎草科	Cyperaceae	薹草属	Carex	砂钻薹草	Carex kobomugi	砂钻苔草、救军草、砂贡子	多年生观赏草	Roof
莎草科	Cyperaceae	薹草属	Carex	大坡针薹草	Carex lanceolata	披针苔草、长坡针苔、大坡针苔	多年生观赏草	Roof
莎草科	Cyperaceae	薹草属	Carex	棕榈叶薹草	Carex muskingumensis		多年生观赏草	Roof
莎草科	Cyperaceae	薹草属	Carex	条穗薹草	Carex nemostachys	垂穗苔草、丝穗苔草、条穗苔草	多年生观赏草	Roof
莎草科	Cyperaceae	薹草属	Carex	'金叶' 大岛薹草	Carex oshimensis 'Evergold'	金叶苔草	多年生绿色观赏草	EW/NW/MC
莎草科	Cyperaceae	薹草属	Carex	'银边' 大岛薹草	Carex oshimensis 'Fiwhite'	条穗苔草	多年生常绿观赏草	EW/NW/MC

科	科拉丁名	属	属拉丁名	种	种拉丁名	中文异名	生活型	适用建筑立面
莎草科	Cyperaceae	薹草属	Carex	矮生薹草	Carex pumila	矮生苔草、矮薹草、栓皮苔草	多年生草本	Roof
莎草科	Cyperaceae	薹草属	Carex	花莛薹草	Carex scaposa	大叶薹草、落地蜈蚣、山粑叶	多年生草本	Roof
莎草科	Cyperaceae	薹草属	Carex	相仿薹草	Carex simulans	相仿苔草	多年生草本	MC
莎草科	Cyperaceae	莎草属	Cyperus	风车草	Cyperus involucratus	旱伞草	多年生观赏草	MC
莎草科	Cyperaceae	莎草属	Cyperus	纸莎草	Cyperus papyrus	埃及莎草、埃及纸草、纸草	多年生观赏草	MC
莎草科	Cyperaceae	莎草属	Cyperus	矮纸莎草	Cyperus prolifer	纸莎草、小纸莎草、细叶莎草	多年生观赏草	MC
莎草科	Cyperaceae	荸荠属	Eleocharis	荸荠	Eleocharis dulcis	荸荠、茨芽、慈菇	多年生水生观赏草	MC
莎草科	Cyperaceae	飘拂草属	Fimbristylis	绢毛飘拂草	Fimbristylis sericea	丝毛飘拂草、黄色飘拂草	多年生观赏草	Roof
莎草科	Cyperaceae	黑莎草属	Gahnia	黑莎草	Gahnia tristis	大头茅草、甘尼草、黑皮草	多年生常绿观赏草	Roof
莎草科	Cyperaceae	刺子莞属	Rhynchospora	白鹭莞	Rhynchospora colorata	星光草	多年生水生或湿生观赏草	MC
莎草科	Cyperaceae	水葱属	Schoenoplectus	水葱	Schoenoplectus tabernaemontani	冲天草、翠管草、夫篱	多年生观赏草	MC
莎草科	Cyperaceae	水葱属	Schoenoplectus	'银线'水葱	Schoenoplectus tabernaemontani 'Albescens'	金线水葱	多年生水生观赏草	MC
莎草科	Cyperaceae	水葱属	Schoenoplectus	'斑叶'水葱	Schoenoplectus tabernaemontani 'Zebrinus'	花叶水葱	多年生水生观赏草	MC
莎草科	Cyperaceae	水葱属	Schoenoplectus	三棱水葱	Schoenoplectus triqueter		多年生水生观赏草	MC
禾本科	Poaceae	须芒草属	Andropogon	大须芒草	Andropogon gerardii	藕草	多年生暖季型观赏草	Roof
禾本科	Poaceae	须芒草属	Andropogon	西藏须芒草	Andropogon munroi	藏须芒草、暗色须芒草	多年生观赏草	Roof
禾本科	Poaceae	须芒草属	Andropogon	须芒草	Andropogon yunnanensis	暗色须芒草	多年生丛生草本	Roof
禾本科	Poaceae	燕麦草属	Arrhenatherum	燕麦草	Arrhenatherum elatius	大蟹钓	多年生冷季型观赏草	Roof
禾本科	Poaceae	燕麦草属	Arrhenatherum	'银边'球茎燕麦草	Arrhenatherum elatius var. bulbosum 'Variegatum'	'花叶'燕麦草	多年生冷季型观赏草	Roof/MC
禾本科	Poaceae	芦竹属	Arundo	芦竹	Arundo donax	巴巴竹、荻芦竹、冬密草	多年生观赏草	MC
禾本科	Poaceae	芦竹属	Arundo	'花叶'芦竹	Arundo donax 'Versicolor'	变叶芦竹	多年生观赏草	MC
禾本科	Poaceae	簕竹属	Bambusa	孝顺竹	Bambusa multiplex	分界竹、凤凰竹、凤尾竹	常绿竹类	NW
禾本科	Poaceae	簕竹属	Bambusa	凤尾竹	Bambusa multiplex 'Floribunda'		常绿竹类	Roof/MC
禾本科	Poaceae	簕竹属	Bambusa	观音竹	Bambusa multiplex var. riviereorum	凤尾竹	常绿竹类	MC
禾本科	Poaceae	簕竹属	Bambusa	佛肚竹	Bambusa ventricosa	佛肚、佛竹、密节竹	常绿竹类	MC
禾本科	Poaceae	凌风草属	Briza	银鳞茅	Briza minor	小凌风草、银鳞草、凌风草	一年生观赏草	Roof
禾本科	Poaceae	拂子茅属	Calamagrostis	'花叶'尖拂子茅	Calamagrostis × acutiflora 'Overdam'		多年生观赏草	Roof

科	科拉丁名	属	属拉丁名	种	种拉丁名	中文异名	生活型	适用建筑立面
禾本科	Poaceae	拂子茅属	Calamagrostis	'雪崩'尖拂子茅	Calamagrostis × acutiflora 'Avalanche'		多年生观赏草	Roof
禾本科	Poaceae	拂子茅属	Calamagrostis	'卡尔·弗斯特'尖拂子茅	Calamagrostis × acutiflora 'Karl Foerster'		多年生观赏草	Roof
禾本科	Poaceae	拂子茅属	Calamagrostis	拂子茅	Calamagrostis epigeios	大狼尾巴草、拂子草、狗尾巴草	多年生观赏草	Roof
禾本科	Poaceae	林燕麦属	Chasmanthium	宽叶林燕麦	Chasmanthium latifolium	小盼草	多年生暖季型观赏草	Roof/MC
禾本科	Poaceae	薏苡属	Coix	薏苡	Coix lacryma-jobi	川谷、草菩提、草鱼目	落叶性粗壮观赏草	Roof
禾本科	Poaceae	蒲苇属	Cortaderia	蒲苇	Cortaderia selloana		多年生观赏草	Roof/MC
禾本科	Poaceae	蒲苇属	Cortaderia	'矮'蒲苇	Cortaderia selloana 'Pumila'	克枯	多年生观赏草	Roof/MC
禾本科	Poaceae	蒲苇属	Cortaderia	'玫红'蒲苇	Cortaderia selloana 'Rosea'		多年生观赏草	Roof
禾本科	Poaceae	蒲苇属	Cortaderia	'银色彗星'蒲苇	Cortaderia selloana 'Silver Comet'	[花叶]蒲苇	多年生观赏草	Roof
禾本科	Poaceae	棒芒草属	Corynephorus	'蓝缎'灰棒芒草	Corynephorus canescens 'Spiky Blue'		多年生常绿观赏草	Roof
禾本科	Poaceae	香茅属	Cymbopogon	柠檬草	Cymbopogon citratus	香茅	多年生密丛型具香味观赏草	Roof/MC
禾本科	Poaceae	披碱草属	Elymus	蓝坡碱草	Elymus magellanicus	蓝滨麦	多年生冷季型观赏草	Roof
禾本科	Poaceae	画眉草属	Eragrostis	画眉草	Eragrostis pilosa	星星草、蚊子草、榧子草	一年生观赏草	Roof
禾本科	Poaceae	画眉草属	Eragrostis	丽色画眉草	Eragrostis spectabilis		多年生暖季型观赏草	Roof
禾本科	Poaceae	羊茅属	Festuca	蓝羊茅	Festuca glauca	银羊茅	多年生冷季型观赏草	Roof/MC
禾本科	Poaceae	箱根草属	Hakonechloa	'全金'箱根草	Hakonechloa macra 'All Gold'	'金黄'箱根草	多年生落叶观赏草	Roof
禾本科	Poaceae	箱根草属	Hakonechloa	'金线'箱根草	Hakonechloa macra 'Aureola'		多年生落叶观赏草	Roof
禾本科	Poaceae	白茅属	Imperata	白茅	Imperata cylindrica	茅针、茅根、白茅根	多年生草本	MC
禾本科	Poaceae	白茅属	Imperata	'红叶'白茅	Imperata cylindrica 'Rubra'	血草	多年生草本	Roof/MC
禾本科	Poaceae	箬竹属	Indocalamus	阔叶箬竹	Indocalamus latifolius	华东箬竹、壳箬竹、筷子竹	常绿竹类	NW/Roof/MC
禾本科	Poaceae	箬竹属	Indocalamus	箬叶竹	Indocalamus longiauritus	壳箬竹、长耳箬竹、长耳篠	常绿竹类	Roof
禾本科	Poaceae	箬竹属	Indocalamus	箬竹	Indocalamus tessellatus	篃竹、辽叶、辽竹	常绿竹类	NW
禾本科	Poaceae	冶草属	Koeleria	冶草	Koeleria cristata	阿尔泰冶草	多年生观赏草	Roof
禾本科	Poaceae	兔尾草属	Lagurus	兔尾草	Lagurus ovatus	狐狸尾、狸尾豆、布狗尾	一年生观赏草	Roof
禾本科	Poaceae	黑麦草属	Lolium	黑麦草	Lolium perenne	多年黑麦草、多年生黑麦草、黑燕麦	多年生冷季型观赏草	EW/NW
禾本科	Poaceae	芒属	Miscanthus	荻	Miscanthus sacchariflorus	巴茅、巴茅根、大白穗草	多年生观赏草	Roof
禾本科	Poaceae	芒属	Miscanthus	芒	Miscanthus sinensis	芭茅、巴茅、芭豆	多年生苇状观赏草	MC
禾本科	Poaceae	芒属	Miscanthus	'远东'芒	Miscanthus sinensis 'Ferner Osten'	[玲珑]芒	多年生苇状观赏草	Roof

科	科拉丁名	属	属拉丁名	种	种拉丁名	中文异名	生活型	适用建筑立面
禾本科	Poaceae	芒属	*Miscanthus*	'细叶' 芒	*Miscanthus sinensis* 'Gracillimus'		多年生苇状观赏草	Roof/MC
禾本科	Poaceae	芒属	*Miscanthus*	'小斑马' 芒	*Miscanthus sinensis* 'Little Zebra'		多年生苇状观赏草	Roof
禾本科	Poaceae	芒属	*Miscanthus*	'晨光' 芒	*Miscanthus sinensis* 'Morning Light'		多年生苇状观赏草	Roof
禾本科	Poaceae	芒属	*Miscanthus*	'银边' 芒	*Miscanthus sinensis* 'Variegatus'		多年生苇状观赏草	Roof
禾本科	Poaceae	芒属	*Miscanthus*	'屋久岛' 芒	*Miscanthus sinensis* 'Yaku-jima'		多年生苇状观赏草	Roof
禾本科	Poaceae	芒属	*Miscanthus*	'斑马' 芒	*Miscanthus sinensis* 'Zebrinus'	'斑叶' 芒	多年生苇状观赏草	Roof/MC
禾本科	Poaceae	蓝沼草属	*Molinia*	'花叶' 天蓝麦氏草	*Molinia caerulea* 'Variegata'	'花叶' 蓝沼草	多年生暖季型观赏草	Roof
禾本科	Poaceae	乱子草属	*Muhlenbergia*	毛芒乱子草	*Muhlenbergia capillaris*	粉黛乱子草	多年生观赏草	Roof
禾本科	Poaceae	乱子草属	*Muhlenbergia*	针叶乱子草	*Muhlenbergia dubia*		多年生观赏草	Roof
禾本科	Poaceae	乱子草属	*Muhlenbergia*	硬叶乱子草	*Muhlenbergia rigens*		多年生观赏草	Roof
禾本科	Poaceae	类芦属	*Neyraudia*	类芦	*Neyraudia reynaudiana*	石珍茅、假芦、簕笆竹	多年生观赏草	Roof
禾本科	Poaceae	黍属	*Panicum*	柳枝稷	*Panicum virgatum*		多年生观赏草	Roof
禾本科	Poaceae	黍属	*Panicum*	'重金属' 柳枝稷	*Panicum virgatum* 'Heavy Metal'		多年生观赏草	Roof
禾本科	Poaceae	黍属	*Panicum*	'罗斯特' 柳枝稷	*Panicum virgatum* 'Rotstrahlbusch'		多年生观赏草	Roof
禾本科	Poaceae	黍属	*Panicum*	'谢南多厄' 柳枝稷	*Panicum virgatum* 'Shenandoah'		多年生观赏草	Roof
禾本科	Poaceae	狼尾草属	*Pennisetum*	'烟火' 狼尾草	*Pennisetum* × *advena* 'Fireworks'		多年生观赏草	Roof
禾本科	Poaceae	狼尾草属	*Pennisetum*	'紫叶' 狼尾草	*Pennisetum* × *advena* 'Rubrum'		多年生观赏草	MC
禾本科	Poaceae	狼尾草属	*Pennisetum*	狼尾草	*Pennisetum alopecuroides*	大狗尾草、大光明草、狗尾巴草	多年生观赏草	Roof/MC
禾本科	Poaceae	狼尾草属	*Pennisetum*	'小兔子' 狼尾草	*Pennisetum alopecuroides* 'Little Bunny'		多年生观赏草	Roof
禾本科	Poaceae	狼尾草属	*Pennisetum*	御谷	*Pennisetum glaucum*	豫谷、蜡烛稗、蜡烛稗	一年生观赏草	Roof
禾本科	Poaceae	狼尾草属	*Pennisetum*	紫御谷	*Pennisetum glaucum* 'Purple Majesty'		多年生观赏草	MC
禾本科	Poaceae	狼尾草属	*Pennisetum*	东方狼尾草	*Pennisetum orientale*		多年生观赏草	Roof
禾本科	Poaceae	狼尾草属	*Pennisetum*	'高尾' 东方狼尾草	*Pennisetum orientale* 'Tall Tails'	[大布尼] 狼尾草	多年生观赏草	Roof
禾本科	Poaceae	狼尾草属	*Pennisetum*	绒毛狼尾草	*Pennisetum setaceum*	刺毛狼尾草、羽绒狼尾草	多年生观赏草	Roof
禾本科	Poaceae	狼尾草属	*Pennisetum*	羽绒狼尾草	*Pennisetum villosum*	羽穗狼尾草、长毛狼尾草	多年生观赏草	Roof
禾本科	Poaceae	虉草属	*Phalaris*	'花叶' 虉草	*Phalaris arundinacea* 'Picta'	玉带草	多年生观赏草	MC
禾本科	Poaceae	芦苇属	*Phragmites*	芦苇	*Phragmites australis*	好鲁苏、呼勒斯、呼勒斯鹅	多年生湿生或水生草本	MC
禾本科	Poaceae	刚竹属	*Phyllostachys*	淡竹	*Phyllostachys glauca*	粉绿竹、粉竹、黑壳竹	常绿竹类	Roof
禾本科	Poaceae	刚竹属	*Phyllostachys*	紫竹	*Phyllostachys nigra*	淡竹、观音竹、黑竹	常绿竹类	Roof/MC
禾本科	Poaceae	刚竹属	*Phyllostachys*	早园竹	*Phyllostachys propinqua*	桂竹、花竹、焦壳淡竹	常绿竹类	Roof/MC
禾本科	Poaceae	刚竹属	*Phyllostachys*	金竹	*Phyllostachys sulphurea*	刚竹、黄竹、黄金间碧玉竹	常绿竹类	Roof

科	科拉丁名	属	属拉丁名	种	种拉丁名	中文异名	生活型	适用建筑立面
禾本科	Poaceae	刚竹属	Phyllostachys	金镶玉竹	Phyllostachys aureosulcata 'Spectabilis'	金镶碧嵌竹	常绿竹类	Roof
禾本科	Poaceae	苦竹属	Pleioblastus	无毛翠竹	Pleioblastus distichus	铺地竹	常绿竹类	Roof
禾本科	Poaceae	苦竹属	Pleioblastus	菲白竹	Pleioblastus fortunei	绵竹、稚子竹	常绿竹类	Roof
禾本科	Poaceae	苦竹属	Pleioblastus	菲黄竹	Pleioblastus viridistriatus	小金妃竹、秃笹	常绿竹类	Roof
禾本科	Poaceae	新麦草属	Psathyrostachys	华山新麦草	Psathyrostachys huashanica		多年生观赏草	Roof
禾本科	Poaceae	矢竹属	Pseudosasa	矢竹	Pseudosasa japonica	篠竹、箭竹、日本箭竹	常绿竹类	MC
禾本科	Poaceae	裂稃草属	Schizachyrium	帚状裂稃草	Schizachyrium scoparium		多年生观赏草	Roof
禾本科	Poaceae	蓝禾属	Sesleria	秋蓝禾	Sesleria autumnalis	天蓝草、秋蓝草	多年生冷季型观赏草	Roof
禾本科	Poaceae	狗尾草属	Setaria	棕叶狗尾草	Setaria palmifolia	雏茅、马唐、南竹七	多年生观赏草	Roof
禾本科	Poaceae	狗尾草属	Setaria	皱叶狗尾草	Setaria plicata	风打草、延脉狗尾草、大马草	多年生观赏草	Roof/MC
禾本科	Poaceae	鹅毛竹属	Shibataea	鹅毛竹	Shibataea chinensis	矮竹、鸡毛竹、倭竹	常绿竹类	Roof
禾本科	Poaceae	鹅毛竹属	Shibataea	芦花竹	Shibataea hispida	空竹、毛倭竹、休宁矮竹	常绿竹类	Roof
禾本科	Poaceae	米草属	Spartina	'金边'草原网茅	Spartina pectinata 'Aureomarginata'		多年生观赏草	Roof
禾本科	Poaceae	大油芒属	Spodiopogon	大油芒	Spodiopogon sibiricus	大荻、山黄菅、阿古拉音-乌吉吾吉	多年生观赏草	Roof
禾本科	Poaceae	鼠尾粟属	Sporobolus	异鳞鼠尾粟	Sporobolus heterolepis	草原鼠尾粟	多年生观赏草	Roof
禾本科	Poaceae	针茅属	Stipa	针茅	Stipa capillata	大针茅、希维特-夏尔干、希维-乌布斯	多年生观赏草	Roof
禾本科	Poaceae	针茅属	Stipa	巨针茅	Stipa gigantea		多年生常绿或半常绿观赏草	MC
禾本科	Poaceae	针茅属	Stipa	细茎针茅	Stipa tenuissima	墨西哥羽毛草	多年生冷季型观赏草	Roof/MC
禾本科	Poaceae	鼠茅属	Vulpia	鼠茅	Vulpia myuros		一年生观赏草	Roof
禾本科	Poaceae	菰属	Zizania	菰	Zizania latifolia	茭白	落叶性多年生观赏草	MC
香蒲科	Typhaceae	香蒲属	Typha	水烛	Typha angustifolia	香蒲	多年生水生或沼生草本	MC
香蒲科	Typhaceae	香蒲属	Typha	小香蒲	Typha minima	好宁-哲格斯、细叶香蒲	多年生水生或沼生草本	MC
凤梨科	Bromeliaceae			观赏凤梨	Bromeliaceae (Aechmea, Guzmania, Neoregelia, Vriesea)		常绿宿根草本	MC
旅人蕉科	Strelitziaceae	旅人蕉属	Ravenala	旅人蕉	Ravenala madagascariensis	旅人木、扇芭蕉	常绿乔木状	MC
旅人蕉科	Strelitziaceae	鹤望兰属	Strelitzia	鹤望兰	Strelitzia reginae	并头莲、极乐鸟、极乐鸟花	常绿多年生草本	MC
芭蕉科	Musaceae	芭蕉属	Musa	芭蕉	Musa basjoo	芭蕉根、芭蕉头、芭苴	多年生丛生草本	MC
芭蕉科	Musaceae	地涌金莲属	Musella	地涌金莲	Musella lasiocarpa	地金莲、地涌莲、地莲花	多年生丛生草本	MC
姜科	Zingiberaceae	山姜属	Alpinia	艳山姜	Alpinia zerumbet	砂红、土砂仁、野山姜	常绿多年生草本	MC

科	科拉丁名	属	属拉丁名	种	种拉丁名	中文异名	生活型	适用建筑立面
姜科	Zingiberaceae	山姜属	*Alpinia*	花叶艳山姜	*Alpinia zerumbet* 'Variegata'	花叶姜、斑叶月桃、月桃	常绿多年生草本	MC
姜科	Zingiberaceae	姜黄属	*Amomum*	砂仁	*Amomum villosum*	阳春砂仁、长泰砂仁、春砂仁	多年生草本	MC
姜科	Zingiberaceae	姜黄属	*Curcuma*	郁金	*Curcuma aromatica*	白丝郁金、川玉金、莪术	多年生草本	MC
姜科	Zingiberaceae	姜黄属	*Curcuma*	姜黄	*Curcuma longa*	毫命、黄姜、黄丝	多年生草本	MC
姜科	Zingiberaceae	姜花属	*Hedychium*	红姜花	*Hedychium coccineum*	红花姜花	多年生草本	MC
姜科	Zingiberaceae	姜花属	*Hedychium*	姜花	*Hedychium coronarium*	白姜花	多年生草本	MC
姜科	Zingiberaceae	姜花属	*Hedychium*	黄姜花	*Hedychium flavum*	黄花姜	多年生草本	MC
美人蕉科	Cannaceae	美人蕉属	*Canna*	大花美人蕉	*Canna* × *generalis*	大美人蕉、美人蕉、驾鸳美人蕉	多年生草本	Roof/MC
美人蕉科	Cannaceae	美人蕉属	*Canna*	'金脉' 大花美人蕉	*Canna* × *generalis* 'Striatus'		多年生草本	Roof/MC
美人蕉科	Cannaceae	美人蕉属	*Canna*	粉美人蕉	*Canna glauca*	粉背美人蕉、粉花美人蕉、粉叶美人蕉	多年生草本	Roof/MC
竹芋科	Marantaceae	肖竹芋属	*Calathea*	箭羽肖竹芋	*Calathea lancifolia*	长叶肖竹芋、披针叶竹芋	常绿多年生草本	MC
竹芋科	Marantaceae	肖竹芋属	*Calathea*	孔雀肖竹芋	*Calathea makoyana*	马克肖竹芋、蓝花蕉	常绿多年生草本	MC
竹芋科	Marantaceae	肖竹芋属	*Calathea*	圆叶肖竹芋	*Calathea orbifolia*	圆叶竹芋、苹果竹芋	常绿多年生草本	MC
竹芋科	Marantaceae	栉花芋属	*Ctenanthe*	紫背栉花芋	*Ctenanthe oppenheimiana*	箭羽竹芋、银羽栉花竹芋、紫背锦竹芋	常绿多年生草本	MC
竹芋科	Marantaceae	栉花芋属	*Ctenanthe*	'三色' 紫背栉花芋	*Ctenanthe oppenheimiana* "Tricolor"		常绿多年生草本	MC
竹芋科	Marantaceae	水竹芋属	*Thalia*	水竹芋	*Thalia dealbata*	再力花	落叶多年生水生草本	MC
竹芋科	Marantaceae	水竹芋属	*Thalia*	垂花水竹芋	*Thalia geniculata*	红柄芋	落叶多年生水生草本	MC
雨久花科	Pontederiaceae	凤眼蓝属	*Eichhornia*	凤眼蓝	*Eichhornia crassipes*	凤眼莲、水葫芦	浮水草本	MC
雨久花科	Pontederiaceae	雨久花属	*Monochoria*	雨久花	*Monochoria korsakowii*	宝拉根-其格、浮蔷、河白菜	直立水生草本	MC
雨久花科	Pontederiaceae	梭鱼草属	*Pontederia*	梭鱼草	*Pontederia cordata*	海寿花	落叶多年生水生草本	MC
百合科	Liliaceae	百子莲属	*Agapanthus*	早花百子莲	*Agapanthus praecox*	百子莲	多年生宿根草本	MC
百合科	Liliaceae	葱属	*Allium*	藠头	*Allium chinense*	荞头、荞菜、苦藠	多年生草本	Roof
百合科	Liliaceae	葱属	*Allium*	葱	*Allium fistulosum*	葱白、葱白头、葱头	多年生草本	Roof
百合科	Liliaceae	葱属	*Allium*	蒜	*Allium sativum*	大蒜、大蒜头、独蒜	多年生草本	Roof
百合科	Liliaceae	葱属	*Allium*	北葱	*Allium schoenoprasum*	虾夷葱	多年生草本	MC
百合科	Liliaceae	葱属	*Allium*	韭	*Allium tuberosum*	韭菜、扁菜、草钟孔	多年生草本	Roof
百合科	Liliaceae	芦荟属	*Aloe*	木立芦荟	*Aloe arborescens*	木芦荟、芦荟、蜈蚣掌	多年生多浆植物	WW
百合科	Liliaceae	芦荟属	*Aloe*	芦荟	*Aloe vera*	奴荟、油葱、巴巴多斯芦荟	多年生多浆植物	WW

科	科拉丁名	属	属拉丁名	种	种拉丁名	中文异名	生活型	适用建筑立面
百合科	Liliaceae	天门冬属	Asparagus	天门冬	Asparagus cochinchinensis	多儿母、多仔婆、飞天蜈蚣	攀缘植物	EW
百合科	Liliaceae	天门冬属	Asparagus	非洲天门冬	Asparagus densiflorus	武竹	多年生常绿半灌木	EW/SW/NW/MC
百合科	Liliaceae	天门冬属	Asparagus	狐尾天门冬	Asparagus densiflorus 'Myers'	狐尾武竹、美伯氏密花天门冬	多年生常绿半灌木	EW/SW/NW/MC
百合科	Liliaceae	蜘蛛抱蛋属	Aspidistra	蜘蛛抱蛋	Aspidistra elatior	一叶兰、箬叶、一叶青	多年生常绿草本	EW/SW/WW/NW/MC
百合科	Liliaceae	蜘蛛抱蛋属	Aspidistra	'洒金'蜘蛛抱蛋	Aspidistra elatior 'Punctata'	斑叶蜘蛛抱蛋、星点蜘蛛抱蛋	多年生常绿草本	EW/SW/NW/MC
百合科	Liliaceae	蜘蛛抱蛋属	Aspidistra	卵叶蜘蛛抱蛋	Aspidistra typica	棕包叶、卵叶蜘蛛蛋、棕巴叶	多年生常绿草本	EW/SW/NW
百合科	Liliaceae	酒瓶兰属	Beaucarnea	酒瓶兰	Beaucarnea recurvata	象腿树	常绿小乔木或灌木	MC
百合科	Liliaceae	开口箭属	Campylandra	开口箭	Campylandra chinensis	万年青	多年生常绿草本	EW/SW/NW
百合科	Liliaceae	吊兰属	Chlorophytum	吊兰	Chlorophytum comosum	钓兰、挂兰、金边吊兰	多年生常绿草本	EW/SW/NW/MC
百合科	Liliaceae	吊兰属	Chlorophytum	'银边'吊兰	Chlorophytum comosum 'Variegatum'	银边兰、金边兰	多年生常绿草本	MC
百合科	Liliaceae	吊兰属	Chlorophytum	'金心'吊兰	Chlorophytum comosum 'Vittatum'	空气卫士	多年生常绿草本	EW/SW/MC
百合科	Liliaceae	铃兰属	Convallaria	铃兰	Convallaria majalis	草玉铃、其其格、君影草	多年生草本	EW/SW/NW
百合科	Liliaceae	朱蕉属	Cordyline	澳洲朱蕉	Cordyline australis	剑叶朱蕉、香水兰、新西兰朱蕉	常绿乔木状	Roof/MC
百合科	Liliaceae	朱蕉属	Cordyline	'红星'澳洲朱蕉	Cordyline australis 'Red Star'		常绿乔木状	Roof
百合科	Liliaceae	朱蕉属	Cordyline	朱蕉	Cordyline fruticosa	铁树、红绿铁、红铁	常绿灌木	EW/SW/MC
百合科	Liliaceae	山菅属	Dianella	山菅	Dianella ensifolia	山菅兰、桔梗兰、扁竹	多年生常绿草本	Roof/MC
百合科	Liliaceae	山菅属	Dianella	'斑叶'长果山菅	Dianella tasmanica 'Variegata'		多年生常绿草本	EW/SW/NW
百合科	Liliaceae	龙血树属	Dracaena	长花龙血树	Dracaena angustifolia	马骝蔗树、槟榔青、龙血树	常绿灌木	MC
百合科	Liliaceae	龙血树属	Dracaena	也门铁	Dracaena arborea	香龙血树、巴西铁、千年木	常绿乔木	MC
百合科	Liliaceae	龙血树属	Dracaena	海南龙血树	Dracaena cambodiana	达刁、郭金帼、柬埔寨龙血树	常绿乔木	EW/SW/MC
百合科	Liliaceae	龙血树属	Dracaena	龙血树	Dracaena draco	龙树	常绿乔木	EW/SW/MC
百合科	Liliaceae	龙血树属	Dracaena	香龙血树	Dracaena fragrans	巴西铁树、巴西铁、金边巴西铁树	常绿灌木	MC
百合科	Liliaceae	龙血树属	Dracaena	'沃内基'香龙血树	Dracaena fragrans 'Warneckei'		常绿灌木	EW/SW
百合科	Liliaceae	龙血树属	Dracaena	红边龙血树	Dracaena marginata	千年木	常绿灌木	MC
百合科	Liliaceae	龙血树属	Dracaena	'三色'红边龙血树	Dracaena marginata 'Tricolor'	三色千年木	常绿灌木或小乔木	EW/SW
百合科	Liliaceae	龙血树属	Dracaena	'牙买加之歌'百合竹	Dracaena reflexa 'Song of Jamaica'	黄金宝竹	常绿灌木或小乔木	MC
百合科	Liliaceae	龙血树属	Dracaena	富贵竹	Dracaena sanderiana	万年竹、宝贵竹、辛氏龙树	常绿灌木	EW/SW/MC
百合科	Liliaceae	龙血树属	Dracaena	吸枝龙血树	Dracaena surculosa	星点木、油点木、星斑千年木	常绿灌木	MC
百合科	Liliaceae	豹叶百合属	Drimiopsis	疏点百合	Drimiopsis botryoides	油点百合	多年生草本	EW/SW
百合科	Liliaceae	豹叶百合属	Drimiopsis	阔叶油点百合	Drimiopsis maculata	非洲玉簪	多年生草本	EW/SW

科	科拉丁名	属	属拉丁名	种	种拉丁名	中文异名	生活型	适用建筑立面
百合科	Liliaceae	贝母属	Fritillaria	浙贝母	Fritillaria thunbergii	贝母、龙须菜、土贝母	多年生草本	EW/SW
百合科	Liliaceae	十二卷属	Haworthia	条纹十二卷	Haworthia fasciata	锦鸡尾、虎纹爪草、蛇尾兰	多年生多浆植物	WW/MC
百合科	Liliaceae	萱草属	Hemerocallis	大花萱草	Hemerocallis × hybrida		多年生草本	Roof/MC
百合科	Liliaceae	萱草属	Hemerocallis	黄花菜	Hemerocallis citrina	金针菜、黄花、黄花苗	多年生草本	Roof/MC
百合科	Liliaceae	萱草属	Hemerocallis	萱草	Hemerocallis fulva	川草花、红花萱草、红萱	多年生草本	EW/SW/Roof/MC
百合科	Liliaceae	萱草属	Hemerocallis	'金星'萱草	Hemerocallis 'Stella de Oro'	'金娃娃'萱草、金娃娃	多年生草本	Roof
百合科	Liliaceae	玉簪属	Hosta	观叶玉簪	Hosta hort.		多年生草本	MC
百合科	Liliaceae	玉簪属	Hosta	狭叶玉簪	Hosta lancifolia	狭叶紫萼	多年生草本	MC
百合科	Liliaceae	玉簪属	Hosta	玉簪	Hosta plantaginea	棒玉簪、白萼、白萼花	多年生草本	MC
百合科	Liliaceae	玉簪属	Hosta	紫萼	Hosta ventricosa	白背三七、老虎耳朵、罗虾草	多年生草本	MC
百合科	Liliaceae	风信子属	Hyacinthus	风信子	Hyacinthus orientalis	凤信子、五色水仙、洋水仙	多年生草本	Roof/MC
百合科	Liliaceae	火把莲属	Kniphofia	火把莲	Kniphofia uvaria	火炬花、火把花	多年生半常绿草本	MC
百合科	Liliaceae	百合属	Lilium	野百合	Lilium brownii	布朗百合	多年生草本	EW/SW
百合科	Liliaceae	百合属	Lilium	百合	Lilium brownii var. viridulum	白花百合、百公花、家百合	多年生草本	EW/SW/MC
百合科	Liliaceae	百合属	Lilium	条叶百合	Lilium callosum	那林-萨日那、铁骨伞、小百合	多年生草本	EW/SW
百合科	Liliaceae	百合属	Lilium	有斑百合	Lilium concolor var. pulchellum	朝哈日-萨日那、红合、山丹	多年生草本	EW/SW
百合科	Liliaceae	百合属	Lilium	湖北百合	Lilium henryi	卷丹、岩百合、亨利百合	多年生草本	EW/SW
百合科	Liliaceae	百合属	Lilium	百合品种种	Lilium hort.		多年生草本	MC
百合科	Liliaceae	百合属	Lilium	卷丹	Lilium lancifolium	百合、倒垂莲、红合	多年生草本	MC
百合科	Liliaceae	百合属	Lilium	欧洲百合	Lilium martagon	百合、帽子花、野百合	多年生草本	EW/SW
百合科	Liliaceae	百合属	Lilium	山丹	Lilium pumilum	山丹百合	多年生草本	EW/SW
百合科	Liliaceae	百合属	Lilium	岷江百合	Lilium regale	峨眉百合	多年生草本	EW/SW
百合科	Liliaceae	百合属	Lilium	药百合	Lilium speciosum var. gloriosoides	鹿子百合、铁骨伞、美丽百合	多年生草本	EW/SW
百合科	Liliaceae	山麦冬属	Liriope	阔叶山麦冬	Liriope muscari	短葶山麦冬、宽叶土麦冬、阔叶麦冬	常绿宿根草本	Roof/MC
百合科	Liliaceae	山麦冬属	Liriope	'大蓝'阔叶山麦冬	Liriope muscari 'Big Blue'		常绿宿根草本	Roof
百合科	Liliaceae	山麦冬属	Liriope	'金纹'阔叶山麦冬	Liriope muscari 'Gold-banded'		常绿宿根草本	Roof
百合科	Liliaceae	山麦冬属	Liriope	'英沃森'阔叶山麦冬	Liriope muscari 'Ingwersen'		常绿宿根草本	Roof
百合科	Liliaceae	山麦冬属	Liriope	'金边'阔叶山麦冬	Liriope muscari 'Variegata'	'金边'阔叶山麦冬	常绿宿根草本	EW/SW/Roof/MC
百合科	Liliaceae	山麦冬属	Liriope	山麦冬	Liriope spicata	土麦冬、寸冬、大麦冬	常绿宿根草本	MC
百合科	Liliaceae	山麦冬属	Liriope	浙江山麦冬	Liriope zhejiangensis	兰花三七	常绿宿根草本	Roof
百合科	Liliaceae	蓝壶花属	Muscari	蓝壶花	Muscari botryoides	葡萄风信子	多年生草本	MC

科	科拉丁名	属	属拉丁名	种	种拉丁名	中文异名	生活型	适用建筑立面
百合科	Liliaceae	沿阶草属	Ophiopogon	短药沿阶草	*Ophiopogon angustifoliatus*	短药沿街、草麦冬	常绿宿根草本	Roof
百合科	Liliaceae	沿阶草属	Ophiopogon	沿阶草	*Ophiopogon bodinieri*	白花麦冬、草麦冬、寸冬	常绿宿根草本	Roof
百合科	Liliaceae	沿阶草属	Ophiopogon	异药沿阶草	*Ophiopogon heterandrus*	竹叶七	常绿宿根草本	Roof
百合科	Liliaceae	沿阶草属	Ophiopogon	剑叶沿阶草	*Ophiopogon jaburan*	宽叶沿阶草、阔叶沿阶草、厚叶沿阶草	常绿宿根草本	Roof
百合科	Liliaceae	沿阶草属	Ophiopogon	麦冬	*Ophiopogon japonicus*	沿阶草	常绿宿根草本	EW/SW/NW/Roof/MC
百合科	Liliaceae	沿阶草属	Ophiopogon	'京都'麦冬	*Ophiopogon japonicus* 'Kyoto'	[矮]麦冬、矮麦草、玉龙草	常绿宿根草本	EW/SW/Roof/MC
百合科	Liliaceae	沿阶草属	Ophiopogon	'银雾'麦冬	*Ophiopogon japonicus* 'Kigimafukiduma'		常绿宿根草本	Roof
百合科	Liliaceae	沿阶草属	Ophiopogon	'黑色'扁莺沿阶草	*Ophiopogon planiscapus* 'Nigrescens'	黑色、'黑龙'沿阶草	常绿宿根草本	Roof/MC
百合科	Liliaceae	吉祥草属	Reineckea	吉祥草	*Reineckea carnea*	松寿兰、小叶万年青、竹根七	常绿宿根草本	EW/SW/NW/MC
百合科	Liliaceae	万年青属	Rohdea	万年青	*Rohdea japonica*	白河车、白沙车、包合七	常绿宿根草本	EW/SW/NW
百合科	Liliaceae	假叶树属	Ruscus	假叶树	*Ruscus aculeatus*		直立半灌木	MC
百合科	Liliaceae	虎尾兰属	Sansevieria	虎尾兰	*Sansevieria trifasciata*	虎皮兰、豹皮兰、凤尾兰	多年生多浆植物	EW/SW/NW/MC
百合科	Liliaceae	虎尾兰属	Sansevieria	金边虎尾兰	*Sansevieria trifasciata* "Laurentii"		多年生多浆植物	MC
百合科	Liliaceae	菝葜属	Smilax	短梗菝葜	*Smilax scobinicaulis*	黑刺菝葜、金刚刺、金刚藤	攀缘灌木或半灌木	EW/NW
百合科	Liliaceae	白穗花属	Speirantha	白穗花	*Speirantha gardenii*	苍竹、白穗藤	常绿多年生草本	EW/SW/NW
百合科	Liliaceae	紫娇花属	Tulbaghia	紫娇花	*Tulbaghia violacea*	蒜味草	多年生半常绿草本	Roof/MC
百合科	Liliaceae	郁金香属	Tulipa	郁金香	*Tulipa gesneriana*	草麝香、旱荷花、洋荷花	多年生草本	MC
百合科	Liliaceae	丝兰属	Yucca	千手兰	*Yucca aloifolia*	千手兰、千首兰、百叶丝兰	常绿灌木	MC
百合科	Liliaceae	丝兰属	Yucca	丝兰	*Yucca filamentosa*	柔软丝兰	常绿灌木	Roof/MC
百合科	Liliaceae	丝兰属	Yucca	'亮边'丝兰	*Yucca filamentosa* 'Bright Edge'		常绿灌木	Roof/MC
百合科	Liliaceae	丝兰属	Yucca	'嘉兰之金'丝兰	*Yucca filamentosa* "Garland's Gold"		常绿灌木	EW/SW/MC
百合科	Liliaceae	丝兰属	Yucca	软叶丝兰	*Yucca flaccida*	柔软丝兰、丝兰、柔叶丝兰	常绿灌木	Roof/MC
百合科	Liliaceae	丝兰属	Yucca	象腿丝兰	*Yucca gigantea*	巨丝兰、象脚王兰、荷兰铁树	常绿灌木	MC
百合科	Liliaceae	丝兰属	Yucca	凤尾丝兰	*Yucca gloriosa*	凤尾兰	常绿灌木	Roof/MC
百合科	Liliaceae	丝兰属	Yucca	'斑叶'凤尾丝兰	*Yucca gloriosa* 'Variegata'		常绿灌木	Roof
石蒜科	Amaryllidaceae	龙舌兰属	Agave	龙舌兰	*Agave americana*	百年兰、波罗麻、番花	多年常绿生植物	Roof/MC
石蒜科	Amaryllidaceae	君子兰属	Clivia	君子兰	*Clivia miniata*	大花君子兰、剑叶石蒜、大君子兰	常绿多年生粗壮草本	EW/SW/MC
石蒜科	Amaryllidaceae	文珠兰属	Crinum	红花文珠兰	*Crinum × amabile*	美丽文珠兰、丝兰、紫花文珠兰	常绿多年生粗壮草本	MC
石蒜科	Amaryllidaceae	文珠兰属	Crinum	文珠兰	*Crinum asiaticum* var. *sinicum*	十八学士、文珠兰、白花石蒜	常绿多年生粗壮草本	NW/MC
石蒜科	Amaryllidaceae	朱顶红属	Hippeastrum	朱顶红	*Hippeastrum rutilum*	红花莲、百枝莲、鹤顶	多年生草本	MC

续表

科	科拉丁名	属	属拉丁名	种	种拉丁名	中文异名	生活型	适用建筑立面
石蒜科	Amaryllidaceae	水鬼蕉属	Hymenocallis	水鬼蕉	Hymenocallis littoralis	蜘蛛兰、美洲蜘蛛兰	多年生草本	MC
石蒜科	Amaryllidaceae	石蒜属	Lycoris	中国石蒜	Lycoris chinensis	鹿葱	多年生草本	Roof/MC
石蒜科	Amaryllidaceae	石蒜属	Lycoris	长筒石蒜	Lycoris longituba		多年生草本	Roof/MC
石蒜科	Amaryllidaceae	石蒜属	Lycoris	石蒜	Lycoris radiata	红花石蒜	多年生草本	Roof/MC
石蒜科	Amaryllidaceae	石蒜属	Lycoris	换锦花	Lycoris sprengeri		多年生草本	Roof/MC
石蒜科	Amaryllidaceae	石蒜属	Lycoris	稻草石蒜	Lycoris straminea	麦秆黄石蒜、麦秆石蒜	多年生草本	Roof/MC
石蒜科	Amaryllidaceae	水仙属	Narcissus	黄水仙	Narcissus pseudonarcissus	洋水仙、喇叭水仙	多年生草本	MC
石蒜科	Amaryllidaceae	水仙属	Narcissus	水仙	Narcissus tazetta var. chinensis	金盏银台、俪兰、凌波仙子	多年生草本	MC
石蒜科	Amaryllidaceae	葱莲属	Zephyranthes	葱莲	Zephyranthes candida	葱兰	多年生草本	MC
石蒜科	Amaryllidaceae	葱莲属	Zephyranthes	黄花葱莲	Zephyranthes citrina	黄花葱兰	多年生草本	MC
石蒜科	Amaryllidaceae	葱莲属	Zephyranthes	韭莲	Zephyranthes grandiflora	韭兰、风雨花	多年生草本	MC
鸢尾科	Iridaceae	射干属	Belamcanda	射干	Belamcanda chinensis	白花射干、扁菊、扁蓄片	落叶多年生草本	MC
鸢尾科	Iridaceae	雄黄兰属	Crocosmia	雄黄兰	Crocosmia × crocosmiiflora	火星花	落叶多年生草本	MC
鸢尾科	Iridaceae	香雪兰属	Freesia	香雪兰	Freesia refracta	小苍兰	多年生草本	MC
鸢尾科	Iridaceae	唐菖蒲属	Gladiolus	唐菖蒲	Gladiolus × gandavensis	八百锤、菖兰花、扁竹莲	落叶多年生草本	MC
鸢尾科	Iridaceae	鸢尾属	Iris	玉蝉花	Iris ensata	花菖蒲、宝日-查黑乐得格、东北鸢尾	落叶多年生湿生或水生草本	MC
鸢尾科	Iridaceae	鸢尾属	Iris	'斑叶'玉蝉花	Iris ensata 'Variegata'	花叶玉蝉花、尉氏花叶玉蝉花	落叶多年生湿生或水生草本	MC
鸢尾科	Iridaceae	鸢尾属	Iris	花菖蒲	Iris ensata var. hortensis	玉蝉花、紫花鸢尾	落叶多年生湿生或水生草本	MC
鸢尾科	Iridaceae	鸢尾属	Iris	德国鸢尾	Iris germanica	鸢尾、甘肃鸢尾	多年生草本	Roof/MC
鸢尾科	Iridaceae	鸢尾属	Iris	蝴蝶花	Iris japonica	扳子草、扁担扁竹叶、扁担扁叶	常绿多年生草本	Roof/MC
鸢尾科	Iridaceae	鸢尾属	Iris	马蔺	Iris lactea	白花马蔺、查干-查黑乐得格、箭杆风	落叶多年生密丛草本	Roof/MC
鸢尾科	Iridaceae	鸢尾属	Iris	路易斯安娜鸢尾	Iris Louisiana hybrids	常绿水生鸢尾	常绿或半常绿多年生湿生或沼生草本	MC
鸢尾科	Iridaceae	鸢尾属	Iris	黄菖蒲	Iris pseudacorus	黄鸢尾、菖蒲鸢尾、黄花菖蒲	落叶多年生湿生或沼生草本	MC
鸢尾科	Iridaceae	鸢尾属	Iris	溪荪	Iris sanguinea	东方鸢尾、塔拉音-查黑乐得格、西伯利亚鸢尾东方变种	落叶多年生湿生或沼生草本	Roof/MC
鸢尾科	Iridaceae	鸢尾属	Iris	西伯利亚鸢尾	Iris sibirica	溪荪	落叶多年生湿生或沼生草本	Roof/MC

科	科拉丁名	属	属拉丁名	种	种拉丁名	中文异名	生活型	适用建筑立面
鸢尾科	Iridaceae	鸢尾属	Iris	鸢尾	Iris tectorum	蓝蝴蝶、百样解、扁竹	多年生草本	EW/SW/Roof
鸢尾科	Iridaceae	庭菖蒲属	Sisyrinchium	簇花庭菖蒲	Sisyrinchium palmifolium		多年生常绿草本	Roof/MC
兰科	Orchidaceae	白及属	Bletilla	白及	Bletilla striata	双肾草、西牛角、呼良姜	落叶地生兰	MC
兰科	Orchidaceae	蝴蝶兰属	Phalaenopsis	蝴蝶兰	Phalaenopsis hort.	蝶兰、台湾蝴蝶兰	常绿附生兰	MC
兰科	Orchidaceae	独蒜兰属	Pleione	独蒜兰	Pleione bulbocodioides	冰球子、独叶一支枪、光慈姑	半附生兰	EW/SW

表中适用建筑立面列中，英文字母缩写的定义：EW、SW、WW、NW，分别代表东南西北墙面；Roof 代表屋顶；MC 代表移动式容器，即移动式绿化。

五、附录

植物中文名索引

植物种拉丁名索引

Buxus harlandii 112, 452

Buxus megistophylla 112, 452

Buxus sempervirens 112, 452

Buxus sinica 112, 452

Buxus sinica var. parvifolia 112, 452

C

Caesalpinia decapetala 138, 449

Caesalpinia pulcherrima 104, 449

Caesalpinia vernalis 138, 449

Caladium bicolor 179, 467

Calamagrostis × acutiflora 'Avalanche' 202, 470

Calamagrostis × acutiflora 'Karl Foerster' 202, 470

Calamagrostis × acutiflora 'Overdam' 201, 470

Calamagrostis epigeios 202, 470

Calathea lancifolia 182, 473

Calathea makoyana 182, 473

Calathea orbifolia 182, 473

Calendula officinalis 163, 464

Callerya dielsiana 138, 449

Callerya reticulate 138, 449

Calliandra haematocephala 105, 449

Callicarpa cathayana 118, 458

Callicarpa dichotoma 118, 458

Callicarpa japonica 118, 458

Callistemon citrinus 108, 451

Callistemon rigidus 108, 451

Callistemon viminalis 108, 451

Callistephus chinensis 163, 464

Calocedrus decurrens 'Aureovariegata' 72, 433

Calycanthus floridus 91, 436

Camellia japonica 94, 441

Camellia lutchuensis var. minutiflora 94, 441

Camellia oleifera 94, 441

Camellia sasanqua 94, 441

Camellia uraku 95, 441

Campanula medium 162, 462

Campsis grandiflora 146, 462

Campsis radicans 146, 462

Campylandra chinensis 183, 474

Canna × generalis 182, 473

Canna × generalis 'Striatus' 182, 473

Canna glauca 182, 473

Capsicum annuum 159, 457

Capsicum annuum Cerasiforme Group 160, 457

Caragana sinica 105, 449

Carex breviculmis 198, 468

Carex brunnea 199, 468

Carex buchananii 198, 468

Carex comans 'Frosted Curls' 198, 468

Carex dispalata 198, 468

Carex elata 'Aurea' 198, 468

Carex giraldiana 198, 468

Carex kobomugi 198, 468

Carex lanceolata 198, 468

Carex muskingumensis 198, 468

Carex nemostachys 199, 468

Carex oshimensis 'Evergold' 199, 468

Carex oshimensis 'Fiwhite' 199, 468

Carex pumila 199, 469

Carex scaposa 199, 469

Carex simulans 199, 469

Carmona microphylla 118, 457

Caryopteris × clandonensis 118, 458

Caryopteris × clandonensis 'Heavenly Blue' 119, 458

Caryopteris × clandonensis 'Kew Blue' 119, 458

Caryopteris × clandonensis 'Worcester Gold' 119, 458

Caryopteris nepetifolia 172, 458

Cassia bicapsularis 105, 449

Cassia corymbosa 105, 449

Catharanthus roseus 159, 456

Cedrus atlantica 'Glauca Pendula' 70, 433

Cedrus deodara 'Pendula' 70, 433

Cedrus libani 70, 433

Celastrus angulatus 140, 452

Celastrus orbiculatus 140, 452

Celastrus punctatus 140, 452

Celosia cristata Cristata Group 155, 440

Celosia cristata Plumosa Group 155, 440

Cephalanthus tetrandrus 125, 462

Cephalotaxus harringtonia 'Fastigiata' 79, 436

Cephalotaxus sinensis 79, 436

Cerasus glandulosa 100, 446

Cerasus japonica 100, 446

Cerasus serrulata var. lannesiana 85, 446

Cerasus tomentosa 100, 446

Ceratophyllum demersum 218, 437

Cercis Canadensis 86, 449

Cercis chinensis 104, 449

Cereus peruvianus 'Monstrosus' 210, 439

Malus hupehensis 85, 447

Malus 'Kelsey' 85, 447

Malus spectabilis 86, 447

Malus spectabilis 'Riversii' 86, 447

Malva cathayensis 156, 442

Malvastrum lateritium 168, 442

Malvaviscus penduliflorus 96, 442

Mandevilla × amabilis 'Alice du Pont' 143, 456

Mansoa alliacea 146, 462

Marsdenia floribunda 144, 456

Marsilea quadrifolia 197, 432

Matthiola incana 158, 443

Mauranthemum paludosum 164, 465

Melaleuca bracteata 'Revolution Gold' 109, 451

Melampodium divaricatum 165, 465

Mentha aquatica 173, 459

Mentha canadensis 173, 459

Mentha crispata 173, 459

Mesembryanthemum cordifolium 210, 439

Metasequoia glyptostroboides 'Ogon' 72, 433

Michelia × alba 81, 436

Michelia figo 91, 436

Michelia foveolata 81, 436

Michelia maudiae 81, 436

Michelia 'Xin' 81, 436

Microsorum punctatum 'Grandiceps' 197, 432

Mirabilis jalapa 154, 439

Miscanthus sacchariflorus 204, 470

Miscanthus sinensis 204, 470

Miscanthus sinensis 'Ferner Osten' 204, 470

Miscanthus sinensis 'Gracillimus' 204, 471

Miscanthus sinensis 'Little Zebra' 204, 471

Miscanthus sinensis 'Morning Light' 204, 471

Miscanthus sinensis 'Variegatus' 205, 471

Miscanthus sinensis 'Yaku-jima' 205, 471

Miscanthus sinensis 'Zebrinus' 205, 471

Molinia caerulea 'Variegata' 205, 471

Monarda didyma 160, 459

Monochoria korsakowii 222, 473

Monstera deliciosa 148, 468

Monstera obliqua 148, 468

Morus alba 82, 439

Morus alba 'Pendula' 83, 439

Morus alba 'Unryu' 82, 439

Mucuna macrocarpa 139, 450

Mucuna sempervirens 139, 450

Muehlenbeckia complexa 94, 441

Muhlenbergia capillaris 205, 471

Muhlenbergia dubia 205, 471

Muhlenbergia rigens 205, 471

Murraya paniculata 115, 454

Musa basjoo 181, 472

Muscari botryoides 192, 475

Musella lasiocarpa 181, 472

Mussaenda erythrophylla 126, 462

Mussaenda philippica 'Aurorae' 127, 462

Myrica rubra 83, 439

Myriophyllum aquaticum 218, 450

Myrtus communis 109, 451

Myrtus communis 'Variegata' 109, 451

N

Nageia nagi 79, 436

Nandina domestica 92, 438

Nandina domestica 'Fire Power' 93, 438

Narcissus pseudonarcissus 193, 477

Narcissus tazetta var. chinensis 193, 477

Nelumbo lutea 217, 437

Nelumbo nucifera 217, 437

Nepeta cataria 173, 459

Nepeta 'Six Hills Giant' 173, 459

Nephrolepis cordifolia 195, 432

Nephrolepis exaltata 'Bostoniensis' 195, 432

Nerium oleander 116, 456

Neyraudia reynaudiana 206, 471

Nicotiana alata 160, 457

Nuphar pumila 217, 437

Nymphaea alba 217, 437

Nymphaea alba var. rubra 217, 437

Nymphaea lotus 217, 437

Nymphaea mexicana 217, 437

Nymphaea rubra 218, 437

Nymphoides indica 219, 457

Nymphoides peltata 219, 457

O

Ocimum basilicum 161, 459

Odontonema strictum 125, 461

Odontosoria chinensis 195, 432

Oenanthe javanica 219, 455

Philodendron hederaceum 148, 468

Phlegmariurus phlegmaria 195, 432

Phlomis fruticosa 121, 459

Phlox paniculata 172, 457

Phlox subulata 172, 457

Phoenix canariensis 150, 467

Phoenix roebelenii 150, 467

Phoenix sylvestris 150, 467

Photinia × fraseri 'Red Robin' 86, 447

Photinia davidsoniae 86, 447

Photinia serrulata 86, 447

Phragmites australis 207, 471

Phyllostachys aureosulcata 'Spectabilis' 151, 472

Phyllostachys glauca 151, 471

Phyllostachys nigra 152, 471

Phyllostachys propinqua 152, 471

Phyllostachys sulphurea 152, 471

Physocarpus opulifolius 101, 447

Physocarpus opulifolius 'Darts Gold' 101, 447

Physocarpus opulifolius 'Diabolo' 101, 447

Physocarpus opulifolius 'Seward' 101, 447

Picea pungens 70, 433

Picea pungens 'Globosa' 70, 433

Picea pungens 'Hoopsii' 70, 433

Pieris japonica 97, 443

Pilea cadierei 166, 439

Pilea notata 166, 439

Pilea peperomioides 166, 439

Pinus densiflora 'Umbraculifera' 71, 433

Pinus heldreichii 'Satellit' 71, 433

Pinus mugo 'Mughus' 71, 433

Pinus parviflora 71, 433

Pinus parviflora 'Chikusa Goten' 71, 433

Pinus strobus 'Himmelblau' 71, 433

Pinus sylvestris 'Watereri' 70, 433

Pistia stratiotes 222, 468

Pittosporum tobira 98, 444

Pittosporum tobira 'Variegatum' 98, 444

Plantago major 'Atropurpurea' 219, 460

Platycerium bifurcatum 197, 432

Platycerium wallichii 197, 432

Platycladus orientalis 77, 435

Platycladus orientalis 'Aurea' 77, 435

Platycladus orientalis 'Aurea Nana' 77, 435

Platycladus orientalis 'Sieboldii' 77, 435

Platycladus orientalis 'Westmont' 77, 435

Platycodon grandiflorus 176, 462

Plectranthus 'Plepalila' 174, 459

Plectranthus scutellarioides 161, 459

Pleioblastus distichus 152, 472

Pleioblastus fortunei 152, 472

Pleioblastus viridistriatus 152, 472

Pleione bulbocodioides 188, 478

Plumbago auriculata 94, 441

Plumeria rubra 89, 456

Plumeria rubra 'Acutifolia' 89, 456

Podocarpus macrophyllus 79, 436

Podocarpus macrophyllus 'Angustifolius' 79, 436

Podocarpus macrophyllus 'Maki' 79, 436

Podranea ricasoliana 146, 462

Polygonum microcephalum 'Red Dragon' 168, 441

Polygonum runcinatum var. sinense 168, 441

Polyscias guilfoylei 116, 455

Polyscias scutellaria 116, 455

Polystichum tripteron 197, 432

Pontederia cordata 222, 473

Portulaca grandiflora 156, 440

Portulaca umbraticola 156, 440

Potamogeton crispus 221, 466

Potamogeton distinctus 221, 466

Primula vulgaris 158, 444

Prunella grandiflora 174, 459

Prunus × cistena 86, 447

Prunus cerasifera 'Pissardii' 86, 447

Psathyrostachys huashanica 208, 472

Pseudodrynaria coronans 197, 432

Pseudosasa japonica 152, 472

Pteris dispar 195, 432

Pteris ensiformis 196, 432

Pteris ensiformis 'Victoriae' 196, 432

Pteris multifida 196, 432

Pteris vittata 196, 432

Pueraria montana 139, 450

Punica granatum 109, 451

Pyracantha atalantioides 102, 447

Pyracantha fortuneana 102, 447

Pyracantha 'Harlequin' 102, 447

Pyrostegia venusta 146, 462

Pyrus calleryana 86, 447

参考文献

[1] 中国植物志编辑委员会．中国植物志（2-80 卷）[M]．北京：科学出版社，1959-2002．

[2] Flora of China Editorial Committee.Flora of China（vol. 2-25）[M]. Beijing:Science Press and Missouri Botanical Garden Press, Beijing, 1989-2013.

[3] Jisaburo Ohwi, Frederick G. Meyer, Egbert H. Walker.Flora of Japan[M]. Washington: Smithsonian Institution, 1965.

[4] 浙江植物志编辑委员会．浙江植物志（1-8 卷）[M]．杭州：浙江科学技术出版社，1993．

[5] 贺士元，邢其华，尹祖堂．北京植物志（1-8 卷）[M]．北京：北京出版社，1992．

[6] 江西植物志编辑委员会．江西植物志（第 2 卷）[M]．北京：中国科学技术出版社，2004．

[7] 安徽植物志协作组．安徽植物志（1-5 卷）[M]．合肥和北京：安徽科学技术出版社和中国展望出版社，1985-1992．

[8] 上海科学院．上海植物志 [M]．上海：上海科学技术文献出版社，1999．

[9] 河北省植物志编委会．河北植物志（1-3 卷）[M]．石家庄：河北科学技术出版社，1986-1991．

[10] 南京林业大学树木学教研组．江苏木本植物枝叶检索手册 [M]．南京：南京林业大学树木学教研组，1987．

[11] 艾里希·葛茨．仙人掌大全：分类、栽培、繁殖及养护 [M]．丛明才译．沈阳：辽宁科学技术出版社，2007．

[12] 克里斯托弗·布里克尔．世界园林植物与花卉百科全书 [M]．杨秋生，李振宇译．郑州：河南科学技术出版社，2012．

[13] 胡东燕，张佐双．观赏桃花 [M]．北京：中国林业出版社，2010．

[14] J.J. Bos. Dracaena in West Africa [C]. Agricultural University Wageningen Papers. Wageningen: Wageningen Universiteit Project Lh/Uvs 01,1984.

[15] [DB/OL]. [2018-12].http://www.theplantlist.org/.

[16] [DB/OL]. [2018-12]. https://www.rhs.org.uk/.

[17] [DB/OL]. [2018-12]. http://www.missouribotanicalgarden.org/.

[18] [DB/OL]. [2018-12]. https://davesgarden.com/.

[19] [DB/OL]. [2018-12]. https://gobotany.newenglandwild.org/.

[20] [DB/OL]. [2018-12]. http://conifersociety.org/.

[21] [DB/OL]. [2018-12]. http://www.bamboobotanicals.ca/.

[22] [DB/OL]. [2018-12]. https://www.gardenia.net/.

[23] [DB/OL]. [2018-12]. http://ucjeps.berkeley.edu/.

[24] [DB/OL]. [2018-12]. https://en.wikipedia.org/wiki/.

[25] [DB/OL]. [2018-12]. https://landscapeplants.oregonstate.edu/.

[26] [DB/OL]. [2018-12]. http://beta.floranorthamerica.org/wiki/Main_Page

[27] [DB/OL]. [2018-12].http://www.efloras.org/flora_page.aspx?flora_id=5

[28] [DB/OL]. [2018-12].http://www.cfh.ac.cn/spdb/spsearch.aspx